岩波講座 基礎数学

線型偏微分方程式論における漸近的方法

監　修

小 平 邦 彦

編　集

岩 堀 長 慶
河 田 敬 義
＊藤 田 　 宏
＊小松彦三郎
田 村 一 郎
服 部 晶 夫
飯 高 　 茂

岩波講座　基礎数学

解 析 学(II) viii

線型偏微分方程式論における漸近的方法

藤　原　大　輔

岩　波　書　店

本書は，オリジナル本の

Ⅰ（第 1 ～ 5 章）
Ⅱ（第 6 ～ 10 章）

を合本したものです．

目　　次

はじめに

Maslov の理論は，その着想は簡単であるが，その結果は美しく，偏微分方程式論に対して与えた影響は深く，広汎である．

この分冊は，この Maslov の理論への入門を試みたものであるが，とくに，Keller-Maslov-Arnol'd 指数の説明を，大筋は Leray に従って，できるだけていねいに述べた．記述が長く，読者が退屈するのではないかと恐れるが，いくらか，分り易くなっていると思う．紙数の関係で，Maslov 理論の応用として興味深い固有値の漸近分布等に触れることが出来なかったのは残念である．第5章の演習問題にその最も簡単な例を示しておいたがそれだけではもちろん十分ではないので，その問題に関してはぜひ В. П. Маслов (Maslov) "Теория возмущений и асимптотические методы" (大内・金子・村田訳，摂動論と漸近的方法，岩波書店 (1976)) を読まれたい．

本講の主要部分は，第2章，第4章，第5章であり，第1章および第3章はそれぞれ次章以下への準備となっている．とくに，第1章では，後に必要となる事実を列挙するにとどめ，証明の詳細には立ち入らない．

以下においては次のような略記法を用いた．$\alpha=(\alpha_1, \alpha_2, \cdots, \alpha_n)$ を n 個の非負整数とする．これを多重指数と呼ぶ．$|\alpha|=\alpha_1+\cdots+\alpha_n$ を α の長さという．

$$\alpha! = \alpha_1!\alpha_2!\cdots\alpha_n!$$

とする．また β も多重指数とするとき，$\beta\leqq\alpha$ とは，$\alpha_j\geqq\beta_j\ (j=1, 2, \cdots, n)$ である．

$$\binom{\alpha}{\beta} = \frac{\alpha!}{(\alpha-\beta)!\beta!}$$

と書く．$x=(x_1, x_2, \cdots, x_n)$ を n 個の不定元として，

$$x^\alpha = x_1^{\alpha_1}x_2^{\alpha_2}\cdots x_n^{\alpha_n}$$

である．偏微分記号も

$$\left(\frac{\partial}{\partial x}\right)^\alpha = \left(\frac{\partial}{\partial x_1}\right)^{\alpha_1}\left(\frac{\partial}{\partial x_2}\right)^{\alpha_2}\cdots\left(\frac{\partial}{\partial x_n}\right)^{\alpha_n}$$

と略記する．すると，例えば，n 変数関数 $f(x)=f(x_1, x_2, \cdots, x_n)$ の Maclaurin 展開は

$$f(x) = \sum_{\alpha} \frac{1}{\alpha!} x^{\alpha} \left(\frac{\partial}{\partial x}\right)^{\alpha} f(0)$$

である．$g(x)$ も同様の関数とすると，Leibniz の公式

$$\left(\frac{\partial}{\partial x}\right)^{\alpha} (f(x)g(x)) = \sum_{\beta \leqq \alpha} \binom{\alpha}{\beta} \left(\frac{\partial}{\partial x}\right)^{\beta} f(x) \left(\frac{\partial}{\partial x}\right)^{\alpha-\beta} g(x)$$

が成立する．

二つの数ベクトル $x=(x_1, x_2, \cdots, x_n)$ と $y=(y_1, y_2, \cdots, y_n)$ の内積を

$$x \cdot y = x_1 y_1 + \cdots + x_n y_n$$

とする．$n \times n$ 行列 $A=(a_{ij})$ を x に施すのを Ax と書く．そして，

$$Ax \cdot y = \sum_{i,j=1}^{n} a_{ij} x_j y_i$$

と記す．$f(x)$ が n 変数 $x=(x_1, x_2, \cdots, x_n)$ の関数のとき，

$$\frac{\partial f(x)}{\partial x} = \left(\frac{\partial f(x)}{\partial x_1}, \frac{\partial f(x)}{\partial x_2}, \cdots, \frac{\partial f(x)}{\partial x_n}\right)$$

であり，$\partial^2 f(x)/\partial x \partial x$ は (i, j) 成分が，$\partial^2 f(x)/\partial x_i \partial x_j$ の行列である．それ故 Maclaurin 展開の第 2 項までは，

$$f(x) = f(0) + \frac{\partial f(0)}{\partial x} \cdot x + \frac{1}{2} \frac{\partial^2 f(0)}{\partial x \partial x} x \cdot x + \cdots$$

である．また K が $\{1, 2, \cdots, n\}$ という集合の部分集合のとき，K の整数の個数を $|K|$ と書き，等式

$$\xi_j = \frac{\partial f}{\partial x_j}(x), \qquad j \in K$$

と書くべきところを，

$$\xi_K = \frac{\partial f(x)}{\partial x_K}$$

と書く．また $\sum_{k \in K} x_k y_k = x_K \cdot y_K$ ともかく．K^c を K の補集合として，たとえばベクトルの等式

$$y = Ax$$

を

$$\begin{bmatrix} y_K \\ y_{K^c} \end{bmatrix} = \begin{bmatrix} A_{KK} & A_{KK^c} \\ A_{K^cK} & A_{K^cK^c} \end{bmatrix} \begin{bmatrix} x_K \\ x_{K^c} \end{bmatrix}$$

とも書く．ここで

$$A_{KK} = (a_{jk})_{j,k\in K}, \qquad A_{KK^c} = (a_{jk})_{j\in K,\, k\in K^c}$$

等々の小行列である．

これらの記法は，少し簡略にすぎるかもしれないが，誤解は避けられるであろう．

本書が，Maslov 理論を楽しむための，一助となれば幸いである．

第1章　正準変換

§1.1　変分法

よく知られているように，古典的な Newton 力学は，**Hamilton の原理**と呼ばれる変分問題

$$\delta\int_{t_0}^{t_1} L(t, q, \dot{q})dt = 0 \tag{1.1}$$

として定式化される[1]．

考えている力学系に許される静止状態は，全体として，一つの多様体 X を作る．X の点 q を指定することによって，一つ一つの静止状態が，一意的に指定される．たとえば，2次元の球面 S^2 上を運動する k 個の質点からなる力学系があれば，X は S^2 の k 個の直積 $S^2\times\cdots\times S^2$ である．系が運動をするときは，各瞬間毎に，これら X の点で指定される状態を連続的に経過して変化して行く．すなわち，X 上に時刻 t をパラメータとする曲線が描かれる．X の点 q に対し，q における X への**接ベクトル空間**を T_qX と書く．T_qX とは，q を通る X の曲線の q における速度ベクトルの全体と言える．q を X 全体に動かしたとき，T_qX の全体を TX と書き，X の**接ベクトルバンドル**と呼ぶ．TX の点は，X の点 q と，q での速度ベクトル $\dot{q}$ によって指定される．(1.1) 式の $L(t, q, \dot{q})$ というのは $\boldsymbol{R}\times TX$ ($\boldsymbol{R}$ は時刻をあらわす実数全体の空間) から実数に値をとる関数で，**Lagrange 関数**と呼ばれ，力学系が与えられると，

$$L = T - U \tag{1.2}$$

という形で定まる．ただし，T は系の運動エネルギーで $\boldsymbol{R}\times TX$ で定義された実数値をとる関数で，U はポテンシャルエネルギーで，$\boldsymbol{R}\times X$ で定義され実数に値をとる関数である．X 内の任意の曲線を $\gamma:[t_0, t_1]\ni t\to q(t)\in X$ とする．t の各値で，γ の速度ベクトル (＝接ベクトルともいう) $\dot{q}(t)$ は $T_{q(t)}X$ に入る．こうして，$T\gamma:[t_0, t_1]\ni t\to(q(t), \dot{q}(t))\in TX$ という，TX 内の曲線が出来る．これに

1)　山内恭彦：一般力学 (増訂第3版)，岩波書店 (1957)．

よって，量

$$A(\gamma)=\int_{t_0}^{t_1} L(t,q(t),\dot{q}(t))dt \tag{1.3}$$

は，曲線γの関数として定まる．この関数の独立変数にあたるγは曲線で，それ自体tの一つの関数である．このようなとき，γの関数というより，**汎関数**ということも多い．汎関数$A(\gamma)$を，**γの作用**と呼ぶ．γがいろいろ変ると，当然$A(\gamma)$も変化する．Newtonの力学の法則に従って，実際に起る系の運動の描く曲線γ_0は，γが少し変っても$A(\gamma)$の値は変化しないで，**停留する**という，いわゆる**変分条件**によって特徴づけられる．これが，冒頭にのべた，Hamiltonの原理の内容であった．

変数$t\in R$をパラメータとする，X上の曲線は，各々のtの値に対して，Xの点を指定すれば定まる．このような曲線の全体Ωは，したがって，無限個のパラメータを含む，すなわち，無限次元である．変分問題とは無限次元多様体Ω上の極値問題である．しかし，その小さい部分集合(1次元)に注目する．sを$[-1,1]$の任意の数として，各sに，一つの曲線γ_sを対応させる．γ_sは曲線であるから$\gamma_s:[t_0(s),t_1(s)]\ni t\to\gamma_s(t)=q(s,t)\in X$とかける．$\Gamma=\{\gamma_s\,|\,s\in[-1,1]\}$とおく．$\Gamma$の各曲線$\gamma_s$に対し，その作用$A(\gamma_s)$が定まる．$\gamma_0$が実際に起る運動であるならば，$A(\gamma_0)$は$A(\gamma_s)$の停留するところだから

$$\frac{d}{ds}A(\gamma_s)\Big|_{s=0}=0 \tag{1.4}$$

である．Γをどのようにとっても(1.4)は成立しなければならない．これからγ_0が満足する条件がもっと詳しく求められる．

Xの次元をnとする．Xの点qでの局所座標を$x=(x_1,x_2,\cdots,x_n)$と書く．また接ベクトル$\dot{q}$を標準的な基底$\partial/\partial x_1,\partial/\partial x_2,\cdots,\partial/\partial x_n$に関する成分で書いて，$\dot{x}=(\dot{x}_1,\dot{x}_2,\cdots,\dot{x}_n)$とする．すると，$L$は$x$と$\dot{x}$と$t$との関数となる．この表記法によると

$$\frac{d}{ds}A(\gamma_s)=L\frac{dt_1(s)}{ds}-L\frac{dt_0(s)}{ds}+\int_{t_0(s)}^{t_1(s)}\left(\frac{\partial L}{\partial x}\frac{\partial x}{\partial s}+\frac{\partial L}{\partial \dot{x}}\frac{\partial \dot{x}}{\partial s}\right)dt \tag{1.5}$$

である．ただし，

$$\frac{\partial L}{\partial x}\frac{\partial x}{\partial s}=\sum_{j=1}^{n}\frac{\partial L}{\partial x_j}\frac{\partial x_j}{\partial s}$$

と略記した．同様の略記法を以下にする．T_{γ_s} 上 $\dot{x}_j=\partial x_j/\partial t$ であるから

$$\frac{\partial}{\partial s}\dot{x}_j=\frac{\partial^2 x_j}{\partial s\partial t}=\frac{\partial^2 x_j}{\partial t\partial s}$$

であり，γ_s の端点を $x(s,t_j(s))=x^{(j)}(s)$ $(j=0,1)$ とすると，

$$(1.6)\quad \frac{d}{ds}A(\gamma_s)\Big|_{s=0}=\frac{\partial L}{\partial\dot{x}}\frac{dx^{(1)}}{ds}-\frac{\partial L}{\partial\dot{x}}\frac{dx^{(0)}}{ds}-\left(\frac{\partial L}{\partial\dot{x}}\frac{dx^{(1)}}{\partial t}-L\right)\frac{dt_1}{ds}$$
$$+\left(\frac{\partial L}{\partial\dot{x}}\frac{\partial x^{(0)}}{\partial t}-L\right)\frac{dt_0}{ds}+\int_{t_0}^{t_1}\left(\frac{\partial L}{\partial x}-\frac{d}{dt}\frac{\partial L}{\partial\dot{x}}\right)\frac{\partial x}{\partial s}(0,t)\,dt.$$

$\partial x(0,t)/\partial s$ が任意の関数をとり得るから，次の必要条件を得る．

$$(1.7)\qquad \frac{\partial L}{\partial x_j}-\frac{d}{dt}\frac{\partial L}{\partial\dot{x}_j}=0\qquad (j=1,2,\cdots,n)$$

と

$$(1.8)\qquad \theta=0,$$

ただし，

$$(1.9)\quad \theta=\frac{\partial L}{\partial\dot{x}}dx^{(1)}-\frac{\partial L}{\partial\dot{x}}dx^{(0)}-\left(\frac{\partial L}{\partial\dot{x}}\frac{\partial x^{(1)}}{\partial t}-L\right)dt_1+\left(\frac{\partial L}{\partial\dot{x}}\frac{\partial x^{(0)}}{\partial t}-L\right)dt_0.$$

(1.7) 式を **Euler の方程式**と呼び，(1.8) を**横断性条件**，あるいは，**端点条件**と呼ぶ．Euler の方程式は，2 階常微分方程式である．

有限次元の多様体上で定義された関数の極値問題では，その関数の 1 階偏導関数がすべて 0 となる場所が分ったならば，そこでの 2 階の偏導関数を見ることが，大事であった．変分問題でも全く同じで，2 階の偏導関数に対応する 2 次形式あるいは付随する双 1 次形式を考察する必要がある．そのために，二つのパラメータ α,β によって指定される，X の曲線族，$\gamma_{\alpha\beta}:[t_0(\alpha,\beta),t_1(\alpha,\beta)]\ni t\to q(\alpha,\beta,t)\in X$ を使う．停留曲線は $\gamma_0=\gamma_{\alpha\beta}|_{\alpha=\beta=0}$ とする．$(\partial^2 A(\gamma_{\alpha\beta})/\partial\alpha\partial\beta)|_{\alpha=\beta=0}$ を考察する．

簡単のために，$A(\gamma_{\alpha\beta})=J$ とし，端点を $q_0(\alpha,\beta)=q(\alpha,\beta,t_0(\alpha,\beta))$，$q_1(\alpha,\beta)=q(\alpha,\beta,t_1(\alpha,\beta))$ とかき，その局所座標を $x^{(0)}(\alpha,\beta,t_0),x^{(1)}(\alpha,\beta,t_1)$ とする．これらの α,β に関する偏導関数を，$Dx^{(0)}/\partial\alpha, Dx^{(1)}/\partial\beta$ とする．すると，

$$\frac{Dx^{(i)}}{\partial\alpha}=\frac{\partial x^{(i)}}{\partial\alpha}+\frac{\partial x^{(i)}}{\partial t_i}\frac{\partial t_i}{\partial\alpha},\qquad \frac{Dx^{(i)}}{\partial\beta}=\frac{\partial x^{(i)}}{\partial\beta}+\frac{\partial x^{(i)}}{\partial t_i}\frac{\partial t_i}{\partial\beta},$$

$$\frac{\partial^2}{\partial\alpha\partial\beta}J\bigg|_{\alpha=\beta=0}=\left\{\frac{\partial L}{\partial t}\frac{\partial t}{\partial\alpha}\frac{\partial t}{\partial\beta}+\frac{\partial L}{\partial x}\frac{Dx}{\partial\beta}\frac{\partial t}{\partial\alpha}+\frac{\partial L}{\partial\dot{x}}\frac{D\dot{x}}{\partial\beta}\frac{\partial t}{\partial\alpha}+L\frac{\partial^2 t}{\partial\alpha\partial\beta}\right\}\bigg|_{t_0}^{t_1}$$
$$+\left\{\frac{\partial L}{\partial x}\frac{\partial x}{\partial\alpha}+\frac{\partial L}{\partial\dot{x}}\frac{\partial^2 x}{\partial\alpha\partial t}\right\}\frac{\partial t}{\partial\beta}\bigg|_{t_0}^{t_1}$$
$$+\int_{t_0}^{t_1}\left\{\frac{\partial^2 L}{\partial x\partial x}\frac{\partial x}{\partial\alpha}\frac{\partial x}{\partial\beta}+\frac{\partial^2 L}{\partial x\partial\dot{x}}\frac{\partial\dot{x}}{\partial\alpha}\frac{\partial x}{\partial\beta}+\frac{\partial^2 L}{\partial\dot{x}\partial x}\frac{\partial\dot{x}}{\partial\beta}\frac{\partial x}{\partial\alpha}\right.$$
$$\left.+\frac{\partial^2 L}{\partial\dot{x}\partial\dot{x}}\frac{\partial\dot{x}}{\partial\alpha}\frac{\partial\dot{x}}{\partial\beta}\right\}dt$$
$$+\int_{t_0}^{t_1}\left(\frac{\partial L}{\partial x}\frac{\partial^2 x}{\partial\alpha\partial\beta}+\frac{\partial L}{\partial\dot{x}}\frac{\partial^2\dot{x}}{\partial\alpha\partial\beta}\right)dt,$$

ここで $(\partial^2 L/\partial x\partial x)(\partial x/\partial\alpha)(\partial x/\partial\beta)$ は

$$\sum_{j,k=1}^{n}\frac{\partial^2 L}{\partial x_j\partial x_k}\frac{\partial x_j}{\partial\alpha}\frac{\partial x_k}{\partial\beta}$$

の省略である．

上の式で最後の項は部分積分によって,

$$\frac{\partial L}{\partial\dot{x}}\frac{\partial^2 x}{\partial\alpha\partial\beta}\bigg|_{t_0}^{t_1}+\int_{t_0}^{t_1}\left(\frac{\partial L}{\partial x}-\frac{d}{dt}\frac{\partial L}{\partial\dot{x}}\right)\frac{\partial^2 x}{\partial\alpha\partial\beta}dt$$

故, γ_0 が停留曲線であるから，この積分であらわされる項は 0 である．よって,

(1.10)

$$\frac{\partial^2}{\partial\alpha\partial\beta}J\bigg|_{\alpha=\beta=0}=\left\{\left(L-\frac{\partial L}{\partial\dot{x}}\dot{x}\right)\frac{\partial^2 t}{\partial\alpha\partial\beta}+\left(\frac{\partial L}{\partial t}-\frac{\partial L}{\partial x}\frac{\partial x}{\partial t}\right)\frac{\partial t}{\partial\alpha}\frac{\partial t}{\partial\beta}\right.$$
$$\left.+\frac{\partial L}{\partial x}\frac{Dx}{\partial\beta}\frac{\partial t}{\partial\alpha}+\frac{\partial L}{\partial x}\frac{Dx}{\partial\alpha}\frac{\partial t}{\partial\beta}+\frac{\partial L}{\partial\dot{x}}\frac{D^2 x}{\partial\alpha\partial\beta}\right\}\bigg|_{t_0}^{t_1}$$
$$+\int_{t_1}^{t_2}\left(\frac{\partial^2 L}{\partial x\partial x}\frac{\partial x}{\partial\alpha}\frac{\partial x}{\partial\beta}+\frac{\partial^2 L}{\partial x\partial\dot{x}}\frac{\partial\dot{x}}{\partial\beta}\frac{\partial x}{\partial\alpha}+\frac{\partial^2 L}{\partial x\partial\dot{x}}\frac{\partial x}{\partial\beta}\frac{\partial\dot{x}}{\partial\alpha}+\frac{\partial^2 L}{\partial\dot{x}\partial\dot{x}}\frac{\partial\dot{x}}{\partial\alpha}\frac{\partial\dot{x}}{\partial\beta}\right)dt$$

となる．端点が動き得る範囲は $\boldsymbol{R}\times X$ の部分多様体 M である．そこでの局所座標関数を $u_1,\cdots,u_m$ とする．たとえば,

$$\frac{\partial^2 t}{\partial\alpha\partial\beta}=\sum_i\frac{\partial u_i}{\partial\alpha}\frac{\partial}{\partial u_i}\left(\sum_j\frac{\partial u_j}{\partial\beta}\frac{\partial t}{\partial u_j}\right)$$

とかけるから，(1.10) 式で積分記号のない，端点に関する項は,

$$\left[\left(L-\frac{\partial L}{\partial\dot{x}}\dot{x}\right)\sum_j\frac{\partial^2 u_j}{\partial\alpha\partial\beta}\frac{\partial t}{\partial u_j}+\sum_j\frac{\partial L}{\partial\dot{x}}\frac{\partial x}{\partial u_j}\frac{\partial^2 u_j}{\partial\alpha\partial\beta}+\sum_{j,k}\left\{\left(L-\frac{\partial L}{\partial\dot{x}}\dot{x}\right)\frac{\partial^2 t}{\partial u_j\partial u_k}\right.\right.$$

$$+\left(\frac{\partial L}{\partial t}-\frac{\partial L}{\partial x}\frac{\partial x}{\partial t}\right)\frac{\partial t}{\partial u_j}\frac{\partial t}{\partial u_k}+\frac{\partial L}{\partial x}\left(\frac{\partial x}{\partial u_j}\frac{\partial t}{\partial u_k}+\frac{\partial x}{\partial u_k}\frac{\partial t}{\partial u_j}\right)+\frac{\partial L}{\partial \dot{x}}\frac{\partial^2 x}{\partial u_j \partial u_k}\Biggr\}\frac{\partial u_j}{\partial \alpha}\frac{\partial u_k}{\partial \beta}\Biggr]\Biggr|_{t_0}^{t_1}$$

となる．ところで γ_0 は停留曲線故，横断性条件から

$$\left(L-\frac{\partial L}{\partial \dot{x}}\dot{x}\right)\frac{\partial t}{\partial u_j}+\frac{\partial L}{\partial \dot{x}}\frac{\partial x}{\partial u_j}\Biggr|_{t_0}^{t_1}=0.$$

したがって,

$$\frac{\partial^2}{\partial\alpha\partial\beta}J\Biggr|_{\alpha=\beta=0}=Q(v_\alpha, v_\beta)|_{t_0}^{t_1}+2\int_{t_0}^{t_1}\Omega(\eta(t), \dot{\eta}(t)\,;\xi(t), \dot{\xi}(t))dt. \tag{1.11}$$

ただし，$v_\alpha=(\partial u_1/\partial\alpha, \cdots, \partial u_m/\partial\alpha)$，$v_\beta=(\partial u_1/\partial\beta, \cdots, \partial u_m/\partial\beta)$ で，さらに,

$$\begin{cases} Q(v_\alpha, v_\beta)=\displaystyle\sum_{j,k}a_{jk}\frac{\partial u_j}{\partial\alpha}\frac{\partial u_k}{\partial\beta}, \\ a_{jk}=\left(L-\dfrac{\partial L}{\partial \dot{x}}\dot{x}\right)\dfrac{\partial^2 t}{\partial u_j\partial u_k}+\left(\dfrac{\partial L}{\partial t}-\dfrac{\partial L}{\partial x}\dfrac{\partial x}{\partial t}\right)\dfrac{\partial t}{\partial u_j}\dfrac{\partial t}{\partial u_k} \\ \qquad +\dfrac{\partial L}{\partial x}\left(\dfrac{\partial x}{\partial u_j}\dfrac{\partial t}{\partial u_k}+\dfrac{\partial x}{\partial u_k}\dfrac{\partial t}{\partial u_j}\right)+\dfrac{\partial L}{\partial \dot{x}}\dfrac{\partial^2 x}{\partial u_j\partial u_k} \end{cases} \tag{1.12}$$

である．またベクトル値の関数

$$\eta(t)=\frac{\partial x}{\partial\alpha},\ \dot{\eta}(t)=\frac{\partial^2 x}{\partial t\partial\alpha},\qquad \xi(t)=\frac{\partial x}{\partial\beta},\ \dot{\xi}(t)=\frac{\partial^2 x}{\partial t\partial\beta}$$

を使って

$$\begin{aligned} &2\Omega(\eta(t), \dot{\eta}(t)\,;\xi(t), \dot{\xi}(t)) \\ &=\frac{\partial^2 L}{\partial x\partial x}\eta(t)\xi(t)+\frac{\partial^2 L}{\partial x\partial \dot{x}}(\eta(t)\dot{\xi}(t)+\dot{\eta}(t)\xi(t))+\frac{\partial^2 L}{\partial \dot{x}\partial \dot{x}}\dot{\eta}(t)\dot{\xi}(t) \end{aligned} \tag{1.13}$$

である．

さらに，α, β が，他の一つのパラメータ s の従属変数である，すなわち，$\alpha=\beta=s$ とかけるとき $\gamma_{\alpha\beta}$ を γ_s と略記する．$s=0$ のとき $\alpha(0)=\beta(0)=0$ と仮定する．

$$\frac{d^2}{ds^2}A(\gamma_s)\Biggr|_{s=0}=Q(v)+2\int_{t_0}^{t_1}\Omega(\eta(t), \dot{\eta}(t))dt \tag{1.14}$$

である．ここで，$Q(v, v)=Q(v)$，$\Omega(\eta(t), \dot{\eta}(t)\,;\eta(t), \dot{\eta}(t))=\Omega(\eta(t), \dot{\eta}(t))$ と略記した．v とその端点での値との関係は,

$$\eta(t_0)=\frac{\partial x}{\partial\alpha}\Biggr|_{\substack{t=t_0\\ \alpha=0}}=\sum_j\frac{\partial x}{\partial u_j}\frac{\partial u_j}{\partial\alpha}\Biggr|_{\substack{t=t_0\\ \alpha=0}}=\sum_j\frac{\partial x}{\partial u_j}v_j\Biggr|_{t=t_0}$$

である．$v^0=v|_{t=t_0}$，$v^1=v|_{t=t_1}$ とおくと，線型関係

$$
(1.15)\quad
\begin{cases}
\eta_i(t_0)=\sum_{j=1}^{m} c_{ij}{}^0 v_j{}^0, \\
\eta_i(t_1)=\sum_{j=1}^{m} c_{ij}{}^1 v_j{}^1, \\
\dfrac{dt_0}{ds}=\sum_{j=1}^{m} c_j{}^0 v_j{}^0, \\
\dfrac{dt_1}{ds}=\sum_{j=1}^{m} c_j{}^1 v_j{}^1
\end{cases}
$$

が得られる．これを，**第2端点条件**という．とくに v^0, v^1 から，$\eta(t_0), \eta(t_1)$, $dt_0/ds, dt_1/ds$ への線型対応とみなして，その線型写像の階数が最大のときすなわち $2m$ のとき，**非接触性条件**という．

Ω は無限次元の多様体とみなされる．写像 $s \to \gamma_s$ は Ω 内の曲線と考えられる．したがって，論理的に厳密な定義は別として，有限次元の場合の類推によって，$(v, \eta(*))$ は，γ_0 における，Ω 内の曲線 $s \to \gamma_s$ への接ベクトルであるとみなせよう．$(v, \eta(*)) \in T_{\gamma_0}\Omega$ と書くとよい．

有限次元多様体上で定義された関数の極値問題では，関数の停留点における Taylor 展開の2次の項が大切であった．変分問題を，無限次元の多様体 Ω 上の極値問題とみなしたとき，Taylor 展開の2次の項に相当するものが，(1.14) 式である．(1.14) 式の右辺を，もとの変分問題の停留曲線 γ_0 における**第2変分**という．この第2変分を $I(\gamma_0\,;\eta)$ と書くことにする．

有限次元多様体上で定義された関数の極値問題の解き方は次の三つの原理に立脚している．(a) 極値をとる点 m では関数の1階偏導関数はすべて0，すなわち，m は関数の停留点である．(b) 関数の停留点 m では Taylor 展開の2次の項までを行ってみる．この2次の項が作る2次形式 Q が，非退化であるならば，この点 m の近傍での関数の様子は，この2次形式 Q が決定する．(c) 2次形式 Q が非退化のとき，その符号定数をみれば，関数の点 m の近傍での振舞が分る．変分問題を無限次元多様体上の極値問題とみなすと，これらの原理のうち，(a) は Euler の方程式 (1.7) と (1.8) で記述されている．そして，その解 γ_0 があるとき，γ_0 での Taylor 展開の2次の項に相当する2次形式 (1.14) をすでに得ている．それ故つぎに，これが退化しているかどうかについて議論する必要がある．有限次元多様体上の極値問題にあっては Q は有限次元ベクトル空間の上の2次形式であった．そして，これが退化しているための必要十分条件は，Q の1階の偏導関数をすべて0とする，0でないベクトルが存在することであった．それ故これとの類比によって，変分問題では，η の汎関数 $I(\gamma_0;\eta)$ の変分問題

$$\delta I(\gamma_0;\eta)=0 \tag{1.16}$$

が重要な意味をもつ．これが $\eta=0$ 以外に解をもつならば，2次形式(1.14)は退化している．(1.16)式を第2変分問題という．ここで η の端点は，第2端点条件(1.15)を満足せねばならぬ．変分問題(＝第2変分問題)(1.16)の Euler の方程式は，

$$\frac{d}{dt}\frac{\partial\Omega}{\partial\dot{\eta}}-\frac{\partial\Omega}{\partial\eta}=0 \tag{1.17}$$

であり，これの端点条件は

$$\left.\frac{\partial Q}{\partial v}dv+2\frac{\partial\Omega}{\partial\dot{\eta}}d\eta\right|_{t_0}^{t_1}=0 \tag{1.18}$$

である．(1.17)を **Jacobi の方程式**と呼び，(1.18)を，**第2横断性条件**という．

Jacobi の方程式は，η につき2階の線型常微分方程式である．その主要部 $d^2\eta/dt^2$ の係数行列は，$(\partial^2L/\partial\dot{x}_j\partial\dot{x}_k)$ の γ_0 上での値である．γ_0 上の点 $t=\bar{t}$ において，この行列式が

$$\det\left(\frac{\partial^2L}{\partial\dot{x}_j\partial\dot{x}_k}\right)\Bigg|_{\substack{\gamma=\gamma_0\\ t=\bar{t}}}\neq 0 \tag{1.19}$$

を満足するとき $\gamma_0(\bar{t})$ を**正則点**と呼び，

$$\det\left(\frac{\partial^2L}{\partial\dot{x}_j\partial\dot{x}_k}\Bigg|_{\substack{\gamma=\gamma_0\\ t=\bar{t}_0}}\right)=0 \tag{1.20}$$

を満足するとき $\gamma_0(\bar{t})$ を**特異点**という．また γ_0 上到る所で行列 $(\partial^2L/\partial\dot{x}_j\partial\dot{x}_k)|_{\gamma=\gamma_0}$ が，正定符号行列になることを **Legendre の S 条件**という．$A(\gamma_s)$ の停留曲線 $\gamma_0:[t_0,t_1]\ni t\to q(t)\in X$ があって，$[t_0,t_1]$ の部分区間 $[a,b]$ において，恒等的には0でない Jacobi 方程式の解で，$\eta(a)=\eta(b)=0$ という境界条件を満足するものがあるとき，$\gamma(b)$ は $\gamma(a)$ の**共役点**であるという．Jacobi 方程式の作り方から次の定理が成立する．

定理 1.1　$\gamma:[a,b]\ni t\to\gamma(t)\in X$ が一つの停留曲線であるとする．γ に沿って，Legendre の S 条件が成立しているとする．このとき端点 $\gamma(a),\gamma(b)$ を固定した変分問題において，2次形式(1.14)が退化している必要十分条件は，$\gamma(b)$ が $\gamma(a)$

の共役点であることである．——

次の **Jacobi の原理**は，Jacobi の方程式の解が生ずる有様と，共役点の生ずる様子を感覚的に見せてくれる．今一つの連続なパラメータ α を含む曲線族 γ_α があって，$\alpha=0$ のときは考えている停留曲線 γ_0 に一致するとする．するとこれは Ω 内の一つの曲線を与えたことになる．とくに，任意のパラメータの値 α について γ_α が $A(\gamma)$ の停留曲線であるとする．すなわち，停留曲線ばかりからなっている族が与えられたとする．すると，局所座標系を使って $\gamma_\alpha(t)$ の座標を $x(t,\alpha)$ とすると，$\eta(t)=(\partial x(t,\alpha)/\partial\alpha)|_{\alpha=0}$ は Jacobi の方程式の解である．とくに，$\gamma(a,\alpha)\equiv\gamma_0(a)$，$\gamma(a,\alpha)\equiv\gamma_0(b)$ が成立すると，$\eta(a)=\eta(b)=0$ という境界条件をも満足し，$\gamma_0(a)$ と $\gamma_0(b)$ は共役点となる．これを証明する．Euler の方程式は

$$\frac{d}{dt}\frac{\partial L(t,x(t,\alpha),\dot{x}(t,\alpha))}{\partial\dot{x}}-\frac{\partial L(t,x(t,\alpha),\dot{x}(t,\alpha))}{\partial x}=0.$$

これを α で微分して $\alpha=0$ とすると

$$\frac{d}{dt}\left(\frac{\partial^2 L}{\partial\dot{x}\partial\dot{x}}\frac{\partial\dot{x}}{\partial\alpha}+\frac{\partial^2 L}{\partial\dot{x}\partial x}\frac{\partial x}{\partial\alpha}\right)-\left(\frac{\partial^2 L}{\partial x\partial\dot{x}}\frac{\partial\dot{x}}{\partial\alpha}+\frac{\partial^2 L}{\partial x\partial x}\frac{\partial x}{\partial\alpha}\right)\bigg|_{\alpha=0}=0$$

となり，ここで $(\partial x/\partial\alpha)|_{\alpha=0}=\eta$ とおいて，

$$\frac{\partial\Omega}{\partial\dot{\eta}}=\frac{\partial^2 L}{\partial\dot{x}\partial\dot{x}}\dot{\eta}+\frac{\partial^2 L}{\partial\dot{x}\partial x}\eta,\qquad \frac{\partial\Omega}{\partial\eta}=\frac{\partial^2 L}{\partial\dot{x}\partial x}\dot{\eta}+\frac{\partial^2 L}{\partial x\partial x}\eta$$

に注意すれば，

$$\frac{d}{dt}\frac{\partial\Omega}{\partial\dot{\eta}}-\frac{\partial\Omega}{\partial\eta}=0.$$

すなわち，η は Jacobi の方程式の解である．

$\eta(t)$ は，各 t において，n 個の成分をもつベクトル $\in T_{\gamma_0(t)}X$ をあらわす．Jacobi の方程式は η に関する，n 個の2階線型常微分方程式であるから，γ_0 上特異点がなければ $2n$ 個の独立な解をもつ．$\gamma_0:[t_0,t_1]\to X$ が $A(\gamma)$ の停留曲線で，γ_0 に沿って，すべての点が特異点ではないとする．$[a,b]$ を $[t_0,t_1]$ の部分区間とする．Jacobi の方程式の n 個の独立な解 $\eta_1,\cdots,\eta_n$ で，$\eta_1(a)=\cdots=\eta_n(a)=0$ をみたすものを考える．$\dot{\eta}_1(a),\cdots,\dot{\eta}_n(a)$ は独立なベクトルを与えるから，それの成分を並べた行列を D_0 とすると，D_0 は正則行列である．この解を使って，t における $\eta_1(t),\cdots,\eta_n(t)$ の成分を並べた行列式

(1.21)　　$$D(t,a)=\det(\eta_1(t),\cdots,\eta_n(t))$$

を作る．もちろん $D(a,a)=0$ であるが，$(t-a)^{-n}D(t,a)$ は $t=a$ で連続である．$\gamma_0(b)$ が $\gamma_0(a)$ の共役点となる必要十分条件は，$b\neq a$ で $D(b,a)=0$ となることである．

次に，Jacobi の方程式の任意な $2n$ 個の独立な解を一組とって，それを $\eta_1(t)$, $\cdots, \eta_{2n}(t)$ とかく．これらを成分で表示して縦ベクトルであらわし，これらを横に $2n$ 個並べると，行列 $(\eta_1(t),\cdots,\eta_{2n}(t))$ を得る．これの $t=a$ での行列をこの上に並べて，正方行列

$$M(t,a)=\begin{bmatrix}\eta_1(a) & \eta_2(a) & \cdots & \eta_{2n}(a)\\ \eta_1(t) & \eta_2(t) & \cdots & \eta_{2n}(t)\end{bmatrix} \tag{1.22}$$

を得る．これを **Mayer の行列**といい，その行列式 $\Delta(t,a)$ を **Mayer の行列式**という．とくに $\eta_1(t),\cdots,\eta_{2n}(t)$ を

$$(\eta_1(0),\cdots,\eta_n(0))=0,\qquad (\dot\eta_1(0),\cdots,\dot\eta_n(0))=I,$$
$$(\eta_{n+1}(0),\cdots,\eta_{2n}(0))=I,\qquad (\dot\eta_{n+1}(0),\cdots,\dot\eta_{2n}(0))=0$$

にとったときの Mayer の行列を $M^0(t,a)$ とかくと，$M^0(t,a)$ と $M(t,a)$ とは行列として同一の線型常微分方程式を満足するから，初期値を調べることによって

$$M(t,a)=W(a)M^0(t,a)$$

となる正則定数行列 $W(a)$ が存在する．行列式をとると，

$$\Delta(t,a)=w(a)D(t,a) \tag{1.23}$$

となる $w(a)\neq 0$ が存在する．Mayer 行列式は共役点を特徴づける．さきの Jacobi の原理を補って次の定理を述べておく．

定理 1.2　$\gamma_0:[t_0,t_1]\to X$ が $A(\gamma)$ の停留曲線で，$\gamma_0(t_1)$ は $\gamma_0(t_0)$ の共役点ではないとする．t_0', t_1' が t_0, t_1 のそれぞれ十分近くの実数であり，q_0' が $\gamma_0(t_0)$ の q_1' が $\gamma_0(t_1)$ のそれぞれ十分近くの X の点であるとすると，$\gamma':[t_0',t_1']\to X$ という曲線で $\gamma'(t_0')=q_0'$，$\gamma'(t_1')=q_1'$ となる Euler 方程式の解 γ' が，γ_0 の十分近くにただ一つ存在する．

証明　$\gamma_0(t_0)$ の局所座標を $\alpha^0=(\alpha_1{}^0,\cdots,\alpha_n{}^0)$ とする．γ_0 の t_0 での速度ベクトルを $\beta^0=(\beta_1{}^0,\cdots,\beta_n{}^0)$ とする．α を α^0 に十分近い座標をもつ点とし，β を β^0 に十分近いベクトルの成分とする．Euler の方程式 (1.7) の解で $t=t_0'$ で α から出発し，速度ベクトルが t_0' で β の曲線を $\gamma(t;t_0',\alpha,\beta)$ と記す．$t_0'=t_0$，$\alpha=\alpha^0$，$\beta=\beta^0$ なら $\gamma(t;t_0',\alpha,\beta)=\gamma_0(t)$ である．方程式

$$q_0' = \gamma(t_0'; t_0', \alpha, \beta),$$
$$q_1' = \gamma(t_1'; t_0', \alpha, \beta)$$

を α, β について解けば q_0' を t_0' に発し，t_1' で q_1' に至る，求める停留曲線が得られる．右辺の α, β に関する関数行列式を計算すると，それは $\alpha=\alpha_0$, $\beta=\beta_0$ では(Jacobi の原理により) Mayer 行列式 $\Delta(t_1'; \alpha^0, \beta^0)$ となる．$\gamma_0(t_1')$ は $\gamma_0(t_0)$ の共役点でないから $\Delta(t_1'; \alpha^0, \beta^0) \neq 0$，したがって陰関数定理が使えて，上の方程式がとける(唯一の解をもつ)．▌

第2変分問題が0でない解をもつということは，2次形式(1.14)が，退化していることを意味する．第2変分問題が，0という解しかもたないならば，2次形式(1.14)は退化していないことを意味する．このときこの2次形式の符号定数を調べることが，変分問題では大切である．それには有限次元ベクトル空間の上の2次形式の理論のようにして調べる．以下では，γ_0 にそっては，$(\partial^2 L/\partial \dot{x}_j \partial \dot{x}_k)$ が正定符号行列となっていると仮定する．すなわち，Legendre の S 条件を仮定する．また X は Riemann 空間であるとする．

$I(\gamma_0; \eta)$ に対して $\lambda \in \boldsymbol{R}$ をとって

$$I(\gamma_0; \eta, \lambda) = I(\gamma; \eta) - \lambda \int_{t_0}^{t_1} |\eta|^2 dt \tag{1.24}$$
$$= Q(v) + \int_{t_0}^{t_1} (2\Omega(\eta(t), \dot{\eta}(t)) - \lambda|\eta(t)|^2) dt$$

をその**特性形式**という．ここで $|\eta(t)|^2$ は X の Riemann 計量に関しての長さの2乗である．もちろん (v, η) は第2端点条件(1.15)を満足しているものとする．2次形式 $I(\gamma_0; \eta)$ の符号定数をみるには，2次形式 $I(\gamma_0; \eta, \lambda)$ が退化するような λ の値が大切である．それ故 $I(\gamma_0; \eta, \lambda)$ の変分問題

$$\delta I(\gamma_0; \eta, \lambda) = 0 \tag{1.25}$$

を第2端点条件(1.15)の下で考える．これをより具体的に書き出すと，

$$\frac{d}{dt}\frac{\partial \Omega}{\partial \dot{\eta}} - \frac{\partial \Omega}{\partial \eta} + \lambda \eta = 0 \tag{1.26}$$

を

$$\frac{\partial Q}{\partial v} dv + 2\frac{\partial \Omega}{\partial \dot{\eta}} d\eta \Big|_{t_0}^{t_1} = 0 \qquad \text{(第2横断性条件)}$$

と第2端点条件の下で考えることになる．これを γ_0 に伴う**附属境界値問題**とい

う．これを満足する $(v, \eta(t))$ で 0 でないものがあるとき，λ を**特性根**，(v, η) を λ に属する**特性解**という．λ が特性根のとき，その**指数** (index) とは，この特性根に属する特性解の作るベクトル空間の次元のことをいう．そして，第 2 端点条件の下での，もともとの第 2 変分問題 (1.16) の **Morse 指数**とは，負の特性根に属する指数の和と定義する．この Morse 指数は 2 次形式 (1.14) を負とするベクトル空間の最大次元である．これが有限になることが 2 階線型常微分方程式論から知られている．

§1.2 正準変換

前節に述べたように，$\delta A(\gamma)=0$ となる停留曲線は，Euler の方程式

$$\frac{d}{dt}\frac{\partial L}{\partial \dot{x}}-\frac{\partial L}{\partial x}=0$$

と端点条件，$\theta=0$ をみたす．ただし，

$$\theta=\frac{\partial L}{\partial \dot{x}}dx^{(1)}-\frac{\partial L}{\partial \dot{x}}dx^{(0)}-\left(\frac{\partial L}{\partial \dot{x}}\frac{\partial x^{(1)}}{\partial t}-L\right)dt_1+\left(\frac{\partial L}{\partial \dot{x}}\frac{\partial x^{(0)}}{\partial t}-L\right)dt_0$$

である．Euler 方程式は，2 階の常微分方程式であるが，これを 1 階化するために $\zeta(t)=\dot{x}(t)$ とおくと，

$$(1.27)\qquad \begin{cases} \dfrac{\partial^2 L}{\partial\zeta\partial\zeta}\dfrac{d\zeta}{dt}+\dfrac{\partial^2 L}{\partial\zeta\partial x}\zeta-\dfrac{\partial L}{\partial x}=0, \\ \dfrac{d}{dt}x=\zeta \end{cases}$$

となる．これは，停留曲線 γ が X 上にあると，その速度ベクトルを γ の各点で考えあわせる．すると，TX 内の曲線が得られる．そのみたすべき方程式がこれである．

第 1 変分の中の θ の表示式を観察する．θ は局所座標のとり方によらぬ意味をもつ．したがって，第 1 の端点で，

$$\frac{\partial L}{\partial \dot{x}}dx^{(0)}=\sum_{j=1}^{n}\frac{\partial L}{\partial \dot{x}_j}\bigg|_{t=t_0}dx_j^{(0)}$$

は座標のとり方によらぬ $\gamma(0)$ における X の余接ベクトルの一つを定める．X の余接ベクトルバンドルを T^*X と表わす．第 2 の端点についても同様である．曲線 γ はどこにあっても良いから，端点はどこにとっても同様である．これから

$(q, \dot{q}) \in TX$ を定めると，ここで

$$\xi_1 = \frac{\partial L}{\partial \dot{x}_1}, \quad \xi_2 = \frac{\partial L}{\partial \dot{x}_2}, \quad \cdots, \quad \xi_n = \frac{\partial L}{\partial \dot{x}_n} \tag{1.28}$$

とおき，$p=\xi_1 dx_1+\cdots+\xi_n dx_n$ とおくと，p は X の q での余接ベクトルを定める．こうして得られる写像を **Legendre 変換**といい，FL と書く．FL が C^∞ 写像となることは明らかである．ξ を x に共役な運動量という．我々は次の仮定をおく．

仮定 Legendre 変換 $FL: TX \to T^*X$ は大域的に微分同相である．——

Lagrange 関数 L は $\boldsymbol{R}\times TX$ 上の実数値関数であった．局所座標上の ζ と ξ を使って $\zeta\cdot\xi=\sum_{j=1}^{n}\zeta_j\xi_j$ を作ると，これは座標系のとり方によらない $\boldsymbol{R}\times TX$ で定義された実数値 C^∞ 関数である．したがってこれらを FL を介して，T^*X 上の関数とみなす．そして

$$H(t, q, p) = \zeta\cdot\xi - L \tag{1.29}$$

とおく．これを **Hamilton 関数**と呼ぶ．繰り返すと，これは右辺の関数を，Legendre 変換で $\boldsymbol{R}\times T^*X$ 上の関数とみなすのである．$\boldsymbol{R}\times T^*X$ 上の実数値関数として H を微分し，

$$\begin{aligned} dH &= \xi d\zeta + \zeta d\xi - \frac{\partial L}{\partial x}dx - \frac{\partial L}{\partial \dot{x}}d\zeta - \frac{\partial L}{\partial t}dt \\ &= \zeta d\xi - \frac{\partial L}{\partial x}dx - \frac{\partial L}{\partial t}dt \end{aligned} \tag{1.30}$$

を得る．Euler の方程式とあわせて，

$$\frac{dx_j}{dt} = \frac{\partial H(t, x, \xi)}{\partial \xi_j}, \qquad \frac{d\xi_j}{dt} = -\frac{\partial H(t, x, \xi)}{\partial x_j} \qquad (j=1, 2, \cdots, n) \tag{1.31}$$

を得る．ここで x は q の座標，ξ は余接ベクトル p の座標成分である．(1.31) を Hamilton の**正準方程式**と呼ぶ．T^*X の中の曲線が (1.31) を満足すれば，X への射影は Euler 方程式 (1.7) を満足し，Euler 方程式の解曲線があれば，その速度ベクトルをあわせ考え，さらに Legendre 変換を行えば，(1.31) の解を得る．

再び第1変分に注目する．2点 $\bar{q}^0, \bar{q}^1 \in X$ があって $\bar{q}^0$ から $\bar{q}^1$ に至る停留曲線 γ_0 があり，$\bar{q}^1$ は γ_0 に沿って $\bar{q}^0$ の共役点ではないと仮定する．$\bar{q}^0$ の近傍の任意の点 q^0 と $\bar{q}^1$ の近傍の点 q^1 をとると，q^0 から q^1 へ至る Euler 方程式の解曲線 γ で γ_0 の近くのものがただ一つ存在する．したがって γ に沿っての作用積分

(1.3)は，両端点(q^0, q^1)の関数とみなすことができる．これを$S(t_0, q^0; t_1, q^1)$とおく．γの速度ベクトルをγとあわせ考え，Legendre変換$\boldsymbol{FL}$をほどこして(1.31)をみたすT^*X上の曲線を得る．この両端での局所座標をとってq^0は$x^{(0)}$，q^1は$x^{(1)}$という座標をもつとする．また，両端での$p \in T_{q^0}{}^*X$をp^0，その座標を$\xi^{(0)} = (\xi_1{}^{(0)}, \cdots, \xi_n{}^{(0)})$とかくとする．$p^1$，$\xi^{(1)} = (\xi_1{}^{(1)}, \cdots, \xi_n{}^{(1)})$も同様とする．$S(t_0, q^0; t_1, q^1)$を座標の関数$S(t_0, x^{(0)}; t_1, x^{(1)})$とみなし，微分する．すると，第1変分(1.6)式において，積分記号をもつ項は0であるから，例えば

$$\left.\frac{\partial L}{\partial \dot{x}}\right|_{t=t_0} = \xi^{(0)}, \qquad \frac{\partial x^{(0)}}{\partial t} = \zeta^{(0)}$$

に注意すると，(1.28)を用いて，

$$dS = -Hdt|_{t_0}^{t_1} + \xi dx|_{t_0}^{t_1}$$

すなわち

$$(1.32) \qquad dS = \left(-H(t_1, x^{(1)}, \xi^{(1)})dt_1 + \sum_j \xi_j{}^{(1)} dx_j{}^{(1)}\right) - \left(-H(t_0, x^{(0)}, \xi^{(0)})dt_0 + \sum_j \xi_j{}^{(0)} dx_j{}^{(0)}\right).$$

これが，正準方程式の初期条件(t_0, q^0, p^0)と終期条件(t_1, q^1, p^1)とに成立する条件である．これを外微分して

$$(1.33) \qquad -dH \wedge dt_1 + \sum_j d\xi_j{}^{(1)} \wedge dx_j{}^{(1)} = -dH \wedge dt_0 + \sum_j d\xi_j{}^{(0)} \wedge dx_j{}^{(0)}$$

である．すなわち正準方程式の解の与える$\boldsymbol{R} \times T^*X$の局所微分同相で，2次微分形式$-dH \wedge dt + \sum_j d\xi_j \wedge dx_j$は不変になることが想像されよう．この点は後に詳しくのべる．

上で局所座標を使って，$\sum_j \xi_j dx_j$と書いた1次微分形式が，実はT^*X上の大域的な微分形式であることを示そう．T^*X内の点Ξは，それをXに射影した点qと，T_qX内のベクトルpを指定して指定される．$\pi: T^*X \xrightarrow{\pi} X$を射影とする．$\pi^*p \in T_{\Xi}{}^*T^*X$となる．$\Xi \to \pi^*p$は，確かに$T^*X$上の1次微分形式$\theta_X$を定義する．局所座標を使って書くと，確かに

$$\theta_X = \sum_{j=1}^n \xi_j dx_j$$

である．これを**正準1次形式**という．$\sigma_X = d\theta_X$ とおくと

$$\sigma_X = \sum_{j=1}^{n} d\xi_j \wedge dx_j \tag{1.34}$$

である．σ を**正準2次形式**という．対応することを X の代りに $\boldsymbol{R}\times X$ という多様体で行うと，

$$\begin{cases} \theta_{\boldsymbol{R}\times X} = -\tau \wedge dt + \sum_j \xi_j dx_j, \\ \sigma_{\boldsymbol{R}\times X} = -d\tau \wedge dt + \sum_j d\xi_j \wedge dx_j \end{cases} \tag{1.35}$$

を得る．

一般に，二つの多様体 M と N があって，写像 $\chi: T^*M \to T^*N$ が**正準変換**であるとは，χ が微分同相で，正準2次形式を保つ．すなわち $\chi^*\sigma_N = \sigma_M$ のときをいう．この最も基本的なものは，$M=N$ がベクトル空間で，X が線型な正準変換のときであろう．

定義 1.1 X が実ベクトル空間とする．$X\times X$ で定義され，実数値をとる歪対称で，非退化な双1次形式 σ が存在するとき，(X,σ) を**シンプレクティックベクトル空間**と呼ぶ．σ を**シンプレクティック形式**あるいは，**シンプレクティック構造**という．——

$\forall x \in X$ に対して $i_x\sigma$ を $i_x\sigma: X \ni y \to \sigma(x,y) \in \boldsymbol{R}$ という X 上の1次線型形式，すなわち X の双対空間 X' の元とする．定義によって，$X \ni x \to i_x\sigma \in X'$ は同型である．σ は歪対称だから $\sigma(x,x)=0$ が任意の $x \in X$ に対し成立する．$E \subset X$ をベクトル部分空間で，$E\times E$ 上 σ は0である，すなわち，$\forall x,y \in E$ に対し $\sigma(x,y)=0$ とする．このとき，E は等方的(isotropic)あるいは**インボリューティブ**という．E がインボリューティブな部分空間のとき $x_1,\cdots,x_k$ を E の基底とすると，$E \subset \bigcap_{j=1}^{k} \operatorname{Ker} i_{x_j}\sigma$ である．したがって $\dim E = k \leqq m-k$ である．ただし $m=\dim X$．もし $2k<m$ ならば，$F=\bigcap_{j=1}^{k} \operatorname{Ker} i_{x_j}\sigma$ の次元が $m-k>k$ だから，F の中に，E の元と独立なベクトル x_{k+1} がある．x_{k+1} と E とで張る空間を E_1 とすると，$E_1 \subset \bigcap_{j=1}^{k+1} \operatorname{Ker} i_{x_j}\sigma$ 故 E_1 もインボリューティブで E_1 は E より1次元大きい．この過程を $2k=m$ になるまでつづけられる．すなわち

命題 1.1 (X,σ) がシンプレクティックベクトル空間であるとする．X の次元は必ず偶数である．これを $2n$ とする．X のインボリューティブな部分空間 E

があると，これを含む極大なインボリューティブ部分空間 E_0 がある．$\dim E_0=n$ である．——

極大なインボリューティブ部分空間を **Lagrange 部分空間**あるいは**ラグランジアン**と呼ぶ．Lagrange 部分空間は，つねに n 次元である．X の Lagrange 部分空間の全体を $\Lambda(X)$ と書く．λ が X の Lagrange 部分空間で，$e_1, \cdots, e_n$ をその基底とする．$\mathrm{Ker}\, i_{e_2}\sigma \cap \mathrm{Ker}\, i_{e_3}\sigma \cap \cdots \cap \mathrm{Ker}\, i_{e_n}\sigma$ の次元は $n+1$ であるから，λ と独立なベクトル f_1 で，$\sigma(e_1, f_1)=1$, $\sigma(e_2, f_1)=0$, $\cdots$, $\sigma(e_n, f_1)=0$ となるものが存在する．$\mathrm{Ker}\, i_{e_1}\sigma \cap \mathrm{Ker}\, i_{e_3}\sigma \cap \mathrm{Ker}\, i_{e_4}\sigma \cap \cdots \cap \mathrm{Ker}\, i_{e_n}\sigma \cap \mathrm{Ker}\, i_{f_1}\sigma$ の次元は n で，これに入って $\sigma(e_2, f_2)=1$ となるベクトル f_2 が存在する．以下同様にして，$f_3, \cdots, f_n$ を定める．すると

$$\sigma(e_i, e_j)=0, \qquad \sigma(e_i, f_j)=\delta_{ij}, \qquad \sigma(f_i, f_j)=0 \tag{1.36}$$

とすることが出来る．$e_1, \cdots, e_n, f_1, \cdots, f_n$ は独立で，X の基底となる．

定義 1.2 シンプレクティックベクトル空間 (X, σ) の基底 $e_1, \cdots, e_n, f_1, \cdots, f_n$ で，(1.36) 式をみたすものを，**シンプレクティック基底**という．——

X の二つの元 x と x' を，この基底に関し成分表示して，

$$x=\xi_1 e_1+\cdots+\xi_n e_n+\eta_1 f_1+\cdots+\eta_n f_n,$$
$$x'=\xi_1' e_1+\cdots+\xi_n' e_n+\eta_1' f_1+\cdots+\eta_n' f_n$$

とすると，

$$\sigma(x, x')=\sum_{j=1}^{n}(\xi_j \eta_j'-\eta_j \xi_j') \tag{1.37}$$

である．(1.36) をみたすシンプレクティック基底があると，$e_1, \cdots, e_n$ の張るベクトル空間 λ と，$f_1, \cdots, f_n$ の張るベクトル空間 λ' とは共に Lagrange 部分空間であって，$\lambda \cap \lambda'=\{0\}$ である．二つの Lagrange 部分空間 λ_1 と λ_2 があって，$\lambda_1 \cap \lambda_2=\{0\}$ のとき，λ_1 と λ_2 は互いに，**横断的**であるという．

命題 1.2 λ_1, λ_2 が互いに横断的な Lagrange 部分空間とする．λ_1 と λ_2 はシンプレクティック形式 σ に関し，双対的である．

証明 (a) $x \in \lambda_1$ が，任意の $y \in \lambda_2$ に対して $\sigma(x, y)=0$ であるならば，$x=0$ である．(b) $y \in \lambda_2$ が任意の $x \in \lambda_1$ に対して $\sigma(x, y)=0$ ならば，$y=0$ である．この二つを証明する．$\lambda_1 \cap \lambda_2=\{0\}$ と次元の計算から，$X=\lambda_1 \oplus \lambda_2$ と直和分解される．(a) を示すには，任意の $z \in X$ をこの直和分解に応じて，$z=z_1+z_2$ と分解す

る．$\sigma(x,z)=\sigma(x,z_2)=0$ 故 σ は非退化のことから $x=0$. (b) も同様である．▮

系　λ_1 と λ_2 が互いに横断的な Lagrange 部分空間のとき，任意の λ_1 の基底 $e_1,\cdots,e_n$ に対し，λ_2 の基底 $f_1,\cdots,f_n$ を選んで，$e_1,\cdots,e_n,f_1,\cdots,f_n$ が X のシンプレクティック基底となるように出来る．——

さて，λ_1,λ_2 を横断的な Lagrange 部分空間とする．λ を第3の Lagrange 部分空間で λ_2 とは横断的であるとする．$X=\lambda_1\oplus\lambda_2$ という直和分解に応じて，射影 $\mathrm{pr}_1:\lambda\to\lambda_1$ は同型である．射影 $\mathrm{pr}_2:\lambda\to\lambda_2$ は必ずしも同型ではない．対応 $\mathrm{pr}_2\circ\mathrm{pr}_1^{-1}:\lambda_1\to\lambda_2$ は線型写像である．これを $T_{\lambda_1\lambda_2\lambda}$ と書く．上の分解に応じて X の元を (x',x'')，$x'\in\lambda_1$，$x''\in\lambda_2$ と書くと，λ は，$\lambda_1\to\lambda_2$ の写像のグラフを定める．この写像が $T_{\lambda_1\lambda_2\lambda}$ である．$x,y\in\lambda_1$ に対して $\sigma(T_{\lambda_1\lambda_2\lambda}x,y)$ を作る．これを $Q_{\lambda_1\lambda_2\lambda}(x,y)$ とおく．これは，$\lambda_1\times\lambda_1$ 上の対称双1次形式である．実際，$x+T_{\lambda_1\lambda_2\lambda}x=z_1$，$y+T_{\lambda_1\lambda_2\lambda}y=z_2$ とすると，$z_1,z_2\in\lambda$ である．したがって，$\sigma(z_1,z_2)=0$. ゆえに $\sigma(T_{\lambda_1\lambda_2\lambda}x,y)+\sigma(x,T_{\lambda_1\lambda_2\lambda}y)=0$. これから $Q_{\lambda_1\lambda_2\lambda}(x,y)=Q_{\lambda_1\lambda_2\lambda}(y,x)$ が導かれる．これに付随する λ_1 上の2次形式を，$Q_{\lambda_1\lambda_2\lambda}(x)$ とおく．pr_1 によって，λ 上の2次形式とみなしても良い．λ_1 の基底 $e_1,\cdots,e_n$ と λ_2 の基底 $f_1,\cdots,f_n$ を適当にとって，シンプレクティック基底とする．$x=x_1e_1+\cdots+x_ne_n+\xi_1f_1+\cdots+\xi_nf_n$ とおく．$x'=x_1e_1+\cdots+x_ne_n$ とする．x が λ に入る必要十分条件は $\xi_1f_1+\cdots+\xi_nf_n=T_{\lambda_1\lambda_2\lambda}x'$ である．すなわち，$Q_{\lambda_1\lambda_2\lambda}(x')=x_1\xi_1+\cdots+x_n\xi_n$. したがって，

$$\xi_j=\frac{1}{2}\frac{\partial}{\partial x_j}Q_{\lambda_1\lambda_2\lambda}(x')\qquad(j=1,2,\cdots,n)\tag{1.38}$$

が成立することである．λ 上において微分形式，

$$dQ_{\lambda_1\lambda_2\lambda}(x')=2(\xi_1dx_1+\xi_2dx_2+\cdots+\xi_ndx_n)\tag{1.39}$$

である．$d\xi_1\wedge dx_1+\cdots+d\xi_n\wedge dx_n=0$ が λ 上で成立する．これは $\lambda\times\lambda$ 上の σ が 0 であるということと符合する．関数 $Q_{\lambda_1\lambda_2\lambda}(x')$ を λ の**母関数**という．その名の由来は (1.38) にある．λ_1 と λ_2 を固定しておくと，λ が色々変ると，2次形式 $Q_{\lambda_1\lambda_2\lambda}(x')$ が色々変る．$Q_{\lambda_1\lambda_2\lambda}(x')$ を指定して λ を指定することが出来る．この間の事情をもっと詳しくみよう．そのまえに次の定義を示す．

定義 1.3　$(X,\sigma_X),(X',\sigma_{X'})$ を二つのシンプレクティックベクトル空間とする．$S:X\to X'$ は線型写像で，

$$\sigma_{X'}(Sx, Sy) = \sigma_X(x, y) \tag{1.40}$$

を満たすものとする．このとき S を**シンプレクティック1次写像**という．——

このとき $\mathrm{Ker}\, S = \{0\}$ である．とくに S が X' の上への写像のとき S を**シンプレクティック変換**という．(X, σ) と (X', σ') を二つのシンプレクティックベクトル空間で次元が共に $2n$ であるとする．次に X のシンプレクティック基底 $e_1, \cdots, e_n, f_1, \cdots, f_n$ が (1.36) をみたすようにとり，X' のシンプレクティック基底 $e_1', \cdots, e_n', f_1', \cdots, f_n'$ が (1.36) を満足するようにとる．すると，e_j を e_j' に写像し f_j を f_j' に写像するような線型写像 S を作るとこれは，シンプレクティック変換になっている．そして (X, σ) での色々な性質と (X', σ') でのそれが S を介して対応するから，(X, σ) と (X', σ') とはシンプレクティック空間として同型であるという．すなわち

命題 1.3 次元の等しいシンプレクティック空間は互いに同型である．——

複素 n 次元数ベクトル空間 $\boldsymbol{C}^n$ は，係数を実数に制限すれば $\boldsymbol{R}^{2n}$ と同一視される．すなわち，$\boldsymbol{C}^n$ のベクトル $z = (z_1, \cdots, z_n)$ は $z = p + iq$，$p = (p_1, \cdots, p_n)$，$q = (q_1, \cdots, q_n) \in \boldsymbol{R}^n$ と同一視される．$\boldsymbol{C}^n \ni z, z'$ に対して標準的な Hermite 内積 $h(z, z')$ が定義される．$z' = (z_1', \cdots, z_n') = p' + iq'$，$p' = (p_1', \cdots, p_n')$，$q' = (q_1', \cdots, q_n')$ とすると，

$$h(z, z') = \sum_j \bar{z}_j z_j' = p \cdot p' + q \cdot q' + i(p \cdot q' - p' \cdot q). \tag{1.41}$$

ここで，$p \cdot p' = p_1 p_1' + \cdots + p_n p_n'$ 等と略記した．上記のように $\boldsymbol{C}^n \cong \boldsymbol{R}^{2n}$ と同一視して，ここで

$$\sigma(z, z') = \mathrm{Im}\, h(z, z') = p \cdot q' - p' \cdot q \tag{1.42}$$

とおくと，$(\boldsymbol{C}^n, \sigma) = (\boldsymbol{R}^{2n}, \sigma)$ はシンプレクティックベクトル空間となる．h に関する $\boldsymbol{C}^n$ のユニタリ変換は $\boldsymbol{R}^{2n}$ の線型変換とみなすと，シンプレクティック変換である．

$\boldsymbol{C}^n$ の Lagrange 部分空間の全体を $\Lambda(n)$ とかく．$\lambda_{\mathrm{Re}} = \{z \mid z = p + iq, q = 0\}$，$\lambda_{\mathrm{Im}} = \{z \mid z = p + iq, p = 0\}$ とおくと，λ_{Re} と λ_{Im} はたがいに横断的な Lagrange 部分空間である．λ_{Re} の点は $p = (p_1, \cdots, p_n)$ で，λ_{Im} の点は $iq = i(q_1, \cdots, q_n)$ というパラメータで表示される．λ_{Re} と横断的な Lagrange 部分空間の全体を $\Lambda^0(n)$ とする．一般に $\Lambda^k(n) = \{\lambda \in \Lambda(n) \mid \dim(\lambda \cap \lambda_{\mathrm{Re}}) = k\}$，$k = 0, 1, 2, \cdots, n$ とおく．$\lambda \in$

$\Lambda^0(n)$ のときの母関数を再考する．$\boldsymbol{C}^n=\lambda_{\mathrm{Re}}\oplus\lambda_{\mathrm{Im}}$ と直和分解しておく．$\lambda\in\Lambda^0(n)$ をとる．$T_{\lambda_{\mathrm{Im}}\lambda_{\mathrm{Re}}\lambda}:\lambda_{\mathrm{Im}}\to\lambda_{\mathrm{Re}}$ を $iq+T_{\lambda_{\mathrm{Im}}\lambda_{\mathrm{Re}}\lambda}(iq)\in\lambda$ で定める．$Q_{\lambda_{\mathrm{Im}}\lambda_{\mathrm{Re}}\lambda}(iq)=\sigma(T_{\lambda_{\mathrm{Im}}\lambda_{\mathrm{Re}}\lambda}(iq),iq)$ が λ_{Im} 上の2次形式である．$z\in\boldsymbol{C}^n$ の各成分に i を乗ずる変換はユニタリ変換であるからシンプレクティック変換である．そこで $T_{\lambda_{\mathrm{Im}}\lambda_{\mathrm{Re}}\lambda}i=S(\lambda):\lambda_{\mathrm{Re}}\to\lambda_{\mathrm{Re}}$ の線型写像である．これは内積 $g=\mathrm{Re}\,h$ に関して対称である．これを用いると $\lambda=\{S(\lambda)q+iq\mid q\in\boldsymbol{R}^n\}$ と表示される．これによって $\Lambda^0(n)$ 全体と，実対称行列全体とが1対1に対応がつく．母関数は $g(iz,z')=\sigma(z,z')$ であるから

$$Q_{\lambda_{\mathrm{Im}}\lambda_{\mathrm{Re}}\lambda}(iq)=g(S(\lambda)q,q) \tag{1.43}$$

である．実際

$$\begin{aligned}Q_{\lambda_{\mathrm{Im}}\lambda_{\mathrm{Re}}\lambda}(iq)&=\sigma(T_{\lambda_{\mathrm{Im}}\lambda_{\mathrm{Re}}\lambda}iq,iq)\\&=\sigma(S(\lambda)q,iq)\\&=g(S(\lambda)q,q)\end{aligned}$$

だからである．したがって $p+iq\in\lambda$ となる必要十分条件は

$$\begin{cases}p=S(\lambda)q,\\ p_j=\dfrac{1}{2}\dfrac{\partial}{\partial q_j}Q_{\lambda_{\mathrm{Im}}\lambda_{\mathrm{Re}}\lambda}(iq)=\dfrac{1}{2}\dfrac{\partial}{\partial q_j}g(S(\lambda)q,q)\qquad(j=1,2,\cdots,n)\end{cases} \tag{1.44}$$

である．また，λ 上で

$$dQ_{\lambda_{\mathrm{Im}}\lambda_{\mathrm{Re}}\lambda}(iq)=2(p_1dq_1+\cdots+p_ndq_n) \tag{1.45}$$

でもある．

$\Lambda^0(n)$ に入らない Lagrange 部分空間でも同様なことが出来ることを次に示す．正整数の集合 $\{1,2,\cdots,n\}$ を $\langle 1,n\rangle$ と略記する．$K\subset\langle 1,n\rangle$ とし，K^c でその補集合を示す．$|K|$ を K に入る整数の個数とし，K の長さと呼ぶ．任意の $K\subset\langle 1,n\rangle$ に対して，

$$I_K:\ \boldsymbol{C}^n\ni z=(z_1,\cdots,z_n)\longrightarrow z'=(z_1',\cdots,z_n')\in\boldsymbol{C}^n,$$
$$z_k'=iz_k\quad(k\in K),\qquad z_j'=z_j\quad(j\in K^c)$$

というユニタリ変換を考え，$I_K\lambda_{\mathrm{Re}}=\lambda_K$ とすれば，$\lambda_K=\{z=p+iq\mid p_K=0,q_{K^c}=0\}=\{p_{K^c}+iq_K\}$ と書ける．したがって $\dim(\lambda_K\cap\lambda_{\mathrm{Re}})=|K^c|$，$\dim(\lambda_K\cap\lambda_{\mathrm{Im}})=|K|$ である．

命題 1.4　$n\geqq k>0$ に対し $\lambda\in\Lambda^k(n)$ ならば，ある $K\subset\langle 1,n\rangle$，$|K|=k$，が存在して，$\lambda$ と λ_K は横断的である．

証明 $\lambda\cap\lambda_{\mathrm{Re}}=\lambda_0$ とおくと $\dim\lambda_0=k$ である．$K\subset\langle 1,n\rangle$，$|K|=k$ を選んで，$\lambda_K\cap\lambda_{\mathrm{Re}}$ が λ_0 と λ_{Re} の中で横断的となるように出来る．それには次のようにする．まず，λ_0 の定義方程式を，λ_{Re} の中で

$$\sum_{k=1}^{n} a_{jk}x_k = 0, \qquad (j=1,2,\cdots,n-k)$$

であるとする．この係数行列の階数は $n-k$ である．0でない $n-k$ 次小行列式が，例えば $(a_{jl})_{jl=1}{}^{n-k}$ であるならば，$K=\{n-k+1,n-k+2,\cdots,n\}$ とすれば十分である．このように λ_K をとる．$\lambda\cap\lambda_K\ni z$ とすると，$\forall z'\in\lambda\cup\lambda_K=\lambda_{\mathrm{Re}}$ に対し $\sigma(z,z')=0$，したがって $z\in\lambda_{\mathrm{Re}}$ である．よって $z=0$ である．▌

この命題によると，$\lambda\in\Lambda^k(n)$ $(k\neq 0)$ に対しても，母関数の表示が出来る．$K\subset\langle 1,n\rangle$ を $|K|=k$ となるように適当に選び，λ と λ_K が横断的になるようにすると，λ は I_K による $\Lambda^0(n)$ の像に入る．すなわち $\lambda\in I_K\Lambda^0(n)$ である．λ 上の1次微分形式，$\theta=p_1dq_1+\cdots+p_ndq_n$ は完全 (exact) である．しかし $dq_1,\cdots,dq_n$ は必ずしも独立ではないのでこの代りに，$\theta_K=\theta-d(p_K\cdot q_K)=p_{K^c}\cdot dq_{K^c}-q_K\cdot dp_K$ を使う．ここで $p_{K^c}\cdot dq_{K^c}=\sum_{l\in K^c}p_l\cdot dq_l$ の略である．そして，

$$Q(p_K,q_{K^c})=2\int\theta_K \tag{1.46}$$

とするのである．すると

$$p_{K^c}=\frac{1}{2}\frac{\partial Q}{\partial q_{K^c}}, \qquad q_K=-\frac{1}{2}\frac{\partial Q}{\partial p_K} \tag{1.47}$$

が得られる．$\lambda\in I_K\Lambda^0(n)$ であるから $I_K{}^{-1}\lambda=\lambda'\in\Lambda^0(n)$ である．$z'=p'+iq'\in\lambda'$ とし，$I_Kz'=z=p+iq$ とすると，$p_K=-q_K'$，$q_K=p_K'$，$p_{K^c}=p_{K^c}'$，$q_{K^c}=q_{K^c}'$ であるから

$$I_K{}^*\theta_K=p'\cdot dq'=\theta \tag{1.48}$$

が成立する．$I_K{}^*$ は I_K の微分写像である．

さて，X を n 次元の C^∞ 多様体とする．X の余接ベクトルバンドル T^*X の中の1点 (q,p) を定める，ここで $q\in X$，$p\in T_q{}^*X$ である．点 (q,p) での T^*X への接ベクトル空間 $T_{(q,p)}T^*X$ は正準形式 $\sigma_X(1.34)$ によってシンプレクティックベクトル空間である．このことを，T^*X にシンプレクティック構造が入るという．X の q の近傍での座標系を $(x_1,\cdots,x_n)$ とする．この近傍で T^*X の元を

$\xi_1 dx_1+\cdots+\xi_n dx_n$ と書くことにすると，$(x_1, \cdots, x_n, \xi_1, \cdots, \xi_n)$ が T^*X の局所座標を与える．この座標で正準形式 σ_X を表示すると

$$\sigma_X = d\xi_1 \wedge dx_1+d\xi_2 \wedge dx_2+\cdots+d\xi_n \wedge dx_n \tag{1.49}$$

であった．

$\mathfrak{X}$ を T^*X 上の一つのベクトル場とする．T^*X 上の1次微分形式 $i_{\mathfrak{X}}\sigma$ が次のように定義される．任意の T^*X 上のベクトル $\mathfrak{Y}$ に対して

$$i_{\mathfrak{X}}\sigma(\mathfrak{Y}) = \sigma(\mathfrak{X}, \mathfrak{Y}). \tag{1.50}$$

上述の局所座標をとるとき，$\mathfrak{X}=\sum_j \left(\dot{\xi}_j \frac{\partial}{\partial \xi_j}+\dot{x}_j \frac{\partial}{\partial x_j}\right)$ と書けば，$i_{\mathfrak{X}}\sigma=\sum_j (\dot{\xi}_j dx_j - \dot{x}_j d\xi_j)$ となる．

T^*X 上で定義された実数値 C^∞ 関数 $H(q, p)$ があって，ベクトル場 $\mathfrak{X}$ について，

$$i_{\mathfrak{X}}\sigma = -dH \tag{1.51}$$

が成立するとき，$\mathfrak{X}$ を **Hamilton のベクトル場**と呼び，H を $\mathfrak{X}$ の **Hamilton 関数**と呼ぶ．上述のような座標をとって，関数 H も座標 $(x_1, \cdots, x_n, \xi_1, \cdots, \xi_n)$ の関数として $H(x, \xi)$ と書くと，Hamilton ベクトル場 $\mathfrak{X}$ は，上の定義により

$$\dot{x}_j = \frac{\partial H}{\partial \xi_j}, \qquad \dot{\xi}_j = -\frac{\partial H}{\partial x_j} \tag{1.52}$$

で与えられる．これは正準方程式(1.31)と一致する．以後 H は Hamilton 関数を表わすとし，Hamilton ベクトル場を $\mathfrak{X}_H$ で表わすことにする．

つぎに Hamilton ベクトル場の積分を考える必要がある．一般に M を C^∞ 多様体とし，$\mathfrak{X}$ をその上のベクトル場とする．次のような条件をみたす三つ組 (U_0, a, F) を $m \in M$ での $\mathfrak{X}$ の**流れ箱**(flow box) と呼ぶ．その条件とは，次の(i)〜(iv)である．

(i) U_0 は m を含む M の開部分集合である．

(ii) $0<a\leqq\infty$ で，$F: U_0\times(-a, a)\to M$ は C^∞ な写像．

(iii) 任意に $u \in U_0$ を固定すると $(-a, a) \ni t\to F(u, t) \in M$ は $\mathfrak{X}$ の積分曲線である．

(iv) 任意に $t_0 \in (-a, a)$ を固定すると，$u\to F(u, t_0)$ は $U_0\to F(U_0, t_0)$ なる微分同相である．

任意の C^∞ のベクトル場 $\mathfrak{X}$ に対して，a と U_0 を十分小さくすると，流れ箱が存在することは，常微分方程式の基本定理である．

$\mathfrak{X}$ を M 上のベクトル場とする．$\mathcal{D}_{\mathfrak{X}}\subset M\times \boldsymbol{R}$ を，

$$\mathcal{D}_{\mathfrak{X}}=\{(m,a)\,|\,t=0 \text{ のとき，} m \text{ を通る } \mathfrak{X} \text{ の積分曲線が，} 0\leqq t\leqq a \text{ または，} a\leqq t\leqq 0 \text{ で存在する}\}$$

と定義する．$\mathcal{D}_{\mathfrak{X}}$ は $\mathfrak{X}$ の積分曲線が定義される最大の定義域として良い．とくに $\mathcal{D}_{\mathfrak{X}}=M\times \boldsymbol{R}$ のとき，$\mathfrak{X}$ は**完備ベクトル場**という．完備なベクトル場の例としては，$\mathfrak{X}$ が M のコンパクト集合 K の外側で恒等的に 0 となっている場合：あるいは，X が完備 Riemann 空間で，測地線の方程式に伴う Hamilton の正準方程式を T^*X で，考えた場合などがある．$\mathcal{D}_{\mathfrak{X}}$ は $M\times \boldsymbol{R}$ で開集合である．$\mathcal{D}_{\mathfrak{X}}\supset M\times\{0\}$ である．$\mathcal{D}_{\mathfrak{X}}\ni(m,t)$ に対し，$F_{\mathfrak{X}}(m,t)$ を $t=0$ で m を通る積分曲線の t での点を示すことにする．$F_{\mathfrak{X}}:\mathcal{D}_{\mathfrak{X}}\to M$ は C^∞ 写像である．m を固定すると $t\to F_{\mathfrak{X}}(m,t)$ は積分曲線である．

もう一度流れ箱 (U_0,a,F) に戻る．$t\in(-a,a)$ をとめると $F_t: U_0\ni u\to F(u,t)\in F(U_0,t)\subset M$ は微分同相であった．ω という微分形式が M 上に定義されているとき，ω を $F(U_0,t)$ に制限し，F_t^* によって U_0 上にひき戻したものを $F_t^*\omega$ と書く．もとの ω を U_0 上に制限したものとの差を考え t で割って $t\to 0$ とする．この極限を η_{U_0} とする．すなわち

$$\eta_{U_0}=\lim_{t\to 0}\frac{1}{t}(F_t^*\omega-\omega) \tag{1.53}$$

とおく．η_{U_0} は U_0 で定義された微分形式である．上の構成法から，他の流れ箱 (V_0,a',F') をとって η_{V_0} を作ると，$V_0\cap U_0$ 上では $\eta_{U_0}=\eta_{V_0}$ である．したがって，これから M 上の大域的な微分形式 η が定義される．$\eta=L_{\mathfrak{X}}\omega$ と書き，η を ω の $\mathfrak{X}$ による **Lie 微分**という．外微分演算 d と $L_{\mathfrak{X}}$ は交換する．このことは定義から明らかである．

つぎに

$$L_{\mathfrak{X}}(\omega_1\wedge\omega_2)=L_{\mathfrak{X}}\omega_1\wedge\omega_2+\omega_1\wedge L_{\mathfrak{X}}\omega_2 \tag{1.54}$$

を示そう．

$$F_t^*(\omega_1\wedge\omega_2)-\omega_1\wedge\omega_2=(F_t^*\omega_1-\omega_1)\wedge F_t^*\omega_2+\omega_1\wedge(F_t^*\omega_2-\omega_2)$$

であるから t で割って $t\to 0$ の極限をとれば明らかである．とくに ω が 0 次形式，

すなわち関数であれば，$L_{\mathfrak{X}}f=\mathfrak{X}f$ で $L_{\mathfrak{X}}f=\langle\mathfrak{X}, df\rangle$ である．公式

$$L_{\mathfrak{X}}\omega = di_{\mathfrak{X}}\omega+i_{\mathfrak{X}}d\omega \tag{1.55}$$

が大事である．$i_{\mathfrak{X}}\omega$ は，$\mathfrak{X}$ と ω の縮約である．この公式は ω の次数に関して帰納法で証明すれば良いが，それは微分幾何学に譲って，ここではこれを感覚的に理解することにする．はじめに，ω を1次微分形式とし (U_0, a, F) を流れ箱とする．U_0 の中に，2点 A, B を端点とする曲線分 C_0 を作る．C_0 の各点を F_t で写像すると，$F_t(U_0)=F(t, U_0)$ の中の曲線分 C_t で端点が A', B' となるものがある．A から A' へ至る積分曲線を AA'，B から B' へ至る積分曲線を BB' とする．AA' と C_t, BB', C_0 で囲まれる面分を S とする．図1.1参照．S とは曲線分 C_0 が時間 t の間に $\mathfrak{X}$ に沿って流れて行くとき掃く面分のことである．C_0 上の積分

$$I(t) = \int_B^A (F_t{}^*\omega-\omega)$$

を計算する．

$$I(t) = \int_{B'}^{A'}\omega-\int_B^A\omega = \int_{B'}^{A'}\omega+\int_A^B\omega$$

ともかけるから，S に向きを考えて，$ABB'A'$ が正の向きとなるように S のへりにも向きをつける．すると Stokes の定理から

$$I(t) = \int_S d\omega-\int_B^{B'}\omega+\int_A^{A'}\omega$$

であるから t が十分0に近いと，向きも含めて S は $C_0\times t\mathfrak{X}$ とみなせるから，積分路は $\overrightarrow{AA'}-\overrightarrow{BB'}=-\partial C_0\times t\mathfrak{X}$ とみなせよう．よって

$$\int_S d\omega = \int_{C_0\times t\mathfrak{X}} d\omega+0(t^2) = -t\int_{C_0} i_{\mathfrak{X}}d\omega+0(t^2)$$

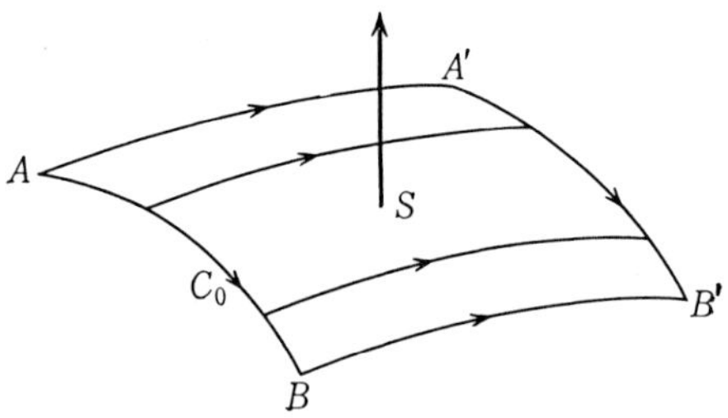

図1.1

である．ここで $0(t^2)$ は t^2 の速さで 0 となる量である．同様に，

$$\int_A^{A'}\omega-\int_B^{B'}\omega=\int_{-\partial C_0\times t\mathfrak{X}}\omega=-t\int_{\partial C_0}i_{\mathfrak{X}}\omega+0(t^2),$$

よって

$$I(t)=-t\left(\int_{C_0}i_{\mathfrak{X}}d\omega+\int_{\partial C_0}i_{\mathfrak{X}}\omega\right)+0(t^2).$$

t で割って，$t\to 0$ とすると，

$$-\int_{C_0}L_{\mathfrak{X}}\omega=-\left(\int_{C_0}i_{\mathfrak{X}}d\omega+\int_{C_0}di_{\mathfrak{X}}\omega\right)$$

となる．C_0 は任意の微小曲線だから，この式は

$$L_{\mathfrak{X}}\omega=i_{\mathfrak{X}}d\omega+di_{\mathfrak{X}}\omega$$

を示していることになる．2 次以上の微分形式に対しても同様に証明が出来る．よって (1.55) は示された．

今 ω を r 次の微分形式としたとき，$L_{\mathfrak{X}}\omega=0$ であったとする．また (U_0,a,F) は任意の流れ箱とし，C_r を U_0 内の r 次元の鎖体 (chain) とする．このとき

$$\int_{C_r}\omega=\int_{F(t,C_r)}\omega\qquad(t\in(-a,a))\tag{1.56}$$

を示そう．それには

$$I(t)=\int_{F(t,C_r)}\omega$$

とおくと，(1.53) から，

$$\frac{d}{dt}I(t)=\int_{F(t,C_r)}L_{\mathfrak{X}}\omega=0$$

に注意すれば良い．(1.56) が成立するから

$$L_{\mathfrak{X}}\omega=0\tag{1.57}$$

のとき，ω は $\mathfrak{X}$ の**不変微分形式**という．

T^*X 上の一つの Hamilton ベクトル場 $\mathfrak{X}_H$ を考える．正準 2 次形式 $\sigma=\sigma_X$ は $\mathfrak{X}_H$ の不変微分形式である．実際

$$L_{\mathfrak{X}_H}\sigma=di_{\mathfrak{X}_H}\sigma+i_{\mathfrak{X}_H}d\sigma=-ddH=0.\tag{1.58}$$

また，T^*X 上の体積要素を $v=\overbrace{\sigma\wedge\cdots\wedge\sigma}^{n}$ とすると

$$L_{\mathfrak{X}_H}v=0\tag{1.59}$$

である．また

$$L_{\mathfrak{X}_H}H = \mathfrak{X}H = 0 \tag{1.60}$$

である．実際 $L_{\mathfrak{X}_H}H = di_{\mathfrak{X}_H}H + i_{\mathfrak{X}_H}dH = i_{\mathfrak{X}_H}dH = -i_{\mathfrak{X}_H}i_{\mathfrak{X}_H}\sigma = 0$ だからである．この(1.60)は，Hamilton 関数 H が積分曲線上の定数であることを示している．つぎに，$\mathfrak{X}_G$ を第2の Hamilton ベクトル場とするとき

$$i_{[\mathfrak{X}_H, \mathfrak{X}_G]}\sigma = d(\sigma(\mathfrak{X}_H, \mathfrak{X}_G)) \tag{1.61}$$

を示そう．第3のベクトル場 $\mathfrak{X}$ を考えれば，Cartan の公式[1]によって，

$$\begin{aligned} 0 &= d\sigma(\mathfrak{X}_H, \mathfrak{X}_G, \mathfrak{X}) \\ &= (1/3)\{\mathfrak{X}_H\sigma(\mathfrak{X}_G, \mathfrak{X}) + \mathfrak{X}_G\sigma(\mathfrak{X}, \mathfrak{X}_H) + \mathfrak{X}\sigma(\mathfrak{X}_H, \mathfrak{X}_G) \\ &\qquad -\sigma([\mathfrak{X}_H, \mathfrak{X}_G], \mathfrak{X}) - \sigma([\mathfrak{X}_G, \mathfrak{X}], \mathfrak{X}_H) - \sigma([\mathfrak{X}, \mathfrak{X}_H], \mathfrak{X}_G)\}. \end{aligned}$$

$L_{\mathfrak{X}_H}\sigma = 0$ を使うと，

$$\begin{aligned} \mathfrak{X}_H\sigma(\mathfrak{X}_G, \mathfrak{X}) &= L_{\mathfrak{X}_H}(\sigma(\mathfrak{X}_G, \mathfrak{X})) \\ &= (L_{\mathfrak{X}_H}\sigma)(\mathfrak{X}_G, \mathfrak{X}) + \sigma([\mathfrak{X}_H, \mathfrak{X}_G], \mathfrak{X}) + \sigma(\mathfrak{X}_G, [\mathfrak{X}_H, \mathfrak{X}]) \\ &= \sigma([\mathfrak{X}_H, \mathfrak{X}_G], \mathfrak{X}) + \sigma(\mathfrak{X}_G, [\mathfrak{X}_H, \mathfrak{X}]). \end{aligned}$$

同様に，$\mathfrak{X}_G\sigma(\mathfrak{X}, \mathfrak{X}_H) = \sigma([\mathfrak{X}_G, \mathfrak{X}], \mathfrak{X}_H) + \sigma(\mathfrak{X}, [\mathfrak{X}_G, \mathfrak{X}_H])$．すなわち，

$$\mathfrak{X}(\sigma(\mathfrak{X}_H, \mathfrak{X}_G)) + \sigma([\mathfrak{X}_H, \mathfrak{X}_G], \mathfrak{X}) = 0,$$

これは

$$(i_{[\mathfrak{X}_H, \mathfrak{X}_G]}\sigma)(\mathfrak{X}) = d(\sigma(\mathfrak{X}_H, \mathfrak{X}_G))(\mathfrak{X})$$

を示す．$\mathfrak{X}$ は任意であったから，

$$i_{[\mathfrak{X}_H, \mathfrak{X}_G]}\sigma = d(\sigma(\mathfrak{X}_H, \mathfrak{X}_G))$$

となる．

公式(1.61)は，ベクトル場 $[\mathfrak{X}_H, \mathfrak{X}_G]$ は再び Hamilton ベクトル場となること，その Hamilton 関数は $K = -\sigma(\mathfrak{X}_H, \mathfrak{X}_G)$ であることを示している．これは，T^*X の Hamilton ベクトル場は，全体として，Lie 環を作ることを示している．ここでの対応，

$$H, G \longrightarrow K = -\sigma(\mathfrak{X}_H, \mathfrak{X}_G) = +\mathfrak{X}_G H = -\mathfrak{X}_H G$$

を $K = [H, G]$ とかき，H と G の **Poisson 括弧式**と呼ぶ．

定義により，次の性質が成立する．

---

1) 例えば本講座"微分幾何学"を参照されたい．

(a) $[H+H', G] = [H, G]+[H', G]$,

(b) $[H, G] = -[G, H]$,

(c) $[FH, G] = [F, G]H+F[H, G]$,

(d) $[F, [G, H]]+[G, [H, F]]+[H, [F, G]] = 0$.

また (c) から α が定数であると

(c)′ $[\alpha H, G] = \alpha[H, G]$

が成立する．T^*X の局所座標を $(x_1, \cdots, x_n, \xi_1, \cdots, \xi_n)$ とすると，$\sigma=d\xi_1\wedge dx_1+d\xi_2\wedge dx_2+\cdots+d\xi_n\wedge dx_n$ だから，

$$\mathfrak{X}_H = \sum_j\left(\frac{\partial H}{\partial\xi_j}\frac{\partial}{\partial x_j}-\frac{\partial H}{\partial x_j}\frac{\partial}{\partial\xi_j}\right)$$

と表示が出来て，

$$[H, G] = \sum_{j=1}^n\left(\frac{\partial H}{\partial x_j}\frac{\partial G}{\partial\xi_j}-\frac{\partial H}{\partial\xi_j}\frac{\partial G}{\partial x_j}\right) \tag{1.62}$$

と書ける．定義によると

$$[H, G] = -\mathfrak{X}_H G = \mathfrak{X}_G H = \sigma(\mathfrak{X}_H, \mathfrak{X}_G) \tag{1.63}$$

であった．したがって，$[H, G]$ は G の Hamilton ベクトル場の方向への H の方向微分である．よって，$[H, G]=0$ であれば，Hamilton ベクトル場 $\mathfrak{X}_G$ の各積分曲線に沿って，H は一定値である．すなわち H は $\mathfrak{X}_G$ の積分である．またまったく同様にして，G は Hamilton ベクトル場 $\mathfrak{X}_H$ の積分である．常微分方程式論によれば，このように，$\mathfrak{X}_H$ の積分は，関数的に独立なものは $2n$ 個存在することが知られている．これが全部求められれば，$\mathfrak{X}_H$ の積分曲線が求められる．すなわち Hamilton の正準方程式が解ける．しかしこれは一般には，出来ない．

T^*X 上の関数，$F_1, F_2, \cdots, F_l$ という関数が，

$$[F_j, F_k] = 0 \qquad (j, k=1, 2, \cdots, l) \tag{1.64}$$

を満足するとき，**包合系**であるという．次の定理は基本的である．

定理 1.3 (Jacobi) $l<n$ について，関数 $F_1, \cdots, F_l$ が包合系であるとする．任意の点 $(q, p)\in T^*X$ に対し，元のある近傍 U があって，U で定義された関数 $F_{l+1}, \cdots, F_n$ が存在して，$F_1, \cdots, F_n$ が U で包合系になる．

証明 線型方程式系で，$[\mathfrak{X}_{F_j}, \mathfrak{X}_{F_k}]=0$ $(j, k=1, 2, \cdots, l)$ だから F_{l+1} として，

(1.65) $$\mathfrak{X}_{F_1}F_{l+1}=\mathfrak{X}_{F_2}F_{l+1}=\cdots=\mathfrak{X}_{F_l}F_{l+1}=0$$

の解をとることが可能で，しかも，(q,p) での接ベクトルが $\mathfrak{X}_{F_1},\mathfrak{X}_{F_2},\cdots,\mathfrak{X}_{F_l}$ のそこでの値と，独立になるようにとれる．F_{l+2} についても同様である[1]．∎

$F_1,F_2,\cdots,F_l$ が包合系であるとする．これらの作る Hamilton ベクトル場 $\mathfrak{X}_{F_1}$, $\mathfrak{X}_{F_2},\cdots,\mathfrak{X}_{F_l}$ について，

$$[\mathfrak{X}_{F_j},\mathfrak{X}_{F_k}]=[F_j,F_k]=0 \qquad (j,k=1,2,\cdots,l)$$

であるから，l 次元の多様体 N と，C^∞ 写像，$\iota:N\to T^*X$ が存在し，N の各点 n で，ι_*T_nN が，$\mathfrak{X}_{F_1},\cdots,\mathfrak{X}_{F_l}$ の $\iota(n)$ の値が張るベクトル部分空間と一致するように出来る．局所的には，$[F_1,G]=0$, $[F_2,G]=0$, $\cdots$, $[F_l,G]=0$ をみたす $n-l$ 個の独立な関数 $G_1,\cdots,G_{n-l}$ をとれば，$\iota(N)$ は $G_j=\text{const.}(j=1,2,\cdots,n-l)$ で与えられる．このとき，T^*X 上の正準2次形式，σ_X を ι の微分 ι^* で N 上にひき戻すと $\iota^*\sigma_X=0$ である．実際 $\mathfrak{X},\mathfrak{Y}$ を N 上の任意のベクトル場とすると，

$$\iota^*\sigma(\mathfrak{X},\mathfrak{Y})=\sigma(\iota_*\mathfrak{X},\iota_*\mathfrak{Y})=0$$

である．これは $\iota^*\sigma=0$ を示す．

Jacobi の定理を考えあわせると，$l=n$ のときが興味深い．C^∞ 多様体 M と，C^∞ のはめ込み (immersion) $\iota:M\to T^*X$ があって，M の各点 m での ι の微分 ι_* による T_mM の像 ι_*T_mM が T^*X の $\iota(m)$ における接ベクトル空間 $T_{\iota(m)}T^*X$ における Lagrange 部分空間となっているとき，ι は **Lagrange はめ込み**であるという．このとき $\dim M=n$ である．とくに M が T^*X の部分多様体のとき，**Lagrange 部分多様体**と呼ぶ．ι が Lagrange はめ込み のとき，$m\in M$ における ι_*T_mM を $\iota_\sharp(m)$ と書く．$\iota_\sharp(m)$ は $T_{\iota(m)}T^*X$ の Lagrange 部分空間である．

(q,p) を T^*X の任意の1点とする．$q\in X$, $p\in T_q{}^*X$ である．(q,p) のまわりで標準的な座標を $(x_1,\cdots,x_n,\xi_1,\cdots,\xi_n)$ とする．すなわち，$q\in X$ のある座標近傍で $x_1,\cdots,x_n$ を局所座標関数とする．この座標近傍の上にある T^*X の部分で，T^*X の元を $\xi_1dx_1+\cdots+\xi_ndx_n$ と書けば，$(x_1,\cdots,x_n,\xi_1,\cdots,\xi_n)$ は (q,p) のまわりの局所座標関数である．正準2次形式は

$$\sigma=d\xi_1\wedge dx_1+d\xi_2\wedge dx_2+\cdots+d\xi_n\wedge dx_n$$

である．$T_{(q,p)}T^*X$ の部分空間で，$T_q{}^*X$ に接するベクトルの全体からなる λ^f

1) もっと詳しくは，本講座"1階偏微分方程式"を参照されたい．

は，上の表示によると

$$\lambda^f=\{dx^1=dx^2=\cdots=dx^n=0\}$$

である．λ^f は $\partial/\partial\xi_1, \partial/\partial\xi_2, \cdots, \partial/\partial\xi_n$ で張られるベクトル空間である．λ^f は確かに Lagrange 部分空間である．したがって，$q\in X$ をとると q 上の T^*X のファイバーは，T^*X の Lagrange 部分多様体である．上の座標のとり方で，$\lambda_0=\{d\xi_1=d\xi_2=\cdots=d\xi_n=0\}$ は $\partial/\partial x_1, \partial/\partial x_2, \cdots, \partial/\partial x_n$ の張るベクトル空間で，これも Lagrange 部分空間である．λ^f は局所座標のとり方に依存しないが，λ_0 は局所座標のとり方に依存する．λ_0 に類似なものを局所座標のとり方によらずに定義するために，X を Riemann 空間として，T^*X に接続 (connection) を定義しておく．すると各点 $(q,p)\in T^*X$ での接ベクトル空間 $T_{(q,p)}T^*X$ 内に，水平空間 (horizontal space) と呼ばれる部分空間 λ^h が存在することがわかる．また λ^h は Lagrange 部分空間となる．それは，q の近傍で，q を中心とする測地座標をとると，この座標に関して $\lambda^h=\lambda_0$ となることから分る．

さて，$\iota: M\to T^*X$ が Lagrange はめ込みであるとし，$\iota_*(m)$ が $m\in M$ で，$T_{\iota(m)}T^*X$ の中で，λ^f に横断的なとき，m は，M の**正則な点**という．そうでないとき m は**非正則な点**あるいは，**焦的な点**であると呼ぶ．この言葉づかいの妥当性は後に分るであろう．さて，T^*X の正準1次形式を $\theta=\theta_X$ とする．微分 ι^* によって，M 上の1次微分形式 $\iota^*\theta$ を作ると，$d\iota^*\theta=\iota^*d\theta=\iota^*\sigma=0$ だから $\iota^*\theta$ は閉微分形式である．M の普遍被覆空間を $\hat{M}$ とかき，$\rho:\hat{M}\to M$ を射影とする．$\rho^*\iota^*\theta$ は，$\hat{M}$ 上の完全な1次微分形式だから，任意の $\hat{m}\in\hat{M}$ に対し

$$F(\hat{m})=\int_{\hat{m}_0}^{\hat{m}}\rho^*\iota^*\theta \tag{1.66}$$

は，$\hat{M}$ 上の1価関数である．ただし $\hat{m}_0$ は基点とする．また，$\hat{M}$ も $\iota\circ\rho$ で Lagrange はめ込みとなる．$\hat{m}\in\hat{M}$ に対し $(\iota\circ\rho)_*(\hat{m})=\iota_*(\rho(\hat{m}))$ であるから，$\hat{m}$ が焦的になるのと，$m=\rho(\hat{m})$ が焦的となるのは同じことである．さて，$\iota(m)=\iota\circ\rho(\hat{m})$ の近傍で T^*X の局所座標が，前述のように $(x_1,\cdots,x_n,\xi_1,\cdots,\xi_n)$ ととってあるとする．すると，写像 $\iota\circ\rho$ を介して，$x_1,\cdots,x_n,\xi_1,\cdots,\xi_n$ は，$\hat{m}$ の近傍で，$\hat{M}$ の上の (局所) 関数である．とくに $\hat{m}$ が焦的でないと，$x_1,\cdots,x_n$ は $\hat{m}$ の近傍での $\hat{M}$ の局所座標関数とみなすことが出来る．よって，F は局所的に $x_1,\cdots,x_n$ の関数とみなすことが出来る．すると，$\hat{M}$ 上の局所的な関数として

$$\xi_1 = \frac{\partial F}{\partial x_1}, \quad \xi_2 = \frac{\partial F}{\partial x_2}, \quad \cdots, \quad \xi_n = \frac{\partial F}{\partial x_n} \tag{1.67}$$

という関係がある．この理由によって，F を $\hat{M}$ または M の**母関数**と呼ぶ．すなわち，(1.67) 式は $\theta_X = \xi_1 dx_1 + \xi_2 dx_2 + \cdots + \xi_n dx_n$ と書けるからである．

$\hat{m} = \hat{m}_0$ が焦的な点であると，(1.67) は $\hat{m}_0$ については成立しない．それは，$(\iota\circ\rho)_*(\hat{m}_0)$ が，λ^f と横断的でないので，$dx_1, dx_2, \cdots, dx_n$ が独立でなくなるからである．$\iota\circ\rho(\hat{m}_0)$ の近傍で，T^*X の局所座標 $(x_1, x_2, \cdots, x_n, \xi_1, \xi_2, \cdots, \xi_n)$ を前と同じようにとる．$T_{\iota\circ\rho(\hat{m}_0)}T^*X$ の基底，$\partial/\partial x_1, \partial/\partial x_2, \cdots, \partial/\partial x_n, \partial/\partial \xi_1, \partial/\partial \xi_2, \cdots, \partial/\partial \xi_n$ を，標準的なシンプレクティックベクトル空間の p_1 軸，p_2 軸，$\cdots$，p_n 軸，q_1 軸，q_2 軸，$\cdots$，q_n 軸のそれぞれ単位ベクトルに写像する線型写像を考えると，これはシンプレクティック変換で，λ_0 が λ_{Im} に，λ^f が λ_{Re} に写像される．この写像で $(\iota\circ\rho)_*(\hat{m}_0)$ はある $k>0$ に対し $\Lambda^k(n)$ の元に写像される．したがって，ある $K\subset \langle 1, n\rangle$ で $|K|=k$ となるものがあり，$d\xi_k$ $(k\in K)$ と，dx_j $(j\in K^c)$ は $(\iota\circ\rho)_*(\hat{m}_0)$ 上の独立な1次形式となる．したがって，$\hat{m}_0$ の近傍で，ξ_k $(k\in K)$ と x_j $(j\in K^c)$ とが，$\hat{M}$ の局所座標系となる．そこで

$$\theta_K = \theta - d(x_K\cdot\xi_K) \tag{1.68}$$

とおくと，$\hat{m}_0$ の近傍で，$dF_K = \theta_K$ となる F_K が存在する．これを使うと $\hat{m}_0$ の近傍で，関係式

$$\xi_j = \frac{\partial F_K}{\partial x_j} \quad (j\in K^c), \qquad x_k = -\frac{\partial F_K}{\partial \xi_k} \quad (k\in K) \tag{1.69}$$

が成立する．F_K を $\hat{m}_0$ の近傍での母関数と呼ぶこともある．

例 1.1 Lagrange はめ込みの例をあげよう．X を n 次元の多様体とする．f は X で定義された，実数値の C^∞ 関数とする．f の微分 df は T^*X の断面 (crosssection) である．$\iota = df: X\to T^*X$ は Lagrange はめ込み（もっと強く，埋め込み (embedding)）になっている．実際，X 上の局所座標関数 $x_1, x_2, \cdots, x_n$ をとり，T^*X の局所座標関数を前のように，$x_1, x_2, \cdots, x_n, \xi_1, \xi_2, \cdots, \xi_n$，とすると $\iota(X)$ 上で

$$\xi_1 = \frac{\partial f}{\partial x_1}, \quad \xi_2 = \frac{\partial f}{\partial x_2}, \quad \cdots, \quad \xi_n = \frac{\partial f}{\partial x_n}$$

が成立していることがわかる．したがって

$$\sum_{j=1}^{n} d\xi_j \wedge dx_j = \sum_{j,k=1}^{n} \frac{\partial^2 f}{\partial x_j \partial x_k} dx_k \wedge dx_j = 0$$

である．逆に，$\iota: X \to T^*X$ が，断面であるとき，ある関数 f があって，$\iota(x) = df(x)$ と書けるためには，少なくとも局所的には，ι が Lagrange はめ込みであれば，十分である．実際，$\iota^*\theta$ は X 上の閉微分形式となるから，局所的には関数 f があって $\iota^*\theta = df$ となる．よって示された．——

例 1.2 いわゆる**余法束** (conormal bundle) と呼ばれるものを考えてみよう．Y を X の正則部分多様体とする．このとき，$(T^*X)|_Y$ を Y の上にある T^*X の部分とすると写像 $(T^*X)|_Y \to T^*Y \to 0$ の完全列が出来る．この核を N^*Y とおき，Y の余法束という．次の完全列が成立する．

(1.70) $$0 \longrightarrow N^*Y \longrightarrow (T^*X)|_Y \longrightarrow T^*Y \longrightarrow 0.$$

埋め込み，$\rho: N^*Y \to T^*X$ は Lagrange 正則部分多様体を定める．実際 Y の任意の点 y^0 の X での近傍 U で，局所座標 $(x_1, x_2, \cdots, x_n)$ をとって，$U \cap Y$ が $x_1 = x_2 = \cdots = x_k = 0$ で与えられるように出来る．T^*X の U の上方にある部分で座標関数 $x_1, x_2, \cdots, x_n, \xi_1, \xi_2, \cdots, \xi_n$ を前のようにとる．すると，N^*Y の方程式は，

$$x_1 = x_2 = \cdots = x_k = 0, \qquad \xi_{k+1} = \xi_{k+2} = \cdots = \xi_n = 0$$

である．したがって，$\sigma = d\xi_1 \wedge dx_1 + d\xi_2 \wedge dx_2 + \cdots + d\xi_n \wedge dx_n = 0$ が N^*Y では成立する．とくに，Y として，X の 1 点 q をとると，N^*Y はその点 q 上の T^*X のファイバー，$T_q{}^*X$ である．——

例 1.3 X と Y とがともに n 次元多様体であるとき，$\chi: T^*X \to T^*Y$ が正準変換であるとする．すなわち微分同相で，

(1.71) $$\chi^*\sigma_Y = \sigma_X$$

が成立する．ここで σ_X と σ_Y はそれぞれ X と Y の正準 2 次形式である．T^*X の点を (q, p) と記すことにする．ただし，$q \in X$, $p \in T_q{}^*X$ である．T^*Y の点を同様に (q', p') と書く．正準変換 χ のグラフ $G(\chi)$ を

(1.72) $$G(\chi) = \{(q, p, q', p') \mid \chi(q, p) = (q', p')\}$$

とする．$G(\chi)$ に対して，

(1.73) $$G'(\chi) = \{(q, p, q', -p') \mid (q, p, q', p') \in G(\chi)\}$$

とおく．(q, p, q', p') に対し $(q, p, q', -p')$ をその**対心点**という．

直積 $X\times Y$ のベクトルバンドル $T^*(X\times Y)$ は自然に，$T^*X\times T^*Y$ と同一視される．よって，$T^*(X\times Y)$ から T^*X への射影 ρ_X と T^*Y への射影 ρ_Y が定義される．$T^*(X\times Y)$ の正準2次形式は，$\rho_X{}^*\sigma_X+\rho_Y{}^*\sigma_Y$ と同一である．これを

$$\sigma_{X\times Y}=\sigma_X+\sigma_Y \tag{1.74}$$

とかく．式(1.71)は $G'(\chi)$ が Lagrange 部分多様体をなすことと同値である．

$G'(\chi)$ の点が正則であるとき，その点の近傍では，$G'(\chi)$ は，それを $X\times Y$ に射影したものと微分同相であるから，$X\times Y$ の点 (q,q') の局所座標系を $G'(\chi)$ のここでの局所座標系としてとることができる．q の局所座標を $x=(x_1,x_2,\cdots,x_n)$ とし，q' の局所座標を $x'=(x_1',x_2',\cdots,x_n')$ とする．自然に，p の局所座標系 $\xi_1,\xi_2,\cdots,\xi_n$ と p' の局所座標系 $\xi_1',\xi_2',\cdots,\xi_n'$ が定まる．$G'(\chi)$ の普遍被覆空間上で定義される母関数 S を，$G'(\chi)$ 上の多価関数とみなしても良い．各枝の差は局所的に定数である．よって枝の一つをとり x と x' の関数として $S(x,x')$ とかく．すると $G'(\chi)$ 上で，

$$\xi_j=\frac{\partial S(x,x')}{\partial x_j},\qquad \xi_j'=\frac{\partial S(x,x')}{\partial x_j'}\qquad (j=1,2,\cdots,n) \tag{1.75}$$

が成立する．したがって正準変換 χ のグラフ $G(\chi)$ 上では

$$\xi_j=\frac{\partial S(x,x')}{\partial x_j},\qquad \xi_j'=-\frac{\partial S(x,x')}{\partial x_j'}\qquad (j=1,2,\cdots,n) \tag{1.76}$$

がなりたつ．

とくに $X=Y$ で，χ が恒等写像のとき，$G'(\chi)$ は焦的である．この場合，$G'(\chi)$ は (ξ,x') を局所座標系にとることができる．そして，局所的な母関数として微分形式

$$\tilde{\theta}=\theta_{X\times Y}-d\Big(\sum_j x_j\xi_j\Big) \tag{1.77}$$

の積分をとる．これを (ξ,x') の関数として $\widetilde{S}(x',\xi)$ と書けば，

$$x_j=-\frac{\partial\widetilde{S}(x',\xi)}{\partial\xi_j},\qquad \xi_j'=-\frac{\partial\widetilde{S}(x',\xi)}{\partial x_j'}\qquad (j=1,2,\cdots,n) \tag{1.78}$$

が成立する．これは χ が恒等写像でなくても，それに極く近ければ，使える．——

T^*X 上に Hamilton 関数 $H(q,p)$ による，Hamilton ベクトル場 $\mathfrak{X}_H$ があるとき，(U,a,F) をその一つの流れ箱とする．$t\in(-a,a)$ ならば，$F_t{}^*\sigma=\sigma$ であ

り，$F_t: U \to F_t(U)$ は微分同相であるから，F_t は局所的には正準変換である．また，t と s が十分小さければ，$F_{t+s}=F_t\cdot F_s$ が，成り立っている．だから F_t は，局所的正準変換の1パラメータ部分群の芽である．逆に，正準変換の1パラメータ部分群は，Hamilton ベクトル場の積分であろうか？　つぎのように，大まかに考えれば，これは正しいと言える．

$\boldsymbol{C}^n$ の点を $z=(z_1, z_2, \cdots, z_n)=p+iq$，ただし $p=(p_1, p_2, \cdots, p_n)\in \boldsymbol{R}^n$，$q=(q_1, q_2, \cdots, q_n)\in \boldsymbol{R}^n$ とする．$t\in[-a, a]$ に対して，$\chi_t: \boldsymbol{C}^n \to \boldsymbol{C}^n$ が正準変換で，$\chi_0=$ 恒等写像とする．$|t|$ が十分小さいと，χ_t には母関数 $\tilde{S}(t, p, q')$ があるとする．ただし，$z'=p'+iq'=\chi_t(z)$，$z=p+iq$ である．母関数だから (1.78) によって

$$
(1.79)\quad q_j=-\frac{\partial \tilde{S}(t, p, q')}{\partial p_j}, \qquad p_j'=-\frac{\partial \tilde{S}(t, p, q')}{\partial q_j'} \qquad (j=1, 2, \cdots, n).
$$

また恒等写像 χ_0 の母関数は

$$
(1.80)\qquad \tilde{S}(0, p, q')=-p\cdot q'=-(p_1q_1'+p_2q_2'+\cdots+p_nq_n')
$$

である．(1.79) を t で微分して $t=0$ とおく．このとき $dp/dt=dq/dt=0$ に注意して，(1.80) を使うと，

$$
\left.\frac{dq_j'}{dt}\right|_{t=0}=\frac{\partial^2 \tilde{S}(0, p, q')}{\partial p_j \partial t}, \qquad \left.\frac{dp_j'}{dt}\right|_{t=0}=-\frac{\partial^2 \tilde{S}(0, p, q')}{\partial q_j' \partial t}
$$

である．$t=0$ で $p=p'$，$q'=q$ であるから，$\partial \tilde{S}(0, p', q')/\partial t=H(p', q')$ とおくと，

$$
\left.\frac{dq_j'}{dt}\right|_{t=0}=\frac{\partial H(p', q')}{\partial p_j'}, \qquad \left.\frac{dp_j'}{dt}\right|_{t=0}=-\frac{\partial H(p', q')}{\partial q_j'} \qquad (j=1, 2, \cdots, n).
$$

この式では $t=0$ であるが，χ_t が群の性質をもつと，すなわち $\chi_t\chi_s=\chi_{t+s}$ ならば，$t=0$ でのベクトル場は，一般の t でも同じであるから，Hamilton の方程式

$$
(1.81)\quad \frac{dq_j'}{dt}=\frac{\partial H(p', q')}{\partial p_j'}, \qquad \frac{dp_j'}{dt}=-\frac{\partial H(p', q')}{\partial q_j'} \qquad (j=1, 2, \cdots, n)
$$

を得ることができる．この意味で Hamilton 関数 H は χ_t の**無限小母関数**である．

T^*X から T^*X への正準変換の全体は確かに群を作り，これは無限次元の Lie 群とみなせるが，その Lie 環が，T^*X 上の Hamilton ベクトル場であるということを，大雑把には了解されるであろう．

§1.3　1階偏微分方程式の解法

方程式

(1.82) $$\frac{\partial u}{\partial t}+H\left(t, x, \frac{\partial u}{\partial x}\right) = 0$$

を初期条件

(1.83) $$u(0, x) = \varphi(x)$$

の下で解くことを考えよう．これをきちんと定式化する．まず，$\forall t \in \boldsymbol{R}$ で $\boldsymbol{R}$ の余接ベクトルは τdt とかける．$T^*\boldsymbol{R}$ は $\boldsymbol{R}^2$ と同一視され，その任意の点は (t, τ) とかける．H は $\boldsymbol{R}\times T^*X$ 上で定義された実数値 C^∞ 関数とする．X の点を q とする．$p \in T_q{}^*X$ とする．T^*X の点は (q, p) と書ける．したがって，H は $H(t, q, p)$ とかける．$T^*(\boldsymbol{R}\times X)$ は $T^*\boldsymbol{R}\times T^*X$ と同一視されるから，$T^*(\boldsymbol{R}\times X)$ の点は，(t, τ, q, p) と表示される．$T^*(\boldsymbol{R}\times X)$ で定義された関数 G を，

(1.84) $$G(t, \tau, q, p) = \tau+H(t, q, p)$$

で定義する．一方 $\boldsymbol{R}\times X$ で定義された関数 u の微分は

(1.85) $$du = \frac{\partial u}{\partial t}dt+d_q u$$

と書ける．$d_q u$ は $T_q{}^*X$ の元である．(1.82) 式は，

(1.86) $$G\left(t, \frac{\partial u}{\partial t}, q, d_q u\right) = 0$$

の意味である．

G は $T^*(\boldsymbol{R}\times X)$ の Hamilton ベクトル場 $\mathfrak{X}$ を定める．その最大積分域を $\mathcal{D}_{\mathfrak{X}}$ で表わすと，$\mathcal{D}_{\mathfrak{X}}\subset\boldsymbol{R}\times T^*(\boldsymbol{R}\times X)$ であり，$\mathcal{D}_{\mathfrak{X}}$ は開集合である．$(s, t, \tau, q, p) \in \mathcal{D}_{\mathfrak{X}}$ のとき，$F_{\mathfrak{X}}(s, t, \tau, q, p)$ を，$s=0$ で (t, τ, q, p) を通る $\mathfrak{X}$ の積分曲線の s での点とする．これは正準変換であり，この対応を F_s とかく．

つぎに，初期条件を考える．$\rho: L_0\to T^*X$ をはめ込みとする．$\forall t \in \boldsymbol{R}$, $\forall l \in L_0$ に対して $(t, \tau, \rho(l)) \in T^*(\boldsymbol{R}\times X)$ を，$\tau=-H(t, \rho(l))$ で定める．$\mu: \boldsymbol{R}\times L_0\to T^*(\boldsymbol{R}\times X)$ をこの写像とする．特に，t を固定して $l \in L_0$ から $(t, \tau, \rho(l))$ への写像を $\mu_t: L_0\to T^*(\boldsymbol{R}\times X)$ とかく．$\rho: L_0\to T^*X$ が特に Lagrange はめ込みであるとする．そのとき，$\mu_0: L_0\to T^*(\boldsymbol{R}\times X)$ を作ると，これはベクトル場 $\mathfrak{X}$ と横断的である．すなわち，$\mu_{0*}T_l L_0$ は任意の $l \in L_0$ に対して，$\mathfrak{X}$ の $\mu_0(l)$ でのベクトルと1次独立である．というのは，$\mu_{0*}T_l L_0$ は $dt=0$ をみたすが，$\mathfrak{X}$ は $dt\neq 0$ だからである．$\mu_s=F_s\circ\mu_0$ とし $\Gamma_s=\mu_s L_0$ とする．Γ_s は $\mu_0 L_0$ を通る Hamilton

ベクトル場 $\mathfrak{X}$ の積分曲線と $s=s$ との交わりである．

$$
\begin{array}{cccc}
\iota: & \boldsymbol{R}\times L_0\cap\mathcal{D}_{\mathfrak{X}} & \longrightarrow & T^*(\boldsymbol{R}\times X) \\
 & \Psi & & \Psi \\
 & (s,l) & \longrightarrow & \mu_s(l)
\end{array}
$$

とおく．ι は $n+1$ 次元 Lagrange はめ込みである．実際 $\mu_{0*}T_lL_0$ と $\mathfrak{X}$ とで，$\iota_*T_{(0,l)}(\boldsymbol{R}\times L_0)$ は生成される．$\mu_{0*}T_lL_0$ 上で $\sigma_{\boldsymbol{R}\times X}=\sigma_X+d\tau\wedge dt$ は 0 である．一方任意のベクトル $\eta\in\mu_{0*}T_lL_0$ について，$\sigma(\eta,\mathfrak{X})=0$ を示すことができる．実際，$\sigma(\eta,\mathfrak{X})=\langle dG,\eta\rangle=0$ である．したがって $\iota_*T_{(\sigma,l)}(\boldsymbol{R}\times L_0)$ は Lagrange 部分空間．F_s は正準変換だから，ι は Lagrange はめ込みである．

今，X 上の関数 $\varphi(q)$ があり，これが，T^*X の切断 $d\varphi$ を与えるとき，これを $\rho: L_0\to T^*X$ という Lagrange 部分多様体とみなす．$\rho^*\theta_X=df$ でこれは完全微分形式である．一方 $(\boldsymbol{R}\times L_0\cap\mathcal{D}_{\mathfrak{X}})$ は L_0 とホモトピック (homotopic) である．C を $\boldsymbol{R}\times L_0\cap\mathcal{D}_{\mathfrak{X}}$ での任意の 1 サイクルとする．C とホモトピックな 1 サイクル $\tilde{C}$ が L_0 に存在する．そして

$$
\int_C \iota^*\theta_{\boldsymbol{R}\times X}=\int_{\tilde{C}}\iota^*\theta_{\boldsymbol{R}\times X}=\int_{\tilde{C}}\rho^*\theta_X=\int_{\tilde{C}}df=0. \tag{1.87}
$$

C は任意のサイクルであったから，$\iota^*\theta_{\boldsymbol{R}\times X}$ は完全である．よって，$\boldsymbol{R}\times L_0\cap\mathcal{D}_{\mathfrak{X}}$ 上の大域的な関数 u が存在して，$\{0\}\times L_0$ 上では $\varphi(q)$ に等しく，

$$
du=\iota^*\theta_{\boldsymbol{R}\times X} \tag{1.88}
$$

をみたすものがある．

X の局所座標系 $(x_1,x_2,\cdots,x_n)$ をとり，T^*X の局所座標 $(x_1,x_2,\cdots,x_n,\xi_1,\xi_2,\cdots,\xi_n)$ をとる．$\iota:\boldsymbol{R}\times L_0\cap\mathcal{D}_{\mathfrak{X}}\to T^*(\boldsymbol{R}\times X)$ の焦的でない点の近傍で，この座標表示がされていれば，

$$
\iota^*\theta_{\boldsymbol{R}\times X}=\xi_1dx_1+\xi_2dx_2+\cdots+\xi_ndx_n+\tau dt
$$

とかける．u は t と x の関数とみなせる．$d_qu=\xi_1dx_1+\xi_2dx_2+\cdots+\xi_ndx_n$ となる．そして，$\mathfrak{X}$ の積分曲線上 G は定数であるから $\iota(\boldsymbol{R}\times L_0\cap\mathcal{D}_{\mathfrak{X}})$ 上で $G\equiv0$ であるから結局，(1.86) がみたされる．上の座標を使えば，焦的でない点の近くで，

$$
\frac{\partial u}{\partial t}+H\left(t,x,\frac{\partial u}{\partial x_1},\cdots,\frac{\partial u}{\partial x_n}\right)=0
$$

がみたされる．u が初期条件をみたしていることは，$\{0\}\times L$ 上で $\varphi(x)$ に等し

いことから明らかである.

こうして問題(1.82), (1.83)がとけた.

注意 u は $\boldsymbol{R}\times L_0\cap\mathscr{D}_{\mathfrak{X}}$ 上で1価に定義されたのであって, $\boldsymbol{R}\times X$ 上で1価に定義されたのではない. $\iota(\boldsymbol{R}\times L_0\cap\mathscr{D}_{\mathfrak{X}})\subset T^*(\boldsymbol{R}\times X)$ を $\boldsymbol{R}\times X$ に射影すると, 1対1とはならない. (焦的な点があるから!) したがって u は $\iota(\boldsymbol{R}\times L_0\cap\mathscr{D}_{\mathfrak{X}})$ の焦的な点で分岐する $\boldsymbol{R}\times X$ 上の多価関数である.

§1.4 変分法再論

前節においては, Hamilton 関数 H に対して Lagrange 関数が対応し, Legendre 変換 $\boldsymbol{FL}$ が TX と T^*X との大域的微分同相を与えているとした(§1.2 参照). また, 前節において, u は $\boldsymbol{R}\times L_0\cap\mathscr{D}_{\mathfrak{X}}$ 上 $\iota^*\theta_{\boldsymbol{R}\times X}$ を積分して得られた. $\delta\int Ldt=0$ という変分法においては,

$$\int\iota^*\theta_{\boldsymbol{R}\times X}=\int -Hdt+\xi_1dx_1+\xi_2dx_2+\cdots+\xi_ndx_n \tag{1.89}$$

を, **Hilbert 積分**と呼ぶ. これは, $\boldsymbol{R}\times L_0\cap\mathscr{D}_{\mathfrak{X}}$ の閉曲線上で積分すれば0であり, $\{0\}\times L_0$ 上で積分すれば, 初期条件 $\varphi(x)$ を与える. また, $\mathfrak{X}$ の一つの積分曲線に沿って積分すると dx_j/dt が速度ベクトルとなるから, この積分曲線に沿っての作用積分 $\int Ldt$ が得られる.

一般に $\iota: V\to T^*(\boldsymbol{R}\times X)$ が Lagrange はめ込みで, $\iota(V)$ の各点で, $\mathfrak{X}_H$ が $\iota(V)$ に接しているとき, $\iota(V)$ を $\boldsymbol{R}\times X$ に射影する $\pi(\iota(V))$ で Mayer 場が与えられるといい, $\pi_*\mathfrak{X}_H$ を Mayer 場の**傾斜**(slope)と呼ぶ. Mayer 場は, 変分問題で, 十分条件を記述するのに便利である. Lagrange 関数を, 局所座標を使って $L(t,x,\dot{x})$ とかく.

$$E(t,x,\dot{x},\dot{y})=L(t,x,\dot{y})-L(t,x,\dot{x})-\sum_j(\dot{y}_j-\dot{x}_j)\frac{\partial L(t,x,\dot{x})}{\partial\dot{x}_j} \tag{1.90}$$

を **Weierstrass の E 関数**と呼ぶ.

定理 1.4 (Weierstrass) 停留曲線 γ が, γ に十分近い区分的に C^1 な曲線に比べ, $A(\gamma)$ の最小値を与えるためには, $E\geqq 0$ が, γ に沿っての $x,\dot{x}$ と, 任意の $\dot{y}$ について成立することが必要である. ——

定理 1.5 (Weierstrass) γ を停留曲線とする. γ を内部に含む領域 S に Mayer 場があるとする. $(t,x)\in S$ のとき $\dot{r}(t,x)$ をそこでの Mayer 場の傾斜とする.

$\forall \dot{y} \in \dot{r}(t, x)$ に対して，$E(t, x, \dot{r}(t, x), \dot{y}) > 0$ が任意の $(t, x) \in S$ について成立するならば，γ の両端を結ぶ，区分的に C^1 な曲線のうちで，γ は，$A(\gamma)$ の最小値を与える．

証明 定理1.5の証明を簡単にスケッチしてみよう．局所座標 $x=(x_1, x_2, \cdots, x_n)$ を X 上にとって記述する．$\iota: V \to T^*(\boldsymbol{R} \times X)$ を，Mayer 場を与える Lagrange はめ込みとする．V 上の曲線で $\boldsymbol{R} \times X$ に射影して γ となるものを γ_1 とする．Hilbert 積分の性質で，

$$A(\gamma) = \int_{\gamma_1} \iota^* \theta_{\boldsymbol{R}\times X}.$$

さて γ に十分近く，γ の端点を結ぶ，区分的に C^1 な曲線を g とし，V 上の曲線 g' を，$\iota g'$ が射影して g となるものとする．$\iota^*\theta_{\boldsymbol{R}\times X}$ は閉微分形式であり，g' は γ_1 と十分近いから γ_1 とホモトープ(homotope)で，したがって，

$$\int_{\gamma_1} \iota^* \theta_{\boldsymbol{R}\times X} = \int_{g'} \iota^* \theta_{\boldsymbol{R}\times X}.$$

g' 上では

$$\begin{aligned}\iota^*\theta &= -Hdt + \sum_j \xi_j dx_j \\ &= \left(L(t, y(t), r(t, y(t))) - \sum_j r_j(t, y(t)) \frac{\partial L}{\partial \dot{y}_j} + \sum_j \frac{\partial L}{\partial \dot{y}_j} \dot{y}_j\right) dt.\end{aligned}$$

ただし，$y(t)$ は曲線 g の表示である．これから

$$A(g) - A(\gamma) = \int E(t, y(t), r(t, y(t)), \dot{y}(t)) dt > 0.$$

よって示された．▌

最後に再び Morse 指数について触れよう．γ を一つの停留曲線とする．そこでの Jacobi 方程式を考える．t を固定すると，$\dot{\eta}(t)$ は $T_{\eta(t)}(T_{\gamma(t)}X)$ という n 次元ベクトル空間の点である．$\partial\Omega/\partial\dot{\eta}(t)$ は $T_{\eta(t)}{}^*(T_{\gamma(t)}X)$ という $2n$ 次元のベクトル空間に属し，この空間にはシンプレクティック構造 σ_t が入る．X に局所座標 $x=(x_1, x_2, \cdots, x_n)$ を導入して，$\eta(t) = \xi_1(t)\partial/\partial x_1 + \xi_2(t)\partial/\partial x_2 + \cdots + \xi_n(t)\partial/\partial x_n$ とかくとき，$\zeta_j(t) = \partial\Omega/\partial\dot{\xi}_j$ とおくと，$\Xi(t) = (\xi_1(t), \cdots, \xi_n(t), \zeta_1(t), \cdots, \zeta_n(t))$ と $\bar{\Xi}(t) = (\bar{\xi}_1(t), \cdots, \bar{\xi}_n(t), \bar{\zeta}_1(t), \cdots, \bar{\zeta}_n(t))$ に対して

$$\sigma_t(\Xi(t), \bar{\Xi}(t)) = \sum_{j=1}^{n} (\zeta_j(t)\bar{\xi}_j(t) - \bar{\zeta}_j(t)\xi_j(t)) \tag{1.91}$$

であることがわかる．とくに $\eta(t)=(\xi_1(t),\cdots,\xi_n(t))$ と $\bar{\eta}(t)=(\bar{\xi}_1(t),\cdots,\bar{\xi}_n(t))$ が Jacobi の方程式の解とすると

$$\frac{d}{dt}\sigma_t(\Xi(t),\bar{\Xi}(t))=0$$

であるから，$\sigma_t(\Xi(t),\bar{\Xi}(t))$ は t によらぬ定数となる．これによって，Jacobi 方程式の解全体の作る $2n$ 次元のベクトル空間に，シンプレクティック構造 σ_J が定義される．ここで一つの Lagrange 部分空間をなす n 次元の解の空間を，解の**共役族**という．その基底となる n 個の解を共役基底と言う．$\eta_1(t),\eta_2(t),\cdots,\eta_n(t)$ が一組の共役基底であるとき，これらを座標で書いて縦ベクトルをあらわし，それを n 個横にして行列式を作り，それを $D(t)$ とする．$D(t)$ をこの**共役基底の行列式**という．$D(t)$ が $t=t_0$ で r 次の零点をもつとき，t_0 はこの共役族の r 次の**焦的な点**といい，r をその**指数**という．このとき，この共役族に属する Jacobi 方程式の解で，$t=t_0$ において 0 となるものは，r 次元の部分空間をなす．

今，停留曲線を $\gamma:[a,b]\ni t\to\gamma(t)\in X$ とする．γ に沿っての Jacobi 方程式の解のうち，$t=a$ で 0 となるものの全体は n 次元空間をなす．そしてこれは確かに共役族を作る．$t=\alpha\in[a,b]$ が，この共役族の r 次の焦的な点であるとは，$\eta(a)=\eta(\alpha)=0$ を満足する Jacobi 方程式の解が，r 次元の部分空間を作ることである．これは，$\gamma(\alpha)$ が $\gamma(a)$ の指数 r の共役点であることを意味する．

Morse の美しい理論のうちから，次の一つを引用しておく．ただし両端点の固定された変分問題で，$\gamma:[a,b]\ni t\to\gamma(t)\in X$ は一つの停留曲線であるとする．

定理 1.6 (Morse)[1] γ について Legendre の S 条件が成立しているとする．また，$\gamma(b)$ は $\gamma(a)$ の共役点ではないとする．このとき γ での第2変分

$$I(\gamma,\eta)=2\int_a^b\Omega(\eta(t),\dot{\eta}(t))dt$$

の Morse 指数，すなわち $I(\gamma,\eta)$ を負にする η の作る線型部分空間の次元の最大値は，$\gamma(a)$ の共役点で，$t\in(a,b)$ にあるものについての共役点の指数の和に等しい．——

証明は省略する．

1) M. Morse: The calculus of variations in the large, Amer. Math. Soc. Collq. Publ., 18 (1934).

第2章　Birkhoff の理論

§2.1　Birkhoff による漸近解

量子力学を記述するのに Schrödinger の方法がある[1]．それを大まかに言うと，次のようである．

(A)　考えている力学系(たとえば，原子核のまわりの電子)を古典力学的にとりあつかって，Hamilton 関数 $H(x,\xi)$ を作る．ここで，$x=(x_1,x_2,\cdots,x_n)$ は Euclid 空間の直交座標で，$\xi=(\xi_1,\xi_2,\cdots,\xi_n)$ は正準運動量である．もちろん，古典力学では，体系の運動法則は，

$$\frac{dx_j}{dt}=\frac{\partial H(x,\xi)}{\partial \xi_j},\qquad \frac{d\xi_j}{dt}=-\frac{\partial H(x,\xi)}{\partial x_j}\qquad (j=1,2,\cdots,n) \tag{2.1}$$

という Hamilton 正準方程式で与えられる．

初期時刻 $t=0$ での初期条件 $x=y$, $\xi=\eta$ を満足する (2.1) の解を (x,ξ) とする．対応 $\chi_t:(y,\eta)\to(x,\xi)$ は $\boldsymbol{R}^{2n}$ での正準変換である．x と η とを独立変数として χ_t の母関数 $S(t,x,\eta)$ が存在すれば，それは，方程式

$$\frac{\partial S}{\partial t}+H\left(x,\frac{\partial S}{\partial x}\right)=0 \tag{2.2}$$

と，初期条件

$$S(0,x,\eta)=x\cdot\eta \tag{2.3}$$

をみたすものであることは，すでに第1章でみた．

(B)　同じ体系の量子力学的記述は，(2.2)式で $\partial S/\partial t$ を $\lambda^{-1}\partial/\partial t$, $\partial S/\partial x_j$ を $\lambda^{-1}\partial/\partial x_j$ でおきかえた線型偏微分作用素を用いて **Schrödinger の方程式**

$$\left[\frac{1}{\lambda}\frac{\partial}{\partial t}+H\left(x,\frac{1}{\lambda}\frac{\partial}{\partial x}\right)\right]u(t,x)=0 \tag{2.4}$$

によってなされる．$\lambda=2\pi h^{-1}i$ で，h は Planck 定数と呼ばれる，非常に小さい

---

1)　P. A. M. Dirac: The Principles of Quantum Mechanics, Oxford University Press (1958) (朝永・玉木・木庭・大塚・伊藤訳: ディラック量子力学，岩波書店 (1968)).

正数である．(2.4) 式中の $H(x, \lambda^{-1}\partial/\partial x)$ を **Hamilton 作用素**という．

例 2.1　外力の働かない，質量 m の粒子の運動を考えてみよう．

(A)　古典力学では，Lagrange 関数 L が $L=2^{-1}m|\dot{x}|^2$ で Hamilton 関数は $H(x,\xi)=(2m)^{-1}|\xi|^2$ である．

(B)　量子力学では

$$\left[\frac{1}{\lambda}\frac{\partial}{\partial t}+\frac{1}{2m}\sum_{j=1}^{3}\left(\frac{1}{\lambda}\frac{\partial}{\partial x_j}\right)^2\right]u(t,x)=0 \tag{2.5}$$

である．——

例 2.2　1次元調和振動子の運動を考えてみよう．この場合はあきらかに $n=1$ である．

(A)　Lagrange 関数は $L=2^{-1}m(\dot{x}^2-\omega^2x^2)$ である．x の共役運動量は $\xi=\partial L/\partial\dot{x}=m\dot{x}$ である．よって Hamilton 関数は，

$$H(x,\xi)=\dot{x}\xi-L(x,\dot{x})=(2m)^{-1}\xi^2+2^{-1}m\omega^2x^2$$

である．

(B)　量子力学では，Schrödinger 方程式

$$\left[\frac{1}{\lambda}\frac{\partial}{\partial t}+\frac{1}{2m}\left(\frac{1}{\lambda}\frac{\partial}{\partial x}\right)^2+\frac{m}{2}\omega^2x^2\right]u(t,x)=0 \tag{2.6}$$

である．——

例 2.3　電磁場内の荷電粒子の運動を考えてみよう．この場合は $n=3$ である．ここで粒子の質量を m，電荷を e とする．電磁場のスカラーポテンシャルを $\phi(x)$，ベクトルポテンシャルを $A(x)$ とする．光速度を c として，

(A)　古典力学では Lagrange 関数は，

$$L(x,\dot{x})=\frac{m}{2}|\dot{x}|^2+\frac{e}{c}(\dot{x},A(x))-e\phi(x).$$

ここで $(\dot{x},A(x))$ は速度ベクトル $\dot{x}$ とベクトルポテンシャル $A(x)$ との内積である．共役運動量は

$$\xi_j=\frac{\partial L}{\partial\dot{x}_j}=m\dot{x}_j+\frac{e}{c}A_j(x)\qquad(j=1,2,3).$$

Hamilton 関数は，

$$H(x,\xi)=\frac{1}{2m}\left|\xi-\frac{e}{c}A(x)\right|^2+e\phi(x)$$

である.

(B) 対応する Schrödinger 方程式は

$$\left[\frac{1}{\lambda}\frac{\partial}{\partial t}+\sum_{j=1}^{3}\left(\frac{1}{\lambda}\frac{\partial}{\partial x_j}-\frac{e}{c}A_j(x)\right)^2+e\phi(x)\right]u(t, x)=0 \tag{2.7}$$

である.——

ここで, (2.4) が法則を記述するという意味は次のとおりである. 時刻 $t=0$ において, 系の状態が, 微小区間 $[x_1, x_1+\delta x_1]\times[x_2, x_2+\delta x_2]\times\cdots\times[x_n, x_n+\delta x_n]$ の中にある確率が $|f(x_1, x_2, \cdots, x_n)|\delta x_1\delta x_2\cdots\delta x_n$ である, すなわち, 系が状態 $(x_1, x_2, \cdots, x_n)$ にある確率の密度が, $|f(x_1, x_2, \cdots, x_n)|^2$ であるとする. すると時刻 t における系の状態が $(x_1, x_2, \cdots, x_n)$ にある確率の密度は, (2.4) と初期条件

$$u(0, x)=f(x) \tag{2.8}$$

をみたす関数 $u(t, x)$ を使って $|u(t, x)|^2$ で与えられる[1].

物理的には, (B) の記述で $h\to 0$ とした極限は (A) の記述と一致することが分っている. これを発展させて, もっと数学的に扱うために, Birkhoff は次のような議論[2]を展開した. 初期条件 (2.5) を満す解を正確に表現するのは困難であるが, $h\to 0$ すなわち $i^{-1}\lambda\to\infty$ の極限移行を論ずるのであるから

$$u(t, x)=u(\lambda; t, x)=\left(\sum_{l=0}^{\infty}\lambda^{-l}u_l(t, x)\right)e^{\lambda S(t, x)} \tag{2.9}$$

という形式的な λ の漸近級数で, (2.5) を形式的にみたすものを求めるのである. このとき, 初期条件は,

$$u(0, x)=u(\lambda; 0, x)=\left(\sum_{l=0}^{\infty}\lambda^{-l}f_l(x)\right)e^{\lambda S(x)} \tag{2.10}$$

という形式的漸近級数としておく. (2.9) 式で $S(t, x)$ を**位相関数** (phase function), $\sum\lambda^{-l}u_l(t, x)$ を**振幅関数** (amplitude function) と呼ぶ.

(2.9) 式を (2.5) に代入する. このとき

$$e^{-\lambda S}\frac{1}{\lambda}\frac{\partial}{\partial t}(ve^{\lambda S})=\left(\frac{\partial S}{\partial t}+\frac{1}{\lambda}\frac{\partial}{\partial t}\right)v, \tag{2.11}$$

$$e^{-\lambda S}\frac{1}{\lambda}\frac{\partial}{\partial x_j}(ve^{\lambda S})=\left(\frac{\partial S}{\partial x_j}+\frac{1}{\lambda}\frac{\partial}{\partial x_j}\right)v, \tag{2.12}$$

---

1) 詳しくは Dirac (前出) を見よ.

2) 詳しくは, G. D. Birkhoff: Quantum mechanics and asymptotic series, Bull. Amer. Math. Soc., **39** (1933), 681–700, を参照されたい.

$$\left[\frac{\partial S}{\partial t}+\frac{1}{\lambda}\frac{\partial}{\partial t}+H\left(x,\frac{\partial S}{\partial x}+\frac{1}{\lambda}\frac{\partial}{\partial x}\right)\right]\left(\sum_{l=0}^{\infty}\lambda^{-l}u_l(t,x)\right)=0 \tag{2.13}$$

を得る．$H(x,\xi)$ が，ξ につき多項式であると仮定しておく．左辺を λ^{-1} のベキで展開し，各項$=0$ とおくと，$S(t,x)$ と $u_l(t,x)$ $(l=0,1,2,\cdots)$ のみたすべき方程式が作れる．具体的な計算は，§2.3 で行う．

今まで，意識的に詮索しなかったが，(A) における Hamilton 関数 $H(x,\xi)$ が与えられたとき，(B) における **Hamilton 作用素**を $H(x,\lambda^{-1}\partial/\partial x)$ と書いたが，実は，これはあいまいな表現であった．たとえば，$n=1$ で，$H(x,\xi)=a(x)\xi^2$ とすれば，$H(x,\lambda^{-1}\partial/\partial x)$ としては，

$$a(x)\left(\frac{1}{\lambda}\frac{\partial}{\partial x}\right)^2,\qquad \frac{1}{\lambda}\frac{\partial}{\partial x}a(x)\frac{1}{\lambda}\frac{\partial}{\partial x},\qquad \left(\frac{1}{\lambda}\frac{\partial}{\partial x}\right)^2 a(x)$$

等々のうちで，どれをとるのであろうか．このあいまいさの原因は，$a(x)$ と ξ^2 は可換な積であるが，$a(x)$ と $\lambda^{-1}\partial/\partial x$ は線型作用素としては可換でないことにある．このあいまいさを除くには，数学的には，単に規約をすれば良いのであるが，我々は Leray の規約に従うことにして§2.2 でそれを論じ，その後§2.3 で Birkhoff の議論を行うことにする．

§2.2　Hamilton 関数と Hamilton 作用素

$\boldsymbol{R}^n$ の点を $x=(x_1,x_2,\cdots,x_n)$ であらわし，この共役空間の点を $\xi=(\xi_1,\xi_2,\cdots,\xi_n)$ と書く．パラメータ λ を含む x の偏微分作用素

$$A=\sum_{|\alpha|\leqq m}a_\alpha{}^+(x)\left(\frac{1}{\lambda}\frac{\partial}{\partial x}\right)^\alpha \tag{2.14}$$

に対して，(x,ξ) の関数 $A^+(x,\xi)=\sum_{|\alpha|\leqq m}a_\alpha{}^+(x)\xi^\alpha$ を定義する．これは，

$$A^+(x,\xi)=e^{-\lambda x\cdot\xi}A(e^{\lambda x\cdot\xi}) \tag{2.15}$$

と

$$Au(x)=\left(\frac{1}{2\pi\lambda}\right)^n\int_{\boldsymbol{R}^{2n}}A^+(x,\xi)e^{i\lambda(x-y)\cdot\xi}u(y)\,dyd\xi \tag{2.16}$$

によって，1対1の対応がつく．この対応はしかし，不満足なものである．A が形式的に自己共役作用素であっても必ずしも $A^+(x,\xi)$ は実数値だけをとるとは限らないからである．たとえば，$n=1$ で，

(2.17) $$A=a(x)\left(\frac{1}{\lambda}\frac{d}{dx}\right)^2+\frac{1}{2}\frac{1}{\lambda}\frac{da(x)}{dx}\frac{1}{\lambda}\frac{d}{dx}$$

は，$a(x)$ が実数値関数であれば，形式的に自己共役であるが，

$$A^+(x,\xi)=a(x)\xi^2+\frac{1}{2\lambda}\frac{da(x)}{dx}\xi$$

であり，λ が純虚数であるから，$A^+(x,\xi)$ が実数だけをとると，$a(x)\equiv\text{const.}$ となってしまう．

さて (2.14) で定義される同じ作用素 A を

(2.18) $$A=\sum_{|\alpha|\leqq m}\left(\frac{1}{\lambda}\frac{\partial}{\partial x}\right)^\alpha a_\alpha^-(x)$$

とも書くことが出来る．この表示も一意的である．そこで，

(2.19) $$A^-(x,\xi)=\sum_{|\alpha|\leqq m}a_\alpha^-(x)\xi^\alpha$$

とおくことができる．

また，$B=(\lambda^{-1}\partial/\partial x)^\alpha a(x)$ に対して $B^-(x,\xi)=a(x)\xi^\alpha$ であるが，Leibniz の公式を使うと

$$B=\sum_{\beta\leqq\alpha}\frac{\alpha!}{\beta!(\alpha-\beta)!}\left(\left(\frac{1}{\lambda}\frac{\partial}{\partial x}\right)^\beta a_\alpha(x)\right)\left(\frac{1}{\lambda}\frac{\partial}{\partial x}\right)^{\alpha-\beta}.$$

よって

(2.20) $$\begin{aligned}B^+(x,\xi)&=\sum_{\beta\leqq\alpha}\frac{\alpha!}{\beta!(\alpha-\beta)!}\left(\frac{1}{\lambda}\frac{\partial}{\partial x}\right)^\beta a_\alpha(x)\xi^{\alpha-\beta}\\&=\sum_{\beta\leqq\alpha}\frac{1}{\beta!}\left(\frac{1}{\lambda}\frac{\partial}{\partial x}\right)^\beta a_\alpha(x)\left(\frac{\partial}{\partial\xi}\right)^\beta\xi^\alpha\\&=\sum_\beta\frac{1}{\beta_1!\beta_2!\cdots\beta_n!}\left(\frac{1}{\lambda}\frac{\partial^2}{\partial x_1\partial\xi_1}\right)^{\beta_1}\left(\frac{1}{\lambda}\frac{\partial^2}{\partial x_2\partial\xi_2}\right)^{\beta_2}\cdots\left(\frac{1}{\lambda}\frac{\partial^2}{\partial x_n\partial\xi_n}\right)^{\beta_n}\\&\quad\cdot B^-(x,\xi).\end{aligned}$$

ここで形式的に無限回の微分作用素

(2.21)
$$\exp\left(\frac{1}{\lambda}\frac{\partial^2}{\partial x_j\partial\xi_j}\right)=I+\frac{1}{\lambda}\frac{\partial^2}{\partial x_j\partial\xi_j}+\frac{1}{2!}\left(\frac{1}{\lambda}\frac{\partial^2}{\partial x_j\partial\xi_j}\right)^2+\frac{1}{3!}\left(\frac{1}{\lambda}\frac{\partial^2}{\partial x_j\partial\xi_j}\right)^3+\cdots$$

を導入する．$p(x,\xi)$ が，x と ξ につき C^∞ 関数で，x あるいは ξ について多項式であると，(2.21) を $p(x,\xi)$ に施したものは，有限項で切れるから意味をもつ．さらに，

$$\exp\left(\frac{1}{\lambda}\frac{\partial^2}{\partial x_j\partial\xi_j}\right)\cdot\exp\left(\frac{1}{\lambda}\frac{\partial^2}{\partial x_k\partial\xi_k}\right)=\exp\left(\frac{1}{\lambda}\frac{\partial^2}{\partial x_k\partial\xi_k}\right)\cdot\exp\left(\frac{1}{\lambda}\frac{\partial^2}{\partial x_j\partial\xi_j}\right)$$

であるから

$$\exp\left\{\frac{1}{\lambda}\left(\frac{\partial^2}{\partial x_j\partial\xi_j}+\frac{\partial^2}{\partial x_k\partial\xi_k}\right)\right\}=\exp\left(\frac{1}{\lambda}\frac{\partial^2}{\partial x_j\partial\xi_j}\right)\cdot\exp\left(\frac{1}{\lambda}\frac{\partial^2}{\partial x_k\partial\xi_k}\right) \tag{2.22}$$

とかくことができ，(2.20) 式から次の **Leray の公式**[1)]が導かれる．

$$A^+(x,\xi)=\exp\left(\frac{1}{\lambda}\frac{\partial}{\partial x}\cdot\frac{\partial}{\partial\xi}\right)A^-(x,\xi). \tag{2.23}$$

ここで $\dfrac{\partial}{\partial x}\cdot\dfrac{\partial}{\partial\xi}$ とは，$\dfrac{\partial}{\partial x_1}\dfrac{\partial}{\partial\xi_1}+\dfrac{\partial}{\partial x_2}\dfrac{\partial}{\partial\xi_2}+\cdots+\dfrac{\partial}{\partial x_n}\dfrac{\partial}{\partial\xi_n}$ を省略して書いたものである．

この公式は，B の形の作用素では (2.20) 式ですでに示されたことになるのであるが，一般の場合には，この形のものの1次結合であるから，(2.20) 式によって一般に成立することが示されたことになるのである．(2.23)式から

$$A(x,\xi)=\exp\left(\frac{1}{2\lambda}\frac{\partial}{\partial x}\cdot\frac{\partial}{\partial\xi}\right)A^-(x,\xi)=\exp\left(-\frac{1}{2\lambda}\frac{\partial}{\partial x}\cdot\frac{\partial}{\partial\xi}\right)\mathrm{A}^+(x,\xi) \tag{2.24}$$

とおくと，好都合のことが分る．

作用素 $A=\sum_\alpha a_\alpha(x)\left(\dfrac{1}{\lambda}\dfrac{\partial}{\partial x}\right)^\alpha$ に対して，

$$A^*=\sum_\alpha\left(\frac{1}{\lambda}\frac{\partial}{\partial x}\right)^\alpha\overline{a_\alpha(x)}$$

できまる作用素を，A の**共役作用素**という．定義から次の公式

$$\overline{A^+(x,\xi)}=A^{*-}(x,\xi) \tag{2.25}$$

が成立し，さらにこの公式から，次の公式

$$A^*(x,\xi)=\overline{A(x,\xi)} \tag{2.26}$$

が成立する．とくに A が形式的自己共役ならば，すなわち $A=A^*$ であるための必要十分条件は，$A(x,\xi)$ が実数値関数となることである．

最後に，作用素の積に関する公式を作っておく．

$$A=\sum_{|\alpha|\leq m}a_\alpha(x)\left(\frac{1}{\lambda}\frac{\partial}{\partial x}\right)^\alpha,\qquad B=\sum_{|\alpha|\leq m'}b_\alpha(x)\left(\frac{1}{\lambda}\frac{\partial}{\partial x}\right)^\alpha$$

に対して，$C=A\cdot B$ とする．

---

1) J. Leray: Solutions asymptotiques et groupe symplectique, seminair Leray, collège de France (1973–74).

$$\left(\frac{1}{\lambda}\frac{\partial}{\partial x}\right)^{\alpha} b_\beta(x) = \sum_{\gamma} \frac{\alpha!}{\gamma!(\alpha-\gamma)!}\left(\frac{1}{\lambda}\frac{\partial}{\partial x}\right)^{\gamma} b_\gamma(x)\left(\frac{1}{\lambda}\frac{\partial}{\partial x}\right)^{\alpha-\gamma}$$

が成立するから，

$$A^+(x,\xi) = \sum_{|\alpha|\leqq m} a_\alpha(x)\xi^\alpha, \qquad B^+(x,\xi) = \sum_{|\alpha|\leqq m'} b_\alpha(x)\xi^\alpha$$

を用いて

$$\begin{aligned}(2.27)\quad C^+(x,\xi) &= \sum_{|\alpha|\leqq m} a_\alpha(x)\sum_{\gamma\leqq\alpha}\frac{\alpha!}{\gamma!(\alpha-\gamma)!}\left(\frac{1}{\lambda}\frac{\partial}{\partial x}\right)^{\gamma} B^+(x,\xi)\xi^{\alpha-\gamma} \\ &= \sum_{\gamma}\frac{1}{\gamma!}\left(\frac{\partial}{\partial\xi}\right)^{\gamma} A^+(x,\xi)\left(\frac{1}{\lambda}\frac{\partial}{\partial x}\right)^{\gamma} B^+(x,\xi) \\ &= \left[\exp\left(\frac{1}{\lambda}\frac{\partial^2}{\partial y\partial\eta}\right)A^+(x,\eta)B^+(y,\xi)\right]\Bigg|_{\substack{y=x\\ \eta=\xi}}.\end{aligned}$$

結局 $C=A\cdot B$ ならば公式 (2.27) が得られるが，これは次のようにも表わすことができる．

$$\begin{aligned}(2.28)\quad C(x,\xi) = \exp\left(-\frac{1}{2\lambda}\frac{\partial^2}{\partial x\partial\xi}\right)&\left[\exp\left\{\frac{1}{2\lambda}\left(\frac{\partial^2}{\partial x\partial\eta}+\frac{\partial^2}{\partial y\partial\xi}\right)\right\}\exp\left(\frac{\partial^2}{\lambda\partial y\partial\eta}\right)\right. \\ &\left.\cdot A(x,\eta)B(y,\xi)\right]\Bigg|_{\substack{y=x\\ \eta=\xi}}.\end{aligned}$$

例 2.4
$$A(x,\xi) = \sum_{j,k=1}^{n} a_{jk}(x)\xi_j\xi_k + \sum_{j=1}^{n} a_j(x)\xi_j + a(x)$$

に対応する偏微分作用素は，

$$\begin{aligned}(2.29)\quad A\left(x,\frac{1}{\lambda}\frac{\partial}{\partial x}\right) &= \sum_{j,k=1}^{n} a_{jk}(x)\left(\frac{1}{\lambda}\frac{\partial}{\partial x_j}\right)\left(\frac{1}{\lambda}\frac{\partial}{\partial x_k}\right) + \sum_{j=1}^{n} a_j(x)\frac{1}{\lambda}\frac{\partial}{\partial x_j} + a(x) \\ &\quad + \frac{1}{2\lambda}\left\{\sum_{j,k=1}^{n}\frac{\partial a_{jk}(x)}{\partial x_j}\frac{1}{\lambda}\frac{\partial}{\partial x_k} + \sum_{j=1}^{n}\frac{\partial a_j(x)}{\partial x_j}\right\} \\ &\quad + \frac{1}{2}\left(\frac{1}{2\lambda}\right)^2\sum_{j,k=1}^{n}\frac{\partial a_{jk}(x)}{\partial x_j\partial x_k}\end{aligned}$$

である．——

例 2.5 偏微分作用素において

$$\begin{aligned}A &= \sum_{j,k} a_{jk}(x)\left(\frac{1}{\lambda}\frac{\partial}{\partial x_j}\right)\left(\frac{1}{\lambda}\frac{\partial}{\partial x_k}\right) + \sum_{j} a_j(x)\frac{1}{\lambda}\frac{\partial}{\partial x_j} + a(x) \\ &\quad + \frac{1}{\lambda}\left(\sum_{j=1}^{n} b_j(x)\frac{1}{\lambda}\frac{\partial}{\partial x_j} + b(x)\right) + \frac{1}{\lambda^2}c(x)\end{aligned}$$

であり，また $a_{jk}(x)=\overline{a_{kj}(x)}$ とする．これが形式的に自己共役となる条件は，$a_j(x), a(x)$ が実数値をとり

$$\mathrm{Re}\left(b_j(x)-\frac{1}{2}\sum_k\frac{\partial a_{jk}(x)}{\partial x_k}\right)\equiv 0,$$

$$\mathrm{Re}\left(b(x)-\frac{1}{2}\sum_j\frac{\partial a_j(x)}{\partial x_j}\right)\equiv 0,$$

$$\mathrm{Im}\left(c(x)-\frac{1}{2}\sum_j\frac{\partial b_j(x)}{\partial x_j}\right)\equiv 0$$

が成立することである．——

§2.3　漸近解の構成

§2.1 に述べたように，

$$\left[\frac{1}{\lambda}\frac{\partial}{\partial t}+H\left(x,\frac{1}{\lambda}\frac{\partial}{\partial x}\right)\right]u(t,x)=0, \tag{2.30}$$

$$u(0,x)=e^{\lambda S_0(x)}\sum_{l=0}^{\infty}\lambda^{-l}f_l(x) \tag{2.31}$$

の漸近解を構成してみよう．λ は $|\lambda|$ が十分大きい純虚数のパラメータである．一般論は別として，§2.2 の最後の例 2.5 から，$H(x,\lambda^{-1}\partial/\partial x)$ としては，

$$\begin{aligned}H\left(x,\frac{1}{\lambda}\frac{\partial}{\partial x}\right)=&\frac{1}{2}\sum_{j,k=1}^{n}a_{jk}(x)\left(\frac{1}{\lambda}\frac{\partial}{\partial x_j}\right)\left(\frac{1}{\lambda}\frac{\partial}{\partial x_k}\right)+\sum_j a_j(x)\frac{1}{\lambda}\frac{\partial}{\partial x_j}\\&+a(x)+\frac{1}{\lambda}\left(\sum_j b_j(x)\frac{1}{\lambda}\frac{\partial}{\partial x_j}+b(x)\right)+\frac{1}{\lambda^2}c(x)\end{aligned} \tag{2.32}$$

という形を仮定しておくことにすれば，大抵十分であろう．これを一般論にまで拡張するのは容易である．すなわち，

$$H(x,\xi)=H_0(x,\xi)+\lambda^{-1}H_1(x,\xi)+\lambda^{-2}H_2(x,\xi) \tag{2.33}$$

である．ただし

$$\begin{cases}H_0(x,\xi)=\dfrac{1}{2}\displaystyle\sum_{j,k=1}^{n}a_{jk}(x)\xi_j\xi_k+\sum_j a_j(x)\xi_j+a(x),\\[2ex] H_1(x,\xi)=\displaystyle\sum_j\left(b_j(x)-\frac{1}{2}\sum_k\frac{\partial a_{jk}(x)}{\partial x_k}\right)\xi_j+b(x)-\frac{1}{2}\sum_j\frac{\partial a_j(x)}{\partial x_j},\\[2ex] H_2(x,\xi)=c(x)-\dfrac{1}{2}\displaystyle\sum_j\frac{\partial b_j(x)}{\partial x_j}+\frac{1}{2^3}\sum_{j,k}\frac{\partial^2 a_{jk}(x)}{\partial x_j\partial x_k}\end{cases} \tag{2.34}$$

である．ここで(2.30)と(2.31)の解を形式的に

$$u(t,x)=u(\lambda;t,x)=\left(\sum_{l=0}^{\infty}\lambda^{-l}u_l(t,x)\right)e^{\lambda S(t,x)} \tag{2.35}$$

とおく．これを(2.30)に代入するとき，

$$\begin{cases} e^{-\lambda S}\dfrac{1}{\lambda}\dfrac{\partial}{\partial x_j}(ve^{\lambda S})=\left(\dfrac{\partial S}{\partial x_j}+\dfrac{1}{\lambda}\dfrac{\partial}{\partial x_j}\right)v, \\ e^{-\lambda S}\dfrac{1}{\lambda}\dfrac{\partial}{\partial t}(ve^{\lambda S})=\left(\dfrac{\partial S}{\partial t}+\dfrac{1}{\lambda}\dfrac{\partial}{\partial t}\right)v \end{cases} \tag{2.36}$$

に注意すると，

$$\begin{aligned} &e^{-\lambda S}\left(\frac{1}{\lambda}\frac{\partial}{\partial t}+H\left(x,\frac{1}{\lambda}\frac{\partial}{\partial x}\right)\right)ve^{\lambda S} \\ &=\left(\frac{\partial S}{\partial t}+\frac{1}{\lambda}\frac{\partial}{\partial t}\right)v+\frac{1}{2}\sum_{j,k}a_{jk}(x)\left(\frac{\partial S}{\partial x_j}+\frac{1}{\lambda}\frac{\partial}{\partial x_j}\right)\left(\frac{\partial S}{\partial x_k}+\frac{1}{\lambda}\frac{\partial}{\partial x_k}\right)v \\ &\quad+\sum_j a_j(x)\left(\frac{\partial S}{\partial x_j}+\frac{1}{\lambda}\frac{\partial}{\partial x_j}\right)v+a(x)v \\ &\quad+\frac{1}{\lambda}\left(\sum_j b_j(x)\left(\frac{1}{\lambda}\frac{\partial}{\partial x_j}+\frac{\partial S}{\partial x_j}\right)v+b(x)v\right)+\lambda^{-2}c(x)v \\ &=\left\{\frac{\partial S}{\partial t}+H_0\left(x,\frac{\partial S}{\partial x}\right)\right\}v+\frac{1}{\lambda}\{L_Hv+d_0v\}+\lambda^{-2}d_1v \end{aligned} \tag{2.37}$$

である．ただし

$$\begin{aligned} L_Hv&=\left(\frac{\partial}{\partial t}+\sum_j\frac{\partial H_0(x,\partial S/\partial x_j)}{\partial\xi_j}\frac{\partial}{\partial x_j}\right)v \\ &=\left(\frac{\partial}{\partial t}+\sum_j\left(\sum_k a_{jk}(x)\frac{\partial S}{\partial x_k}+a_j(x)\right)\frac{\partial}{\partial x_j}\right)v, \end{aligned} \tag{2.38}$$

$$d_0=\frac{1}{2}\sum_{j,k}a_{jk}(x)\frac{\partial^2 S}{\partial x_j\partial x_k}+\sum_j b_j(x)\frac{\partial S}{\partial x_j}+b(x), \tag{2.39}$$

$$d_1=\frac{1}{2}\sum_{j,k}a_{jk}(x)\frac{\partial^2}{\partial x_j\partial x_k}+\sum_j b_j(x)\frac{\partial}{\partial x_j}+c(x). \tag{2.40}$$

よって $v=u_0(t,x)+\lambda^{-1}u_1(t,x)+\lambda^{-2}u_2(t,x)+\cdots$ を代入して，λ^{-1} のベキについて整理し，係数を比べれば，λ^0 の項は

$$\left\{\frac{\partial S}{\partial t}+H_0\left(x,\frac{\partial S}{\partial x}\right)\right\}u_0\equiv 0 \tag{2.41}$$

であり，λ^{-1} の項は

$$(L_H+d_0)u_0\equiv 0 \tag{2.42}$$

である．したがって，$S(t,x)$ を

$$\frac{\partial S}{\partial t}+H_0\left(x,\frac{\partial S}{\partial x}\right)=0 \tag{2.43}$$

と

$$S(0,x)=S_0(x) \tag{2.44}$$

がみたされるように作る．$u_0(t,x)$ は (2.42) と初期条件

$$u_0(0,x)=f_0(x) \tag{2.45}$$

をみたすように作る．(2.43) を使うと，一般の l について，$u_l(t,x)$ のみたす方程式は

$$(L_H+d_0)u_l+d_1u_{l-1}=0 \qquad (l=1,2,\cdots) \tag{2.46}$$

であり，初期条件としては，

$$u_l(0,x)=f_l(x) \tag{2.47}$$

である．(2.42) 式を**輸送方程式**という．(2.46) 式を**高次輸送方程式**という．

(2.43) と (2.44) をみたす $S(t,x)$ は次のようにして得られる (§1.3 参照)．$T^*(\boldsymbol{R}\times\boldsymbol{R}^n)=\boldsymbol{R}^2\times\boldsymbol{R}^{2n}$ とみなす．ここの点を (t,τ,x,ξ) と表示する．$(t,\tau)\in\boldsymbol{R}^2$, $x\in\boldsymbol{R}^n$, $\xi\in\boldsymbol{R}^n$ である．ここで，関数 $G(t,\tau,x,\xi)=\tau+H_0(t,x,\xi)$ とおく．これを Hamilton 関数とする Hamilton ベクトル場 $\mathfrak{X}_G$ を $\boldsymbol{R}^2\times\boldsymbol{R}^{2n}$ に作る．$\mathfrak{X}_G$ は

$$\begin{cases} \dfrac{dt}{ds}=1, & \dfrac{d\tau}{ds}=0, \\[2mm] \dfrac{dx_j}{ds}=\dfrac{\partial H_0}{\partial \xi_j}, & \dfrac{d\xi_j}{ds}=-\dfrac{\partial H_0}{\partial x_j} \qquad (j=1,2,\cdots,n) \end{cases} \tag{2.48}$$

である．これを積分することによって，s をパラメータとする．1パラメータ正準変換 χ_s の群の芽が出来る．とくに，$t=0$, $\tau=H_0(x,\partial S_0(x)/\partial x)$, $\xi_j=\partial S_0(x)/\partial x_j\,(j=1,2,\cdots,n)$ を満足する n 次元部分多様体 L_0 を通る積分曲線が作る $n+1$ 次元部分多様体を V とする．V は Lagrange 部分多様体である．すなわち正準2次形式 $-d\tau\wedge dt+d\xi_1\wedge dx_1+\cdots+d\xi_n\wedge dx_n$ が消える．それ故 $\theta=-\tau dt+\xi_1dx_1+\xi_2dx_2+\cdots+\xi_ndx_n$ は V 上で閉形式であるが，実は完全微分形式であることが §1.3 で示された．そこで，基点として L_0 の点 v_0 を定める．そして任意の $v\in V$

に対し

$$S(v)=\int_{v_0}^{v}\theta+S_0(x^0) \tag{2.49}$$

とおく．ただし x^0 とは v_0 の x 座標である．V の点 v が焦的でないならば，v の近傍の局所座標として，t と x をとれる．そこで $S(v)$ を t と x の関数とみて $S(t,x)$ と書くと，これは (2.43) をみたしている．とくに，t が 0 に十分近ければ，これが成立する．L_0 には大域的に x によって座標が導入される．そして θ はここでは，

$$\theta|_{L_0}=\frac{\partial S_0}{\partial x_1}dx_1+\cdots+\frac{\partial S_0}{\partial x_n}dx_n$$

であるから，v がとくに L_0 に入ると，

$$S(0,x)=S_0(x)$$

が成立する．よって，V の焦的でない点の集合のうちの L_0 を含む連結成分で，(2.43) と (2.44) の解が (2.49) によって与えられることが分る．これを V の母関数といった．

(2.49) の積分は積分路に依存しないので，次のように積分路を選ぶことができる．v_1 を L_0 の点であって，v_1 を通る微分方程式 (2.48) の積分曲線が v を通るようなものとする．v_1 の x 座標が y であったとする．まず v_0 から v_1 へ，L_0 の中の曲線で積分し，つぎに v_1 から v へ，(2.48) の積分曲線に沿って積分すると，

$$\int_{v_0}^{v_1}\theta=S_0(y)-S_0(x^0),\qquad \int_{v_1}^{v}\theta=\int_0^t\left(-H+\xi\cdot\frac{dx}{dt}\right)dt=\int_0^t L\left(x,\frac{dx}{dt}\right)dt$$

である．ここで $L(x,\dot{x})$ は Hamilton 関数 $H(x,\xi)$ に対応する Lagrange 関数である．よって

$$S(v)=S(t,x)=\int_0^t L\left(x,\frac{dx}{dt}\right)dt+S_0(y) \tag{2.50}$$

となる．$S(t,x)$ は古典軌道に沿っての古典力学の作用積分と $S_0(y)$ との和である．

つぎに振幅関数を求めよう．$\boldsymbol{R}^{2n+2}$ で定義された Hamilton ベクトル場 $\mathfrak{X}_G$ は，V 上に制限すれば V に接している．この V の接ベクトル場を，(t,x) 空間に射影すると

$$\frac{\partial}{\partial t}+\sum_j\left(\frac{\partial H(x,\xi)}{\partial \xi_j}\bigg|_{\xi=\frac{\partial S(t,x)}{\partial x}}\right)\frac{\partial}{\partial x_j}=L_H \tag{2.51}$$

となる．このベクトル場の積分曲線は古典力学での軌道であるが，常微分方程式

$$\frac{dx_j}{dt}=\frac{\partial H_0}{\partial \xi_j}\bigg|_{\xi=\frac{\partial S(t,x)}{\partial x}} \qquad (j=1,2,\cdots,n) \tag{2.52}$$

で与えられる．この曲線に沿ってのパラメータ t による微分を $\delta/\delta t$ と書くと，(2.42), (2.46) は

$$(\delta/\delta t+d_0)u_0\equiv 0, \tag{2.53}$$

$$(\delta/\delta t+d_0)u_l=-d_1u_{l-1} \tag{2.54}$$

となる．積分して

$$u_0(t,x)=f_0(y)\exp\left(-\int_0^t d_0ds\right), \tag{2.55}$$

$$u_l(t,x)=-f_l(y)\left(\int_0^t d_1u_{l-1}\exp\left(\int_0^s d_0ds_1\right)ds\right)\exp\left(-\int_0^t d_0ds\right) \tag{2.56}$$

と表示出来る．積分は (2.52) の積分曲線に沿って行う．

$|u(t,x)|^2$ が確率密度をあらわすことから，

$$\omega=Gu_0{}^k dx_1\wedge dx_2\wedge\cdots\wedge dx_n$$

の形の (t,x) 空間の不変微分形式が興味深い．x 空間の領域 D が，流れ (2.52) に従って，時間 $t=0$ から t まで動いたときの領域を $D(t)$ とする．任意の t に対し

$$\int_D\omega=\int_{D(t)}\omega \tag{2.57}$$

が成立するように，ω を定めたい．(2.52) に沿っての Lie 微分を (2.51) 式の記号とあわせて，L_H とかき，

$$L_H\omega=0 \tag{2.58}$$

とすると良い．(1.54) によって

$$\begin{aligned}L_H\omega=&((L_HG)u_0{}^k+kGu_0{}^{k-1}L_Hu_0)dx_1\wedge dx_2\wedge\cdots\wedge dx_n\\&+G_0u^k\sum_{j=1}^n dx_1\wedge\cdots\wedge dL_Hx_j\wedge\cdots\wedge dx_n.\end{aligned} \tag{2.59}$$

一方

$$L_Hx_j=\frac{\partial H_0(x,\xi)}{\partial \xi_j}\bigg|_{\xi=\frac{\partial S}{\partial x}}$$

であるから，

$$dL_H x_j = \sum_k \frac{\partial^2 H_0}{\partial\xi_j \partial x_k} dx_k + \sum_{l,k} \left(\frac{\partial^2 H_0}{\partial\xi_j \partial\xi_l} \frac{\partial^2 S}{\partial x_k \partial x_l} \right) dx_k$$

となる．さらに(2.42)を考慮して，

$$L_H \omega = (L_{H_0} G + (-kd_0 + d_2) G) u_0{}^k dx_1 \wedge dx_2 \wedge \cdots \wedge dx_n \tag{2.60}$$

となる．ただし

$$d_2 = \sum_j \left(\frac{\partial^2 H_0}{\partial\xi_j \partial\xi_j} + \sum_l \frac{\partial^2 H_0}{\partial\xi_j \partial\xi_l} \frac{\partial^2 S}{\partial x_j \partial x_l} \right). \tag{2.61}$$

ここで $\partial^2 H/\partial\xi_j\partial\xi_j$ 等は偏微分した後に $\xi = \partial S/\partial x$ を代入したものをあらわす．ω が不変微分形式であるための条件は，

$$L_H G + (-kd_0 + d_2) G = 0 \tag{2.62}$$

である．この場合

$$\begin{aligned} -kd_0 + d_2 &= \left(1 - \frac{k}{2}\right) \sum_{j,k} a_{jk}(x) \frac{\partial^2 S(t,x)}{\partial x_j \partial x_k} + \sum_l \left(\sum_j \frac{\partial a_{jl}(x)}{\partial x_j} - kb_l(x) \right) \frac{\partial S(t,x)}{\partial x_l} \\ &\quad + \sum_j \frac{\partial a_j(x)}{\partial x_j} - kb(x) \end{aligned} \tag{2.63}$$

である．

特に興味深いのは，$k=2$ で，$H(x, \lambda^{-1}\partial/\partial x)$ が形式的自己共役の場合である．このとき $\mu_1(x), \mu_2(x), \cdots, \mu_n(x)$ と，$\nu(x)$ という実数値関数があって

$$2b_j(x) - \sum_k \frac{\partial a_{jk}(x)}{\partial x_k} = i\mu_j(x) \qquad (j = 1, 2, \cdots, n), \tag{2.64}$$

$$b(x) - \sum_k \frac{\partial a_k(x)}{\partial x_k} = i\nu(x) \tag{2.65}$$

とかけるから，

$$-kd_0 + d_2 = -i\left(\sum_l \mu_l(x) + 2\nu(x) \right) \tag{2.66}$$

は純虚数である．よって，G は絶対値が1の複素数である．$t=0$ のとき，$G = \overline{u_0(0,x)}/u_0(0,x)$ とすると

$$\int_{D(t)} \omega = \int_D \omega \geqq 0$$

がすべての D と t に対して成立する．よって

(2.67) $$\omega=|u_0(t,x)|^2dx_1\wedge dx_2\wedge\cdots\wedge dx_n$$

が不変式であることがわかる．$H(x,\xi)$ が λ によらなければ，$\mu_j=0$，$\nu=0$ であるから $-kd_0+d_2=0$ であり G は定数で良い．よって

(2.68) $$\omega=u_0(t,x)^2dx_1\wedge dx_2\wedge\cdots\wedge dx_n$$

は不変微分形式である．この場合

(2.69) $$u_0(t,x)=\pm\sqrt{\frac{\omega}{dx_1\wedge dx_2\wedge\cdots\wedge dx_n}}$$

とも書ける．

$H(x,\xi)$ が λ を含まず，形式的自己共役のとき，初期条件において，$f_1(x)=f_2(x)=\cdots=0$ とし，$f_0(x)$ は C^∞ で，台がコンパクトであるとする．位相関数は $S_0(x)=x_0\xi$ とする．このとき，

(2.70) $$\frac{1}{\lambda}\frac{\partial}{\partial x_j}f_0(x)e^{\lambda x\cdot\xi}=\xi_jf_0(x)e^{\lambda x\cdot\xi}+\frac{1}{\lambda}\frac{\partial}{\partial x_j}f_0(x)e^{\lambda x\cdot\xi}.$$

すなわち，λ^{-1} の大きさを無視すると，初期条件 $f_0(x)e^{\lambda x\cdot\xi}$ で記述される状態とは，運動量が ξ で，位置が f_0 の台にある状態であり，これから作った (2.30) と (2.31) との形式解 (2.35) を構成する．λ^{-1} の大きさを無視すると，t 秒後に，粒子が領域 Ω 内に存在する確率は，

$$\int_\Omega|u_0(t,x)|^2dx_1\wedge dx_2\wedge\cdots\wedge dx_n$$

であろう．(2.57) で $D=\mathrm{supp}\,f_0$ とすると，

(2.71) $$\int_{D(t)}|u_0(t,x)|^2dx_1\wedge dx_2\wedge\cdots\wedge dx_n=\int_D|f_0(x)|^2dx_1\wedge dx_2\wedge\cdots\wedge dx_n$$
$$=1.$$

よって t 秒後に $D(t)$ に粒子の存在することは，λ^{-1} の大きさを無視すれば確実である．$D(t)$ は $D=\mathrm{supp}\,f_0$ から法則 (2.52) によって得られるが，これは，$t=0$ に D 内にあった粒子が，初期の運動量 ξ で，古典力学の法則に従って運動したとき，t 秒後に占める位置である．$|\lambda|\to\infty$ として量子力学(B)から古典力学(A)への移行を，このようにして説明しようというのが，Dirac や Birkhoff の議論の大筋である．しかし我々はこの結論にではなく，形式解 (2.35) の構成自体に伴う数学的問題や，その解が，真の解とどんな関係にあるか，等々の数学的

側面に興味をもつものであることを強調しておきたい．

§2.4　例

実際に，簡単な場合を計算してみる．

例 2.6　自由粒子の場合，Hamilton 方程式は，

$$\frac{dx_j}{dt}=\frac{1}{m}\xi_j,\qquad \frac{d\xi_j}{dt}=0\qquad (j=1,2,\cdots,n). \tag{2.72}$$

初期条件が (y,η) のとき積分曲線は，

$$x_j(t\,;y,\eta)=\frac{1}{m}\eta_j t+y_j\qquad (j=1,2,\cdots,n). \tag{2.73}$$

初期条件 $u(0,x)=e^{\lambda x\cdot\eta}$ をみたし，(2.30) をみたす漸近級数解を求める．位相関数は

$$S(t,x)=\eta y+\int_0^t Ldt=\eta y+\frac{m}{2}\left|\frac{\eta}{m}\right|^2 t=\eta x-\frac{\eta^2}{2m}t \tag{2.74}$$

であり，$t=0$ で $\boldsymbol{R}^n$ 上の微分形式 $dy_1\wedge dy_2\wedge\cdots\wedge dy_n$ を (2.52) の積分曲線に沿って移して不変微分形式を得る．t を固定すれば(2.73)から，

$$\begin{aligned}dy_1\wedge dy_2\wedge\cdots\wedge dy_n&=d(x_1-\eta_1 t)\wedge d(x_2-\eta_2 t)\wedge\cdots\wedge d(x_n-\eta_n t)\\&=dx_1\wedge dx_2\wedge\cdots\wedge dx_n.\end{aligned}$$

よって $u_0(t,x)=1$ を得る．また $c(x)=0$ であるから，$d_1u_0=0$．よって，$u_1=u_2=\cdots=u_l=0$．故に

$$u(t,x)=\exp\lambda\left(\eta x-\frac{1}{2m}|\eta|^2 t\right). \tag{2.75}$$

これが (2.30) の真の解であることは代入すれば分る．——

例 2.7　1次元の調和振動子をとってみよう．Hamilton 関数は $H(x,\xi)=(2m)^{-1}\xi^2+2^{-1}m\omega^2x^2$ である．Schrödinger 方程式は

$$\left(\frac{1}{\lambda}\frac{\partial}{\partial t}+\frac{1}{2m}\left(\frac{1}{\lambda}\frac{\partial}{\partial x}\right)^2+\frac{m}{2}\omega^2x^2\right)u(t,x)=0 \tag{2.76}$$

で，初期条件

$$u(0,y)=e^{\lambda y\cdot\eta}. \tag{2.77}$$

この形式解を作る．Hamilton 正準方程式は

$$\frac{dx}{dt}=\frac{1}{m}\xi,\qquad \frac{d\xi}{dt}=-m\omega^2 x \tag{2.78}$$

であり，エネルギー積分は

$$(2m)^{-1}(\xi^2+m^2\omega^2x^2)=E\ (\text{定数}) \tag{2.79}$$

である．このとき

$$\xi=\sqrt{2mE}\cos\theta,\qquad x=\sqrt{\frac{2E}{m}}\frac{1}{\omega}\sin\theta \tag{2.80}$$

とおくと

$$\frac{dx}{dt}=\frac{1}{m\omega}\xi\frac{d\theta}{dt}.$$

よって，これと (2.78) から $d\theta/dt=\omega$，すなわち，

$$\theta=\omega(t+\alpha). \tag{2.81}$$

よって

$$x=\sqrt{\frac{2E}{m}}\frac{1}{\omega}\sin\omega(t+\alpha),\qquad \xi=\sqrt{2mE}\cos\omega(t+\alpha). \tag{2.82}$$

初期条件は

$$y=\sqrt{\frac{2E}{m}}\frac{1}{\omega}\sin\omega\alpha,\qquad \eta=\sqrt{2mE}\cos\omega\alpha. \tag{2.83}$$

作用積分を計算することにより位相関数は，

$$S(t,x)=y\eta+\int_0^t Ldt=y\eta-Et+\int_0^t\xi\frac{dx}{dt}dt,$$

$$\xi\frac{dx}{dt}=2E\cos^2\omega(t+\alpha)$$

であるから

$$\begin{aligned}S(t,x)&=y\eta-Et+E\int_0^t(\cos 2\omega(t+\alpha)+1)dt\\&=y\eta+\frac{E}{2\omega}(\sin 2\omega(t+\alpha)-\sin 2\omega\alpha)\end{aligned} \tag{2.84}$$

が成り立つ．また $\sin 2\omega\alpha=(\omega\eta y)E^{-1}$ で，同様のことが $\sin 2\omega(t+\alpha)$ にも成り立つ．よって

$$S(t,x)=\frac{1}{2}(y\eta+x\xi) \tag{2.85}$$

である．三角関数の加法公式から

$$x=\frac{1}{m\omega}(\sin\omega t\cdot\eta+m\omega\cos\omega t\cdot y).$$

これから，

$$y=\frac{1}{m\omega\cos\omega t}(m\omega x-\sin\omega t\cdot\eta). \tag{2.86}$$

同様に，

$$\xi=\frac{1}{\cos\omega t}(\eta-m\omega\sin\omega t\cdot x). \tag{2.87}$$

よって

$$S(t,x)=S(t,x,\eta)=\frac{1}{2m\omega\cos\omega t}(2m\omega x\eta-\sin\omega t(\eta^2+m^2\omega^2x^2)). \tag{2.88}$$

これは，$t\in(-\pi/2\omega,\pi/2\omega)$ で定義されている．$t=\pm\pi/2\omega$ で特異性が生ずる．

不変微分形式として，$dy=(\cos\omega t)^{-1}dx$ がある．よって

$$u_0(t,x)=u_0(t,x,\eta)=\frac{1}{\sqrt{\cos\omega t}}\qquad\left(t\in\left(\frac{-\pi}{2\omega},\frac{\pi}{2\omega}\right)\right). \tag{2.89}$$

$d_1u_0=0$ であるから $u_1=0,\ u_2=0,\ \cdots$ である．したがって

$$\begin{aligned}u(t,x)&=u(t,x,\eta)\\&=\frac{1}{\sqrt{\cos\omega t}}\exp\left\{\frac{\lambda}{2m\omega\cos\omega t}(2m\omega x\eta-\sin\omega t(\eta^2+m^2\omega^2x^2))\right\}\end{aligned} \tag{2.90}$$

である．これは (2.76), (2.77) の正しい解である．ただし，$\omega t\in(-\pi/2,\pi/2)$ で考えている．——

この二つの例では，たまたま，漸近解が真の解となった．一般には，そうではないことはいうまでもない．

§2.5 問題点

§2.3 および §2.4 で行った漸近解の構成には，種々の問題点がある．第1に，この漸近解と真の解との差はどれだけあるかということである．これは，本講では触れる余裕がない．第2には，この漸近解は，一般には，t が0の十分近くでしか構成出来ないことである．本講の主要な目的は，この困難を回避する Maslov の方法を解説することにある．一般論を展開する前に，本節では1次元の調

和振動子を例として，その着想を簡単に説明する．細部では議論が乱暴になることをあらかじめお断りしておく．

§2.4 の例 2.7 の 1 次元調和振動子の解 (2.90) は，$\omega t \in (-\pi/2, \pi/2)$ でのみ意味をもち，$\omega t \to \pi/2$ では特異性が出る．それは位相関数と振幅関数に，いずれも $(\cos \omega t)^{-1}$ があるからである．とくに位相関数の中の $(\cos \omega t)^{-1}$ が生じる原因を考える．

x-ξ 空間で古典力学 (2.78) に従う運動は，楕円 (2.79) を描く．初期条件の位相関数の定める L_0 は x 軸に平行な $\xi=\eta$ という直線である．ここを $t=0$ に出た積分曲線が $t=\pi/2\omega$ で占める位置は，ξ 軸に平行な直線 $L_{\pi/2}$ である (図 2.1 参照)．これは，§2.3 の記号でいえば，V の $t=\pi/2$ における切り口を x-ξ 空間に射影したものが $L_{\pi/2}$ であるから，V が $t=\pi/2$ で焦的になっていることを示していることになる．だから位相関数に特異性が生じたのである．$L_{\pi/2}$ の，x 軸への射影は同相写像ではないが，ξ 軸への射影は同相である．このことは V の $t=\pi/2\omega$ の近くでは (t, ξ) が局所座標となり得ることを示している．それ故，V の母関数である位相関数を (t, ξ) で表示すれば，この困難は回避出来るであろう．したがって独立変数を (t, ξ) とした漸近級数解を構成すればどうであろうか，というのが Maslov[1] の着想である．

線型方程式

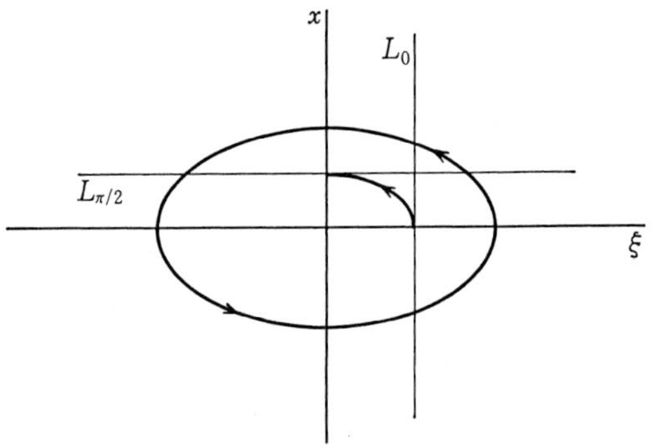

図 2・1

1) Maslov: 前出.

(2.91) $$\left[\frac{1}{\lambda}\frac{\partial}{\partial t}+H\left(x, \frac{1}{\lambda}\frac{\partial}{\partial x}\right)\right]u(t,x)=0,$$

ただし初期条件は

(2.92) $$u(t_0, x)=g(x)$$

を解く代りに，$\mathscr{F}$ を t によらぬ線型変換で，$\mathscr{F}^{-1}$ も存在するものとして，$w(t,x)=(\mathscr{F}u)(t,x)$ としたときに，

(2.93) $$\mathscr{F}\left(\frac{1}{\lambda}\frac{\partial}{\partial t}+H\left(x, \frac{1}{\lambda}\frac{\partial}{\partial x}\right)\right)\mathscr{F}^{-1}w(t,x)=0,$$

(2.94) $$w|_{t=t_0}=\mathscr{F}g$$

を解けば良いことになる．ここでは Fourier 変換

(2.95) $$(\mathscr{F}f)(\xi)=(2\pi i\lambda)^{-1/2}\int_{-\infty}^{\infty}e^{-\lambda x\cdot\xi}f(x)dx$$

を採用する．逆 Fourier 変換は，逆作用素で

(2.96) $$(\mathscr{F}^{-1}h)(x)=(2\pi i\lambda)^{-1/2}\int_{-\infty}^{\infty}e^{\lambda x\cdot\xi}h(\xi)d\xi$$

である．また，

(2.97) $$\frac{1}{\lambda}\frac{\partial}{\partial x}\mathscr{F}^{-1}h=\mathscr{F}^{-1}(\xi h), \qquad x\mathscr{F}^{-1}h=\mathscr{F}^{-1}\left(-\frac{1}{\lambda}\frac{\partial}{\partial\xi}h\right)$$

であるから，

(2.98) $$\mathscr{F}H\left(x, \frac{1}{\lambda}\frac{\partial}{\partial x}\right)\mathscr{F}^{-1}=\frac{1}{2m}\xi^2+\frac{m}{2}\omega^2\left(\frac{1}{\lambda}\frac{\partial}{\partial\xi}\right)^2$$
$$=H\left(-\frac{1}{\lambda}\frac{\partial}{\partial\xi}, \xi\right)$$

である．したがって w についての方程式は

(2.99) $$\left(\frac{1}{\lambda}\frac{\partial}{\partial t}+\frac{m}{2}\omega^2\left(\frac{1}{\lambda}\frac{\partial}{\partial\xi}\right)^2+\frac{1}{2m}\xi^2\right)w(t,\xi)=0$$

および

(2.100) $$w(t_0,\xi)=\mathscr{F}g(\xi)$$

となる．これはまったく，(2.30), (2.31) と同種の方程式である．それ故，(2.30), (2.31) の形式解を $t=0$ から $t_0<\pi/2\omega$ まで作ってみるが，t_0 は十分 $\pi/2\omega$ に近いとする．つぎに $g(\xi)=(\mathscr{F}u)(t_0\xi)$ とおいて，(2.99) と (2.100) の形式的漸近解を作る．そして，$w(t,\xi)$ が $t>\pi/2\omega$ まで得られたら $t>\pi/2\omega$ では，$u(t,x)=$

$(\mathcal{F}^{-1}w)(t,x)$ とすれば，良いであろう．以下これを実行してみる．

まず，公式を引用する．

$$\int_{-\infty}^{\infty} e^{ax^2+bx}dx = \sqrt{\frac{\pi}{-a}}e^{-b^2/4a} \qquad (\mathrm{Re}\, a \leqq 0)$$

ただし，$\sqrt{}$ の枝は $\sqrt{1}=1$ とする．これによって

$$w(t,\xi) = \frac{\exp\{-(\pi/4)i\,\mathrm{sgn}\tan\omega t\}\exp\lambda\tilde{S}(t,\xi,\eta)}{|2m\omega\sin\omega t|^{-1/2}}, \tag{2.101}$$

$$\tilde{S}(t,\xi,\eta) = \frac{1}{4m\omega\sin\omega t}((4\eta^2+\xi^2)\cos\omega t - 4\eta\xi) \tag{2.102}$$

が $0<t<\pi/2\omega$ で成立する．この位相関数 $\tilde{S}$ についてこれが，Lagrange 多様体の母関数であることを一度確かめる．

$$\xi = \frac{\partial S(t,x,\eta)}{\partial x} = \frac{1}{\cos\omega t}(\eta - m\omega\sin\omega t\cdot x) \tag{2.103}$$

を x について解いて $S(t,x,\eta)-x\cdot\xi$ に代入すれば，$\tilde{S}(t,\xi,\eta)$ となる．これから $\tilde{S}(t,\xi,\eta)$ は Lagrange 多様体 V の母関数で，

$$x = -\frac{\partial\tilde{S}(t,\xi,\eta)}{\partial\xi}, \tag{2.104}$$

$$\frac{\partial\tilde{S}}{\partial t} + H_0\left(-\frac{\partial\tilde{S}}{\partial\xi},\xi\right) = 0 \tag{2.105}$$

をみたす．

$0<t<\pi/2\omega$ では

$$w(t,\xi) = \frac{e^{-(\pi/4)i}\exp\lambda\tilde{S}(t,\xi,\eta)}{\sqrt{2m\omega\sin\omega t}}. \tag{2.106}$$

ただし

$$\tilde{S}(t,\xi,\eta) = \frac{1}{4m\omega\sin\omega t}((4\eta^2+\xi^2)\cos\omega t - 4\eta\xi). \tag{2.107}$$

(2.99) の形式的漸近級数(実は真の)解である．

ところが，(2.106) 式は $0<t<\pi/\omega$ で意味をもち解析的な関数だから，この範囲で，(2.106) は真の解である．Fourier 逆変換を施して $u(t,x)$ に戻すと，

$$u(t,x) = \frac{1}{\sqrt{|\cos\omega t|}}\exp\left(-\frac{\pi}{2}i\right)\exp\frac{\lambda}{2m\omega\cos\omega t}(2m\omega t - \sin\omega t(\eta^2+m^2\omega^2x^2)).$$

すなわち，

$$
(2.108)\quad u(t,x)=\begin{cases}\dfrac{1}{|\cos\omega t|^{1/2}}\exp\lambda S(t,x,\eta), & -\dfrac{\pi}{2\omega}<t<\dfrac{\pi}{2\omega},\\ \exp\left(-\dfrac{\pi}{2}i\right)\dfrac{1}{|\cos\omega t|^{1/2}}\exp\lambda S(t,x,\eta), & \dfrac{\pi}{2\omega}<t<\dfrac{3\pi}{2\omega}.\end{cases}
$$

ただし

$$
S(t,x,\eta)=\frac{1}{2m\omega\cos\omega t}(2m\omega x\eta-\sin\omega t(\eta^2+m^2\omega^2x^2))
$$

を得る．この推論をつづけると $3\pi/2\omega<t<5\pi/2\omega$ で

$$
u(t,x)=\exp(\pi i)\frac{1}{|\cos\omega t|^{1/2}}\exp\lambda S(t,x,\eta)
$$

となり，もっと一般に，$(-\pi+2k\pi)/2\omega<t<(\pi+2k\pi)/2\omega$ で

$$
(2.109)\qquad u(t,x)=\exp\left(-\frac{k}{2}\pi i\right)\frac{1}{|\cos\omega t|^{1/2}}\exp\lambda S(t,x,\eta)
$$

となる．t が動いて，V の焦的な部分を通過する度ごとに，因子 $\exp(-\pi i/2)$ がかかって来る．

以上，例でみたことを，一般的に遂行するために，この跳躍を明析に記述する概念を用意する必要がある．これが，Keller-Maslov-Arnol'd 指数であるが，これについては，第4章で詳しく論ずる．その前に，次章では，Fourier 変換と，鞍部点法を解説する．

問　　題

1　例 2.4 を示せ．

2　例 2.5 を証明せよ．

3　(2.55) 式と (2.56) 式を証明せよ．

4　例 2.7 にならって，例 2.3 の電磁場内における荷電粒子の Schrödinger 方程式の解を構成せよ．

5　(2.101)，(2.102) 式を証明せよ．

第3章　Fourier 変換と鞍部点法

§3.1　Fourier 変換

超関数の Fourier 変換について簡単に復習しておこう[1]. n 次元の Euclid 空間 $\boldsymbol{R}^n$ で定義された緩増加超関数の作るベクトル空間を $\mathcal{S}'(\boldsymbol{R}^n)$ と書く. これは局所凸な位相が定義されて, 位相ベクトル空間となる. この双対空間は $\mathcal{S}(\boldsymbol{R}^n)$ と書かれる. $\mathcal{S}(\boldsymbol{R}^n)$ の元は, $\boldsymbol{R}^n$ で定義された急減少 C^∞ 関数である. $\mathcal{S}(\boldsymbol{R}^n)$ は自然に $\mathcal{S}'(\boldsymbol{R}^n)$ の稠密な部分空間とみなせる.

Fourier 変換 $\mathcal{F}$ は, $\mathcal{S}'(\boldsymbol{R}^n)$ から $\mathcal{S}'(\boldsymbol{R}^n)$ への連続線型写像であって, 逆写像 $\mathcal{F}^{-1}$ も存在して連続である. $\mathcal{F}^{-1}$ は逆 Fourier 変換と呼ばれる. $T\in\mathcal{S}'(\boldsymbol{R}^n)$ の Fourier 変換 $\mathcal{F}T$ を, $\hat{T}$ と省略して書くことも多い. $\boldsymbol{R}^n$ 上で定義された, Radon 測度 μ の全変動が有界のとき, μ は $\mathcal{S}'(\boldsymbol{R}^n)$ の元とみなされる. このとき, その Fourier 変換は,

$$\hat{\mu}(\xi)=\mathcal{F}\mu(\xi)=(2\pi)^{-n/2}\int_{\boldsymbol{R}^n}e^{-ix\cdot\xi}d\mu(x) \tag{3.1}$$

で与えられる連続関数である. Fourier 逆変換は,

$$\mathcal{F}^{-1}\mu(x)=(2\pi)^{-n/2}\int_{\boldsymbol{R}^n}e^{ix\cdot\xi}d\mu(\xi) \tag{3.2}$$

である. Fourier 変換 $\mathcal{F}$ と, Fourier 逆変換 $\mathcal{F}^{-1}$ は $\mathcal{S}(\boldsymbol{R}^n)$ に制限されると, $\mathcal{S}(\boldsymbol{R}^n)$ の中の同型変換となる. $f\in\mathcal{S}(\boldsymbol{R}^n)$ とすると, 上の式から,

$$\hat{f}(\xi)=\mathcal{F}f(\xi)=(2\pi)^{-n/2}\int_{\boldsymbol{R}^n}e^{-ix\cdot\xi}f(x)dx, \tag{3.3}$$

$$\mathcal{F}^{-1}f(x)=(2\pi)^{-n/2}\int_{\boldsymbol{R}^n}e^{ix\cdot\xi}f(\xi)d\xi \tag{3.4}$$

である. さらに $L^2(\boldsymbol{R}^n)$ も $\mathcal{S}'(\boldsymbol{R}^n)$ の稠密部分空間とみなされる. $\mathcal{F}$ と $\mathcal{F}^{-1}$ は $L^2(\boldsymbol{R}^n)$ のユニタリ変換を与える. そして $f\in L^2(\boldsymbol{R}^n)$ のとき, (3.3), (3.4) 式が

1) 詳しくは, 本講座“定数係数線型偏微分方程式”を参照されたい.

成立する．ただしこの場合は，(3.3) 式あるいは (3.4) 式の右辺は一般には絶対収束しない．$L^2(\boldsymbol{R}^n)$ の強収束の意味で，

$$\mathscr{F}f(\xi)=\lim_{R\to\infty}(2\pi)^{-n/2}\int_{|x|<R}e^{-ix\cdot\xi}f(x)dx$$
$$=\lim_{\varepsilon\to 0}(2\pi)^{-n/2}\int_{\boldsymbol{R}^n}e^{-ix\cdot\xi-\varepsilon|x|^2}f(x)dx$$

である．この意味で，今後も (3.3), (3.4) の表示を，$f\in L^2(\boldsymbol{R}^n)$ に対しても使うことにする．

次の公式がよく使われる．

$$\mathscr{F}\left(\frac{1}{i}\frac{\partial}{\partial x_j}T\right)(\xi)=\xi_j\mathscr{F}T(\xi),$$
$$\mathscr{F}(x_jT)(\xi)=-\frac{1}{i}\frac{\partial}{\partial\xi_j}\mathscr{F}T(\xi),\qquad j=1,2,\cdots,n.$$

本講では，純虚数のパラメータ λ を含む次の変換——**部分 Fourier 変換**——を使う．任意の $j=1,2,\cdots,n$ に対して，$f\in\mathscr{S}(\boldsymbol{R}^n)$ に対し，

$$F_jf(x_1,x_2,\cdots,x_{j-1},\xi_j,x_{j+1},\cdots,x_n)$$
$$=\left(\frac{|\lambda|}{2\pi}\right)^{1/2}e^{-(\pi/4)i}\int_{-\infty}^{\infty}e^{-\lambda\xi_jx_j}f(x)dx_j\qquad(\lambda=\mu i,\ \ \mu>0)\tag{3.5}$$

とおく．逆変換は，

$$F^jf(\xi_1,\xi_2,\cdots,\xi_{j-1},x_j,\xi_{j+1},\cdots,\xi_n)=\left(\frac{|\lambda|}{2\pi}\right)^{1/2}e^{(\pi/4)i}\int_{-\infty}^{\infty}e^{\lambda\xi_jx_j}f(\xi)d\xi_j\tag{3.6}$$

である．F_j と F^j が $\mathscr{S}'(\boldsymbol{R}^n)$ 内での連続線型写像に，一意的に拡張されることは，Fourier 変換のときと同様である．拡張された変換も同じ文字で F_j, F^j と書くことにする．F^j, F_j を $L^2(\boldsymbol{R}^n)$ に制限すると，ユニタリ変換であることも明らかであろう．

K を集合 $\{1,2,\cdots,n\}$ の任意の部分集合とする．このとき，

$$F_K=\prod_{j\in K}F_j,\qquad F^K=\prod_{j\in K}F^j\tag{3.7}$$

とおく．一般に，$H\subset\{1,2,\cdots,n\}$ に対して，

$$F_K{}^H=F_KF^H=F_{K\cap H^c}F^{H\cap K^c}\tag{3.8}$$

と定義される．ただし，$K^c=\{1,2,\cdots,n\}-K$ である．

$$F_j\left(\frac{1}{\lambda}\frac{\partial}{\partial x_j}f\right)(x_1, \cdots, x_{j-1}, \xi_j, x_{j+1}, \cdots, x_n) = \xi_j(F_jf)(x_1, \cdots, x_{j-1}, \xi_j, x_{j+1}, \cdots, x_n), \tag{3.9}$$

$$F_j(x_jf)(x_1, \cdots, x_{j-1}, \xi_j, x_{j+1}, \cdots, x_n) = -\frac{1}{\lambda}\frac{\partial}{\partial \xi_j}(F_jf)(x_1, \cdots, x_{j-1}, \xi_j, x_{j+1}, \cdots, x_n) \tag{3.10}$$

が成り立つ.

§3.2 鞍部点法

正のパラメータ μ が十分大きいとき，積分

$$I(\mu) = \int_{\boldsymbol{R}^n} e^{i\mu\phi(x)}\varphi(x)dx \tag{3.11}$$

の漸近的様子を調べよう．$\phi(x)$ は実数値をとる $\boldsymbol{R}^n$ 上の C^∞ 関数であり，$\varphi(x)$ は $\mathcal{S}(\boldsymbol{R}^n)$ の関数とする．μ が非常に大きいとき，$\mathrm{grad}\,\phi(x) \neq 0$ となる点の近傍で，$\exp i\mu\phi(x)$ は，x が少し動いただけで，急速に振動する．$\varphi(x)$ はその値があまり動かないから，積分すると，このような点の近くからの寄与はたがいに打ち消しあって小さくなってしまう．よって $\mathrm{grad}\,\phi(x^0)=0$ となる点 x^0 での値 $\exp i\mu\phi(x^0)\varphi(x^0)$ が，積分 $I(\mu)$ に最大の寄与を成すであろうと想像される．これが，適当な条件の下で，実際に起ることを，示そう．このようにして(3.11)の型の積分の漸近的振舞いを調べる方法を，**鞍部点法**，あるいは，**停留位相の方法**と呼ぶ．

ここでは最も簡単な場合に限ることにして，Hörmander[1)]による議論を採用する．出発点は，次の公式である．

$$(2\pi)^{-1/2}\int_{-\infty}^{\infty} e^{-ix\cdot\xi}e^{iax^2}dx = (2|a|)^{-1/2}e^{(\pi/4)i\,\mathrm{sgn}\,a}e^{-(\xi^2/4a)i}. \tag{3.12}$$

この左辺は絶対収束しないが，関数 e^{iax^2} の Fourier 変換の意味である．したがって，$\varepsilon>0$ とすれば，

$$\lim_{\varepsilon\to 0}(2\pi)^{-1/2}\int_{-\infty}^{\infty} e^{-ix\cdot\xi}e^{iax^2-\varepsilon x^2}dx = (2\pi)^{-1/2}\int_{-\infty}^{\infty} e^{-ix\cdot\xi}e^{iax^2}dx$$

と書けるから，(3.12)式が示されたことになる．n 変数の場合は，

1) L. Hörmander: Fourier integral operators I, Acta Math., **127** (1971), 79-183.

$$(3.13)\quad (2\pi)^{-n/2}\int_{\boldsymbol{R}^n} e^{-ix\cdot\xi}e^{(1/2)iAx\cdot x}dx = |\det A|^{-1/2}e^{(\pi/4)i\,\mathrm{sgn}\,A}e^{-(1/2)A^{-1}\xi\cdot\xi i}$$

となる．ただし，A は実対称行列で，正則とする．また，$\mathrm{sgn}\,A=(A$ の正の固有値に属する固有空間の次元$)-(A$ の負の固有値に属する固有空間の次元) である．A の負の固有値に属する固有空間の次元を A の**慣性指数**と呼び $\mathrm{Inert}\,A$ で表わせば，$\mathrm{sgn}\,A=n-2\,\mathrm{Inert}\,A$ である．(3.13) 式を証明するには，直交行列で A を対角化すれば良い．

(3.13) 式から，$\phi(x)$ が x の正則2次形式 $Ax\cdot x/2$ のときには，

$$(3.14)\quad (2\pi)^{-n/2}\int_{\boldsymbol{R}^n} e^{i(\mu/2)Ax\cdot x}\varphi(x)dx$$

$$= \mu^{-n/2}|\det A|^{-1/2}e^{(\pi/4)ni}e^{-(\pi/2)i\,\mathrm{Inert}\,A}\left(\sum_{|\nu|\leq N}\frac{1}{\nu!}\left(-\frac{\tilde{A}D\cdot D}{2\mu\det A}i\right)^{\nu}\varphi(0)\right)$$

$$+R_N$$

となる．ここで $\tilde{A}$ は A の余因子行列でありその (i,j) 成分を $\tilde{a}_{ij}$ とすると，$\tilde{A}D\cdot D$ は定数係数の2階偏微分作用素

$$\sum_{j,k}\tilde{a}_{jk}\left(\frac{1}{i}\frac{\partial}{\partial x_j}\right)\left(\frac{1}{i}\frac{\partial}{\partial x_k}\right)$$

である．(3.14) 式の誤差項 R_N は

$$(3.15)\quad |R_N| \leqq C_N\mu^{-N-n/2}|\det A|^{-N}\left(\sum_{|\alpha|\leqq 2(N+n)}\int\left|\left(\frac{\partial}{\partial x}\right)^{\alpha}\varphi(x)\right|dx\right)$$

という評価を満足する．C_N は N に依存するが，φ と μ には依存しない定数である．

また，(3.14) 式は形式的には，

$$(3.16)\quad (2\pi)^{-n/2}\int_{\boldsymbol{R}^n} e^{i(\mu/2)Ax\cdot x}\varphi(x)dx$$

$$\sim\mu^{-n/2}|\det A|^{-1/2}e^{(\pi/4)ni}e^{-(\pi/2)i\,\mathrm{Inert}\,A}\left[\exp\left(-\frac{\tilde{A}D\cdot D}{2\mu\det A}\right)\varphi\right](0)$$

とも書ける．

証明は，次のようにする．Fourier 変換の Parseval の公式から

$$(3.17)\quad (2\pi)^{-n/2}\int_{\boldsymbol{R}^n} e^{(1/2)i\mu Ax\cdot x}\varphi(x)dx$$

$$= (2\pi)^{-n/2}\langle\mathscr{F}(e^{(1/2)i\mu Ax\cdot x}), \overline{\mathscr{F}}\overline{\varphi}\rangle$$

$$= |\det \lambda A|^{-1/2} e^{(\pi/4) i \operatorname{sgn} A} \int_{\boldsymbol{R}^n} \hat{\hat{\varphi}}(\xi) e^{-(i/2)\mu^{-1}A^{-1}\xi\cdot\xi} d\xi$$

であるが，さらに，$\exp(-(i/2)\mu^{-1}A^{-1}\xi\cdot\xi)$ をベキ級数展開すれば，

$$\exp\left(-\frac{1}{2}i\mu^{-1}A^{-1}\xi\cdot\xi\right) = \sum_{|\nu|\leqq N} \frac{1}{\nu!}\left(-\frac{1}{2}i\mu^{-1}A^{-1}\xi\cdot\xi\right)^{\nu} + R_N(\mu, \xi) \tag{3.18}$$

となり，この剰余項は，評価

$$|R_N(\mu, \xi)| \leqq \frac{1}{N!}\left|\frac{1}{2}\mu^{-1}A^{-1}\xi\cdot\xi\right|^N \tag{3.19}$$

を満足する．つぎに (3.17) を (3.16) に代入して，

$$\int\left(-\frac{1}{2}i\mu^{-1}A^{-1}\xi\cdot\xi\right)^{\nu}\hat{\hat{\varphi}}(\xi)d\xi = \left(-\frac{1}{2}i\mu^{-1}A^{-1}D\cdot D\right)^{\nu}\varphi(0)$$

を使えば，(3.15) の証明だけが問題となる．一方，

$$\left|\int R_N(\mu, \xi)\hat{\hat{\varphi}}(\xi)d\xi\right| \leqq \frac{1}{N!}\left(\frac{1}{2|\mu|}\right)^N |A^{-1}| \int_{\boldsymbol{R}^n} |\xi|^{2N}|\hat{\varphi}(\xi)|d\xi.$$

ところが，$|\xi|^2\hat{\varphi}(\xi) = -\widehat{\triangle\varphi(\xi)}$，$\triangle = \partial^2/\partial x_1{}^2 + \partial^2/\partial x_2{}^2 + \cdots + \partial^2/\partial x_n{}^2$，であるから，任意の l に対して，

$$(1+|\xi|^2)^l\hat{\varphi}(\xi) \leqq (2\pi)^{-n/2}\int_{\boldsymbol{R}^n}|(1-\triangle)^l\varphi(x)|dx.$$

よって，$l=2N+n$ として，

$$\int_{\boldsymbol{R}^n}|\xi|^{2N}|\hat{\varphi}(\xi)|d\xi \leqq \int_{\boldsymbol{R}^n}(1+|\xi|^2)^l|\hat{\varphi}(\xi)|(1+|\xi|^2)^{-n}d\xi$$

$$\leqq (2\pi)^{-n/2}\int_{\boldsymbol{R}^n}|(1-\triangle)^l\varphi(x)|dx\cdot\int_{\boldsymbol{R}^n}(1+|\xi|^2)^{-n}d\xi.$$

これで，(3.15) が示された．

さらに一般に，$\phi(x)$ が実数値をとる C^∞ 関数で，$\operatorname{grad}\phi(x)$ が 0 となるのは，$x=\bar{x}$ の場合に限り，ここで，ヘッシアン $\operatorname{Hess}\phi(\bar{x}) = (\partial^2\phi(\bar{x})/\partial x_j\partial x_k)$ という $n\times n$ 対称行列が正則であるとする．このとき，任意の $\varphi\in\mathcal{S}(\boldsymbol{R}^n)$ に対して，

$$\begin{aligned}(2\pi)^{-n}&\int_{\boldsymbol{R}^n}\varphi(x)e^{i\mu\phi(x)}dx \\ &\sim \mu^{-n/2}|\det(\operatorname{Hess}\phi(\bar{x}))|^{-1/2}e^{(\pi/4)ni}e^{-(\pi/2)i\operatorname{Inert}(\operatorname{Hess}\phi(\bar{x}))}e^{i\mu\phi(\bar{x})} \\ &\quad\times\left(\sum_{\nu}\frac{1}{\nu!}p_\nu(\varphi, \phi; \bar{x})(\mu\det(\operatorname{Hess}\phi(\bar{x})))^{-\nu}\right)\end{aligned} \tag{3.20}$$

という $\mu\to\infty$ のときの漸近展開が存在する．これの証明には，次の Morse の補助定理を使うと便利である．

補助定理 3.1 (Morse) $\phi(x)$ が $\boldsymbol{R}^n$ で定義された，実数値をとる C^∞ 関数で，$\mathrm{grad}\,\phi(x)$ が 0 となるのは $x=\bar{x}$ に限り，かつ，ここで，$A=\mathrm{Hess}\,\phi(\bar{x})$ が正則であると仮定するならば，$\bar{x}$ の近傍 U があって，U 内で新しく座標 $y=(y_1, y_2, \cdots, y_n)$ をとると，ϕ を y で，表示した式が，

$$\phi(x) = \phi(x(y)) = \phi(\bar{x})+\frac{1}{2}\sum_{j=1}^{n} d_j {y_j}^2 \tag{3.21}$$

と書ける．ただし，d_j は $\mathrm{Hess}\,\phi(\bar{x})$ の固有値である．

証明 Taylor 展開して

$$\phi(x)-\phi(\bar{x}) = \frac{1}{2}(x-\bar{x})\cdot B(x)(x-\bar{x}). \tag{3.22}$$

ただし $B(x)$ は $n\times n$ 行列に値をもつ関数で，その (j, k) 成分は，

$$\int_0^1 (1-t)\frac{\partial^2\phi}{\partial x_j \partial x_k}(tx+(1-t)\bar{x})dt$$

である．とくに $B(\bar{x})=A$ である．新しい変数を

$$u = G(x)^{-1}(x-\bar{x})$$

とする．ただし，$G(x)$ は $n\times n$ 行列に値をもつ C^∞ 関数で，$G(\bar{x})=\mathrm{id.}$ とする．そして

$${}^tG(x)^{-1}B(x)G(x)^{-1} = A$$

を満足するようにする．

$$B(x) = {}^tG(x)AG(x) \tag{3.23}$$

を解けば良い．微分して，$x=\bar{x}$ として

$$d({}^tGAG)|_{x=\bar{x}} = d{}^tG\cdot A+AdG.$$

これが 0 となるのは，$dG\cdot A$ が歪対称行列となることである．したがって，$\mathfrak{S}$ を $n\times n$ 実対称行列全体とすれば，$\mathfrak{S}$ は $\boldsymbol{R}^{n(n+1)/2}$ と同型である．$\mathfrak{S}$ で定義された写像を $\Phi: S\mapsto SA^{-1}S$，とおけば，Φ は $\mathfrak{S}$ 内の C^∞ 写像であり，$S=A$ での Φ のヤコビアン行列は単位行列の 2 倍で正則である．よって陰関数定理によって，$S=A$ の近傍があって，ここで，Φ は微分同相である．B が A の十分近くにあるとき，$B=SA^{-1}S$ の解 $S=S(B)$ が，一意的に B の C^∞ 関数として存在する．

これを使って $G(x)=A^{-1}S(B(x))$ とすると，$x=\bar{x}$ の近傍 U で，(3.23) が成立する．したがって，変数 u によって，

$$\phi(x(u))-\phi(\bar{x})=\frac{1}{2}u\cdot Au.$$

つぎに行列 A を対角化する直交行列 T をとって，$u=Ty$ とすると，(3.21) が成立する．▌

式 (3.20) の証明をする．$\bar{x}$ の近傍 U で Morse の補助定理が成立するとして良い．$\rho(x)\in C_0^\infty(U)$ で，$\bar{x}$ の近傍で恒等的に 1 となる関数とする．(3.20) の積分は二つの部分に分かれる．

$$(3.24)\qquad \int_{R^n}\varphi(x)e^{i\mu\phi(x)}dx=\int_{R^n}\rho(x)\varphi(x)e^{i\mu\phi(x)}dx+\int_{R^n}(1-\rho(x))\varphi(x)e^{i\mu\phi(x)}dx.$$

右辺の二つの積分をそれぞれ I_1, I_2 とする．I_1 の積分範囲は，U に限ってよいから，Morse の補助定理を使って，新しい変数 y をとって，(3.21) 式が成立するとして良い．

$$I_1=e^{i\mu\phi(\bar{x})}\int_{R^n}\rho(x(y))\varphi(x(y))e^{i\mu(1/2)\sum_j d_jy_j^2}\left|\det\left(\frac{\partial(x(y))}{\partial y}\right)\right|dy.$$

(3.14) から

$$(3.25)\qquad I_1\sim(2\pi)^{n/2}\mu^{-n/2}e^{i\mu\phi(\bar{x})}|\det(\mathrm{Hess}\,\phi(\bar{x}))|^{-1/2}e^{(\pi/4)ni}\times e^{-(\pi/2)i\,\mathrm{Inert}(\mathrm{Hess}\,\phi(\bar{x}))}\left[\exp\left\{-\frac{i}{2\mu\det A}\tilde{A}D_y\cdot D_y\right\}\varphi(x(y))\times\det\left(\frac{\partial x(y)}{\partial y}\right)\right]\Bigg|_{y=0}.$$

つぎに I_2 に対しては，次の補助定理を使えば良い．

補助定理 3.2 $\phi(x)$ は実数値をとる C^∞ 関数とする．$\varphi\in\mathcal{S}(\boldsymbol{R}^n)$ とし，$\mathrm{supp}\,\varphi$ 上で $|\mathrm{grad}\,\phi|\geqq d>0$ とする．すると，任意の正整数 N に対して，正定数 C_N があって，

$$(3.26)\qquad \left|\int_{R^n}\varphi(x)e^{i\mu\phi(x)}dx\right|\leqq C_N(\mu d^2)^{-N}.$$

証明 $\mathrm{supp}\,\varphi$ 上 $\mathrm{grad}\,\phi\neq 0$ であるから，$\mathrm{supp}\,\varphi$ 上で 1 階の線型偏微分作用素

$$L=|\mathrm{grad}\,\phi(x)|^{-2}\sum_{j=1}^{n}\frac{\partial\phi(x)}{\partial x_j}\cdot\frac{\partial}{\partial x_j}$$

が定義できる．すると，$(L-i\mu)e^{i\mu\phi(x)}=0$ だから，

$$\int_{R^n}\varphi(x)e^{i\mu\phi(x)}dx=(i\mu)^{-N}\int_{R^n}\varphi(x)L^N(e^{i\mu\phi(x)})dx.$$

これを部分積分して，

$$(i\mu)^{-N}\int_{R^n}L^{*N}(\varphi(x))e^{i\mu\phi(x)}dx$$

となる．ただし，L^* も微分作用素で，

$$L^*=|\mathrm{grad}\,\phi(x)|^{-2}\left(-\sum_{j=1}^{n}\frac{\partial\phi}{\partial x_j}\frac{\partial}{\partial x_j}\right)-\mathrm{div}\,(|\mathrm{grad}\,\phi(x)|^{-2}\,\mathrm{grad}\,\phi(x))$$

である．$L^{*N}(\varphi(x))$ の台は，$\varphi(x)$ の台に含まれて，評価

$$|L^{*N}(\varphi(x))|\leqq C_N(\mu d^2)^{-N}$$

が成立する．よって補助定理は成立する．▌

Morse の補助定理を経過する (3.20) 式の上のような証明法は，鞍部点法の成立する原理をはっきり見せてくれるが，展開の各項 $p_\nu(\varphi,\phi;\bar{x})$ を計算するには便利ではない．それ故，次のような証明法も記しておく．位相関数 $\phi(x)$ を $\bar{x}$ のまわりで，Taylor 展開する．

$$\phi(x)=\phi(\bar{x})+\frac{1}{2}H(\bar{x})(x-\bar{x})\cdot(x-\bar{x})+\phi(x,\bar{x}) \tag{3.27}$$

である．ここで，$H(\bar{x})=\mathrm{Hess}\,\phi(\bar{x})$ であり，

$$\phi(x,\bar{x})=\sum_{|\alpha|=3}\frac{(x-\bar{x})^\alpha}{\alpha!}\int_0^1(1-t)^2\left(\frac{\partial}{\partial x}\right)^\alpha\phi(tx+(1-t)\bar{x})dt \tag{3.28}$$

である．$\phi(x,\bar{x})$ は，$x=\bar{x}$ が3位以上の零点である．したがって $|x-\bar{x}|<C\mu^{-1/3}$ のとき，$|\mathrm{grad}\,\mu\phi(x,\bar{x})|$ は $\mu|\mathrm{grad}\,(H(\bar{x})(x-\bar{x})\cdot(x-\bar{x}))|$ に比べて小さく，したがって，$\exp i\mu\,H(\bar{x})(x-\bar{x})\cdot(x-\bar{x})$ は，$\exp i\mu\phi(x,\bar{x})$ より速く振動するといって良いであろう．それゆえ，$y=\mu^{1/3}(x-\bar{x})$ という変数を導入して，(3.20) の積分を二つに分ける．すなわち，$\omega(y)$ を $C^\infty(\boldsymbol{R}^n)$ の関数で，$|y|\leqq1$ で，$\omega(y)\equiv1$，かつ $|y|\geqq2$ で $\omega(y)\equiv0$ となるものとする．そして

$$(2\pi)^{-n}\int\varphi(x)e^{i\mu\phi(x)}dx=I_1(\mu)+I_2(\mu), \tag{3.29}$$

$$(3.30)\quad \begin{cases} I_1(\mu) = (2\pi)^{-n}\mu^{-n/3}\displaystyle\int \varphi(\bar{x}+\mu^{-1/3}y)\,\omega(y)\,e^{i\mu\phi(\bar{x}+\mu^{-1/3}y)}dy, \\ I_2(\mu) = (2\pi)^{-n}\mu^{-n/3}\displaystyle\int \varphi(\bar{x}+\mu^{-1/3}y)(1-\omega(y))e^{i\mu\phi(\bar{x}+\mu^{-1/3}y)}dy \end{cases}$$

である．$I_1(\mu)$ が展開の各項を与える．(3.27) 式より，

$$(3.31)\qquad \mu\phi(\bar{x}+\mu^{-1/3}y) = \mu\phi(\bar{x})+\frac{1}{2}\mu^{1/3}H(\bar{x})y\cdot y+\phi_0(y,\mu)$$

で，

$$(3.32)\qquad \begin{aligned} \phi_0(y,\mu) &= \mu\phi(\bar{x}+\mu^{-1/3}y,\bar{x}) \\ &= \sum_{|\alpha|=3}\frac{y^\alpha}{\alpha!}\int_0^1(1-t)^2\left(\frac{\partial}{\partial x}\right)^\alpha\phi(\mu^{-1/3}ty+\bar{x})\,dt \end{aligned}$$

である．任意の多重指数 β に対して，正定数 C_β があって

$$\left|\left(\frac{\partial}{\partial y}\right)^\beta\phi_0(y,\mu)\right| \leqq C_\beta$$

が，$|y|\leqq 2$ で成立する．よって

$$(3.33)\qquad a(y,\mu) = \varphi(\bar{x}+\mu^{-1/3}y)\,\omega(y)\exp i\phi_0(y,\mu)$$

とおくと，任意の多重指数 β と，任意の $y\in\boldsymbol{R}^n$ に対し

$$(3.34)\qquad \left|\left(\frac{\partial}{\partial y}\right)^\beta a(y,\mu)\right| \leqq C_\beta$$

となる正定数 C_β がある．(3.30) から，

$$(3.35)\qquad I_1(\mu) = (2\pi)^{-n}\mu^{-n/3}e^{i\mu\phi(\bar{x})}\int a(y,\mu)\,e^{(i/2)\mu^{1/3}H(\bar{x})y\cdot y}dy$$

となる．公式 (3.14) を (3.35) に適用すると，

$$(3.36)\qquad \begin{aligned} e^{-i\mu\phi(\bar{x})}I_1(\mu) &= \mu^{-n/2}|\det H(\bar{x})|^{-1/2}e^{(\pi/4)ni}e^{-(\pi/2)i\,\mathrm{Inert}\,H(\bar{x})} \\ &\quad\times\left\{\sum_{|k|\leqq N}\frac{1}{k!}\left[\left(-\frac{\tilde{H}(\bar{x})D\cdot D}{2\mu^{1/3}\det H(\bar{x})}i\right)^k a(y,\mu)\right]\Bigg|_{y=0}\right\}+R_N \end{aligned}$$

である．ただし $\tilde{H}(x)$ は $H(x)$ の余因子行列である．また正定数 C_N があって

$$(3.37)\qquad |R_N| \leqq C_N\mu^{(N-n/2)/3}|\det H(\bar{x})|^{-N}\sum_{|\beta|\leqq 2(N+n)}\int\left|\left(\frac{\partial}{\partial y}\right)^\beta a(y,\mu)\right|dy$$

である．(3.34) と $|y|\geqq 2$ で $a(y,\mu)\equiv 0$ によって (3.37) 右辺の積分は収束する．それ故

$$(3.38)\qquad |R_N| \leqq C_N\mu^{-(N+n/2)/3}$$

である．変数を y から x に戻して，$\phi(x,\bar{x})$ が $x=\bar{x}$ で3位の零点をもつことから，

$$\left[\left(-\frac{\tilde{H}(\bar{x})D_y\cdot D_y}{2\mu^{1/3}\det H(\bar{x})}i\right)^k a(y,\mu)\right]\Big|_{y=0}=\left[\left(-\frac{\tilde{H}(\bar{x})D_x\cdot D_x}{2\mu\det H(\bar{x})}\right)^k(\varphi(x)e^{i\mu\phi(x,\bar{x})})\right]\Big|_{x=\bar{x}}$$

でこれは，μ^{-1} の多項式で，μ^{-k+1} から $\mu^{-k+(2/3)k}$ までの項の和である．以上で，$I_1(\mu)$ が μ^{-1} で漸近展開された．のこっているのは，$I_2(\mu)$ の評価であるが，

$$I_2(\mu)=(2\pi)^{-n}\mu^{-n/3}e^{i\mu\phi(\bar{x})}\int b(y,\mu)e^{i\mu(\phi(\bar{x}+\mu^{-1/3}y)-\phi(\bar{x}))}dy \tag{3.39}$$

において $b(y,\mu)=\varphi(\bar{x}+\mu^{-1/3}y)(1-\omega(y))$ である．また

$$\phi_j(y,\mu)=\frac{\partial}{\partial y_j}(\phi(\bar{x}+\mu^{-1/3}y))=\mu^{-1/3}\left(\frac{\partial}{\partial y_j}\phi\right)(\bar{x}+\mu^{-1/3}y),$$
$$\Phi^2=\sum_j\phi_j(y,\mu)^2$$

とすると，$\det(\mathrm{Hess}\,\phi(\bar{x}))\neq 0$ であるから，μ が十分大きいとき，$|y|\leqq 2$ で，

$$\Phi^2\geqq c\mu^{-2/3}|\mu^{-1/3}y|^2=C\mu^{-4/3}|y|^2 \tag{3.40}$$

が成立する正定数 C がある．さらに仮定から，任意の多重指数 α に対して，ある $C_\alpha>0$ があって，

$$\left|\left(\frac{\partial}{\partial y}\right)^\alpha\phi_j(\bar{x}+\mu^{-1/3}y)\right|\leqq C\mu^{-|\alpha|/3-1/3}\qquad(|\alpha|\geqq 1) \tag{3.41}$$

が成立する．ここで1階の偏微分作用素

$$L=\Phi^{-2}\sum_{j=1}^n\phi_j(y,\mu)\frac{\partial}{\partial y_j}$$

を導入すると，この共役作用素は

$$L^*=L-\sum\frac{\partial}{\partial y_j}(\Phi^{-2}\phi_j(y,\mu)) \tag{3.42}$$

である．$(L-i\mu)e^{i\mu(\phi(\bar{x}+\mu^{-1/3}y)-\phi(\bar{x}))}=0$ であるから，任意の正数 l に対して

$$I_2(\mu)=(2\pi)^{-n}\mu^{-n/3}e^{i\mu\phi(\bar{x})}(i\mu)^{-l}\int_{R^n}L^{*l}(b(y,\mu))e^{i\mu(\phi(\bar{x}+\mu^{-1/3}y)-\phi(\bar{x}))}dy. \tag{3.43}$$

ところで

$$L^{*l}(b(y,\mu))=L^{*l}(\varphi(\bar{x}+\mu^{1/3}y)(1-\omega(y)))$$

であるから，これは，$\Phi^{-t}D_y{}^rb(y,\mu)D_y{}^{s_1}\phi_{j_1}\cdots D_y{}^{s_p}\phi_{j_p}\cdot\phi_{k_1}\cdots\phi_{k_q}$ という形の項の和である．ただし，

$$r+s_1+\cdots+s_p=l, \qquad -t+p+q=-l$$

が成立することは，l についての帰納法で分る．よって，

$$|L^{*l}(b(y,\mu))| \leqq C\sum \Phi^{q-t}\mu^{-(1/3)(s_1+\cdots+s_p+p)}$$

である．$|y|\leqq 1$ で $b(y,\mu)\equiv 0$ であるから，

$$(3.44) \qquad \mu^{-l}\left|\int L^{*l}(b(y,\mu))e^{i\mu(\phi(\bar{x}+\mu^{-1/3}y)-\phi(\bar{x}))}dy\right|$$

$$\leqq C\sum \mu^{-(1/3)(p+s_1+\cdots+s_p)-l}\int_{|y|\geqq 1}\Phi^{q-t}dy$$

$$\leqq C\sum \mu^{-(1/3)(p+s_1+\cdots+s_p)-l+(2/3)(t-q)}\int_{K\geqq y\geqq 1}dy,$$

ここで K は $\operatorname{supp}\varphi$ を内接する原点を中心とする球の半径である．$p+s_1+\cdots+s_p-2(t-q)+3l\geqq p+s_1+\cdots+s_p-2(l+p)+3l\geqq l$ であるから

$$\mu^{-l}\left|\int L^{*l}(b(y,\mu))e^{i\mu(\phi(\bar{x}+\mu^{-1/3}y)-\phi(\bar{x}))}dy\right| \leqq C\mu^{-l/3}$$

である．よって

$$(3.45) \qquad I_2(\mu)=e^{i\mu\phi(\bar{x})}J(\mu), \qquad |J(\mu)|\leqq C\mu^{-(l+n)/3}.$$

以上をまとめると，任意の N に対し

$$(3.46) \qquad I(\mu)=\mu^{-n/2}|\det H(\bar{x})|^{-1/2}e^{(\pi/4)ni}e^{-(\pi/2)i\,\mathrm{Inert}\,H(\bar{x})}e^{i\mu\phi(\bar{x})}$$

$$\times\left\{\sum_{k=0}^{N-1}\frac{1}{k!}\left[\left(-\frac{\tilde{H}(\bar{x})D\cdot D}{2\mu\det H(\bar{x})}i\right)^k\varphi(x)e^{i\mu\phi(x,\bar{x})}\right]\Bigg|_{x=\bar{x}}\right\}$$

$$+e^{i\mu\phi(\bar{x})}R_N,$$

$$|R_N|\leqq C\mu^{-(1/3)(N-n/2)}$$

である．$\phi(x,\bar{x})$ は $x=\bar{x}$ に 3 位の零点をもつ関数で (3.27) で定義される．この展開のはじめの 2 項を求めると，

$$(3.47) \qquad \mu^{-n/2}|\det H(\bar{x})|^{-1/2}e^{(\pi/4)ni}e^{-(\pi/2)i\,\mathrm{Inert}\,H(\bar{x})}e^{i\mu\phi(\bar{x})}$$

$$\times\left\{\varphi(\bar{x})-\frac{i}{2\mu}\frac{\tilde{H}(\bar{x})D\cdot D}{\det H(\bar{x})}\varphi(\bar{x})\right.$$

$$-\frac{i}{4\mu}(\det H(\bar{x}))^{-2}\left(\sum_j D_j\varphi(\bar{x})A_j(D)\phi(x,\bar{x})\right.$$

$$\left.\left.+\varphi(\bar{x})(\tilde{H}(\bar{x})D\cdot D)^2\phi(x,\bar{x})\right)\Bigg|_{x=\bar{x}}\right\}$$

である．ここで $A_j(\xi)=(\partial/\partial\xi_j)(\tilde{H}(\bar{x})\xi\cdot\xi)^2$ である．

第4章　Keller–Maslov–Arnol'd 指数

§4.1　シンプレクティックベクトル空間

第1章で論じたことの復習からはじめる．Z を実 $2n$ 次元の**シンプレクティックベクトル空間**とする．すなわち，Z は $2n$ 次元の実ベクトル空間で，$Z\times Z$ 上で次の条件をみたす双1次形式が与えられているとする．

(a)　σ は実数値の双1次形式である．

(b)　$\sigma(z,z')=-\sigma(z',z)$ が，任意の $z,z'\in Z$ に対して成立する．

(c)　σ は非退化双1次形式である．すなわち，$z'\in Z$ が，任意の $z\in Z$ に対し，$\sigma(z',z)=0$ であれば，$z'=0$.

このような σ を**シンプレクティック形式**と呼ぶ．正しくは，対 (Z,σ) を**シンプレクティックベクトル空間**と呼ぶのであるが，省略して，Z をシンプレクティックベクトル空間と呼ぶことも多い．

定義 4.1　(Z,σ) をシンプレクティックベクトル空間とする．$z'\in Z$ に対して

$$i_{z'}\sigma(z)=\sigma(z',z) \tag{4.1}$$

で定義される Z 上の線型関数 $i_{z'}\sigma$ を作る．$i_{z'}\sigma$ は Z の双対空間 Z' の元である．——

問　$z'\neq 0$ のとき，$i_{z'}\sigma\neq 0$ である．すなわち，z' から $i_{z'}\sigma$ への対応は Z から Z' への同型写像である．これを証明せよ．

例 4.1　$Z=\boldsymbol{C}^n$ とおく．その中の元を $z=(z_1,z_2,\cdots,z_n)$，$z_j\in\boldsymbol{C}$，$j=1,2,\cdots,n$ と書く．また，実部と虚部に分けて，$z=p+iq$，$p=(p_1,p_2,\cdots,p_n)\in\boldsymbol{R}^n$，$q=(q_1,q_2,\cdots,q_n)\in\boldsymbol{R}^n$ とも書く．Z は複素ベクトル空間（n 次元）であるが，実ベクトル空間ともみなせて，$2n$ 次元の実ベクトル空間である．$\boldsymbol{C}^n$ に標準的な **Hermite 内積**,

$$h(z,z')=\sum_{j=1}^{n}\bar{z}_j z_j'=\bar{z}\cdot z \tag{4.2}$$

が定義される．$\boldsymbol{C}^n$ を実 $2n$ 次元ベクトル空間とみなして，

$$\sigma(z,z') = \operatorname{Im} h(z,z') = p\cdot q' - p'\cdot q = \sum_j (p_j q_j' - q_j p_j') \tag{4.3}$$

とおくと，(Z,σ) はシンプレクティックベクトル空間となる．このとき，$g(z,z')=\operatorname{Re} h(z,z')$ とおくと，これは Z 上の **Euclid 内積**となることを注意しておく．——

(Z,σ_Z), (Y,σ_Y) が，二つのシンプレクティックベクトル空間で，S が Z から Y への線型写像であって，任意の $z, z' \in Z$ に対して

$$\sigma_Y(S(z), S(z')) = \sigma_Z(z,z') \tag{4.4}$$

という関係をみたすとき，S を**シンプレクティック変換**という．双1次形式 $\sigma_Y(S(z), S(z'))$ は $Z\times Z$ 上で，非退化であるから，$\operatorname{Ker} S=\{0\}$ である．$\dim Z=\dim Y$ であれば，S は同型である．

(Z,σ) が $2n$ 次元シンプレクティックベクトル空間であるとする．0 でない $\boldsymbol{e}_1\in Z$ をとる．$i_{\boldsymbol{e}_1}\sigma\neq 0$ 故，$\boldsymbol{e}_{n+1}\in Z$ を，$i_{\boldsymbol{e}_1}(\boldsymbol{e}_{n+1})=1$ にとれる．$\boldsymbol{e}_1$ と $\boldsymbol{e}_{n+1}$ は1次独立であるから，$Z_{n-1}=\operatorname{Ker} i_{\boldsymbol{e}_1}\sigma\cap\operatorname{Ker} i_{\boldsymbol{e}_{n+1}}\sigma$ は $2n-2$ 次元である．$n>1$ のときは，Z_{n-1}，に σ を制限したものを再び σ と書くと，(Z_{n-1},σ) は $2(n-1)$ 次元のシンプレクティックベクトル空間となる．実際，σ が，$Z_{n-1}\times Z_{n-1}$ で，非退化であることを示せばよい．$z\in Z_{n-1}$ が，$\forall z'\in Z_{n-1}$ に対して，$\sigma(z,z')=0$ であるとすれば，$z\in\operatorname{Ker} i_{\boldsymbol{e}_1}\sigma\cap\operatorname{Ker} i_{\boldsymbol{e}_{n+1}}\sigma$ 故，任意の $z''\in Z$ に対して $\sigma(z,z'')=0$．よって，$z=0$ である．σ はよって $Z_{n-1}\times Z_{n-1}$ 上非退化で，(Z_{n-1},σ) はシンプレクティックベクトル空間である．Z においてしたと同様に，$\boldsymbol{e}_2, \boldsymbol{e}_{n+2}$ を Z_{n-1} にとって，$\sigma(\boldsymbol{e}_2,\boldsymbol{e}_{n+2})=1$ に出来る．$\operatorname{Ker} i_{\boldsymbol{e}_1}\sigma\cap\operatorname{Ker} i_{\boldsymbol{e}_{n+1}}\sigma\cap\operatorname{Ker} i_{\boldsymbol{e}_2}\sigma\cap\operatorname{Ker} i_{\boldsymbol{e}_{n+2}}\sigma=Z_{n-1}$ とする．以下同様にして，結局，Z のベクトル $\boldsymbol{e}_1, \boldsymbol{e}_2, \cdots, \boldsymbol{e}_n, \boldsymbol{e}_{n+1}, \boldsymbol{e}_{n+2}, \cdots, \boldsymbol{e}_{2n}$ をとり

$$\begin{cases} \sigma(\boldsymbol{e}_j,\boldsymbol{e}_k)=0, & \sigma(\boldsymbol{e}_j,\boldsymbol{e}_{k+n})=\delta_{jk}, \\ \sigma(\boldsymbol{e}_{j+n},\boldsymbol{e}_{k+n})=0, & 0\leqq j,\ k\leqq n \end{cases} \tag{4.5}$$

とすることができる．ここで δ_{jk} は Kronecker の記号である．(4.5) をみたす $\boldsymbol{e}_1, \boldsymbol{e}_2, \cdots, \boldsymbol{e}_{2n}$ は Z の基底となる．これを Z の**シンプレクティック基底**と呼ぶ．このとき，任意のベクトル z および $z'\in Z$ を，これらについての成分を使って，

$$z = x_1\boldsymbol{e}_1+x_2\boldsymbol{e}_2+\cdots+x_n\boldsymbol{e}_n+\xi_1\boldsymbol{e}_{n+1}+\xi_2\boldsymbol{e}_{n+2}+\cdots+\xi_{2n}\boldsymbol{e}_{2n},$$
$$z' = x_1'\boldsymbol{e}_1+x_2'\boldsymbol{e}_2+\cdots+x_n'\boldsymbol{e}_n+\xi_1'\boldsymbol{e}_{n+1}+\xi_2'\boldsymbol{e}_{n+2}+\cdots+\xi_{2n}'\boldsymbol{e}_{2n}$$

とおくと，(4.5) から

$$\sigma(z,z')=x\cdot\xi'-x'\cdot\xi=\sum_{j=1}^{n}(x_j\xi_j'-x_j'\xi_j) \tag{4.6}$$

となる．

(Y,σ_Y) を同じ $2n$ 次元のシンプレクティックベクトル空間とする．このシンプレクティック基底を $\boldsymbol{e}_1',\boldsymbol{e}_2',\cdots,\boldsymbol{e}_{2n}'$ とする．Z から Y への線型写像 S を，$S\boldsymbol{e}_j=\boldsymbol{e}_j'$，$j=1,2,\cdots,n$ となるように作れる．すると (4.5) によって，S はシンプレクティック変換で，Z と Z' の 1 対 1 同型写像となる．次元の等しい二つのシンプレクティックベクトル空間は，シンプレクティック空間として，つねに同型であるといってよい．

シンプレクティックベクトル空間 (Z,σ) のベクトル部分空間 L に対し，$L^\sigma=\{z\in Z\,|\,\sigma(z,y)=0,\forall y\in L\}$ とおく．L^σ もベクトル部分空間となり次の性質が成り立つ．

$$L\subset M \quad \text{ならば} \quad M^\sigma\subset L^\sigma, \tag{4.7}$$

$$(L^\sigma)^\sigma=L, \tag{4.8}$$

$$(L\cap M)^\sigma=L^\sigma+M^\sigma, \qquad (L+M)^\sigma=L^\sigma\cap M^\sigma, \tag{4.9}$$

$$\dim L^\sigma=\dim Z-\dim L. \tag{4.10}$$

Z の部分空間 L が $L\subset L^\sigma$ のとき，L は (σ の) **等方的**な部分空間という．Z の等方的な部分空間で極大のものを，**Lagrange 部分空間**という．L が等方的ならば $L^\sigma\supset L$ であって，$L\neq L^\sigma$ のとき，$L^\sigma-L$ の元を $\boldsymbol{e}$ として，L と $\boldsymbol{e}$ とで張るベクトル部分空間を M とする．$M^\sigma=L^\sigma\cap\{\boldsymbol{e}\}^\sigma\supset M$ であるから，L は極大ではない．よって，Lagrange 部分空間 λ においては $\lambda^\sigma=\lambda$ である．このとき (4.10) から，Lagrange 部分空間 λ に対しては $\dim\lambda=n$ である．逆に次元が n の等方的部分空間 λ では，(4.10) から，$\lambda^\sigma=\lambda$ すなわち λ は極大で Lagrange 部分空間である．例えば，$\boldsymbol{e}_1,\boldsymbol{e}_2,\cdots,\boldsymbol{e}_{2n}$ を (4.5) をみたすシンプレクティック基底とすると，$\boldsymbol{e}_1,\cdots,\boldsymbol{e}_n$ の張る空間および $\boldsymbol{e}_{n+1},\cdots,\boldsymbol{e}_{2n}$ の張る空間は，それぞれ Lagrange 部分空間である．

一般に二つの Lagrange 部分空間 λ と λ' がその共通部分が 0 のみのとき，**横断的**であるという．このとき，$\lambda+\lambda'=Z$ が成立する．また，シンプレクティック 1 次形式 σ を $\lambda\times\lambda'$ に制限すると，この双 1 次形式によって，λ と λ' は双対

的になる．すなわち，

任意の $y \in \lambda$ に対して，$\sigma(y, y')=0$ なる $y' \in \lambda'$ は 0,

任意の $y' \in \lambda'$ に対して，$\sigma(y, y')=0$ となる $y \in \lambda$ は0

である．

問　λ と λ' が横断的な Lagrange 部分空間のとき，λ の勝手な基底 $\boldsymbol{e}_1, \boldsymbol{e}_2, \cdots, \boldsymbol{e}_n$ に対し，λ' の基底 $\boldsymbol{e}_{n+1}, \boldsymbol{e}_{n+2}, \cdots, \boldsymbol{e}_{2n}$ を適当に選ぶと，$\boldsymbol{e}_1, \boldsymbol{e}_2, \cdots, \boldsymbol{e}_{2n}$ は Z のシンプレクティック基底となることを示せ．

§4.2　Lagrange-Grassmann 多様体 (1)

(Z, σ) をシンプレクティックベクトル空間で $\dim Z=2n$ とする．Z の Lagrange 部分空間の全体を $\Lambda(Z)$ と書いて，**Lagrange-Grassmann 多様体**と呼ぶ．$\lambda \in \Lambda(Z)$ に対し，λ と横断的な Lagrange 部分空間の全体を $\Lambda^0(\lambda)$ と書く．

$\Lambda(Z)$ に多様体の構造があることは，次のように，局所座標関数系が作れることから了解されるであろう．λ と λ' を横断的な二つの Lagrange 部分空間とする．$Z=\lambda \oplus \lambda'$ と直和分解される．λ'' を λ' と横断的な Lagrange 部分空間とする．λ'' は $\lambda \oplus \lambda'$ の線型部分空間で，$\lambda'' \cap \lambda'=\{0\}$ だから，λ'' は λ で定義された λ' への線型写像 $T_{\lambda\lambda'\lambda''}$ のグラフとみなすことができる．すなわち，$z'' \in \lambda''$ が

$$z'' = z+z' \qquad (z \in \lambda,\ \ z' \in \lambda')$$

と分解されるとき

$$z' = T_{\lambda\lambda'\lambda''}z \tag{4.11}$$

である．y と z が共に λ の元のとき

$$Q_{\lambda\lambda'\lambda''}(y, z) = \sigma(T_{\lambda\lambda'\lambda''}y, z) \tag{4.12}$$

とおくと，λ 上の双1次形式が定義される．これは対称双1次形式である．実際，$y'', z'' \in \lambda''$ が $y''=y+T_{\lambda\lambda'\lambda''}y$, $z''=z+T_{\lambda\lambda'\lambda''}z$ と分解されると，λ'' が Lagrange 部分空間であるから，$\sigma(z'', y'')=0$ で，同様に $\sigma(y, z)=0$, $\sigma(T_{\lambda\lambda'\lambda''}y, T_{\lambda\lambda'\lambda''}z)=0$ が成立するから $\sigma(y, T_{\lambda\lambda'\lambda''}z)+\sigma(T_{\lambda\lambda'\lambda''}y, z)=0$ であり，また σ は歪対称だから，$Q_{\lambda\lambda'\lambda''}(y, z)=Q_{\lambda\lambda'\lambda''}(z, y)$ である．逆に，$\lambda \times \lambda$ 上で定義された対称双1次形式 Q があると，λ と λ' が σ に関して双対的であることから

$$Q(y, z) = \sigma(Ty, z) \qquad (\forall y, z \in \lambda)$$

となる線型写像 $T: \lambda \to \lambda'$ が存在する．Q が対称であるから，上の計算を逆にた

どれば，T のグラフが，一つの Lagrange 部分空間 λ'' を定めていることがわかる．$\lambda\times\lambda$ 上で定義された対称双1次形式の全体を $\mathrm{Sym}(\lambda)$ と書くと，上述の推論は，λ' と横断的な Lagrange 部分空間全体 $\Lambda^0(\lambda')$ と $\mathrm{Sym}(\lambda)$ が1対1に対応していることを示す．$\Lambda^0(\lambda')$ に $\Lambda(Z)$ の部分空間として自然な位相が入る．明らかに上の $\Lambda^0(\lambda')\leftrightarrow\mathrm{Sym}(\lambda)$ の対応は，位相をこめて，同相写像である．$\mathrm{Sym}(\lambda)$ は $\boldsymbol{R}^{n(n+1)/2}$ と同相（微分同相）である．よって $\Lambda^0(\lambda')$ から $\boldsymbol{R}^{n(n+1)/2}$ への座標関数を $Q_{\lambda\lambda'\lambda''}$ としてよい．これは，λ' と横断的な Lagrange 部分空間 λ を一つとり固定することによって得られたことを注意しておく．さて，λ' を色々変えると $\Lambda^0(\lambda')$ は $\Lambda(Z)$ を覆うから，$\Lambda(Z)$ にこのようにして，局所座標関数系がとれる．もちろん，二つの座標関数系がとれるところで座標変換が互いに C^∞ であることを示す必要があるが，これは読者に任せよう．後に，$\Lambda(Z)$ に自然な仕方で多様体構造を入れるから，ここでは，座標変換の公式にはこれ以上こだわらなくてもよいであろう．

上のように Lagrange 部分空間 λ' と $\lambda\in\Lambda^0(\lambda')$ を一つ固定するとき，$\lambda''\in\Lambda^0(\lambda')$ に対して双1次形式 $Q_{\lambda\lambda'\lambda''}$ を作る．これに対応して，λ 上の2次形式が

$$Q_{\lambda\lambda'\lambda''}(z)=Q_{\lambda\lambda'\lambda''}(z,z)=\sigma(T_{\lambda\lambda'\lambda''}z,z) \tag{4.13}$$

で作れる．$(1/2)Q_{\lambda\lambda'\lambda''}(z)$ を λ'' の**母関数**と呼ぶ．λ の基底 $\boldsymbol{e}_1,\boldsymbol{e}_2,\cdots,\boldsymbol{e}_n$ と λ' の基底 $\boldsymbol{e}_{n+1},\boldsymbol{e}_{n+2},\cdots,\boldsymbol{e}_{2n}$ をとって，これらがシンプレクティック基底となるようにできる（p.78の問を参照）．λ の任意のベクトルは，$x=x_1\boldsymbol{e}_1+x_2\boldsymbol{e}_2+\cdots+x_n\boldsymbol{e}_n$，と書ける．$Q_{\lambda\lambda'\lambda''}(x)$ は $(x_1,x_2,\cdots,x_n)\in\boldsymbol{R}^n$ の2次形式とみなせる．さて，Z のベクトル $z'=x_1\boldsymbol{e}_1+\cdots+x_n\boldsymbol{e}_n+\xi_1\boldsymbol{e}_{n+1}+\cdots+\xi_n\boldsymbol{e}_{2n}$ が，λ'' に入るための必要にして十分な条件は，

$$\xi_1\boldsymbol{e}_{n+1}+\cdots+\xi_n\boldsymbol{e}_{2n}=T_{\lambda\lambda'\lambda''}x$$

すなわち

$$\xi_j=\frac{1}{2}\frac{\partial}{\partial x_j}Q_{\lambda\lambda'\lambda''}(x)\qquad(j=1,2,\cdots,n) \tag{4.14}$$

である．この(4.14)式によって，$Q_{\lambda\lambda'\lambda''}(x)$ を母関数と呼ぶ理由がわかるであろう．λ'' 上の点を上のように $z'=x_1\boldsymbol{e}_1+\cdots+x_n\boldsymbol{e}_n+\xi_1\boldsymbol{e}_{n+1}+\cdots+\xi_n\boldsymbol{e}_{2n}$ とあらわす．$\xi_1,\xi_2,\cdots,\xi_n$ は $x_1,x_2,\cdots,x_n$ の1次関数となる．λ'' 上の1次微分形式

$$\theta=\xi_1dx_1+\xi_2dx_2+\cdots+\xi_ndx_n$$

を考えると，(4.14)から

$$d\frac{1}{2}Q_{\lambda\lambda'\lambda''}(x)=\theta \tag{4.15}$$

あるいは

$$Q_{\lambda\lambda'\lambda''}(x)=2\int_0^x\theta \tag{4.16}$$

とも書くことができる．

$\Lambda(Z)$の構造をさらに明瞭に記述するには，Zに Euclid 内積をも入れておくとよい．gをZで定義された，Euclid 内積とする．gに関して正規直交基底をとって$Z\cong \boldsymbol{R}^{2n}$という同型を作る．$x, x'\in Z$をこの対応で，$x\leftrightarrow(x_1, x_2, \cdots, x_{2n})$, $x'\leftrightarrow(x_1', x_2', \cdots, x_{2n}')$とすると，シンプレクティック形式$\sigma$は

$$\sigma(x,x')=\sum_{j,k}s_{jk}x_jx_k' \tag{4.17}$$

で，$2n\times 2n$の行列$S=(s_{jk})$は歪対称である．すなわち，Sの転置行列を${}^tS$と書くと，

$${}^tS=-S.$$

それ故，直交行列Tを選んで

$${}^tTST=\begin{bmatrix}0 & D\\ -D & 0\end{bmatrix}$$

とすることができる．ここで，Dは$n\times n$の対角形の行列で，主対角線の要素は正の数$d_1, d_2, \cdots, d_n$からなるとしてよい．このとき，Zの正規直交基底$\boldsymbol{e}_1, \boldsymbol{e}_2, \cdots, \boldsymbol{e}_{2n}$を選び直して，任意のベクトルを$z=x_1\boldsymbol{e}_1+\cdots+x_n\boldsymbol{e}_n+\xi_1\boldsymbol{e}_{n+1}+\cdots+\xi_n\boldsymbol{e}_{2n}$, $z'=x_1'\boldsymbol{e}_1+\cdots+x_n'\boldsymbol{e}_n+\xi_1'\boldsymbol{e}_{n+1}+\cdots+\xi_n'\boldsymbol{e}_{2n}$とおくと，

$$\sigma(z,z')=\sum_{j=1}^{n}d_j(x_j\xi_j'-x_j'\xi_j) \tag{4.18}$$

となる．よって次の命題が成立する．

命題 4.1 (Z,σ)を$2n$次元のシンプレクティックベクトル空間とする．Zの正定値2次形式gに関して，正規直交系となるZのシンプレクティック基底が存在する必要にして十分な条件は，

$$\sigma(x,Jy)=g(x,y)\qquad(\forall x,y\in Z) \tag{4.19}$$

で定まるZの線型変換Jの固有値が，$\pm i$のみのことである．この条件は，$J^2=$

$-I$ といってもよい. ——

我々は，命題4.1の条件をみたす Euclid 内積 g を**シンプレクティック構造と整合な Euclid 内積**と呼ぶべきであるが，簡単のために単に **Euclid 内積**と呼ぶ. シンプレクティック構造と整合的でない Euclid 内積は，今後一切考えない.

(Z,σ) を $2n$ 次元シンプレクティックベクトル空間とし，g を Euclid 内積とする. このとき (4.19) で定義された線型変換 J は，

(4.20) $$J^2 = -I \qquad (I \text{ は恒等写像})$$

を満足した. これによって，Z に**複素構造**が入る. すなわち，任意の $z \in Z$ に対して，虚数単位 $i=\sqrt{-1}$ を乗ずる演算を

(4.21) $$iz = Jz$$

で定義すると，Z は複素ベクトル空間となって，複素次元は n となる. そして，任意の二つのベクトル，$z, z' \in Z$ に対し

(4.22) $$h(z, z') = g(z, z') + i\sigma(z, z')$$

とおくと，これは Z を複素ベクトル空間とみなしたときの Hermite 内積を与える. 実際，(4.22) の両辺が，実双1次形式のことは明らかであるし，$h(z, z)>0$ も明らかである. また $\overline{h(z, z')}=h(z', z)$ も明らかで，

$$\begin{aligned} h(z, iz') &= g(z, iz') + i\sigma(z, iz') \\ &= g(z, Jz') + i\sigma(z, Jz') \\ &= ih(z, z') \end{aligned}$$

である.

逆に，Z が複素 n 次元の複素ベクトル空間で，Hermite 内積 $h(z, z')$ が定義されているとき，Z の係数体を実数体に制限し，$\sigma=\mathrm{Im}\, h$ とおくと，(Z,σ) は，$2n$ 次元のシンプレクティックベクトル空間となり，$g=\mathrm{Re}\, h$ はシンプレクティック構造と整合な Euclid 内積となる. そして

(4.23) $$g(z, z') = \sigma(z, iz') \qquad (\forall z, z' \in Z)$$

が成立する.

(Z,σ) がシンプレクティックベクトル空間で，Euclid 内積 g があるとする. Z の実次元を $2n$ とする. Z の任意の一つの Lagrange 部分空間 λ に g に関する正規直交基底 $\boldsymbol{e}_1, \boldsymbol{e}_2, \cdots, \boldsymbol{e}_n$ をとる. これは自動的に Hermite 内積 (4.22) に関しても正規直交基底である. 逆に，$\boldsymbol{e}_1, \boldsymbol{e}_2, \cdots, \boldsymbol{e}_n$ を Hermite 内積に関する正規

直交基底とすると，$h(e_j, e_k)$は実数値だから，$\boldsymbol{e}_1, \boldsymbol{e}_2, \cdots, \boldsymbol{e}_n$の張る実係数ベクトル部分空間$\lambda$は，Lagrange 部分空間である．虚数単位$i$を乗じた，$i\boldsymbol{e}_1, i\boldsymbol{e}_2, \cdots, i\boldsymbol{e}_n$の張る実係数ベクトル空間$i\lambda$もLagrange 部分空間である．Euclid 内積gに関して，λと$i\lambda$とは直交し，λと$i\lambda$は横断的である．$i: \lambda \to i\lambda$という線型写像がユニタリであるから，gは，それのλへの制限で決まる．

さらに，(Z, σ)が$2n$次元のシンプレクティックベクトル空間で，λ, λ'が一組の横断的なLagrange 部分空間であり，gがλ上のEuclid 内積であるとする．このときgをZ全体に次のように拡張できる．まず，λとλ'が横断的なLagrange 部分空間であるから，σに関して，λとλ'が双対的である．任意の$z, z' \in \lambda$に対して，

$$\sigma(z, Jz') = g(z, z') \tag{4.24}$$

が成立するように，線型写像，$J: \lambda \to \lambda'$を定義する．Jによって内積が変らぬように，λ'上のEuclid 内積を作り，これもgと書く．すなわち$z, z' \in \lambda$に対し

$$g(Jz, Jz') = g(z, z') \tag{4.25}$$

である．さらにλの元zとλ'の元wはつねに直交するとする．すなわち，

$$g(z, w) = 0 \qquad (\forall z \in \lambda,\ w \in \lambda') \tag{4.26}$$

と定める．$Z = \lambda \oplus \lambda'$であるから，$Z$上Euclid 内積が一意的に決定される．これを再びgと書く．また$Z = \lambda \oplus \lambda'$の分解に応じて$J = J \oplus -J^{-1}$とおくことにより，$Z$全体に複素構造$J$が定義され，これによって(4.19)が成立する．

以上によって，シンプレクティック構造と整合な，Euclid 内積gの全体Bを考えることができる．一つのLagrange 部分空間λ_0を固定する．任意の$g \in B$に対して，gに関しλ_0と直交するLagrange 部分空間$\lambda = \pi(g)$が定まる．$\pi(g) \in \Lambda^0(\lambda_0)$である．これは確かに$\Lambda^0(\lambda_0)$の上への写像$\pi$を定義する．また$g$に$g$の$\lambda_0$上への制限$g|_{\lambda_0}$を対応させる．これによって

$$B \cong \Lambda^0(\lambda_0) \times \mathrm{Sym\,pos}(\lambda_0) \tag{4.27}$$

が証明できた．ここで，$\mathrm{Sym\,pos}(\lambda_0)$とは，$\lambda_0$上の正定符号2次形式全体の作る集合で，これは凸錐である．$\Lambda^0(\lambda_0)$は$\boldsymbol{R}^{n(n+1)/2}$と同位相であったから，$B$は凸錐と同位相である．

$2n$次元のシンプレクティックベクトル空間(Z, σ)に，Euclid 内積gを一つ固定しておくと，Zに複素構造が入って，自然にHermite 内積が定義された．$\boldsymbol{e}_1$,

$\boldsymbol{e}_2, \cdots, \boldsymbol{e}_n$ を Hermite 内積での正規直交基底として，Z を複素ベクトル空間とすれば

(4.28) $$Z \cong \boldsymbol{C}^n$$

という同型が得られる．このとき，Z の Hermite 内積には，$\boldsymbol{C}^n$ の標準的な Hermite 内積が対応している．したがって，Z のシンプレクティック構造には $\boldsymbol{C}^n$ のそれが対応し，Euclid 内積同士も対応している．したがって，これらの構造に関しては，$\boldsymbol{C}^n$ について考えれば十分である．

§4.3 Lagrange-Grassmann 多様体 (2)

$\boldsymbol{C}^n$ の点を，$z=(z_1, z_2, \cdots, z_n)$ とする．実部と虚部にわけて，$z=p+iq$，$p=(p_1, p_2, \cdots, p_n)$，$q=(q_1, q_2, \cdots, q_n) \in \boldsymbol{R}^n$ とする．$z'=p'+iq'$ を z とは異なる点とする．$\boldsymbol{C}^n$ の標準的な内積は

(4.29) $$h(z, z') = \bar{z}\cdot z = p\cdot p'+q\cdot q'+i(p\cdot q'-q\cdot p')$$

である．ただし，$\bar{z}\cdot z=\bar{z}_1 z_1'+\bar{z}_2 z_2'+\cdots+\bar{z}_n z_n'$ である．$p\cdot p'$ 等も同様である．(4.29) の実部は

(4.30) $$g(z, z') = p\cdot p'+q\cdot q'$$

虚部は，

(4.31) $$\sigma(z, z') = p\cdot q'-q\cdot p'$$

である．$\boldsymbol{C}^n$ は σ によってシンプレクティックベクトル空間となる．実係数で考えるから次元は $2n$ である．g は σ と整合な Euclid 内積である．$\boldsymbol{C}^{2n}$ のシンプレクティック変換とは，実線型変換 A で，任意の $z, z' \in \boldsymbol{C}^n$ に対して，

$$\sigma(Az, Az') = \sigma(z, z')$$

が成立するものであった．その全体を $Sp(n)$ と書く．実係数の線型変換 T が直交変換であるとは

(4.32) $$g(Tz, Tz') = g(z, z') \qquad (\forall z, z' \in \boldsymbol{C}^n)$$

が成立することであった．その全体を $O(2n)$ とかく．$\boldsymbol{C}^n$ の複素線型写像 U で，

(4.33) $$h(Uz, Uz') = h(z, z') \qquad (\forall z, z' \in \boldsymbol{C}^n)$$

を満足するものをユニタリ変換と呼び，その全体を $U(n)$ と書く．$T \in O(2n) \cap Sp(n)$ とすると，これは複素線型写像となる．実際，任意の $z, z' \in \boldsymbol{C}^n$ に対して，

$$\sigma(z, iTz') = g(z, Tz') = g(T^{-1}z, z') = \sigma(T^{-1}z, iz') = \sigma(z, Tiz'),$$

よって $iTz'=Tiz'$ となるからである．これから

$$U(n)=O(2n)\cap Sp(n) \tag{4.34}$$

が示された．

$\boldsymbol{C}^n$ の中の Lagrange 部分空間の全体を $\Lambda(n)$ と書く．このうちで，次の二つに特に注目する．

$$\lambda_{\mathrm{Re}}=\{z=p+iq\mid q=0\},$$
$$\lambda_{\mathrm{Im}}=\{z=p+iq\mid p=0\}.$$

ここで，$\lambda_{\mathrm{Im}}=i\lambda_{\mathrm{Re}}$ である．

Lagrange-Grassmann 多様体 $\Lambda(n)$ の構造は，次の定理によってわかる．

定理 4.1 (Arnol'd[1])　　$\Lambda(n)\cong U(n)/O(n)$

ただし，ここで，$O(n)$ は n 次元の直交群である．

証明　$U(n)$ は $\Lambda(n)$ に推移的に作用している．すなわち，任意の $U\in U(n)$ はシンプレクティック変換であるから，Lagrange 部分空間を Lagrange 部分空間へ写像する．これは $U(n)$ が $\Lambda(n)$ に作用していることを示す．λ_{Im} の中の Euclid 内積での正規直交基底 $\boldsymbol{e}_1,\boldsymbol{e}_2,\cdots,\boldsymbol{e}_n$ をとる．これは Hermite 内積でも $\boldsymbol{C}^n$ の正規直交基底である．任意の $\lambda\in\Lambda(n)$ に対し，その中の Euclid 内積に関する正規直交基底 $\boldsymbol{e}_1',\boldsymbol{e}_2',\cdots,\boldsymbol{e}_n'$ をとる．これも自動的に $\boldsymbol{C}^n$ の Hermite 内積に関する正規直交基底となる．よって $\boldsymbol{e}_1,\boldsymbol{e}_2,\cdots,\boldsymbol{e}_n$ を $\boldsymbol{e}_1',\boldsymbol{e}_2',\cdots,\boldsymbol{e}_n'$ に写像する $\boldsymbol{C}^n$ のユニタリ変換 $U(\lambda)$ が一つ存在する．これは $U(n)$ が $\Lambda(n)$ に推移的に作用することを示している．

λ_{Im} を不変にするイソトロピー群は $O(n)$ である．実際，$U\in U(n)$ が λ_{Im} を不変にすると，Euclid 内積 g も U で不変だから，λ_{Im} の g に関する直交補空間 λ_{Re} は U で不変．よって $U\in U(n)\cap GL(n,\boldsymbol{R})=O(n)$．ここで $GL(n,\boldsymbol{R})$ とは，$\boldsymbol{R}^n$ の正則1次変換の全体の作る群である．逆に $U\in O(n)$ ならば λ_{Im} が不変であることは明らかであるから，定理が示されたことになる．▌

系　　$\dim\Lambda(n)=\dfrac{1}{2}n(n+1).$

---

1) V. I. Arnol'd: О характеристическом классе, входящем в условия квантования, Функц. анал. и его прилож., **1** (1967), 1-14 (英訳: On a characteristic class entering in the quantization conditions, Funct. Anal. and its Appl., **1** (1967), 1-13).

証明 $\dim \Lambda(n) = \dim U(n) - \dim O(n) = n^2 - \dfrac{n}{2}(n-1).$ ▌

上の定理4.1に基づいて $\Lambda(n)$ から $U(n)$ の中への，はめ込みが作れる．

定義 4.2 (Leray[1]) 任意の $\lambda \in \Lambda(n)$ に対して，ある $U \in U(n)$ が存在して

$$\lambda = U\lambda_{\mathrm{Im}} \tag{4.35}$$

であった．この一つの U をとって

$$W(\lambda) = U\bar{U}^{-1} = U{}^tU \tag{4.36}$$

とおく．${}^tU$ は U の転置行列である．——

この (4.35) における U は λ に対し一意的にはきまらないが，$W(\lambda)$ は一意的である．実際，U' も (4.35) を満足すると，定理4.1によって，$T \in O(n)$ が存在して，

$$U' = UT, \tag{4.37}$$

よって $U'\bar{U}'^{-1} = U'{}^tU' = UT{}^tT{}^tU = U{}^tU$ だからである．

命題 4.2 $\forall\lambda \in \Lambda(n)$ に対して，$W(\lambda)$ はユニタリ行列で，対称である．

証明 $W(\lambda)^* = ({}^tU)^*U^* = \bar{U}U^{-1} = W(\lambda)^{-1}$ であるから $W(\lambda)$ はユニタリであり，対称のことは定義から明らかである．▌

次の事実は使い易い．

補助定理 4.1 (Leray) $\lambda \in \Lambda(n)$ とする．ベクトル z が λ に入る必要十分条件は，

$$-z = W(\lambda)\bar{z} \tag{4.38}$$

が成立することである．

証明 $\lambda = U\lambda_{\mathrm{Im}}$, $U \in U(n)$ とする．$z \in \lambda$ ということは，$U^{-1}z = z_0 \in \lambda_{\mathrm{Im}}$．すなわち $\bar{z}_0 = -z_0$ だから，$W(\lambda)\bar{z} = U\bar{U}^{-1}\overline{Uz_0} = U\bar{z}_0 = -z$ である．▌

たとえば，これを使うと次のことがわかる．

定理 4.2 $\lambda, \lambda' \in \Lambda(n)$ とする．このとき，次の三つの条件はたがいに他と同値である．

(i) $\dim \lambda \cap \lambda' \neq 0$,

1) J. Leray: a) Solutions asymptotiques des équations aux dérivées partielles, b) Complément à la théorie d'Arnol'd de l'indice de Maslov, いずれも Seminaire Leray, collège de France (1972–73).

(ii) $\dim \operatorname{Ker}(W(\lambda')^{-1}W(\lambda)-I) \neq 0$,

(iii) $\dim \operatorname{Ker}(W(\lambda')W(\lambda)^{-1}-I) \neq 0$.

証明 $\mu=\lambda\cap\lambda'$ とおく. $z\in\mu$ という 0 でないベクトルが存在する必要十分条件は,

$$-z = W(\lambda)\bar{z}, \qquad -z = W(\lambda')\bar{z} \tag{4.39}$$

が成立することであるから, このとき

$$W(\lambda')^{-1}W(\lambda)\bar{z} = \bar{z} \tag{4.40}$$

が成立し, (ii) が成立する. 逆に (ii) が成立すると, (4.40) をみたす 0 でない z がある. よって $w=W(\lambda')\bar{z}=W(\lambda)\bar{z}$ とおくと, $\overline{W(\lambda)}=W(\lambda)^{-1}$ であるから

$$W(\lambda)\bar{w} = W(\lambda)\overline{W(\lambda)}z = z.$$

$z\neq w$ のときは $u=w-z$ とおくと, $u\neq 0$ で,

$$W(\lambda)\bar{u} = -u.$$

したがって $u\in\lambda$. 同様に $u\in\lambda'$ も示すことができる. これから $u\in\lambda\cap\lambda'$. $z=w$ のときは, $u=iz$ とおくと, $W(\lambda)\bar{u}=-u$ で, $u\in\lambda$, 同様に $u\in\lambda'$ も示されて, $u\in\lambda\cap\lambda'$. よって (ii) から (i) が示された. (iii) と (i) の同値性も同様に示せる. ▌

命題 4.3 対応 $\Lambda(n)\ni\lambda\to W(\lambda)\in U(n)$ は 1 対 1 である.

証明 $W(\lambda')=W(\lambda)$ とすると,

$$W(\lambda')^{-1}W(\lambda) = I.$$

任意のベクトル $z\in\lambda$ に対して, $-z=W(\lambda)\bar{z}$ が成立する. よって, $W(\lambda')\bar{z}=-W(\lambda')W(\lambda)^{-1}z=-z$. これは $z\in\lambda'$ を示している. $\lambda'=\lambda$ が証明された. ▌

例 4.2 $$W(\lambda_{\mathrm{Im}}) = I, \qquad W(\lambda_{\mathrm{Re}}) = -I$$

である. $\forall K\subset\{1,2,\cdots,n\}$ に対して, $\lambda_K=I_K\lambda_{\mathrm{Re}}$ とする. ただし I_K は, 次のようなユニタリ変換である.

$$z_k \longrightarrow iz_k \quad (k\in K), \qquad z_j \longrightarrow z_j \quad (j\notin K).$$

すると, $W(\lambda_K)$ は, 次のようなユニタリ変換である.

$$z_k \longrightarrow z_k \quad (k\in K), \qquad z_j \longrightarrow -z_j \quad (j\notin K).$$ ——

このように導入された $W(\lambda)$ が, λ の母関数と, 密接に関係している. $k=0,1,2,\cdots,n$ に対し

$$\Lambda^k(n) = \{\lambda\in\Lambda(n)\mid \dim\lambda\cap\lambda_{\mathrm{Re}}=k\} \tag{4.41}$$

とおく. $\Lambda^n(n)=\{\lambda_{\mathrm{Re}}\}$ である. $C^n=\lambda_{\mathrm{Re}}\oplus\lambda_{\mathrm{Im}}$ の分解によって, 任意の $\lambda\in\Lambda^0(n)$

を，λ_{Im} から λ_{Re} の線型写像 $T_{\lambda_{\mathrm{Im}}\lambda_{\mathrm{Re}}\lambda}$ のグラフとみなす．λ_{Im} 上の双1次形式 $Q_{\lambda_{\mathrm{Im}}\lambda_{\mathrm{Re}}\lambda}(z,z')=\sigma(T_{\lambda_{\mathrm{Im}}\lambda_{\mathrm{Re}}\lambda}z,z')$ を作る．これに対応する λ_{Im} 上の2次形式が母関数であった．λ_{Re} 上の双1次形式を $\tilde{Q}_\lambda(z,z')=Q_{\lambda_{\mathrm{Im}}\lambda_{\mathrm{Re}}\lambda}(iz,iz')$ で定義する．Euclid 内積 g によって

$$g(z,S(\lambda)z')=\tilde{Q}_\lambda(z,z') \qquad (\forall z,z'\in\lambda_{\mathrm{Re}}) \tag{4.42}$$

が成立するように，λ_{Re} の実対称行列 $S(\lambda)$ が定義される．これを使うと，

$$\lambda=\{z=S(\lambda)q+iq \mid q\in\lambda_{\mathrm{Re}}\} \tag{4.43}$$

である．実際 $T_{\lambda_{\mathrm{Im}}\lambda_{\mathrm{Re}}\lambda}=S(\lambda)i^{-1}$ で，$\sigma(T_{\lambda_{\mathrm{Im}}\lambda_{\mathrm{Re}}\lambda}iq,iq')=\sigma(S(\lambda)q,iq')=g(S(\lambda)q,q')$ だからである．(4.42) で定義される $S(\lambda)$ を $\lambda\in\Lambda^0(n)$ の**実対称行列による表示**と呼ぶ．

一方，$\lambda\in\Lambda^0(n)$ で，$z=p+iq\in\lambda$ とすると，

$$W(\lambda)(p-iq)=-(p+iq).$$

$\lambda\in\Lambda^0(n)$ ならば，定理4.2によって，$W(\lambda)+I$ が正則だから，

$$p=-i(I-W(\lambda))(I+W(\lambda))^{-1}q. \tag{4.44}$$

これと (4.43) とを比べて，

$$S(\lambda)=-i\frac{I-W(\lambda)}{I+W(\lambda)}, \tag{4.45}$$

あるいは

$$W(\lambda)=\frac{I-iS(\lambda)}{I+iS(\lambda)} \tag{4.46}$$

と書ける．(4.45), (4.46) は **Cayley 変換**と呼ばれるものである．

$n\times n$ の実対称行列の全体を D と書く．D は $\boldsymbol{R}^{n(n+1)/2}$ とベクトル空間として同型である．対応 $\varphi:\lambda\to S(\lambda)$ は $\Lambda^0(n)$ から D への1対1写像である．$\lambda\to W(\lambda)$ は，定理4.1で与えられる $\Lambda(n)$ の多様体構造に関して局所的に微分同相である．したがって，λ に $S(\lambda)$ を対応させる写像は (4.45) によって $\Lambda^0(n)$ から D への微分同相である．

注意 $\lambda\in\Lambda^0(n)$ のとき，$W(\lambda)$ は固有値 -1 をもたないから，$\exp iH(\lambda)=W(\lambda)$ という実対称行列 $H(\lambda)$ で，固有値がすべて $(-\pi,\pi)$ に属するものがただ一つ存在する．それを

$$H(\lambda)=\frac{i}{1}\operatorname{Log}W(\lambda) \tag{4.47}$$

と書く．すると，上の関係式から

$$S(\lambda)=\tan\left(-\frac{1}{2}H(\lambda)\right) \tag{4.48}$$

あるいは

$$H(\lambda)=-2\,\mathrm{Arctan}\,S(\lambda) \tag{4.49}$$

と書ける．

さて，$\Lambda(n)$ は均質空間で，基点 λ_{Im} の近傍 $\Lambda^0(n)$ は D と微分同相であった．$\Lambda^0(n)$ を平行移動させて，$\Lambda(n)$ を被覆すれば，$\Lambda(n)$ の座標近傍系が得られる．より具体的には，次のようにする．まず，前にも使った，ユニタリ変換を使う．

K を $\{1,2,\cdots,n\}$ の部分集合とし，K^c をその補集合とする．I_K は次のような変換である．$z=(z_1,z_2,\cdots,z_n)$ に対し，$z'=I_Kz$，$z'=(z_1',z_2',\cdots,z_n')$ とする．

$$\begin{cases} z_k'=iz_k & (k\in K\text{ のとき}),\\ z_j'=z_j & (j\in K^c\text{ のとき}). \end{cases} \tag{4.50}$$

これを簡単に，$z_K'=iz_K$，$z_{K^c}'=z_{K^c}$ と書くこともある．I_K を **Legendre 変換**と呼ぶ．$I_K{}^4=I$ である．I_K を使って

$$\lambda_K=I_K\lambda_{\mathrm{Re}} \tag{4.51}$$

とおくと

$$\lambda_K=\{(p+iq)\,|\,k\in K\text{ に対し }p_k=0,\ j\in K^c\text{ に対し }q_j=0\}. \tag{4.52}$$

これを，簡単に

$$\lambda_K=\{p+iq\,|\,p_K=0,q_{K^c}=0\}$$

とも書く．$\lambda_\phi=\lambda_{\mathrm{Re}}$，$\lambda_{\{1,2,\cdots,n\}}=\lambda_{\mathrm{Im}}$ である．(4.41) の定義によると $\lambda_K\in\Lambda^{n-|K|}(n)$ である．$|K|$ は K の濃度である．

補助定理 4.2 任意の $\lambda\in\Lambda^k(n)$ に対し，ある $K\subset\{1,2,\cdots,n\}$ で，$|K|=k$ となるものがあって，λ と λ_K が横断的となるようにできる．

証明 $\mu=\lambda\cap\lambda_{\mathrm{Re}}$ とおく．$\dim\mu=k$ である．$K\subset\{1,2,\cdots,n\}$ を任意にとると $\tau_K=\lambda_K\cap\lambda_{\mathrm{Re}}$ は，$\tau_K=\{p_{K^c}\,|\,p_{K^c}\in\boldsymbol{R}^{n-|K|}\}$ と書ける．K を選んで，$|K|=k$ で，$\tau_K\cap\mu=\{0\}$ とできる．実際，μ の基底を $\boldsymbol{e}_1,\boldsymbol{e}_2,\cdots,\boldsymbol{e}_k$ とする．これらは n 次元の実縦ベクトルとしてあらわされる．k 個のこの縦ベクトルを並べて，n 行 k 列の実行列を得る．適当に k 個の行，第 $i_1,i_2,\cdots,i_k$ 行，をとって行列式をつくるとそれは 0 とはならない．$K=\{i_1,i_2,\cdots,i_k\}$ とすると確かに $\tau_k\cap\mu=\{0\}$ であり，この K が求めるものである．実際 $\lambda\cap\lambda_K=\{0\}$ を示せばよいのだが，$\lambda\cap\lambda_K\cap\lambda_{\mathrm{Re}}$

$=\{0\}$ であるから $z\in\lambda\cap\lambda_K$ とすると，任意の $z'\in\lambda_{\mathrm{Re}}$ に対し $z'=z''+z'''$，$z''\in\mu$，$z'''\in\tau_K$ と分解される．よって $\sigma(z,z')=\sigma(z,z'')+\sigma(z,z''')=0$．$\lambda_{\mathrm{Re}}$ は Lagrange 部分空間であるから $z\in\lambda_{\mathrm{Re}}$ である．これは，$z\in\mu\cap\tau_K$ を示している．よって，$z=0$ となる．▮

補助定理 4.3 I_K は，$\Lambda^0(n)$ を $\Lambda^0(\lambda_K)=\{\lambda\in\Lambda(n)\mid\dim\lambda\cap\lambda_K=0\}$ へ微分同相に写像するシンプレクティック変換である．——

これは自明である．この二つの補助定理によって次の定理が得られる．

定理 4.3
$$\Lambda(n)=\bigcup_{K\subset\{1,2,\cdots,n\}}I_K\Lambda^0(n)$$
であり，特に
$$\Lambda^k(n)=\bigcup_{|K|=k}I_K\Lambda^0(n)$$
である．——

$\Lambda^0(n)$ の Lagrange 部分空間 λ に $S(\lambda)\in D$ を対応させる写像を φ とする．$I_K\Lambda^0(n)$ の Lagrange 部分空間 λ に $S(I_K{}^{-1}\lambda)$ を対応させる写像を φ_K とする．$\varphi_K=\varphi\circ I_K{}^{-1}$ である．上によって，$I_K\Lambda^0(n)$，$K\subset\{1,2,\cdots,n\}$ を局所座標近傍系として，そこでの座標関数を λ に対して $\varphi_K(\lambda)$ を対応させるものとすれば，$\Lambda(n)$ の局所座標系が作れた．

例 4.3 この座標系を使って，$\Lambda^k(n)$ を特徴づけてみる．$\Lambda^k(n)=\bigcup_{|K|=k}I_K\Lambda^0(n)$ であった．$K\subset\{1,2,\cdots,n\}$，$|K|=k$ として，$\lambda\in I_K\Lambda^0(n)$ に対して行列 $\varphi_K(\lambda)$ の (l,m) 要素を $s_{lm}{}^K(\lambda)$ とする．$\lambda\in I_K\Lambda^0(n)\cap\Lambda^k(n)$ となることは，$\dim\lambda\cap\lambda_{\mathrm{Re}}=k$，すなわち，$\dim(I_K{}^{-1}\lambda\cap I_K{}^{-1}\lambda_{\mathrm{Re}})=k$ ということである．$I_K{}^{-1}\lambda\ni z$ とすると，z は，$z=\varphi_K(\lambda)q+iq$ とかける．$\lambda\in\Lambda^k(n)\cap I_K\Lambda^0(n)$ とは，連立方程式
$$(\varphi_K(\lambda)q)_K=0,\qquad q_{K^c}=0$$
が k 次元の解空間をもつことである．これは，$q_{K^c}=0$ という部分空間上で，線型写像 $q\to(\varphi_K(\lambda)q)_K$ の階数が 0 であるということに等しい．すなわち

$$s_{jk}{}^K(\lambda)=0\qquad(j,k\in K)\tag{4.53}$$

が，$\lambda\in\Lambda^k(n)\cap I_K\Lambda^0(n)$ のための必要十分条件である．このことから $\Lambda^k(n)$ が $\Lambda(n)$ の中で余次元が $k(k+1)/2$ である部分多様体を成していることがわかる．——

$\Lambda^0(n)$ 内の λ に対しては，母関数が定義され，それによって λ が特徴づけられ

た．$I_K\Lambda^0(n)\ni\lambda$ の場合も，同様のことができる．$\lambda\in I_K\Lambda^0(n)$ とする．λ 上で微分形式，$\theta=p_1dq_1+p_2dq_2+\cdots+p_ndq_n$ は完全微分形式である．しかし必ずしも，$dq_1, dq_2, \cdots, dq_n$ は独立ではない．そこで θ の代りに

$$\theta_K=\theta-d(p_K\cdot q_K)=\sum_{j\in K^c}p_jdq_j-\sum_{k\in K}q_kdp_k \tag{4.54}$$

を使う．dq_{K^c}, dp_K は λ 上で独立である．θ_K も完全微分形式だから，不定積分

$$F_\lambda{}^K(p_K, q_{K^c})=\int_0^{(q_{K^c},p_K)}\theta_K \tag{4.55}$$

を作ると，$z=p+iq$ が λ に入る必要十分条件は，

$$q_K=-\frac{\partial F_\lambda{}^K(p_K, q_{K^c})}{\partial p_K},\qquad p_{K^c}=\frac{\partial F_\lambda{}^K(p_K, q_{K^c})}{\partial q_{K^c}} \tag{4.56}$$

である．$F_\lambda{}^K(p_K, q_{K^c})$ は (p_K, q_{K^c}) の，したがって $I_K\lambda_{\mathrm{Im}}$ 上の2次形式とみられる．

$\lambda\in I_K\Lambda^0(n)$ だから，$I_K{}^{-1}\lambda=\lambda'\in\Lambda^0(n)$ である．$z'=p'+iq'$ を λ' の点とする．θ_K は λ 上の微分形式であるから，$I_K{}^*\theta_K$ は λ' 上の微分形式となる．$I_Kz'=p+iq$ とすると

$$p_K=-q_K',\qquad q_K=p_K',\qquad p_{K^c}=p_{K^c}',\qquad q_{K^c}=q_{K^c}'$$

であるから

$$I_K{}^*\theta_K=p_{K^c}'\cdot dq_{K^c}'+p_K'\cdot dq_K'=\theta \tag{4.57}$$

である．(4.57) と (4.55) から，$F_\lambda{}^K\circ I_K$ を λ_{Im} の関数とみなすと，$I_K{}^{-1}\lambda$ の母関数となっていることがわかる．さらに λ_{Re} 上の関数を $F_\lambda{}^K\circ I_K(iq)$ で導入すると，

$$2F_\lambda{}^K\circ I_K(iq)=g(q, \varphi_K(\lambda)q) \tag{4.58}$$

が成立する．実はこれは，(4.56) から直接にわかることでもある．

もし，$\lambda\in I_K\Lambda^0(n)\cap I_H\Lambda^0(n)$ とすると，λ 上の関数として

$$\begin{aligned}F_\lambda{}^H(z)-F_\lambda{}^K(z)&=\int(\theta_H-\theta_K)=-\int d(p_H\cdot q_H-p_K\cdot q_K)\\&=p_{K\cap H^c}\cdot q_{K\cap H^c}-p_{H\cap K^c}\cdot q_{H\cap K^c}\end{aligned} \tag{4.59}$$

である．

例 4.4　$\Lambda(n)$ の中の1助変数の変換群 T_θ, $\theta\in\boldsymbol{R}$ を次のように定義する．$T_\theta\lambda=e^{i\theta}\lambda$, $\lambda\in\Lambda(n)$ である．この1助変数の変換群の定める $\Lambda(n)$ のベクトル場 v を計算してみる．$\lambda\in I_K\Lambda^0(n)$ とし，$\lambda=U\lambda_{\mathrm{Im}}$, $U\in U(n)$ とする．$T_\theta\lambda=e^{i\theta}U\lambda_{\mathrm{Im}}$ で

あるから

$$W(I_K^{-1}T_\theta\lambda) = I_K^{-1}e^{i\theta}U^tUe^{i\theta}I_K^{-1} = e^{2i\theta}W(I_K^{-1}\lambda).$$

$I_K^{-1}\lambda\in\Lambda^0(n)$ であるから，$|\theta|$ が十分 0 に近いと $e^{2i\theta}W(I_K^{-1}\lambda)$ は -1 を固有値としない．よって $H(T_\theta\lambda)=(1/i)\,\mathrm{Log}\,W(I_K^{-1}T_\theta\lambda)=2\theta I+H(\lambda)$ が定義される．したがって，

$$\frac{d}{d\theta}H(T_\theta\lambda)|_{\theta=0} = 2I. \tag{4.60}$$

$H(\lambda)$ と $\varphi_K(\lambda)$ との関係は (4.48) によって

$$\varphi_K(\lambda) = -\tan\frac{1}{2}H(\lambda) \tag{4.61}$$

であるから

$$\frac{d}{d\theta}\varphi_K(T_\theta\lambda)|_{\theta=0} = -(I+\varphi_K(\lambda)^2) \tag{4.62}$$

である．——

§4.4 $\Lambda(n)$ の基本群

任意の Lagrange 部分空間 λ に対して，対称でユニタリな行列，$W(\lambda)$ が対応した．

定義 4.3 $\mathrm{Det}^2\lambda=\det W(\lambda)$ とおく．——

つぎに，

定義 4.4 $S\Lambda(n)=\{\lambda\in\Lambda(n)\,|\,\mathrm{Det}^2\lambda=1\}$ とおく．——

すると

補助定理 4.4

$$S\Lambda(n) = SU(n)/SO(n). \tag{4.63}$$

証明 定理 4.1 の証明と同様にする．$S\Lambda(n)$ 上 $SU(n)$ が推移的に作用していることを示そう．まず $\lambda\in S\Lambda(n)$ とする．$U\in U(n)$ があって $\lambda=U\lambda_{\mathrm{Im}}$ とする．$\det W(\lambda)=1$ であるから，$\det U=\pm1$ である．$\det U=1$ のときは何もしなくてよい．$\det U=-1$ のときは，λ_{Im} の正規直交基底を $\boldsymbol{e}_1, \boldsymbol{e}_2, \cdots, \boldsymbol{e}_n$ とする．$O(n)$ の元で，$\boldsymbol{e}_1$ と $\boldsymbol{e}_2$ を入れ換え，他の $\boldsymbol{e}_3, \cdots, \boldsymbol{e}_n$ は動かさぬものを T とする．すると $U'=UT$ とおくと，$\lambda=T'\lambda_{\mathrm{Im}}$ であり $\det U'=1$ であるから，$SU(n)$ が，

$S\Lambda(n)$ に推移的に作用することがわかった．$T\in SU(n)$ で $T\lambda_{\mathrm{Im}}=\lambda_{\mathrm{Im}}$ ならば，$T\in SU(n)\cap O(n)$ であるから $T\in SO(n)$．よって証明された．▌

以上から，次のファイバー空間の可換図式が成立する．

(4.64)
$$\begin{array}{ccccc}
SO(n) & \longrightarrow & O(n) & \xrightarrow{\det} & S^0 & & \\
\downarrow & & \downarrow & & \downarrow & & \\
SU(n) & \longrightarrow & U(n) & \xrightarrow{\det} & S^1 & \ni & z=e^{i\theta} \\
\downarrow & & \downarrow & & \downarrow{\scriptstyle\rho} & & \downarrow{\scriptstyle\rho} \\
S\Lambda(n) & \longrightarrow & \Lambda(n) & \xrightarrow{\mathrm{Det}^2} & S^1 & \ni & z^2=e^{2i\theta}
\end{array}$$

定理 4.4 (Arnol'd)　$\Lambda(n)$ の基本群 $\pi_1(\Lambda(n))$ は，

(4.65)
$$\pi_1(\Lambda(n))\cong \boldsymbol{Z}$$

であって，$\gamma: S^1\to\Lambda(n)$ という連続写像が，$\pi_1(\Lambda(n))$ を生成する必要十分条件は，$\mathrm{Det}^2\circ\gamma: S^1\to S^1$ が，S^1 の基本群 $\pi_1(S^1)$ を生成することである．

証明　ファイバー束のホモトピー群の完全列によって，次の可換図式が成立する[1]．

(4.66)
$$\begin{array}{ccccccc}
 & \downarrow & & \downarrow & & \downarrow & & \\
\longrightarrow & \pi_1(SO(n)) & \longrightarrow & \pi_1(O(n))\ (=0) & \xrightarrow{\det_*} & \pi_1(S^0) & \longrightarrow & \pi_0(SO(n))\ (=0) \\
 & \downarrow & & \downarrow & & \downarrow & & \downarrow \\
\longrightarrow & \pi_1(SU(n))\ (=0) & \longrightarrow & \pi_1(U(n))\ (\cong\boldsymbol{Z}) & \xrightarrow{\det_*} & \pi_1(S^1)\ (\cong\boldsymbol{Z}) & \longrightarrow & \pi_0(SU(n))\ (=0) \\
 & \downarrow{\scriptstyle p'_*} & & \downarrow{\scriptstyle p_*} & & \downarrow{\scriptstyle \rho^*} & & \\
\longrightarrow & \pi_1(S\Lambda(n)) & \longrightarrow & \pi_1(\Lambda(n)) & \xrightarrow{\mathrm{Det}^2_*} & \pi_1(S^2)\ (\cong\boldsymbol{Z}) & & \\
 & \downarrow & & \downarrow{\scriptstyle \Delta_*} & & \downarrow & & \\
\longrightarrow & \pi_0(SO(n)) & \longrightarrow & \pi_0(O(n)) & \longrightarrow & \pi_0(S^0) & & \\
 & \cong & & \cong & & & & \\
 & 0 & & \boldsymbol{Z}_2 & & & &
\end{array}$$

縦横ともに完全列である．ここで p は $U(n)\to\Lambda(n)$ なる射影で，p' は $SU(n)\to S\Lambda(n)$ という射影である．第1列目の完全性から，$\pi_1(S\Lambda(n))=0$，これと，3行目の完全性から，$\pi_1(\Lambda(n))\cong\boldsymbol{Z}$ が証明された．$\pi_1(U(n))$ の生成元を β とする．$\pi_1(\Lambda(n))$ の生成元を α として，

(4.67)
$$p_*(\beta)=2\alpha$$

を示したい．それには，Δ_* が，$\pi_0(O(n))$ の全体の上への写像であることを示せ

1) 例えば，N. Steenrod: The Topology of Fibre Bundles, Princeton あるいは本講座“位相幾何学”を参照されたい．

ばよい．$\Lambda(n)$ は $O(n)$ を構造群とする主バンドルであった．$\pi_0(O(n))=O(n)/SO(n)\cong \boldsymbol{Z}_2$ である．$\varphi: O(n)\to O(n)/SO(n)=\pi_0(O(n))$ という準同型で，$\Lambda(n)$ に弱同伴の $\pi_0(O(n))$ バンドル B が作れる．

$$\begin{array}{ccc} \varphi:\ U(n) & \longrightarrow & B \\ \downarrow & & \downarrow \\ \Lambda(n) & \xrightarrow{\ \sim\ } & \Lambda(n) \end{array} \tag{4.68}$$

である．B は $\Lambda(n)$ の 2 重の被覆空間である．γ が $\Lambda(n)$ の閉曲線であるとき，γ に沿って逆向きに，$\pi_0(O(n))$ を平行移動して一周するとき，B のファイバー $\pi_0(O(n))$ の変換を得る．この変換が $\Delta_*(\gamma)$ であった．$U(n)$ は連結で，写像 φ は B の上への写像であるから，B も連結である．したがって，$\Delta_*(\gamma)$ は $\pi_0(O(n))$ に推移的に作用する．すなわち Δ_* は $\boldsymbol{Z}_2$ の上への写像である．よって (4.67) が示された．可換図式 (4.66) の第 2 行から，β は $\det_*$ によって $\pi_1(S^1)$ の生成元 σ に写像される．写像 ρ は S^1 から S^1 への写像度 2 の写像であるから，$\rho_*\sigma=2\sigma$ である．よって

$$\mathrm{Det}^2{}_*\, p_*(\beta) = \rho_*\,\det{}_*(\beta) = 2\sigma.$$

これと (4.67) から

$$\mathrm{Det}^2{}_*\,(2\alpha) = 2\sigma.$$

よって

$$\mathrm{Det}^2{}_*\,\alpha = \sigma. \tag{4.69}$$

以上で定理 4.4 が証明された．▌

ところで位相幾何学の次の定理はよく知られている．

定理 4.5 M が連結複体のとき，基本群 $\pi_1(M)$ の交換子群を G とするとき，

$$\pi_1(M)/G \cong H_1(M, \boldsymbol{Z}).$$

ここで，$H_k(M, \boldsymbol{Z})$ は，M の k 次の整係数ホモロジー群である[1)]．——

系 $\pi_1(\Lambda(n))\cong H_1(\Lambda(n), \boldsymbol{Z})\cong H^1(\Lambda(n), \boldsymbol{Z})\cong \boldsymbol{Z}$ であり，$H_1(\Lambda(n), \boldsymbol{Z})$ の生成元は，$\mathrm{Det}^2{}_*$ で $H_1(S^1, \boldsymbol{Z})$ の生成元に写像されるものである．ここで，$H^k(\Lambda(n), \boldsymbol{Z})$ は，$\Lambda(n)$ の k 次のコホモロジー群である．——

定義 4.5 α^* を 1 次元の整係数コホモロジー群 $H^1(\Lambda(n), \boldsymbol{Z})$ の生成元として，

1) 例えば，S. Lefschetz: Introduction to Topology, Princeton あるいは本講座 "位相幾何学" を参照されたい．

任意の $\Lambda(n)$ の閉曲線 γ に対して,

$$\mathrm{Ind}\,\gamma = \langle \gamma, \alpha^* \rangle$$

を γ の **Keller-Maslov-Arnol'd 指数**という. ——

注意　閉曲線 γ の定める基本群の元 γ_* がその生成元 α に対して,

$$\gamma_* = k\alpha \qquad (k \in \boldsymbol{Z})$$

となるとき, k が γ の Keller-Maslov-Arnol'd 指数である.

例 4.5　$\lambda \in \Lambda(n)$ を固定する. $\theta \in [0, \pi]$ に対して, $T_\theta = e^{i\theta} I$ というユニタリ行列を作る. 曲線 γ を $\gamma: [0, \pi] \ni \theta \to T_\theta \lambda \in \Lambda(n)$ とすると, γ は連続曲線で, $T_\pi \lambda = \lambda = T_0 \lambda$ であるから, γ は閉曲線. $\mathrm{Det}^2\, T_\theta \lambda = e^{2ni\theta}\,\mathrm{Det}^2\, \lambda$ である. したがって, γ の作る $\pi_1(\Lambda(n))$ の元を再び γ で書くと, $\gamma = n\alpha$ である. したがって, $\mathrm{Ind}\,\gamma = n$. ——

1次元コホモロジー群 $H^1(\Lambda(n), \boldsymbol{Z})$ の生成元は, $\Lambda(n)$ の1次の閉微分形式として書けるはずである. それを, 表現してみる. $\Lambda(n)$ の座標近傍 $I_K \Lambda^0(n)$ での座標関数 $\varphi_K(\lambda)$ は, $W(\lambda)$ との間に関係,

$$W(I_K{}^{-1}\lambda) = \frac{I - i\varphi_K(\lambda)}{I + i\varphi_K(\lambda)}$$

があり, 一方

$$\det W(I_K{}^{-1}\lambda) = (\det I_K{}^{-1})^2 \det W(\lambda)$$

であるから,

$$\mathrm{Det}^2\, \lambda = (-1)^{|K|} \det (I - i\varphi_K(\lambda))(I + i\varphi_K(\lambda))^{-1}.$$

ところで $H^1(S^1, \boldsymbol{Z})$ の生成元 σ^* は, $S^1 = \{z \mid z = e^{i\theta}\}$ とおくと $d\theta$ で与えられる. $(1/2\pi)\,d\theta = (1/2\pi i)\,dz/z$ であるから, $s_j(\lambda)$ を $\varphi_K(\lambda)$ の固有値とすると,

$$\det (I - i\varphi_K(\lambda))(I + i\varphi_K(\lambda))^{-1} = \prod_{j=1}^{n} (1 - is_j(\lambda))(1 + is_j(\lambda))^{-1} \qquad (j = 1, 2, \cdots, n)$$

である. 求める微分形式は,

$$(4.70) \qquad \frac{-1}{2\pi i} \sum_{j=1}^{n} \left(\frac{i}{1 - is_j(\lambda)} + \frac{i}{1 + is_j(\lambda)} \right) ds_j(\lambda) = -\frac{1}{\pi} \sum_{j=1}^{n} \frac{ds_j(\lambda)}{1 + s_j(\lambda)^2}$$

である.

§4.5　Keller-Maslov-Arnol'd 指数

前節の末に, $\Lambda(n)$ 内の閉曲線 γ について, Keller-Maslov-Arnol'd 指数 $\mathrm{Ind}\,\gamma$

を定義した．今節では，必ずしも閉じていない曲線にも Keller-Maslov-Arnol'd 指数を定義する．

Lagrange-Grassmann 多様体 $\Lambda(n)$ の中で $\overline{\Lambda^1(n)}=\bigcup_{k\geqq 1}\Lambda^k(n)$ は閉集合で，$\Lambda(n)$ は代数的多様体で，$\overline{\Lambda^1(n)}$ は余次元が 1 の代数的部分多様体を成す．したがって，$\overline{\Lambda^1(n)}$ は鎖体となるが，その境界 $\partial\Lambda^1(n)$ は $\bigcup_{k\geqq 2}\Lambda^k(n)$ であるから，余次元が $2\cdot(2+1)/2=3$ である．したがって，$\overline{\Lambda^1(n)}$ は輪体を定める．これを **Keller-Maslov-Arnol'd 輪体**という．

補助定理 4.5 $\Lambda^1(n)$ は向きづけられた輪体である．すなわち $\Lambda(n)$ の 1 助変数変換群，$T_\theta:\lambda\to e^{i\theta}\lambda$, $\theta\in[-\pi,\pi]$ の作るベクトル場 v は，$\Lambda^1(n)$ とつねに横断的に交わる．

証明 定理 4.3 から $\Lambda^1(n)\subset\bigcup_{|K|=1}I_K\Lambda^0(n)$ であった．$\lambda\in\Lambda^1(n)$ が，$\lambda\in\Lambda^1(n)\cap I_K\Lambda^0(n)$ とする．$K=\{k\}$ とする．座標関数 $\varphi_K(\lambda)$ を使い，$\varphi_K(\lambda)$ の (l,m) 要素を ${s_{lm}}^K(\lambda)$ と書くと，$\Lambda^1(n)\cap I_K\Lambda^0(n)$ は

$$ {s_{kk}}^K(\lambda)=0 \tag{4.71} $$

であらわされる．T_θ の作るベクトル場 v をこの座標で書き出すと，前節の例 4.5 の計算により，

$$ v|_\lambda=-(I+\varphi_K(\lambda)^2) \qquad (\lambda\in I_K\Lambda^0(n)). \tag{4.72} $$

この (k,k) 成分は $-\left(1+\sum_{j=1}^{n}{s_{kj}}^K(\lambda)^2\right)$ である．これは負であるから，v は $\Lambda^1(n)$ と確かに横断的に交わる．∎

定義 4.6 $\Lambda^1(n)$ には，上述の $T_\theta:\lambda\to e^{i\theta}\lambda$, $\theta\in[-\pi,\pi]$ の作るベクトル場 v と同じ向きを正として向きを定める．$\Lambda^1(n)\cap I_K\Lambda^0(n)$, $K=\{k\}$, の方程式を (4.71) とするとき，${s_{kk}}^K(\lambda)$ が正から負に符号を変える向きが，$\Lambda^1(n)$ の正の向きである．——

定義 4.7(曲線の Keller-Maslov-Arnol'd 指数) $\gamma:[0,1]\to\Lambda(n)$ という曲線が $\Lambda^1(n)$ と横断的に交わるとき，γ の **Keller-Maslov-Arnol'd 指数** $\mathrm{Ind}\,\gamma$ を

$$ \mathrm{Ind}\,\gamma=\gamma \text{ と } \Lambda^1(n) \text{ の交叉数}=\nu_+-\nu_- $$

と定義する．ただし，ν_+ は γ が $\Lambda^1(n)$ を v と同じ向きに横断する交点数であり，ν_- は γ が $\Lambda^1(n)$ を v と逆向きに横断する交点の数である．——

注意 γ が特に閉曲線のとき，この定義による Ind は $H^1(\Lambda(n),\boldsymbol{Z})$ の元を定める．

定理 4.6　閉曲線に対する Ind は $H^1(\Lambda(n), \boldsymbol{Z})$ の生成元 α^* と一致し，したがって，Ind は，前節末の定義と一致する．

証明　Ind が，閉曲線に対しては $H^1(\Lambda(n), \boldsymbol{Z})$ の元を定めることは分っている．これが α^* と一致することさえ示せばよい．$\lambda \in \Lambda(n)$ を固定する．$\gamma_\lambda = T_\theta\lambda$, $\theta \in [0, \pi]$ は，閉曲線である．これに対し，$\mathrm{Ind}\,\gamma_\lambda$ を上の定義で計算してみる．$\partial\Lambda^1(n)$ の余次元は 3 であった．したがって，ほとんどすべての $\lambda \in \Lambda(n)$ について，γ_λ は $\Lambda^1(n)$ と横断的に交わる．この交点では必ず $\Lambda^1(n)$ を正の向きに横断するから，$\nu_- = 0$. ほとんどすべての $\lambda \in \Lambda(n)$ に対し，$W(\lambda)$ の固有値は単純である．そのような λ を固定する．$W(\lambda)$ の固有値を $e^{i\tau_k}$, $k = 1, 2, \cdots, n$ とする．$-\pi < \tau_1 < \tau_2 < \cdots < \tau_n < \pi$ としてよい．γ_λ と $\Lambda^1(n)$ の交点は $W(T_\theta\lambda) = e^{2i\theta}W(\lambda)$ が -1 を固有値とするときで，それは，$2\theta + \tau_k \equiv \pi$, $\bmod 2\pi$, $k = 1, 2, \cdots, n$ のどれかが起るときである．このようなことが全部で n 回起るから，$\nu_+ = n$ である．よって

$$\mathrm{Ind}\,\gamma_\lambda = n.$$

一方，前節末の議論によれば，$H^1(\Lambda(n), \boldsymbol{Z})$ の生成元 α^* に対して，$\langle \gamma_\lambda, \alpha^* \rangle = n$ であった．よって，

$$\alpha^* = \mathrm{Ind}$$

が証明された．▌

上の証明中，γ_λ が $\Lambda^1(n)$ と交わるのはつねに正の向きであって，このときの前後の θ の値に対して，$W(T_\theta\lambda)$ の一つの固有値が，単位円周，$S^1 = \{z \in \boldsymbol{C} \mid |z| = 1\}$ 上 $\{-1\}$ を反時計まわりに通過することを注意しておく．

この注意によって，一般に，曲線 $\gamma : [a, b] \ni t \to \gamma(t) \in \Lambda(n)$ の Keller-Maslov-Arnol'd 指数 $\mathrm{Ind}\,\gamma$ は $W(\gamma(t))$ のスペクトルを通じて把握できることがわかる．そのために，曲線 γ に対して，

$$\mathrm{sp}\,\gamma = \bigcup_{t \in [a, b]} \mathrm{sp}\,W(\gamma(t)) \tag{4.73}$$

とおく．$\mathrm{sp}\,W(\gamma(t))$ は，行列 $W(\gamma(t))$ の固有値の集合である．$\mathrm{sp}\,\gamma$ は，t の動く方向にしたがって，向きづけられた鎖体である．$\gamma(t)$ が $\Lambda^1(n)$ を正の向きに横断的に通過すると，$W(\gamma(t))$ の一つの固有値が，単位円周上 $\{-1\}$ を反時計まわりに通過して行く．したがって，単位円周 $S^1 = \{z \mid |z| = 1\}$ を反時計まわりに向

きづけしておくと，交叉指数 KI(spγ, {−1}) が定義される．この量は，γ の両端が {−1} と共通点をもたない限り，ホモトピーで γ を変形しても一定の整数値を与える．そして $\gamma(t)$ が，$\Lambda^1(n)$ と横断的に交わる場合は

(4.74) $$\mathrm{KI}(\mathrm{sp}\,\gamma, \{-1\}) = \nu_+' - \nu_-'$$

である．ここで ν_+' は $W(\gamma(t))$ の固有値が {−1} を S^1 の正の向きに通過する回数の合計であり，ν_-' は負の向きに通過する回数の合計である．以上によって，次の定理が得られる．

定理 4.7 (Leray)　$\gamma:[a,b]\to\Lambda(n)$ が曲線であるとする．このとき，γ の両端が，$\overline{\Lambda^1(n)}$ にないとき，

(4.75) $$\mathrm{Ind}\,\gamma = \mathrm{KI}(\mathrm{sp}\,\gamma, \{-1\}).$$ ——

Keller-Maslov-Arnol'd 指数の意味は，次の定理であきらかになる．

定理 4.8　$\Lambda(n)$ 内の曲線 γ で，両端点が $\Lambda^0(n)$ 内にあるもののホモトピー同値類は，Ind γ で決定される．

証明　$\Lambda(n)$ 内の曲線 γ と γ_1 とがあって，両曲線とも，始点，終点は，$\Lambda^0(n)$ 内にあるとする．

$$\mathrm{Ind}\,\gamma = \mathrm{Ind}\,\gamma_1$$

であったとしよう．$\Lambda^0(n)$ は凸集合と同位相であった．λ_{Im} と γ の両端点を $\Lambda^0(n)$ で結び，λ_{Im} を始点でかつ終点とする閉曲線 γ' を得る．同様に，γ_1 から λ_{Im} を始点でかつ終点とする閉曲線 γ_1' を得る．閉曲線 γ', γ_1' について

$$\mathrm{Ind}\,\gamma' = \mathrm{Ind}\,\gamma = \mathrm{Ind}\,\gamma_1 = \mathrm{Ind}\,\gamma_1'$$

である．したがって γ' は γ_1' に $\Lambda(n)$ 内でホモトピーで変形される．しかも，変形の途中でできる閉曲線はつねに λ_{Im} を通るものとしてよい．したがって γ は $\Lambda^0(n)$ に両端点をもつ曲線でホモトピーによって γ_1 に変形される．∎

この定理 4.8 はまた次のように考えてもよい．$\Lambda(n)$ の普遍被覆空間を $\hat{\Lambda}(n)$ とかく．$\Lambda^0(n)$ は凸集合と同位相であるから，$\hat{\Lambda}(n)$ の $\Lambda^0(n)$ の上にある部分 $\hat{\Lambda}(n)|_{\Lambda^0(n)}$ は $\Lambda^0(n)\times\boldsymbol{Z}$ と同位相である．同相写像を

(4.76) $$\hat{\Lambda}(n)|_{\Lambda^0(n)} \ni \hat{\lambda} \longrightarrow (\pi(\hat{\lambda}), n(\hat{\lambda})) \in \Lambda^0(n)\times\boldsymbol{Z}$$

とする．曲線 $\gamma:[a,b]\to\Lambda(n)$ があって $\gamma(a), \gamma(b)$ 共に $\Lambda^0(n)$ にあるとする．$\pi^{-1}(\gamma(a)) \ni \hat{\lambda}_0$ を一つ固定する．$\hat{\lambda}_0$ を始点として，$\hat{\Lambda}(n)$ の曲線 $\hat{\gamma}$ を $\pi(\hat{\gamma}(t)) = \gamma(t)$ となるようにする．このとき

(4.77) $$n(\hat{\gamma}(b))-n(\hat{\gamma}(a)) = \mathrm{Ind}\,\gamma$$

である．他の曲線 $\gamma_1:[a_1,b_1]\to\Lambda(n)$ があって，両端点が $\Lambda^0(n)$ に入るとする．γ_1 においても同様に $\hat{\gamma}_1$ を作る．このとき $n(\hat{\gamma}_1(a_1))=n(\hat{\gamma}(a))$ としてもよい．

(4.78) $$n(\hat{\gamma}_1(b_1))-n(\hat{\gamma}_1(a_1)) = \mathrm{Ind}\,\gamma_1$$

である．すなわち

$$n(\hat{\gamma}_1(b_1)) = n(\hat{\gamma}(b))$$

である．これは，γ と γ_1 が，端点を $\Lambda^0(n)$ におく曲線の中でホモトピー同値であることを示している．∎

ここでした議論を徹底することによって，$\Lambda(n)$ の普遍被覆空間 $\hat{\Lambda}(n)$ の座標表示が得られる．しかし，そのためには，今までの議論で λ_{Re} が特別な位置をしめていたのを，任意の Lagrange 部分空間 λ でおきかえなくてはならない．

$U(n)$ の中の曲線，$\gamma:[a,b]\ni t\to\gamma(t)\in U(n)$ があるとき，$\gamma(t)$ の固有値の集合を $\mathrm{sp}\,\gamma(t)$ とおく．

(4.79) $$\mathrm{sp}\,\gamma = \bigcup_{t\in[a,b]}\mathrm{sp}\,\gamma(t)$$

とおく．

定義 4.8　$\gamma:[a,b]\to U(n)$ を $U(n)$ 内の曲線とする．γ の指数を

(4.80) $$\mathrm{Ind}\,\gamma = \mathrm{KI}\,(\mathrm{sp}\,\gamma,\ \{1\})$$

とする．ただし $\mathrm{sp}\,\gamma(a)$, $\mathrm{sp}\,\gamma(b)$ は 1 を含まないとする．——

二つの Lagrange 部分空間 λ_1,λ_2 が横断的でなくなるときは $\mathrm{sp}\,W(\lambda_1)^{-1}W(\lambda_2)\ni 1$ であるから，

定義 4.9　$\Lambda(n)\times\Lambda(n)$ の中の曲線を $\Gamma:[a,b]\ni t\to(\gamma_1(t),\gamma_2(t))\in\Lambda(n)\times\Lambda(n)$ とする．始点を (λ_0,λ_0')，終点を (λ_1,λ_1') とする．λ_0 と λ_0'，λ_1 と λ_1' は横断的であるとする．このとき $\gamma(t)=W(\gamma_1(t))^{-1}W(\gamma_2(t))$ で，$U(n)$ 内の曲線 γ を作る．

(4.81) $$m(\Gamma) = \mathrm{Ind}\,\gamma = \mathrm{KI}\,(\mathrm{sp}\,\gamma,\ \{1\})$$

と定義する．——

たとえば，$\gamma_0:[a,b]\ni t\to\gamma_0(t)\in\Lambda(n)$ を $\Lambda(n)$ 内の曲線で，両端が $\Lambda^0(n)$ に入るとする．このとき，$\Gamma(t)=(\lambda_{\mathrm{Re}},\gamma_0(t))$ で $\Lambda(n)\times\Lambda(n)$ 内の曲線 Γ を定義すると $m(\Gamma)$ は定義されて，

(4.82) $$m(\Gamma) = \mathrm{Ind}\,\gamma_0$$

であることは明らかである.

注意 $m(\Gamma)$ の定義には，$\boldsymbol{C}^n$ のシンプレクティック構造のみでなく，Euclid 内積も関係しているようにみえる．しかしながら，λ_0 と λ_0'，λ_1 と λ_1' が横断的であるという条件は，Euclid 内積にはよらぬ．また $\boldsymbol{C}^n$ のシンプレクティック構造と整合な Euclid 内積の全体は，凸錐で1点とホモトピー型が同じであり，$m(\Gamma)$ はホモトピー不変であるから，$m(\Gamma)$ は，$\boldsymbol{C}^n$ のシンプレクティック構造と整合な Euclid 内積のとり方によらず，シンプレクティック構造のみによる量である．

命題 4.4 $\Gamma(t)=(\gamma_1(t),\gamma_2(t))$ が $\Lambda(n)\times\Lambda(n)$ の曲線で，端点では γ_1 と γ_2 が横断的になっているとする．$\tilde{\Gamma}(t)=(\gamma_2(t),\gamma_1(t))$ とすると，

$$m(\Gamma)+m(\tilde{\Gamma})=0. \tag{4.83}$$

——

証明は明らかであろう．

Lagrange 部分空間 μ と横断的な Lagrange 部分空間の全体を $\Lambda^0(n\,;\mu)$ とおく．定理4.8から，次の定理が成立する．

定理 4.9 $\Lambda(n)$ 内の曲線 $\gamma:[a,b]\ni t\to\gamma(t)\in\Lambda(n)$ において，両端点 $\gamma(a)$，$\gamma(b)$ は $\Lambda^0(n\,;\mu)$ に入るとする．$\Gamma(t)=(\mu,\gamma(t))$ は $\Lambda(n)\times\Lambda(n)$ の曲線である．端点が $\Lambda^0(n\,;\mu)$ の中に入った曲線の中でのホモトピー同値類は $m(\Gamma)$ で決定される．——

$\Lambda(n)\times\Lambda(n)$ 内の曲線を $\Gamma(t)=(\gamma(t),\gamma'(t))$，$t\in[a,b]$ とする．$\Gamma(t)$ は微分可能とする．

$$N=\{(\lambda,\lambda')\in\Lambda(n)\times\Lambda(n)\mid \lambda \text{ と } \lambda' \text{ は横断的でない}\}$$

とする．$\Gamma(t)$ が，N と $t=0$ で横断的に交わるとする．$\gamma_1(t)$ の中のベクトル $z(t)$，$\gamma'(t)$ の中のベクトル $z'(t)$ を選んで $0\neq z(0)=z'(0)\in\gamma(0)\cap\gamma'(0)$ となるようにできる．こうして，$z(t),z'(t)$ をとると

$$m(\Gamma)=-\operatorname{sgn}\sigma\left[\left(\frac{d}{dt}z(0)-\frac{d}{dt}z'(0)\right),z(0)\right] \tag{4.84}$$

である．これは Leray による公式である．ここでは $m(\Gamma)$ が，Euclid 内積によらず直接に与えられている．

実際，簡単のために，$W(\gamma(t))$ を $W(t)$，$W(\gamma'(t))$ を $W'(t)$ と書く．仮定から，$W(0)^{-1}W'(0)$ は単純な固有値1をもつ．t が十分0に近いと，$W(t)^{-1}W'(t)$ は，1に十分近い固有値をただ一つもつ．それを $\rho(t)$ とする．定義によって

$$m(\Gamma) = \operatorname{sgn} \operatorname{Im} \frac{d}{dt}\rho(0) \tag{4.85}$$

である．$\rho(t)$ に属する $W(t)^{-1}W'(t)$ の固有ベクトルを $w(t)$ とする．

$$\rho(t)w(t) = W(t)^{-1}W'(t)w(t) \qquad (\rho(0)=1). \tag{4.86}$$

$w(t)$ との内積をとって，

$$\rho(t)\|w(t)\|^2 = (W(t)^{-1}W'(t)w(t), w(t)).$$

虚部をとって

$$\|w(t)\|^2 \operatorname{Im} \rho(t) = \sigma(W(t)^{-1}W'(t)w(t), w(t)).$$

t で微分して，$\operatorname{Im}\rho(0)=0$ を使うと，

$$\|w(0)\|^2 \operatorname{Im} \frac{d}{dt}\rho(0) = \frac{d}{dt}\sigma(W(t)^{-1}W'(t)w(t), w(t))\Big|_{t=0}. \tag{4.87}$$

この右辺は

$$\sigma\left(\frac{d}{dt}W(0)^{-1}W'(0)w(0), w(0)\right)+\sigma\left(W(0)^{-1}\frac{d}{dt}W'(0)w(0), w(0)\right)$$
$$+\sigma\left(W(0)^{-1}W'(0)\frac{d}{dt}w(0), w(0)\right)+\sigma\left(W(0)^{-1}W'(0)w(0), \frac{d}{dt}w(0)\right).$$

これに (4.86) をつかうと，$W(0)$, $W'(0)$ はユニタリ行列だから，この後の2項は，

$$\sigma\left(\frac{d}{dt}w(0), W'(0)^{-1}W(0)w(0)\right)+\sigma\left(w(0), \frac{d}{dt}w(0)\right)$$
$$= \sigma\left(\frac{d}{dt}w(0), w(0)\right)+\sigma\left(w(0), \frac{d}{dt}w(0)\right) = 0.$$

また $\frac{d}{dt}W(0)^{-1} = -W(0)^{-1}\frac{d}{dt}W(0)\,W(0)^{-1}$ であるから，(4.86) を使って

$$\sigma\left(\frac{d}{dt}W(0)^{-1}W'(0)w(0), w(0)\right) = -\sigma\left(W(0)^{-1}\frac{d}{dt}W(0)w(0), w(0)\right).$$

これらから

$$\|w(0)\|^2 \operatorname{Im} \frac{d}{dt}\rho(0) = -\sigma\left(W(0)^{-1}\frac{d}{dt}W(0)w(0), w(0)\right) \tag{4.88}$$
$$+\sigma\left(W(0)^{-1}\frac{d}{dt}W'(0)w(0), w(0)\right)$$

を得る．$z(t) \in \gamma(t)$ であるから $-z(t) = W(t)\overline{z(t)}$．同様に，$-z'(t) = W'(t)\overline{z'(t)}$．

$z(0)=z'(0)\neq 0$ であるから $\overline{z(0)}=W(0)^{-1}W'(0)\overline{z(0)}$．よって $w(0)=\overline{z(0)}$ と，とれる．このとき，$W(0)w(0)=-z(0)$，$W'(0)w(0)=-z'(0)$ であり，ユニタリ変換 $W(0)^{-1}$ で σ は不変であるから，

$$\|z(0)\|^2 \operatorname{Im}\frac{d}{dt}\rho(0)=\sigma\left(\frac{d}{dt}W(0)\overline{z(0)}, z(0)\right)-\sigma\left(\frac{d}{dt}W'(0)\overline{z(0)}, z(0)\right). \tag{4.89}$$

等式 $-z(t)=W(t)\overline{z(t)}$ を微分して，$t=0$ とおくと，

$$\frac{d}{dt}W(0)\overline{z(0)}=-\frac{d}{dt}z(0)-W(0)\frac{d}{dt}\overline{z(0)}. \tag{4.90}$$

(4.90) から

$$\sigma\left(\frac{d}{dt}W(0)\overline{z(0)}, z(0)\right)=-\sigma\left(\frac{d}{dt}z(0), z(0)\right)-\sigma\left(W(0)\frac{d}{dt}\overline{z(0)}, z(0)\right).$$

ところで $W(0)$ はユニタリであるから，

$$\begin{aligned}\sigma\left(W(0)\frac{d}{dt}\overline{z(0)}, z(0)\right)&=\sigma\left(\frac{d}{dt}\overline{z(0)}, W(0)^{-1}z(0)\right)\\&=-\sigma\left(\frac{d}{dt}\overline{z(0)}, \overline{z(0)}\right).\end{aligned}$$

よって

$$\begin{aligned}\sigma\left(\frac{d}{dt}W(0)\overline{z(0)}, z(0)\right)&=-\sigma\left(\frac{d}{dt}z(0), z(0)\right)+\sigma\left(\frac{d}{dt}\overline{z(0)}, \overline{z(0)}\right)\\&=-2\sigma\left(\frac{d}{dt}z(0), z(0)\right)\end{aligned}$$

であり，これと (4.89) から

$$\|z(0)\|^2 \operatorname{Im}\frac{d}{dt}\rho(0)=-2\sigma\left[\left(\frac{d}{dt}z(0)-\frac{d}{dt}z'(0)\right), z(0)\right]. \tag{4.91}$$

これは Leray の公式 (4.84) を証明する．

§4.6　母関数と Keller-Maslov-Arnol'd 指数

Keller-Maslov-Arnol'd 指数は，母関数の慣性指数と密接な関係にある．

三つの Lagrange 部分空間 $\lambda, \lambda', \lambda''$ があって，λ と λ'' が共に λ' と横断的であるとする．$\boldsymbol{C}^n=\lambda\oplus\lambda'$ であるが，λ'' を線型写像，$T_{\lambda\lambda'\lambda''}:\lambda\to\lambda'$ のグラフとみなす．$y, z\in\lambda$ に対して $Q_{\lambda\lambda'\lambda''}(y, z)=\sigma(T_{\lambda\lambda'\lambda''}y, z)$ とおく．$Q_{\lambda\lambda'\lambda''}(z)=Q_{\lambda\lambda'\lambda''}(z, z)$ が，

λ'' の母関数であった．

定義 4.10　三つの Lagrange 部分空間 $\lambda, \lambda', \lambda''$ があって，λ と λ'' が共に λ' と横断的であるとき，λ 上の 2 次形式，$Q_{\lambda\lambda'\lambda''}(z)$ に対する負の極大部分空間の次元（＝慣性指数）を，**Inert** $(\boldsymbol{\lambda}, \boldsymbol{\lambda}', \boldsymbol{\lambda}'')$ と書く．——

補助定理 4.6　$\lambda=\lambda_{\mathrm{Im}}$,　$\lambda'=\lambda_{\mathrm{Re}}$,　$\lambda''\in\Lambda^0(n)$ のときは

(4.92)　$$\mathrm{Inert}\,(\lambda_{\mathrm{Im}}, \lambda_{\mathrm{Re}}, \lambda'') = \mathrm{KI}(\sigma^+, \mathrm{sp}\, W(\lambda'')).$$

ただし，σ^+ は半円弧，$e^{i\theta}$, $\theta\in[0,\pi]$ を反時計まわりに向きづけたものである．

証明　$\lambda''\in\Lambda^0(n)$ であるから (4.42) 式で定義される $S(\lambda'')$ がある．これは実対称行列であり，その負固有値の個数（多重度も含む）が $\mathrm{Inert}\,(\lambda_{\mathrm{Im}}, \lambda_{\mathrm{Re}}, \lambda'')$ である．ところで，$W(\lambda'')$ と $S(\lambda'')$ の関係は Cayley 変換 (4.46) である．よって

$$W(\lambda'') = \frac{I-iS(\lambda'')}{I+iS(\lambda'')} = \frac{I-S(\lambda'')^2-2iS(\lambda'')}{I+S(\lambda'')^2}$$

から，$S(\lambda'')$ の負固有値の数は $W(\lambda'')$ の固有値で虚部が正のものの個数に等しい．よって補助定理は示された．▌

定理 4.10　$\Lambda^0(n)$ の曲線 $\gamma(t)$, $t\in[a,b]$, があると，

(4.93)　$$\mathrm{Inert}\,(\lambda_{\mathrm{Im}}, \lambda_{\mathrm{Re}}, \gamma(b)) - \mathrm{Inert}\,(\lambda_{\mathrm{Im}}, \lambda_{\mathrm{Re}}, \gamma(a)) = \mathrm{KI}\,(\mathrm{sp}\,\gamma, \{1\}).$$

証明　一般に，σ と τ を S^1 上の二つの 1 次元鎖体とすると，

$$\mathrm{KI}\,(\sigma, \partial\tau) + \mathrm{KI}\,(\tau, \partial\sigma) = 0$$

であるから，補助定理 4.6 から

$$\begin{aligned}
&\mathrm{Inert}\,(\lambda_{\mathrm{Im}}, \lambda_{\mathrm{Re}}, \gamma(b)) - \mathrm{Inert}\,(\lambda_{\mathrm{Im}}, \lambda_{\mathrm{Re}}, \gamma(a))\\
&\quad = \mathrm{KI}\,(\sigma^+, \mathrm{sp}\, W(\gamma(b))) - \mathrm{KI}\,(\sigma^+, \mathrm{sp}\, W(\gamma(a)))\\
&\quad = \mathrm{KI}\,(\sigma^+, \partial\, \mathrm{sp}\,\gamma)\\
&\quad = -\mathrm{KI}\,(\mathrm{sp}\,\gamma, \partial\sigma^+)\\
&\quad = -\mathrm{KI}\,(\mathrm{sp}\,\gamma, \{-1\}) + \mathrm{KI}\,(\mathrm{sp}\,\gamma, \{1\}),
\end{aligned}$$

ここで ∂ は境界作用素である．γ は $\Lambda^0(n)$ の曲線であるから $\mathrm{KI}\,(\mathrm{sp}\,\gamma, \{-1\})=0$ である．よって (4.93) は示された．▌

この定理の簡単ないいかえとして，次の系がある．

系　$\gamma(t)$, $t\in[a,b]$, が $\Lambda^0(n)$ 内の曲線とする．$\Gamma(t)=(\lambda_{\mathrm{Im}}, \gamma(t))$ は $\Lambda^0(n)\times\Lambda^0(n)$ 内の曲線となる．そして

(4.94)　$$\mathrm{Inert}\,(\lambda_{\mathrm{Im}}, \lambda_{\mathrm{Re}}, \gamma(b)) - \mathrm{Inert}\,(\lambda_{\mathrm{Im}}, \lambda_{\mathrm{Re}}, \gamma(a)) = m(\Gamma)$$

である．

証明 $W(\lambda_{\mathrm{Im}})=I$ である．よって $m(\Gamma)=\mathrm{KI}(\mathrm{sp}\,\gamma, \{1\})$ 故，あきらかである．∎

この系を，より一般化して次の定理が得られる．

定理 4.11 λ と λ' は互いに横断的な Lagrange 部分空間とする．$\Lambda(n)$ 内の連続曲線 $\gamma(t)$, $a\leqq t\leqq b$, があるとする．$\gamma(t)$ はつねに λ' に横断的とする．γ を使って $\Gamma(t)=(\lambda, \gamma(t))$, $a\leqq t\leqq b$, という $\Lambda(n)\times\Lambda(n)$ の曲線を作ると，

$$\mathrm{Inert}\,(\lambda, \lambda', \gamma(b))-\mathrm{Inert}\,(\lambda, \lambda', \gamma(a)) = m(\Gamma). \tag{4.95}$$

証明 (4.95) 式の両辺共に，シンプレクティック構造のみによって，それと整合的な複素構造にはよらぬから，適当に複素構造を入れて(それには λ と λ' が直交する Euclid 内積を作ればよい)，$\lambda=\lambda_{\mathrm{Im}}$, $\lambda'=\lambda_{\mathrm{Re}}$ にすれば上の系によって(4.95) 式が成立することが示されたことになる．∎

定理 4.12 $\lambda, \lambda', \lambda''$ が，どの二つも横断的な Lagrange 部分空間とすると，

$$\begin{aligned}\mathrm{Inert}\,(\lambda, \lambda', \lambda'') &= \mathrm{Inert}\,(\lambda', \lambda'', \lambda) = \mathrm{Inert}\,(\lambda'', \lambda, \lambda')\\ &= n-\mathrm{Inert}\,(\lambda', \lambda, \lambda'') = n-\mathrm{Inert}\,(\lambda'', \lambda', \lambda)\\ &= n-\mathrm{Inert}\,(\lambda, \lambda'', \lambda').\end{aligned} \tag{4.96}$$

すなわち，$\mathrm{Inert}\,(\lambda, \lambda', \lambda'')-n/2$ は $\lambda, \lambda', \lambda''$ の交代的な，関数である．

証明 $C^n=\lambda\oplus\lambda'$ と直和分解される．$z''\in\lambda''$ をこれに従って分解して，$z''=-(z+z')$ とする．$z+z'+z''=0$ である．これから

$$\sigma(z', z) = \sigma(z'', z') = \sigma(z, z'')$$

である．ところが，$T_{\lambda\lambda'\lambda''}z=z'$, $T_{\lambda'\lambda''\lambda}z'=z''$, $T_{\lambda\lambda''\lambda'}z=z''$ であるから，(4.96) の前半が成立する．また，$T_{\lambda'\lambda\lambda''}z'=z$, 故 $\sigma(T_{\lambda'\lambda\lambda''}z', z')=\sigma(z, z')=-\sigma(z', z)=-\sigma(T_{\lambda\lambda'\lambda''}z, z)$, これから

$$\mathrm{Inert}\,(\lambda, \lambda', \lambda'')+\mathrm{Inert}\,(\lambda', \lambda, \lambda'') = n.$$

これによって (4.96) の後半が示された．∎

今まで扱わなかった状況として，λ' と λ'' という二つの Lagrange 部分空間が，横断的でない場合を考える．$\lambda'+\lambda''$ は C^n と一致しないから，シンプレクティック形式 σ は，この上で退化している．$(\lambda'+\lambda'')^\sigma=\lambda'\cap\lambda''$ であった．

命題 4.5 $Z=(\lambda'+\lambda'')/\lambda'\cap\lambda''$ とおくと，次の事柄が成立する．

(1) Z は実 $2l$ 次元のベクトル空間である．ただし $l=n-\dim(\lambda'\cap\lambda'')$.

(2) Z には σ から導かれるシンプレクティック構造 σ_* がある.

(3) 任意の $\mu\in\Lambda(n)$ に対し, $\mu_*=\mu\cap(\lambda+\lambda'')+\lambda'\cap\lambda''/\mu\cap\lambda'\cap\lambda''$ は Z での Lagrange 部分空間である.

(4) λ_*', λ_*'' は互いに横断的な部分空間である. ——

命題4.5の証明は省略する.

λ' と λ'' が Lagrange 部分空間で, λ' と λ'' は横断的ではないとする. $Z=(\lambda'+\lambda'')/\lambda'\cap\lambda''$ とする. Z に導かれるシンプレクティック構造を σ_* とする. $\Lambda(n)$ 内の滑らかな曲線 $\gamma(t)$, $-1\leqq t\leqq 1$, があって, $\gamma(t)$ はつねに λ'' と横断的である. $\gamma(t)$ は $t\neq 0$ では λ' と横断的である. λ' に横断的でない Lagrange 部分空間の全体を N とする. 曲線 $\gamma(t)$ は $t=0$ で N と横断的に交わると仮定する. このとき $\Lambda(n)\times\Lambda(n)$ の曲線を $\Gamma(t)=(\lambda',\gamma(t))$ で定義する. Γ の $\Lambda(Z)\times\Lambda(Z)$ への射影 Γ_* を考えると

$$m(\Gamma)=m_*(\Gamma_*). \tag{4.97}$$

ただし m_* は Z において定義4.9によって Γ_* について定義される量である.

[証明] $\gamma(t)$ 内に, ベクトル $z(t)$ をとる. ベクトル値関数 $z(t)$ が滑らかで, $0\neq z(0)\in\gamma(0)\cap\lambda'$ としてよい. すると, Leray の公式で,

$$m(\Gamma)=\operatorname{sgn}\sigma\left(\frac{dz(0)}{dt},z(0)\right).$$

Z に射影して $\sigma(dz(0)/dt,z(0))=\sigma_*(dz_*(0)/dt,z_*(0))$ であるから Z で Leray の公式を使うと

$$m(\Gamma)=m_*(\Gamma_*).$$ ∎

最後に次の補助定理を示しておこう.

補助定理 4.7 $\lambda,\lambda',\lambda''$ が三つの Lagrange 部分空間で, λ' が λ と λ'' とに横断的とする. $Z=(\lambda+\lambda'')/\lambda\cap\lambda''$ とおく. そこに自然に導かれるシンプレクティック構造を σ_* とする. $\lambda,\lambda',\lambda''$ の $\Lambda(Z)$ 内の像を $\lambda_*,\lambda_*',\lambda_*''$ とする. このとき

$$\operatorname{Inert}(\lambda,\lambda',\lambda'')=\operatorname{Inert}(\lambda_*,\lambda_*',\lambda_*''). \tag{4.98}$$

証明 この仮定の下で, λ'' を λ から λ' への線型写像 $T_{\lambda\lambda'\lambda''}$ のグラフとみなす. また λ 上の2次形式 $\sigma(T_{\lambda\lambda'\lambda''}z,z)$ の負の極大部分空間の次元は $\operatorname{Inert}(\lambda,\lambda',\lambda'')$ である. $\operatorname{Ker} T_{\lambda\lambda'\lambda''}=\lambda''\cap\lambda$ である. したがって, この2次形式から自然に $\lambda/\lambda''\cap\lambda=\lambda_*$ 上の2次形式 Q_* が作られる. しかも Q_* の負の極大部分空間の次

元が $\sigma(T_{\lambda\lambda'\lambda''}z, z)$ のそれに等しい．上と全く同様に $\sigma_*(T_{\lambda_*\lambda_*'\lambda_*''}z_*, z_*)$ を作るとこれは確かに Q_* に等しい．よって補助定理が示された．▮

例 4.6 $K, H \subset \{1, 2, \cdots, n\}$ とする．$\lambda \in \Lambda(n)$ が λ_K と λ_H とに横断的とする．このとき $\mathrm{Inert}(\lambda_K, \lambda, \lambda_H)$ を計算する．それには，2次形式

$$p_{K^c \cap H} \cdot q_{K^c \cap H} - q_{K \cap H^c} \cdot p_{K \cap H^c}$$

を λ の部分空間で，$p_{K^c \cap H} + iq_{K \cap H^c}$ あるいは $p_{K \cap H^c} + iq_{K^c \cap H}$ を独立変数にとって考えて，その負の極大部分空間の次元をみればよい．——

§4.7 $\Lambda(n)$ の普遍被覆空間

Lagrange-Grassmann 多様体 $\Lambda(n)$ の普遍被覆空間を $\hat{\Lambda}(n)$ と書く．$\hat{\Lambda}(n)$ から $\Lambda(n)$ への射影を π とおく．λ_{Im} が始点となる $\Lambda(n)$ 内の曲線を γ とする．このような γ の全体を，曲線の始点と終点を固定したホモトピー同値類で分類したものが $\hat{\Lambda}(n)$ である．γ の終点を λ とする．γ の λ_{Im} と λ を固定したホモトピー同値類を $\hat{\gamma}$ とかく．$\hat{\gamma} \in \hat{\Lambda}(n)$ である．$\hat{\gamma}$ に対し，端点 λ を対応させる写像は，$\hat{\Lambda}(n)$ から $\Lambda(n)$ への写像である．これが π である．とくに，終点 λ が $\Lambda^0(n)$ に入っている曲線 γ の両端を固定したホモトピー同値類は，定理 4.8 から直ぐ分るように，Keller-Maslov-Arnol'd 指数 $\mathrm{Ind}\,\gamma$ で決定される．したがって，同相写像

$$\pi \times \mathrm{Ind} : \pi^{-1}\Lambda^0(n) \longrightarrow \Lambda^0(n) \times \boldsymbol{Z} \tag{4.99}$$

が作られる．

これを一般化して，$\hat{\Lambda}(n)$ の局所座標関数系をつくる．まず，λ_{Re} から λ_{Im} へ至る一つの曲線 γ_0 を固定する．λ_{Im} から λ へ至る任意の道 γ があるとき，両端点 $\lambda_{\mathrm{Im}}, \lambda$ を固定する γ のホモトピー同値類を $\hat{\gamma}$ とする．$\gamma \circ \gamma_0$ という λ_{Re} から λ へ至る道の，両端点を固定したホモトピー同値類を $\widetilde{\gamma \circ \gamma_0}$ とすると，$\hat{\gamma}$ と $\widetilde{\gamma \circ \gamma_0}$ は1対1に対応していることを注意しておく．

定義 4.11 γ と γ' は $\Lambda(n)$ の二つの曲線で，共に λ_{Im} を始点とし，終点は γ は λ，γ' は λ' で，λ と λ' は横断的であるとする．$\gamma_1 = \gamma \cdot \gamma_0$ とおく．γ_1 と γ' は同じパラメータ $t \in [0, 1]$ を使って表示されているとする．このとき $\Gamma(t) = (\gamma_1(t), \gamma'(t))$ $(t \in [0, 1])$ を $\Lambda(n) \times \Lambda(n)$ の曲線として，

$$M(\hat{\gamma}, \hat{\gamma}') = m(\Gamma) + \alpha \tag{4.100}$$

とおく．α は後に定める定数で，$\hat{\gamma}, \hat{\gamma}'$ によらぬ整数である．$M(\hat{\gamma}, \hat{\gamma}')$ を **Maslov 関数**という．——

注意　$M(\hat{\gamma}, \hat{\gamma}')$ は，γ と γ' の端点を固定するホモトピー同値類にのみ依存することは，定義を述べる前に注意したことによって明らかであろう．したがって，$M(\hat{\gamma}, \hat{\gamma}')$ は $\hat{\Lambda}(n) \times \hat{\Lambda}(n)$ 上の整数値をとる局所定数関数である．

Lagrange 部分空間 λ_2 に横断的な Lagrange 部分空間の全体を $\Lambda^0(n\,;\lambda_2)$ とかくことは前に述べた．

命題 4.6　λ_{Im} から λ_2 への $\Lambda(n)$ 内の曲線の一つを γ_2 とする．γ は，λ_{Im} を始点とする $\Lambda(n)$ 内の曲線で終点を $\lambda=\pi(\hat{\gamma}) \in \Lambda^0(n\,;\lambda_2)$ とする．

(4.101)
$$n_{\hat{\gamma}_2}(\hat{\gamma}) = M(\hat{\gamma}_2, \hat{\gamma})$$

とおくと

(4.102)
$$\pi \times n_{\hat{\gamma}_2}\colon\ \pi^{-1}\Lambda^0(n\,;\lambda_2) \longrightarrow \Lambda^0(n\,;\lambda_2) \times \boldsymbol{Z}$$

は微分同相である．

証明　$i\lambda_2 \in \Lambda^0(n\,;\lambda_2)$ である．λ_{Im} から $i\lambda_2$ へ行く曲線の一つを固定して γ_3 とする．$\Lambda(n) \times \Lambda(n)$ の曲線 $\Gamma_2 = (\gamma_2 \circ \gamma_0, \gamma_3)$ は $(\lambda_{\mathrm{Re}}, \lambda_{\mathrm{Im}})$ を始点として $(\lambda_2, i\lambda_2)$ へ至る．つぎに $\Gamma_3 = (\lambda_2, \gamma \circ \gamma_3{}^{-1})$ も $\Lambda(n) \times \Lambda(n)$ の曲線で，始点が $(\lambda_2, i\lambda_2)$，終点が (λ_2, λ) である．$\Gamma = (\gamma_2 \circ \gamma_0, \gamma)$ とすると，曲線 $\Gamma_3 \circ \Gamma_2$ と Γ はホモトピー同値だから

$$m(\Gamma_3 \circ \Gamma_2) = m(\Gamma) = M(\hat{\gamma}_2, \hat{\gamma}) - \alpha = n_{\hat{\gamma}_2}(\hat{\gamma}).$$

左辺は，$m(\Gamma_3) + m(\Gamma_2)$ であるから，

(4.103)
$$n_{\hat{\gamma}_2}(\hat{\gamma}) = m(\Gamma_3) + m(\Gamma_2).$$

$m(\Gamma_2)$ は γ によらぬし，$m(\Gamma_3)$ は γ の両端点が $\Lambda^0(n\,;\lambda_2)$ に入っている曲線の中でのホモトピー同値類を決定する量である（定理 4.9）．したがって証明された．▮

命題 4.6 で $\hat{\Lambda}(n)$ の局所座標関数系が作れたから，次にそれらの間の座標変換則を作らねばならない．

補助定理 4.8　λ_{Im} を始点とする $\Lambda(n)$ の曲線を $\gamma_1, \gamma_2, \gamma', \gamma''$ とし，これらの定める $\hat{\Lambda}(n)$ の点を $\hat{\gamma}_1, \hat{\gamma}_2, \hat{\gamma}', \hat{\gamma}''$ とする．$\pi\hat{\gamma}_1$ から $\pi\hat{\gamma}_2$ への $\Lambda^0(n\,;\pi\hat{\gamma}'')$ 内の曲線 γ_3 があって $\hat{\gamma}_2 = \widehat{\gamma_3 \circ \gamma_1}$ とする．このとき

(4.104)
$$M(\hat{\gamma}'', \hat{\gamma}_1) = M(\hat{\gamma}'', \hat{\gamma}_2).$$

とくに $\pi\hat{\gamma}'$ が $\pi\hat{\gamma}'', \pi\hat{\gamma}_1, \pi\hat{\gamma}_2$ と横断的ならば，

(4.105)
$$\mathrm{Inert}\,(\pi\hat{\gamma}', \pi\hat{\gamma}'', \pi\hat{\gamma}_2) - \mathrm{Inert}\,(\pi\hat{\gamma}', \pi\hat{\gamma}'', \pi\hat{\gamma}_1) = M(\hat{\gamma}', \hat{\gamma}_2) - M(\hat{\gamma}', \hat{\gamma}_1).$$

証明 $\Lambda(n)\times\Lambda(n)$ の中の曲線 Γ_3 を $\Gamma_3=(\pi\hat{\gamma}'',\gamma_3)$ とする．また $\Gamma_1=(\gamma''\circ\gamma_0,\gamma_1)$，$\Gamma_2=(\gamma''\circ\gamma_0,\gamma_2)$ も同様に $\Lambda(n)\times\Lambda(n)$ の曲線とする．Γ_2 と $\Gamma_3\circ\Gamma_1$ はホモトープであるから，

$$m(\Gamma_2)=m(\Gamma_3\circ\Gamma_1)=m(\Gamma_3)+m(\Gamma_1).$$

しかるに，γ_3 はつねに $\pi\hat{\gamma}''$ と横断的であるから，$m(\Gamma_3)=0$．よって $m(\Gamma_2)=m(\Gamma_1)$．したがって定義4.11により (4.104) が示された．

つぎに $\Lambda(n)\times\Lambda(n)$ 内の曲線を次のように三つつくる．まず $\Gamma_1'=(\gamma'\circ\gamma_0,\gamma_1)$，$\Gamma_2'=(\gamma'\circ\gamma_0,\gamma_2)$ と，$\Gamma_3'=(\pi\hat{\gamma}',\gamma_3)$ とおく．Γ_2' と $\Gamma_3'\circ\Gamma_1'$ とはホモトピックである．したがって

$$m(\Gamma_2')=m(\Gamma_3'\circ\Gamma_1')=m(\Gamma_3')+m(\Gamma_1'),$$

定義4.11によって

$$M(\hat{\gamma}',\hat{\gamma}_2)=m(\Gamma_3')+M(\hat{\gamma}',\hat{\gamma}_1), \tag{4.106}$$

定理4.11によって

$$m(\Gamma_3')=\mathrm{Inert}\,(\pi\hat{\gamma}',\pi\hat{\gamma}'',\pi\hat{\gamma}_2)-\mathrm{Inert}\,(\pi\hat{\gamma}',\pi\hat{\gamma}'',\pi\hat{\gamma}_1).$$

これと (4.106) とから (4.105) が示される．▮

この補助定理で，γ' と γ'' の役割をとりかえた，次の補助定理が成立する．

補助定理 4.9 $\gamma_1,\gamma_2,\gamma',\gamma''$ を λ_{Im} を始点とする $\Lambda(n)$ 内の曲線とする．$\pi\hat{\gamma}_1$ から $\pi\hat{\gamma}_2$ へ $\Lambda^0(n;\pi\hat{\gamma}')$ 内の曲線 γ_3 があって，$\gamma_3\circ\gamma_1$ と γ_2 がホモトピーで同値とする．このとき

$$M(\hat{\gamma}',\hat{\gamma}_1)=M(\hat{\gamma}',\hat{\gamma}_2), \tag{4.107}$$

さらに，$\pi\hat{\gamma}''$ が，$\pi\hat{\gamma}',\pi\hat{\gamma}_1,\pi\hat{\gamma}_2$ と横断的であるとすると，

$$\begin{aligned}&\mathrm{Inert}\,(\pi\hat{\gamma}',\pi\hat{\gamma}'',\pi\hat{\gamma}_1)-\mathrm{Inert}\,(\pi\hat{\gamma}',\pi\hat{\gamma}'',\pi\hat{\gamma}_2)\\&\quad=M(\hat{\gamma}'',\hat{\gamma}_2)-M(\hat{\gamma}'',\hat{\gamma}_1).\end{aligned} \tag{4.108}$$

証明 (4.107) は明らかに (4.104) と同様にすれば良い．補助定理4.8によれば (4.105) は γ' と γ'' をとりかえて成立するから

$$\mathrm{Inert}\,(\pi\hat{\gamma}'',\pi\hat{\gamma}',\pi\hat{\gamma}_2)-\mathrm{Inert}\,(\pi\hat{\gamma}'',\pi\hat{\gamma}',\pi\hat{\gamma}_1)=M(\hat{\gamma}'',\hat{\gamma}_2)-M(\hat{\gamma}'',\hat{\gamma}_1).$$

(4.96) 式を使うと，この左辺は

$$\begin{aligned}&n-\mathrm{Inert}\,(\pi\hat{\gamma}',\pi\hat{\gamma}'',\pi\hat{\gamma}_2)-(n-\mathrm{Inert}\,(\pi\hat{\gamma}',\pi\hat{\gamma}'',\pi\hat{\gamma}_1))\\&\quad=\mathrm{Inert}\,(\pi\hat{\gamma}',\pi\hat{\gamma}'',\pi\hat{\gamma}_1)-\mathrm{Inert}\,(\pi\hat{\gamma}',\pi\hat{\gamma}'',\pi\hat{\gamma}_2)\end{aligned}$$

である．よって (4.108) が示された．▮

定理 4.13　定義4.11において，(4.100)の定数 α を適当にとると，λ_{Im} を始点とする $\Lambda(n)$ 内の3曲線 γ,γ',γ'' において，終点 $\pi\hat{\gamma},\pi\hat{\gamma}',\pi\hat{\gamma}''$ が，二つずつ互いに横断的ならば，

$$\text{(4.109)}\qquad \mathrm{Inert}\,(\pi\hat{\gamma},\pi\hat{\gamma}',\pi\hat{\gamma}'') = M(\hat{\gamma},\hat{\gamma}'')-M(\hat{\gamma}',\hat{\gamma}'')-M(\hat{\gamma},\hat{\gamma}').$$

証明　$\gamma_1,\gamma_2,\gamma',\gamma''$ をいずれも λ_{Im} を始点とする $\Lambda(n)$ の曲線とする．それらの定める $\hat{\Lambda}(n)$ の点を，$\hat{\gamma}_1,\hat{\gamma}_2,\hat{\gamma}',\hat{\gamma}''$ とする．これを $\Lambda(n)$ に射影した点を，$\pi\hat{\gamma}_1=\lambda_1$, $\pi\hat{\gamma}_2=\lambda_2$, $\pi\hat{\gamma}'=\lambda'$, $\pi\hat{\gamma}''=\lambda''$ とする．普遍被覆空間 $\hat{\Lambda}(n)$ の中で，$\hat{\gamma}_1$ から $\hat{\gamma}_2$ へ至る曲線を $\hat{\gamma}_{12}(t)$ $(0\leqq t\leqq 1)$，とする．その射影を $\gamma_{12}(t)$ $(0\leqq t\leqq 1)$，とする．γ_{12} は λ_1 から λ_2 への $\Lambda(n)$ 内の曲線で，γ_2 と $\gamma_{12}\circ\gamma_1$ はホモトピー同値である．

さて，$\dim \mu\cap\lambda'\neq 0$, $\dim \mu\cap\lambda''\neq 0$ の両方が成立する $\mu\in\Lambda(n)$ の全体 N は，$\Lambda(n)$ の中の余次元が2の部分多様体である．したがって，曲線 γ_{12} は，N を通らないようにとれる．いいかえれば，γ_{12} の上の点は，λ' と λ'' の少なくも一方には横断的な，Lagrange 部分空間である．よって，区間 $[0,1]$ の分割: $s_0=0<s_1<s_2<\cdots<s_k=1$ があって，各小区間 $[s_j,s_{j+1}]$ に t が属するとき，$\gamma_{12}(t)$ は，つねに λ' と横断的であるか，あるいは，つねに λ'' と横断的であるか，どちらかが成り立つ．したがって各小区間 $[s_j,s_{j+1}]$ にあっては，補助定理4.8と4.9の少なくも一方が成立している．γ_1 に γ_{12} の $[0,s_j]$ の部分弧をつないだ曲線を $\gamma^{(j)}$ と書くことにすると，すべての $j=1,2,\cdots,k$ に対して

$$\text{(4.110)}\qquad \begin{aligned}&\mathrm{Inert}\,(\lambda',\lambda'',\pi\hat{\gamma}^{(j+1)})-\mathrm{Inert}\,(\lambda',\lambda'',\pi\hat{\gamma}^{(j)})\\ &\quad= M(\hat{\gamma}',\hat{\gamma}^{(j+1)})-M(\hat{\gamma}',\hat{\gamma}^{(j)})-M(\hat{\gamma}'',\hat{\gamma}^{(j+1)})+M(\hat{\gamma}'',\hat{\gamma}^{(j)})\end{aligned}$$

が成立する．実際，$\hat{\gamma}^{(j)}$ と $\hat{\gamma}^{(j+1)}$ の間で $\gamma_{12}(t)$ が λ'' と横断的ならば $M(\hat{\gamma}'',\hat{\gamma}^{(j)})=M(\hat{\gamma}'',\hat{\gamma}^{(j+1)})$ であるから(4.105)から(4.110)が成立する．また，$\hat{\gamma}^{(j)}$ と $\hat{\gamma}^{(j+1)}$ の間で $\gamma_{12}(t)$ が λ' と横断的ならば，$M(\hat{\gamma}',\hat{\gamma}^{(j)})=M(\hat{\gamma}',\hat{\gamma}^{(j+1)})$ が(4.107)で成立するから，(4.108)からやはり(4.110)が成立する．(4.110)を j について加えて，

$$\begin{aligned}&\mathrm{Inert}\,(\lambda',\lambda'',\lambda_2)-\mathrm{Inert}\,(\lambda',\lambda'',\lambda_1)\\ &\quad= M(\hat{\gamma}',\hat{\gamma}_2)-M(\hat{\gamma}',\hat{\gamma}_1)-(M(\hat{\gamma}'',\hat{\gamma}_2)-M(\hat{\gamma}'',\hat{\gamma}_1))\end{aligned}$$

を得る．これは，

$$\text{(4.111)}\qquad \begin{aligned}&\mathrm{Inert}\,(\lambda',\lambda'',\lambda_2)-M(\hat{\gamma}',\hat{\gamma}_2)+M(\hat{\gamma}'',\hat{\gamma}_2)\\ &\quad= \mathrm{Inert}\,(\lambda',\lambda'',\lambda_1)-M(\hat{\gamma}',\hat{\gamma}_1)+M(\hat{\gamma}'',\hat{\gamma}_1)\end{aligned}$$

と書ける．左辺は γ_1 によらず，右辺は γ_2 によらない．したがって，λ_{Im} を始点とする $\Lambda(n)$ 内の任意の曲線 γ に対して，$\hat{\gamma}$ をその定める $\Lambda(n)$ の点で $\lambda=\pi\hat{\gamma}$ とおくと，λ が λ' と λ'' とに共に横断的ならば

(4.112) $$N(\hat{\gamma}',\hat{\gamma}'')=\mathrm{Inert}\,(\lambda',\lambda'',\lambda)-M(\hat{\gamma}',\hat{\gamma})+M(\hat{\gamma}'',\hat{\gamma})$$

は，γ によらぬ，$\hat{\gamma}'$ と $\hat{\gamma}''$ のみで定まる関数である．整数値のみを値にとる．これに (4.96) 式を使うと，

(4.113) $$M(\hat{\gamma}',\hat{\gamma})-M(\hat{\gamma}'',\hat{\gamma})+N(\hat{\gamma}',\hat{\gamma}'')=M(\hat{\gamma},\hat{\gamma}'')-M(\hat{\gamma}',\hat{\gamma}'')+N(\hat{\gamma},\hat{\gamma}').$$

つぎに

(4.114) $$M(\hat{\gamma}'',\hat{\gamma})+M(\hat{\gamma},\hat{\gamma}'')=A$$

は，$\hat{\gamma},\hat{\gamma}''$ と独立な定数である．実際，次のような，$\Lambda(n)\times\Lambda(n)$ の曲線を考える．$\Gamma_0=(\gamma_0,\gamma_0^{-1})$，$\Gamma_1=(\gamma''\circ\gamma_0,\gamma)$，$\Gamma_2=(\gamma\circ\gamma_0,\gamma'')$．$\Gamma_0$ は $(\lambda_{\mathrm{Re}},\lambda_{\mathrm{Im}})$ を始点とし，$(\lambda_{\mathrm{Im}},\lambda_{\mathrm{Re}})$ を終点とする．すると

$$\Gamma_1\circ\Gamma_0^{-1}=(\gamma'',\gamma\circ\gamma_0)$$

である．命題4.4によって $m(\Gamma_2)+m(\Gamma_1\circ\Gamma_0^{-1})=0$，これから，

$$m(\Gamma_2)+m(\Gamma_1)=m(\Gamma_0).$$

よって定義4.11によって

$$M(\hat{\gamma}'',\hat{\gamma})+M(\hat{\gamma},\hat{\gamma}'')=m(\Gamma_0)+2\alpha.$$

右辺は，$\hat{\gamma}'',\hat{\gamma}$ によらぬ定数であるから (4.114) で A は $\hat{\gamma},\hat{\gamma}''$ によらぬことが示された．

(4.113) に (4.114) を代入して

(4.115) $$M(\hat{\gamma}',\hat{\gamma})-N(\hat{\gamma},\hat{\gamma}')=A-(M(\hat{\gamma}',\hat{\gamma}'')+N(\hat{\gamma}',\hat{\gamma}'')).$$

左辺は $\hat{\gamma}''$ によらず，右辺は $\hat{\gamma}$ によらない．したがって $M(\hat{\gamma}',\hat{\gamma})-N(\hat{\gamma},\hat{\gamma}')$ は $\hat{\gamma}$ によらない $\hat{\gamma}'$ のみの関数である．(4.114) が成立するから $M(\hat{\gamma},\hat{\gamma}')+N(\hat{\gamma},\hat{\gamma}')$ が，$\hat{\gamma}$ によらぬ $\hat{\gamma}'$ のみの関数である．もう一度 (4.96) を (4.112) に適用すると

$$N(\hat{\gamma}',\hat{\gamma})=n-N(\hat{\gamma},\hat{\gamma}')$$

を得る．(4.114) とあわせて

(4.116) $$M(\hat{\gamma},\hat{\gamma}')+N(\hat{\gamma},\hat{\gamma}')=(A+n)-(M(\hat{\gamma}',\hat{\gamma})+N(\hat{\gamma}',\hat{\gamma})).$$

一方，$M(\hat{\gamma},\hat{\gamma}')+N(\hat{\gamma},\hat{\gamma}')$ が $\hat{\gamma}$ によらないから，$M(\hat{\gamma}',\hat{\gamma})+N(\hat{\gamma}',\hat{\gamma})$ は $\hat{\gamma}'$ によらない．よって (4.116) から，$M(\hat{\gamma},\hat{\gamma}')+N(\hat{\gamma},\hat{\gamma}')$ は $\hat{\gamma}$ にも $\hat{\gamma}'$ にもよらない．

(4.117) $$M(\hat{\gamma},\hat{\gamma}')+N(\hat{\gamma},\hat{\gamma}')=\alpha_1$$

とおく．これは整数である．(4.112) に代入して

$$\mathrm{Inert}\,(\lambda', \lambda'', \lambda) = M(\hat{\gamma}', \hat{\gamma}) - M(\hat{\gamma}', \hat{\gamma}'') - M(\hat{\gamma}'', \hat{\gamma}) + \alpha_1.$$

$M(\hat{\gamma}, \hat{\gamma}')$ の定義式 (4.100) で α を $\alpha+\Delta\alpha$ にかえたものを $M_\Delta(\hat{\gamma}, \hat{\gamma}')$ とすると

$$\mathrm{Inert}\,(\lambda', \lambda'', \lambda) = M_\Delta(\hat{\gamma}', \hat{\gamma}) - M_\Delta(\hat{\gamma}', \hat{\gamma}'') - M_\Delta(\hat{\gamma}'', \hat{\gamma}) + \alpha_1 - \Delta\alpha.$$

よって $\Delta\alpha=\alpha_1$ として，定理が成立する．▌

以後，定理 4.13 が成立するように定義 4.11 の α を定めておく．つぎの定理 4.14 は，α を定めるためにも使える．

定理 4.14　γ と γ' が λ_{Im} を始点とする $\Lambda(n)$ の二つの曲線で，その定める $\hat{\Lambda}(n)$ の点を $\hat{\gamma}, \hat{\gamma}'$ とする．$\pi\hat{\gamma}$ と $\pi\hat{\gamma}'$ が横断的であれば，$M(\hat{\gamma}, \hat{\gamma}')+n/2$ は $\hat{\gamma}, \hat{\gamma}'$ に関して，反対称である．

証明　$\pi\hat{\gamma}, \pi\hat{\gamma}'$ に横断的な $\lambda'' \in \Lambda(n)$ をとる．λ_{Im} から λ'' へ至る曲線を一つとって γ'' とする．(4.96) から，

$$\mathrm{Inert}\,(\lambda, \lambda', \lambda'') + \mathrm{Inert}\,(\lambda', \lambda, \lambda'') = n.$$

これに (4.109) を代入して

$$M(\hat{\gamma}, \hat{\gamma}') + M(\hat{\gamma}', \hat{\gamma}) = -n$$

を得る．▌

上の定理 4.13 は，$\hat{\Lambda}(n)$ の座標変換の公式としては，まだ十分ではない．$\pi\hat{\gamma}$, $\pi\hat{\gamma}', \pi\hat{\gamma}''$ のうちの一組が，横断的でない場合も必要である．この場合も式 (4.109) はその形を保つようにしたい．

λ' と λ'' は二つの Lagrange 部分空間で，互いに横断的ではないとする．

$$Z = (\lambda' + \lambda'')/\lambda' \cap \lambda''$$

に自然に導かれるシンプレクティック構造を σ_* とする．$\dim Z=2l$, $l=n-\dim \lambda' \cap \lambda''$ であった．$\Lambda(Z)$ を Z での Lagrange 部分空間の全体とする．射影 $\rho: \boldsymbol{C}^n \to Z$ は，連続写像 $\rho: \Lambda(n) \to \Lambda(Z)$ を導く．$\lambda \in \Lambda(n)$ に対して，$\rho(\lambda)$ を λ_* と書くことにする．普遍被覆空間についても，写像 $\hat{\rho}: \hat{\Lambda}(n) \to \hat{\Lambda}(Z)$ が得られる．$\hat{\gamma} \in \hat{\Lambda}(n)$ に対して，$\hat{\rho}(\hat{\gamma})$ を単に $\hat{\gamma}_*$ と書く．また $\hat{\Lambda}(Z) \times \hat{\Lambda}(Z)$ で定義される Maslov 関数を M_* と書くことにする．

補助定理 4.10　λ_{Im} から出る $\Lambda(n)$ 内の曲線 $\gamma, \gamma_1, \gamma', \gamma''$ がある．それらの定める $\hat{\Lambda}(n)$ 内の点を $\hat{\gamma}, \hat{\gamma}_1, \hat{\gamma}', \hat{\gamma}''$ とする．これらの $\Lambda(n)$ への射影を $\lambda, \lambda_1, \lambda', \lambda''$ とする．λ は λ', λ'' と横断的で，λ_1 も λ', λ'' と横断的であるとすると，

(4.118) $$\begin{cases} M(\hat{\gamma},\hat{\gamma}')-M(\hat{\gamma}_1,\hat{\gamma}')=M_*(\hat{\gamma}_*,\hat{\gamma}_*')-M_*(\hat{\gamma}_{1*},\hat{\gamma}_*'), \\ M(\hat{\gamma},\hat{\gamma}'')-M(\hat{\gamma}_1,\hat{\gamma}'')=M_*(\hat{\gamma}_*,\hat{\gamma}_*'')-M_*(\hat{\gamma}_{1*},\hat{\gamma}_*''). \end{cases}$$

証明 定理4.14によって

(4.119) $$M(\hat{\gamma}',\hat{\gamma}_1)-M(\hat{\gamma}',\hat{\gamma})=M_*(\hat{\gamma}_*',\hat{\gamma}_{1*})-M_*(\hat{\gamma}_*',\hat{\gamma}_*)$$

を証明すれば良い.

$\Lambda(n)\times\Lambda(n)$ 内の曲線 $\Gamma_1=(\gamma'\circ\gamma_0,\gamma_1)$ と $\Gamma=(\gamma'\circ\gamma_0,\gamma)$ を考える. 定義4.11によって

(4.120) $$M(\hat{\gamma}',\hat{\gamma}_1)=m(\Gamma_1)+\alpha,\qquad M(\hat{\gamma}',\hat{\gamma})=m(\Gamma)+\alpha$$

である. 普遍被覆空間 $\hat{\Lambda}(n)$ の中で, 点 $\hat{\gamma}$ から $\hat{\gamma}_1$ へ至る曲線 $\hat{\mu}(t)$ $(t\in[0,1])$ を作る. $\hat{\mu}$ を射影して $\mu(t)$ $(t\in[0,1])$ とする. $\mu(t)$ は $\Lambda(n)$ の曲線であるが, 各 $t\in[0,1]$ について, $\mu(t)$ は, λ' と λ'' の少なくとも一方と, 横断的であるとして良い. というのは, λ' と λ'' の両方ともに横断的でない Lagrange 部分空間は $\Lambda(n)$ の中で, 余次元が2の部分多様体を作るからである. $[0,1]$ を細分して, $0=s_0<s_1<s_2<\cdots<s_k=1$ とする. 各小区間 $[s_j,s_{j+1}]$ では, $\mu(t)$ は λ' と横断的か, λ'' と横断的かである. $\Gamma^{(j)}(t)=(\lambda',\mu(t))$ $(t\in[s_j,s_{j+1}])$ とおく. また $\mu(t)$ を Z に射影した曲線を $\mu_*(t)$ とする. $\Gamma^{(j)}$ を $\Lambda(Z)\times\Lambda(Z)$ に射影すると, $\Gamma_*^{(j)}(t)=(\lambda_*',\mu_*(t))$ $(t\in[s_j,s_{j+1}])$ となる.

$t\in[s_j,s_{j+1}]$ で, $\mu(t)$ がずっと λ' と横断的であると, $\mu_*(t)$ も λ_*' と横断的であるから

$$m(\Gamma^{(j)})=0=m_*(\Gamma_*^{(j)}).$$

また, $t\in[s_j,s_{j+1}]$ で $\mu(t)$ がずっと λ'' と横断的のとき, $\mu(t)$ を少し変える(両端点を固定したホモトピーで動かす)と(4.97)式が適用出来て,

(4.121) $$m(\Gamma^{(j)})=m_*(\Gamma_*^{(j)}).$$

いずれにせよ, $j=0,1,2,\cdots,k-1$ について(4.121)が成立する. $\Lambda(n)\times\Lambda(n)$ の曲線 Γ_2 を, $\Gamma_2(t)=(\lambda',\mu(t))$ $(t\in[0,1])$ とし, その $\Lambda(Z)\times\Lambda(Z)$ への射影を Γ_{2*} とすると $\Gamma_{2*}(t)=(\lambda_*',\mu_*(t))$, (4.121)を加えて,

(4.122) $$m(\Gamma_2)=m_*(\Gamma_{2*})$$

を得る.

μ の作り方から

$$m(\Gamma_2\circ\Gamma)=m(\Gamma_1)$$

である．この左辺は $m(\Gamma_2)+m(\Gamma)$ に等しいから (4.120) と (4.122) より

$$(4.123)\qquad M(\hat{\gamma}',\hat{\gamma}_1)-M(\hat{\gamma}',\hat{\gamma})=m_*(\Gamma_{2*}).$$

Γ_1 と Γ の $\Lambda(Z)\times\Lambda(Z)$ への射影を Γ_{1*},Γ_* とすると，$\Gamma_{1*}=(\gamma_*'\circ\gamma_{0*},\gamma_{1*})$，$\Gamma_*=(\gamma_*'\circ\gamma_{0*},\gamma_{1*})$ であるから

$$(4.124)\qquad M_*(\hat{\gamma}_*',\hat{\gamma}_{1*})=m_*(\Gamma_{1*})+\alpha',\qquad M_*(\hat{\gamma}_*',\hat{\gamma}_*)=m_*(\Gamma_*)+\alpha'.$$

ただし α' は定数である．また $m_*(\Gamma_{2*}\circ\Gamma_*)=m(\Gamma_{1*})$ も明らか故 (4.124) から

$$M_*(\hat{\gamma}_*',\hat{\gamma}_{1*})-M_*(\hat{\gamma}_*',\hat{\gamma}_*)=m_*(\Gamma_{2*}).$$

これと (4.123) から，(4.118) の前半が証明された．後半は同様にして示される．▌

定義 4.12 λ_{Im} を始点とする $\Lambda(n)$ の 2 曲線 γ',γ'' があるとする．その定める $\hat{\Lambda}(n)$ 内の点を $\hat{\gamma}',\hat{\gamma}''$ とする．$\lambda'=\pi(\hat{\gamma}')$，$\lambda''=\pi(\hat{\gamma}'')$ が必ずしも横断的でないときは，その Maslov 関数を

$$(4.125)\qquad M(\hat{\gamma}',\hat{\gamma}'')=M_*(\hat{\gamma}_*',\hat{\gamma}_*'')-l$$

で定義する．ここで $M_*(\hat{\gamma}_*',\hat{\gamma}_*'')$ は，シンプレクティックベクトル空間 $(\lambda'+\lambda'')/\lambda'\cap\lambda''$ で考えた，$\hat{\gamma}',\hat{\gamma}''$ に対応する $\hat{\Lambda}(Z)$ の点の Maslov 関数であり，$l=\dim\lambda'\cap\lambda''$ である．——

この定義 4.12 の妥当なことは，次の定理にある．

定理 4.15 γ,γ',γ'' は λ_{Im} を始点とする $\Lambda(n)$ 内の曲線で，それらの定める $\hat{\Lambda}(n)$ の点を $\hat{\gamma},\hat{\gamma}',\hat{\gamma}''$ とする．$\pi\hat{\gamma}=\lambda$，$\pi\hat{\gamma}'=\lambda'$，$\pi\hat{\gamma}''=\lambda''$ とする．λ と λ'' とは横断的ではないが，λ' と λ，λ' と λ'' は横断的であるとすると，

$$(4.126)\qquad \mathrm{Inert}\,(\lambda,\lambda',\lambda'')=-M(\hat{\gamma}',\hat{\gamma}'')+M(\hat{\gamma},\hat{\gamma}'')-M(\hat{\gamma},\hat{\gamma}')$$

が成立する．

証明 $Z=(\lambda+\lambda'')/\lambda\cap\lambda''$ とおく．$\boldsymbol{C}^n$ や $\Lambda(n)$ の元を，Z あるいは $\Lambda(Z)$ へそれぞれ射影したものを * をつけてあらわす．補助定理 4.7 によると

$$(4.127)\qquad \mathrm{Inert}\,(\lambda,\lambda',\lambda'')=\mathrm{Inert}\,(\lambda_*,\lambda_*',\lambda_*'').$$

$\lambda_*,\lambda_*',\lambda_*''$ はどの二つも横断的であるから，

$$(4.128)\qquad \mathrm{Inert}\,(\lambda_*,\lambda_*',\lambda_*'')=-M_*(\hat{\gamma}_*',\hat{\gamma}_*'')+M_*(\hat{\gamma}_*,\hat{\gamma}_*'')-M_*(\hat{\gamma}_*,\hat{\gamma}_*').$$

定理 4.14 から

$$-M_*(\hat{\gamma}_*',\hat{\gamma}_*'')-M_*(\hat{\gamma}_*,\hat{\gamma}_*')=n-l+M_*(\hat{\gamma}_*'',\hat{\gamma}_*')-M_*(\hat{\gamma}_*,\hat{\gamma}_*')$$

であり，また補助定理 4.10 から

$$-M_*(\hat{\gamma}_*',\hat{\gamma}_*'')-M_*(\hat{\gamma}_*,\hat{\gamma}_*')=n-l+M(\hat{\gamma}'',\hat{\gamma}')-M(\hat{\gamma},\hat{\gamma}')$$

である．再び定理4.14から，この右辺は

$$n-l-n-M(\hat{\gamma}',\hat{\gamma}'')-M(\hat{\gamma},\hat{\gamma}')$$

となり，これを(4.128)に代入して(4.127)によって

$$\mathrm{Inert}\,(\lambda,\lambda',\lambda'')=-M(\hat{\gamma}',\hat{\gamma}'')-M(\hat{\gamma},\hat{\gamma}')+M_*(\hat{\gamma}_*,\hat{\gamma}_*'')-l.$$

これと定義4.12によって(4.126)が示される．▌

注意 (1) $\dim \pi\hat{\gamma}'\cap\pi\hat{\gamma}''=l$ のとき，

$$M(\hat{\gamma}'',\hat{\gamma}')+M(\hat{\gamma}',\hat{\gamma}'')=-(l+n). \tag{4.129}$$

(2) $M(\hat{\gamma}',\hat{\gamma}'')$ は，整数値をとる関数で $\dim \pi\hat{\gamma}'\cap\pi\hat{\gamma}''=\mathrm{const.}$ の集合の各連結成分上，一定値をとる．

以上によって，$\Lambda(n)$ の普遍被覆空間 $\hat{\Lambda}(n)$ の座標変換が記述出来る．今まで通り $\hat{\Lambda}(n)$ の各点は，λ_{Im} を始点とする曲線のホモトピー同値類としてあらわされる．すなわち，γ を λ_{Im} を始点とする $\Lambda(n)$ 内の曲線とする．γ の始点と終点 λ を動かさないホモトピー同値類を $\hat{\gamma}$ とかくとこれが $\Lambda(n)$ の一つの点をあらわす．γ の終点 λ が $\hat{\gamma}$ の $\Lambda(n)$ への射影である．$\pi\hat{\gamma}=\lambda$. 以下 $\hat{\gamma}',\hat{\gamma}'',\cdots,\hat{\gamma}_1,\hat{\gamma}_2,\cdots$ も同様な規約に従った記法とする．

$\hat{\gamma}'\in\hat{\Lambda}(n)$ とする．$\pi^{-1}\Lambda^0(n;\pi\hat{\gamma}')$ での座標関数は，$n_{\hat{\gamma}'}(\hat{\gamma})=M(\hat{\gamma}',\hat{\gamma})$ とおくと

$$\pi\times n_{\hat{\gamma}'}\colon \pi^{-1}\Lambda^0(n;\pi\hat{\gamma}')\longrightarrow\Lambda^0(n;\pi\hat{\gamma}')\times\boldsymbol{Z} \tag{4.130}$$

であった．(命題4.6参照.)

$\hat{\gamma}''$ を $\hat{\Lambda}(n)$ の他の点とすると

$$\pi\times n_{\hat{\gamma}''}\colon \pi^{-1}\Lambda^0(n;\pi\hat{\gamma}'')\longrightarrow\Lambda^0(n;\pi\hat{\gamma}'')\times\boldsymbol{Z} \tag{4.131}$$

も座標関数である．$\hat{\gamma}\in\hat{\Lambda}(n)$ のとき $\pi\hat{\gamma}$ が $\pi\hat{\gamma}'$ と横断的であり，$\pi\hat{\gamma}$ が $\pi\hat{\gamma}''$ とも横断的であれば，この二つの座標表示が共に可能である．その差は，

$$n_{\hat{\gamma}'}(\hat{\gamma})-n_{\hat{\gamma}''}(\hat{\gamma})=M(\hat{\gamma}',\hat{\gamma})-M(\hat{\gamma}'',\hat{\gamma})$$

であり，定理4.14から，これは

$$M(\hat{\gamma}',\hat{\gamma})+n+M(\hat{\gamma},\hat{\gamma}'')$$

に等しい．定理4.13または定理4.15から，

$$\mathrm{Inert}\,(\pi\hat{\gamma}',\pi\hat{\gamma},\pi\hat{\gamma}'')=-M(\hat{\gamma},\hat{\gamma}'')+M(\hat{\gamma}',\hat{\gamma}'')-M(\hat{\gamma}',\hat{\gamma})$$

であるから

$$n_{\hat{\gamma}'}(\hat{\gamma})-n_{\hat{\gamma}''}(\hat{\gamma})=n-\mathrm{Inert}\,(\pi\hat{\gamma}',\pi\hat{\gamma},\pi\hat{\gamma}'')+M(\hat{\gamma}',\hat{\gamma}'').$$

これによって次の定理が証明されたことになる．

定理 4.16　$\hat{\gamma}', \hat{\gamma}''$ を $\hat{\Lambda}(n)$ の点とする．$\hat{\gamma}$ が $\hat{\Lambda}(n)$ の点で，$\pi\hat{\gamma}$ が，$\pi\hat{\gamma}', \pi\hat{\gamma}''$ と横断的であるとき，座標変換の公式は，

$$n_{\hat{\gamma}'}(\hat{\gamma})-n_{\hat{\gamma}''}(\hat{\gamma}) = n-\mathrm{Inert}\,(\pi\hat{\gamma}', \pi\hat{\gamma}, \pi\hat{\gamma}'')+M(\hat{\gamma}', \hat{\gamma}'') \tag{4.132}$$

である．——

注意　(1) (4.132) の右辺は，$\hat{\gamma}$ ではなく $\Lambda(n)$ への射影 $\pi\hat{\gamma}$ にのみ依っている．

(2)　$\pi\hat{\gamma}', \pi\hat{\gamma}, \pi\hat{\gamma}''$ のうち $\pi\hat{\gamma}'$ と $\pi\hat{\gamma}''$ が必ずしも横断的ではない．したがって，$n-\mathrm{Inert}\,(\pi\hat{\gamma}', \pi\hat{\gamma}, \pi\hat{\gamma}'')=\mathrm{Inert}\,(\pi\hat{\gamma}, \pi\hat{\gamma}', \pi\hat{\gamma}'')$ とは書けない．

記号として

$$n_{\hat{\gamma}'}^{\hat{\gamma}''}(\pi\hat{\gamma}) = n-\mathrm{Inert}\,(\pi\hat{\gamma}', \pi\hat{\gamma}, \pi\hat{\gamma}'')+M(\hat{\gamma}', \hat{\gamma}'') \tag{4.133}$$

とおけば，(4.132) は

$$n_{\hat{\gamma}'}(\hat{\gamma}) = n_{\hat{\gamma}''}(\hat{\gamma})+n_{\hat{\gamma}'}^{\hat{\gamma}''}(\pi\hat{\gamma}) \tag{4.134}$$

とかける．次の命題も比較的よく使われる．証明は明らかであろう．

命題 4.7　$\lambda_1, \lambda_2, \mu_1, \mu_2$ を四つの Lagrange 部分空間とする．λ_j は μ_k，$(j, k=1, 2)$ と横断的であるとする．このとき $\Lambda^0(n\,;\mu_1)$ 内で λ_1 から λ_2 へ行く曲線と，$\Lambda^0(n\,;\mu_2)$ 内で λ_2 から λ_1 へ行く曲線をつなぎ，$\Lambda^0(n\,;\mu_1)\cup\Lambda^0(n\,;\mu_2)$ 内の閉曲線 γ が出来る．そこで，γ の Keller-Maslov-Arnol'd 指数 $\mathrm{Ind}\,\gamma=\langle\gamma, \alpha\rangle$ (α は $H'(\Lambda(n), \boldsymbol{Z})$ の生成元) を $S(\mu_1, \mu_2\,;\lambda_1, \lambda_2)$ と書く．このとき

$$S(\mu_1, \mu_2\,;\lambda_1, \lambda_2) = n_{\hat{\mu}_1}^{\hat{\mu}_2}(\lambda_1)+n_{\hat{\mu}_2}^{\hat{\mu}_1}(\lambda_2) = n_{\hat{\mu}_1}^{\hat{\mu}_2}(\lambda_1)-n_{\hat{\mu}_1}^{\hat{\mu}_2}(\lambda_2). \tag{4.135}$$

ただし，$\hat{\mu}_i$ は $\pi^{-1}\mu_i$ の一つの元である．$S(\mu_1, \mu_2\,;\lambda_1, \lambda_2)$ は **Hörmander 指数**とも呼ばれる．——

次に $\Lambda(n)$ の普遍被覆空間 $\hat{\Lambda}(n)$ の座標表示が分ったから，$\Lambda(n)$ の p 重の被覆空間を次のように導入できる．

p を任意の自然数とする．$\hat{\gamma}, \hat{\gamma}_1\in\hat{\Lambda}(n)$ が $\hat{\gamma}\underset{(p)}{\sim}\hat{\gamma}_1$ ということを，二つの条件

(i)　$\pi(\hat{\gamma}) = \pi(\hat{\gamma}_1)$,

(ii)　$\hat{\gamma}'\in\hat{\Lambda}(n)$ を $\pi\hat{\gamma}'$ と $\pi\hat{\gamma}$ が横断的になるようにとる，

このとき

$$n_{\hat{\gamma}'}(\hat{\gamma})-n_{\hat{\gamma}'}(\hat{\gamma}_1)\equiv 0 \pmod p \tag{4.136}$$

によって定める．これは，(ii) の $\hat{\gamma}'$ の選び方によらず定まる．実際 $\hat{\gamma}''\in\hat{\Lambda}(n)$ も $\pi\hat{\gamma}''$ が $\pi\hat{\gamma}$ と横断的ならば

$$n_{\hat{\gamma}''}(\hat{\gamma})-n_{\hat{\gamma}''}(\hat{\gamma}_1) = n_{\hat{\gamma}''}^{\hat{\gamma}'}(\pi\hat{\gamma})+n_{\hat{\gamma}'}(\hat{\gamma})-(n_{\hat{\gamma}''}^{\hat{\gamma}'}(\pi\hat{\gamma}_1)+n_{\hat{\gamma}'}(\hat{\gamma}_1))$$

$$= n_{\hat{\gamma}'}(\hat{\gamma}) - n_{\hat{\gamma}'}(\hat{\gamma}_1)$$
$$\equiv 0 \pmod{p}.$$

ここで $n_{\hat{\gamma}''}^{\hat{\gamma}'}(\pi\hat{\gamma})$ が $\pi\hat{\gamma}$ のみの関数ということを使った．こうして定義された同値関係 $\underset{(p)}{\sim}$ で $\hat{\Lambda}(n)$を割って得られる空間を $\hat{\Lambda}_p(n)$ とかく．自然な写像を $\pi_p{}^\infty$: $\hat{\Lambda}(n)\to\hat{\Lambda}_p(n)$ とする．条件(i)によって自然に写像: $\pi_p:\hat{\Lambda}_p(n)\to\Lambda(n)$ が定義される．π_p を**射影**という．$\hat{\Lambda}_p(n)$ は $\Lambda(n)$ の p 重の被覆空間となる．この座標表示と，座標変換の公式も直ちに分る．

命題 4.8 $\hat{\gamma}'\in\hat{\Lambda}(n)$ とする．$\pi_p{}^{-1}\Lambda^0(n;\pi\hat{\gamma}')$ から $\boldsymbol{Z}_p$ への座標関数 $n_{\hat{\gamma}',p}$ は，次の可換図式で定まる．

$$\begin{array}{ccc} \pi^{-1}\Lambda^0(n;\pi\hat{\gamma}') & \xrightarrow{\pi\times n_{\hat{\gamma}'}} & \Lambda^0(n;\pi\hat{\gamma}')\times\boldsymbol{Z} \\ \downarrow{\scriptstyle \pi_p{}^\infty} & & \downarrow \\ \pi_p{}^{-1}\Lambda^0(n;\pi\hat{\gamma}') & \xrightarrow{\pi\times n_{\hat{\gamma}',p}} & \Lambda^0(n;\pi\hat{\gamma}')\times\boldsymbol{Z}_p \end{array} \tag{4.137}$$

$n_{\hat{\gamma}',p}$ は $\pi_p{}^\infty\hat{\gamma}'$ で定まる．

証明 $\hat{\gamma}'$ を固定するとき $\hat{\gamma}_1\underset{(p)}{\sim}\hat{\gamma}$ のとき，$n_{\hat{\gamma}'}(\hat{\gamma}_1)\equiv n_{\hat{\gamma}'}(\hat{\gamma}) \pmod{p}$ は定義による．よって $n_{\hat{\gamma}',p}$ が $\pi_p{}^{-1}\Lambda^0(n;\pi\hat{\gamma}')$ 上で定義される．これが座標関数となることは明らか．ただ $n_{\hat{\gamma}',p}$ が $\pi_p{}^\infty(\hat{\gamma}')$ のみで定まることを示さねばならない．$\pi_p{}^\infty(\hat{\gamma}')=\pi_p{}^\infty(\hat{\gamma}'')$ とする．$\hat{\gamma}\in\pi_p{}^{-1}\Lambda^0(n;\pi\hat{\gamma}')$ に対して

$$\begin{aligned} n_{\hat{\gamma}',p}(\hat{\gamma})-n_{\hat{\gamma}'',p}(\hat{\gamma}) &\equiv M(\hat{\gamma}',\hat{\gamma})-M(\hat{\gamma}'',\hat{\gamma}) \pmod{p} \\ &\equiv M(\hat{\gamma},\hat{\gamma}')-M(\hat{\gamma},\hat{\gamma}'') \pmod{p} \\ &\equiv 0 \pmod{p} \end{aligned}$$

である．▌

同様にして次の命題を示すことができる．

命題 4.9 $\hat{\gamma}',\hat{\gamma}''\in\hat{\Lambda}(n)$ とする．$\pi_p{}^{-1}\Lambda^0(n;\pi\hat{\gamma}')\cap\pi_p{}^{-1}\Lambda^0(n;\pi\hat{\gamma}'')\ni\pi_p{}^\infty\hat{\gamma}$ に対して，

$$n_{\hat{\gamma}',p}(\pi_p{}^\infty\hat{\gamma})-n_{\hat{\gamma}'',p}(\pi_p{}^\infty\hat{\gamma})\equiv n_{\hat{\gamma}'}^{\hat{\gamma}''}(\hat{\gamma}) \pmod{p} \tag{4.138}$$

が得られる．——

これらの被覆空間のうち，興味深いのは，$p=2$ と $p=4$ のときである．$\hat{\Lambda}_2(n)$ は**向きのバンドル** (**orientation bundle**) と呼んで良いであろう．$\hat{\Lambda}_4(n)$ は我々の目的に，最も重要で，**Maslov のバンドル**ということにする．このバンドルが，第2章§2.5で述べた位相関数の跳躍を記述する．

さて，$\Lambda(n)$ の局所座標近傍系で標準的なものとして，$K\subset\{1,2,\cdots,n\}$ として $I_K\Lambda^0(n)$ で与えられるものがある．これに則して，$\hat{\Lambda}(n)$ の座標変換の公式を作らねばならない．

$\alpha=(\alpha_1,\alpha_2,\cdots,\alpha_n)\in\boldsymbol{R}^n$ とする．この α を使い $\boldsymbol{C}^n$ のユニタリ変換 T_α を次のように作る．$z=(z_1,z_2,\cdots,z_n)\in\boldsymbol{C}^n$ に対し $z'=(z_1',z_2',\cdots,z_n')=T_\alpha z$ とは

(4.139)
$$z_j'=e^{i\alpha_j}z_j\qquad(j=1,2,\cdots,n)$$

とするのである．つぎに，これを用いて $\Lambda(n)$ 内の，λ_{Im} を始点とする曲線 γ_α を

(4.140)
$$\gamma_\alpha(t)=T_{t\alpha}\lambda_{\mathrm{Im}}\qquad(\forall t\in[0,1])$$

で定義する．γ_α の定める，$\hat{\Lambda}(n)$ の点を $\hat{\gamma}_\alpha$ とかく．したがって $\pi\hat{\gamma}_\alpha=T_\alpha\lambda_{\mathrm{Im}}$ でこれを $\lambda(\alpha)$ と書く．

命題 4.10　(a)　$\lambda(\alpha)=\lambda(\beta)$ となる必要十分条件は，

$$\alpha_j-\beta_j\equiv 0\pmod{\pi}\qquad(\forall j=1,2,\cdots,n).$$

(b)　$\lambda(\alpha)\cap\lambda(\beta)\neq\{0\}$ となる必要十分条件は

$$\alpha_j-\beta_j\equiv 0\pmod{\pi}$$

となる j が存在すること．——

これを使って計算すると次の定理 4.17 および系を示すことができる．

定理 4.17　任意の $\alpha,\beta\in\boldsymbol{R}^n$ に対して

(4.141)
$$M(\hat{\gamma}_\alpha,\hat{\gamma}_\beta)=-n-\sum_{j=1}^{n}\left[\frac{\beta_j-\alpha_j}{\pi}\right].$$

ただし，$[a]$ とは，a を越えぬ最大の整数である．——

とくに $K\subset\{1,2,\cdots,n\}$ とし，$\alpha=(\alpha_1,\alpha_2,\cdots,\alpha_n)$ が，

$$\alpha_k=\pi\quad(k\in K),\qquad\alpha_j=\frac{\pi}{2}\quad(j\notin K)$$

をみたすとき $\hat{\gamma}_\alpha=\hat{\gamma}_K$ とかく．$\pi\hat{\gamma}_K=\lambda_K$ である．

系　任意の $K\subset\{1,2,\cdots,n\}$，$H\subset\{1,2,\cdots,n\}$ に対して

(4.142)
$$M(\hat{\gamma}_K,\hat{\gamma}_H)=-n+|K\cap H^c|$$

が成立する．——

問　　題

1　§4.2 の命題 4.1 を証明せよ．

2　$Sp(n)$ は，次の三つの部分群，G_1, G_2, G_3 で生成されることを示せ．

$$G_1 = I_K,\ \ K\subset\{1, 2, \cdots, n\}\ \text{の生成する群}.$$

$$G_2 = \left\{ T=\begin{bmatrix} S & 0 \\ 0 & {}^tS^{-1} \end{bmatrix} \middle|\ S\in GL(n, \boldsymbol{R}) \right\}.$$

$$G_3 = \left\{ T=\begin{bmatrix} I & -S \\ 0 & I \end{bmatrix} \middle|\ S\ \text{は}\ n\ \text{次実対称行列} \right\}.$$

3　$T_\theta=e^{i\theta}I$ ($\theta\in\boldsymbol{R}$, I は $\boldsymbol{C}^n$ の恒等写像) とおく．$\Lambda(n)$ 内の曲線 γ を，$\gamma(\theta)=T_\theta\lambda$ ($\theta\in[0, \pi]$)，λ は固定した $\Lambda(n)$ の元とする．(4.70) を使って，$\mathrm{Ind}\,\gamma=n$ を確かめよ．

4　命題 4.4 を証明せよ．

5　命題 4.5 を証明せよ．

6　$\lambda, \lambda', \lambda''\in\Lambda(n)$ とする．

$$Z_* = (\lambda+\lambda')\cap(\lambda'+\lambda'')\cap(\lambda''+\lambda)/\lambda\cap\lambda'+\lambda'\cap\lambda''+\lambda''\cap\lambda$$

とおくと，Z_* は自然に $2l_*$ 次元のシンプレクティックベクトル空間となることを示せ．

7　$K, H\subset\{1, 2, \cdots, n\}$ のとき，λ が λ_K, λ_H に横断的のとき，$\mathrm{Inert}\,(\lambda_K, \lambda, \lambda_H)$ の計算法に関して，補助定理 4.7 の次にのべた例 4.6 を証明せよ．

8　$\dim\pi\hat{\gamma}'\cap\pi\hat{\gamma}''=l$，$\hat{\gamma}', \hat{\gamma}''\in\hat{\Lambda}(n)$，のとき，(4.129) を示せ．

9　命題 4.7 の証明をせよ．

10　Hörmander 指数 $S(\mu_1, \mu_2\,;\lambda_1, \lambda_2)=0$ というのは，λ_1 と λ_2 が $\Lambda^0(n\,;\mu_1)\cap\Lambda^0(n\,;\mu_2)$ の同一連結成分に入るための必要十分条件であることを示せ．

11　命題 4.10 を示せ．

12　定理 4.17 を証明せよ．

13　(4.142) 式を証明せよ．

14　$U(n)/SO(n)=\Lambda_{\mathrm{or}}(n)$ と書く．$\Lambda_{\mathrm{or}}(n)$ と $\Lambda_2(n)$ は同一視されることを示せ．

15　任意の $\lambda\in\Lambda(n)$ と，その順序づけられた基底 $\boldsymbol{e}_1, \boldsymbol{e}_2, \cdots, \boldsymbol{e}_n$ から外積 $\boldsymbol{e}_1\wedge\boldsymbol{e}_2\wedge\cdots\wedge\boldsymbol{e}_n$ を作る．$(\lambda, \boldsymbol{e}_1\wedge\cdots\wedge\boldsymbol{e}_n)$ の対の全体を $\boldsymbol{F}$ とする．$\boldsymbol{F}$ に同値関係 $\sim$ を入れる．すなわち，$(\lambda, \boldsymbol{e}_1\wedge\cdots\wedge\boldsymbol{e}_n)\sim(\mu, \boldsymbol{e}_1'\wedge\cdots\wedge\boldsymbol{e}_n')$ ということは，$\Lambda(n)$ の元として，$\lambda=\mu$ であり，$\boldsymbol{e}_1\wedge\cdots\wedge\boldsymbol{e}_n$ と $\boldsymbol{e}_1'\wedge\cdots\wedge\boldsymbol{e}_n'$ とが，同符号ということとする．

$\boldsymbol{F}/\sim$ は $\Lambda_2(n)$ と同一視されることを示せ．

第5章　Maslov 理論入門

§5.1　Lagrange 部分多様体の Maslov バンドル

前章にひきつづき，標準的な $2n$ 次元シンプレクティックベクトル空間として $\boldsymbol{C}^n$ をとる．実 C^∞ 多様体として，$\boldsymbol{C}^n$ の接ベクトルバンドルは，直積 $\boldsymbol{C}^n\times\boldsymbol{C}^n$ と同一視される．

V を実 n 次元 C^∞ 多様体とする．V から $\boldsymbol{C}^n$ への C^∞ 写像 ι がはめ込みであり，$\boldsymbol{C}^n$ の正準2次微分形式，$\sigma=dp_1\wedge dq_1+dp_2\wedge dq_2+\cdots+dp_n\wedge dq_n$ についてその ι^* による引き戻し $\iota^*\sigma$ が

$$\iota^*\sigma\equiv 0 \tag{5.1}$$

となるとき，ι は **Lagrange はめ込み**であると呼ぶ．言いかえると，V の各点 v において，ι の微分写像 ι_* が，v での V の接空間 T_vV を1対1に $\boldsymbol{C}^n$ の $\iota(v)$ での接空間 $(=\boldsymbol{C}^n)$ に写像し，その像 $\iota_*(T_vV)$ が，$\boldsymbol{C}^n$ の Lagrange 部分空間となるとき，Lagrange はめ込みと呼ぶのである．簡単のため，Lagrange 部分空間 $\iota_*(T_vV)$ を $\iota_\sharp(v)$ と書く．C^∞ 写像

$$\iota_\sharp:\ V\longrightarrow\Lambda(n) \tag{5.2}$$

を得る．

V の点 v で $\iota_\sharp(v)$ が $\Lambda^0(n)$ に入るとき，v は**正則な点**であるといい，その全体を V_ϕ と書く．$V_\phi=\iota_\sharp{}^{-1}\Lambda^0(n)$ である．$\boldsymbol{C}^n$ の点を前章のように，$z=p+iq$ と書くと，V_ϕ の点の近傍では，v に対し，$\iota(v)$ の q 座標を対応させる仕方で，$q=(q_1, q_2,\cdots,q_n)$ が V の局所座標関数となる．$V-V_\phi=\Sigma$ と書く．$\Sigma=\iota_\sharp{}^{-1}\overline{\Lambda^1(n)}$ である．Σ の点 v を**焦的な点**と呼ぶ．$\{1,2,\cdots,n\}$ の部分集合 K に対して，$V_K=\{v\in V\mid \iota_\sharp(v)\in I_K\Lambda^0(n)\}$ とおく．これは開集合で，ここの点の近傍では，局所座標関数として，(p_K, q_{K^c}) が使える．K をいろいろ変えて，V_K と V_ϕ 等で，V の開被覆が出来るから，V の局所座標系としては，これらをとれば十分である．

$\iota: V\to\boldsymbol{C}^n$ が Lagrange はめ込みであるとする．V 上の曲線 $\gamma(t)$ $(t\in[a,b])$，があって，両端 $\gamma(a),\gamma(b)$ が正則な点であるとする．写像(5.2)によって，γ か

ら $\Lambda(n)$ 内の曲線 $\gamma_\sharp$ が出来る．この $\gamma_\sharp$ の Keller-Maslov-Arnol'd 指数を $\boldsymbol{\gamma}$ **の Keller-Maslov-Arnol'd 指数**と定義する．すなわち

$$\mathrm{Ind}\,\gamma = \mathrm{Ind}\,\iota_\sharp\circ\gamma. \tag{5.3}$$

右辺の意味から，V が一般の位置にあると，$\mathrm{Ind}\,\gamma$ は，γ と $\Sigma=V-V_\phi$ との交叉数としても考えられる．それで，Σ を singular cycle あるいは Maslov の輪体とも呼ぶ．

特に γ が V の閉曲線のときは，γ の作る1輪体のホモロジー類をも γ であらわすと

$$\mathrm{Ind}\,\gamma = \langle\gamma, \alpha^\sharp\rangle \tag{5.4}$$

である．ここで $\alpha^\sharp$ は $H^1(\Lambda(n), \boldsymbol{Z})$ の生成元を写像(5.2)でひき戻した元で $\alpha^\sharp \in H^1(V, \boldsymbol{Z})$ である．これは V の **Maslov-Arnol'd の特性類**と呼ばれる．

$\hat{V}$ を V の普遍被覆空間とする．射影を $\pi: \hat{V}\to V$ とする．V 上で2次微分形式 $\iota^*\sigma=dp_1\wedge dq_1+\cdots+dp_n\wedge dq_n$ は 0 である．したがって，$\iota^*\theta=p_1dq_1+\cdots+p_ndq_n$ は V 上閉微分形式である．普遍被覆空間 $\hat{V}$ 上ではこれは，完全微分形式となる．$\hat{V}$ 上1価の C^∞ 関数 $S: \hat{V}\ni\hat{\tau}\to S(\hat{\tau})\in\boldsymbol{R}$ が存在して

$$dS = \iota^*\theta = p_1dq_1+\cdots+p_ndq_n \tag{5.5}$$

である．S が V の母関数と呼ばれることは第1章でも述べた．$v=\pi(\hat{\tau})$ が V の正則点のときは，そこの近傍で局所座標を $q=(q_1, q_2, \cdots, q_n)$ と出来るから，S をこれらの関数として $S(q)$ とする．すると，V 上の点で関数 $p=(p_1, p_2, \cdots, p_n)$ は，

$$p_1=\frac{\partial S(q)}{\partial q_1},\quad p_2=\frac{\partial S(q)}{\partial q_2},\quad \cdots,\quad p_n=\frac{\partial S(q)}{\partial q_n} \tag{5.6}$$

で与えられる．（S は q の関数としては多価関数であるが，局所的には，定数の違いしかないから，p_j の決定には影響しない.） 上の(5.6)を微分して，

$$dp_j = \sum_k \frac{\partial^2 S(q)}{\partial q_j\partial q_k}dq_k. \tag{5.7}$$

$\hat{v}\in\hat{V}$ で $\pi\hat{v}$ が正則点のとき，$\iota_\sharp(\pi\hat{v})\in\Lambda^0(n)$ に対応する実対称行列 $\varphi(\iota_\sharp\pi\hat{v})$ ((4.43)式) は，Hesse 行列

$$\mathrm{Hess}\,S(q(v)) = \left(\frac{\partial^2 S(q)}{\partial q_j\partial q_k}\right)_{j,k} \tag{5.8}$$

である．

焦的な点の近傍では，$q=(q_1, q_2, \cdots, q_n)$ が局所座標とはならないから，S を q の関数とみなすことはできない．しかし，v が V_K に入っていれば，(p_K, q_{K^c}) が局所座標であるから，$S_K=S-p_K\cdot q_K$ とおく．$dS_K=d(S-p_K\cdot q_K)=p_{K^c}\cdot dq_{K^c}-q_K\cdot dp_K$ であるから，これを (p_K, q_{K^c}) の関数とみなし，$S_K(p_K, q_{K^c})$ とおく．p_{K^c}, q_K の値は，

(5.9) $$p_{K^c}=\frac{\partial S_K}{\partial q_{K^c}}, \qquad q_K=-\frac{\partial S_K}{\partial p_K}$$

で，$\pi\hat{v}\in V_K$ では，$\varphi_K(\iota_*\cdot\pi\hat{v})$ の行列は，

(5.10) $$\begin{bmatrix} \dfrac{\partial^2 S_K}{\partial q_{K^c}\partial q_{K^c}} & \dfrac{\partial^2 S_K}{\partial q_{K^c}\partial p_K} \\ -\dfrac{\partial^2 S_K}{\partial p_K\partial q_{K^c}} & -\dfrac{\partial^2 S_K}{\partial p_K\partial p_K} \end{bmatrix}$$

である．

曲線 $\gamma(t)\,(t\in[a,b])$ が V 上にあり，両端点 $\gamma(a), \gamma(b)$ は正則で，$\iota_*\gamma(t)$ はつねに λ_K と横断的であるとする．前章のように，λ_{Re} から λ_{Im} へ至る $\Lambda(n)$ の曲線 γ_0 をとる．また λ_{Im} から $\iota_*(\gamma(a))$ へ至る $\Lambda(n)$ の曲線 γ_1 もとる．それらの定める $\hat{\Lambda}(n)$ の元を $\hat{\gamma}_0, \hat{\gamma}_1$ とする．γ_K に $\iota_*\gamma$ をつなげた曲線を $\iota_*\gamma\cdot\gamma_K$ と書く．すると (5.3) と，98 ページ (4.82)，105-106 ページの定義 4.11 と (4.101) によって，

(5.11) $$\begin{aligned} \mathrm{Ind}\,\gamma &= \mathrm{Ind}\,\iota_*\gamma \\ &= n_{\hat{\gamma}_0^{-1}}(\widehat{\iota_*\gamma\cdot\gamma_1})-n_{\hat{\gamma}_0^{-1}}(\hat{\gamma}_1). \end{aligned}$$

つぎに (4.126) から，

(5.12) $$n_{\hat{\gamma}_0^{-1}}(\hat{\gamma}_1)=-M(\hat{\gamma}_1, \hat{\gamma}_K)+M(\hat{\gamma}_0^{-1}, \hat{\gamma}_K)-\mathrm{Inert}\,(\lambda_{\mathrm{Re}}, \iota_*\gamma(a), \lambda_K).$$

ただし，ここで γ_K とは λ_{Im} から λ_K へ至る $\Lambda(n)$ の曲線である．同様に

(5.13) $$n_{\hat{\gamma}_0^{-1}}(\widehat{\iota_*\gamma\cdot\gamma_1})=-M(\widehat{\iota_*\gamma\cdot\gamma_1}, \hat{\gamma}_K)+M(\hat{\gamma}_0^{-1}, \hat{\gamma}_K)-\mathrm{Inert}\,(\lambda_{\mathrm{Re}}, \iota_*\gamma(b), \lambda_K).$$

ところで，$\iota_*\gamma(t)$ はつねに λ_K と横断的故，

(5.14) $$M(\hat{\gamma}_1, \hat{\gamma}_K)=M(\widehat{\iota_*\gamma\cdot\gamma_1}, \hat{\gamma}_K).$$

よって (5.11) によって

(5.15) $$\mathrm{Ind}\,\gamma=\mathrm{Inert}\,(\lambda_{\mathrm{Re}}, \iota_*\gamma(a), \lambda_K)-\mathrm{Inert}\,(\lambda_{\mathrm{Re}}, \iota_*\gamma(b), \lambda_K)$$

となる．しかるに，補助定理 4.7 の後の例 4.6(105 ページ)によって，

$$(5.16)\qquad \mathrm{Inert}\,(\lambda_{\mathrm{Re}}, \iota_{\sharp}(\gamma(a)), \lambda_K) = \mathrm{Inert}\left(\frac{\partial q_j}{\partial p_k}(\gamma(a))\right)_{j,k\in K}$$

である．(5.10) を使うと，(5.15) は，

$$(5.17)\quad \mathrm{Ind}\,\gamma = \mathrm{Inert}\left(\frac{\partial^2 S_K}{\partial p_j \partial p_k}(\gamma(b))\right)_{j,k\in K} - \mathrm{Inert}\left(\frac{\partial^2 S_K}{\partial p_j \partial p_k}(\gamma(a))\right)_{j,k\in K},$$

(5.6) を使うと，

$$(5.18)\quad \mathrm{Ind}\,\gamma = \mathrm{Inert}\left(\frac{\partial^2 S(\gamma(a))}{\partial q_j \partial q_k}\right)^{-1}_{j,k\in K} - \mathrm{Inert}\left(\frac{\partial^2 S(\gamma(b))}{\partial q_j \partial q_k}\right)^{-1}_{j,k\in K}.$$

これによって曲線の指数が計算できる．

$\hat{V}$ を V の普遍被覆空間とする．V の点 v_0 を固定し，v_0 を始点とする V の上の曲線 γ の両端点を動かさぬホモトピー同値類 $\hat{\gamma}$ の全体が $\hat{V}$ である．$\hat{\gamma}$ の終点 v を $\pi\hat{\gamma}$ と書き，$\hat{\gamma}$ の V への射影というのであった．V 上の曲線 γ には，(5.2) によって $\Lambda(n)$ の曲線が対応する．したがって，$\hat{V}$ から $\hat{\Lambda}(n)$ への連続写像 $\hat{\iota}_{\sharp}$ が定義される．$\hat{V}$ に同値関係 ~ を定義しよう．$\hat{\gamma}, \hat{\gamma}' \in \hat{V}$ が，$\hat{\gamma}\sim\hat{\gamma}'$ とは，$\pi\hat{\gamma}=\pi\hat{\gamma}'$ で，$\hat{\iota}_{\sharp}(\hat{\gamma})=\hat{\iota}_{\sharp}(\hat{\gamma}')$ とする．$\hat{V}$ を関係 ~ で割って，V 上の一つの被覆空間 $\tilde{V}$ を得る．v_0 から出発する V 上の 2 曲線 γ, γ' があって，終点が $\pi\hat{\gamma}=\pi\hat{\gamma}'$ と等しく，$\pi\hat{\gamma}$ が λ_K と横断的であれば，

$$(5.19)\qquad n_{\hat{\gamma}_K}(\hat{\iota}_{\sharp}\hat{\gamma}) = n_{\hat{\gamma}_K}(\hat{\iota}_{\sharp}\hat{\gamma}')$$

のとき，$\hat{\gamma}'\sim\hat{\gamma}$ である．もちろん $\pi\hat{\gamma}$ が λ_H とも横断的であるならば，

$$(5.20)\qquad n_{\hat{\gamma}_K}(\hat{\iota}_{\sharp}\hat{\gamma}) - n_{\hat{\gamma}_H}(\hat{\iota}_{\sharp}\hat{\gamma}) = n^{\hat{\gamma}_H}_{\hat{\gamma}_K}(\iota_{\sharp}\pi\hat{\gamma})$$

が成立している．この $\tilde{V}$ を **Maslov のバンドル**という．全く同様にして，$\Lambda_p(n)$ から出発しても行える．そして V 上の被覆空間 $\tilde{V}_p$ を得る．$p=4$ のとき **Keller-Maslov-Arnol'd のバンドル**と呼ぶ．

例として $\tilde{V}_2$ をとる．$v_0\in V$ において，$T_{v_0}V$ の向きづけとして，$dq_1\wedge dq_2\wedge\cdots\wedge dq_n$ を正ととる．v_0 から出発する V 内の曲線を $\gamma(t)$ $(t\in[a,b])$ とする．終点 $\gamma(b)$ も正則な点であるとする．$a<t_0<b$ という t_0 があって $a\leqq t<t_0$，$t_0<t\leqq b$ で $\gamma(t)$ は正則な点で，$\gamma(t_0)$ で $\iota_{\sharp}\gamma(t_0)\in\Sigma$ とする．$\iota_{\sharp}\gamma(t_0)\in\Lambda^k(n)$ とする．$a\leqq t<t_0$ では，$T_{\gamma(t)}V$ は，$dq_1\wedge dq_2\wedge\cdots\wedge dq_n$ を向きづけとして採用すれば，$t=a$ のときと同調している．適当に $|K|=k$ なる $K\subset\{1,2,\cdots,n\}$ をとって来ると，$\gamma(t_0)$ の近くでは (p_K, q_{K^c}) を局所座標にとれる．順列 (K, K^c) の符号を $\varepsilon(K,$

K^c) と書く.

$$\text{(5.21)} \quad dq_1 \wedge dq_2 \wedge \cdots \wedge dq_n = \varepsilon(K, K^c) \det\left(\frac{\partial q_K(\gamma(t))}{\partial p_K}\right) dp_K \wedge dq_{K^c}$$

である. $t=t_0$ に近いところで $t<t_0$ では, これが正の向きづけを与える. 右辺の $\det(\partial q_K/\partial p_K)$ を (5.16) によって

$$\text{(5.22)} \qquad \det\left(\frac{\partial p_K}{\partial q_K}\right)\bigg|_{\gamma(t)} = \left|\det\left(\frac{\partial q_K}{\partial p_K}\right)\right| (-1)^{\mathrm{Inert}\,(\lambda_{\mathrm{Re}}, \iota_* \gamma(t), \lambda_K)}$$

とかく. (5.22) 式では t は $t<t_0$ に限らず, $t \neq t_0$ ならば良い. $t<t_0$ ならば,

$$(-1)^{\mathrm{Inert}\,(\lambda_{\mathrm{Re}}, \iota_* \gamma(t), \lambda_K)} dv_K$$

が正の向きづけである. ただし $dv_K = \varepsilon(K, K^c) dp_K \wedge dq_{K^c}$ と省略して記した. $t_1 < t_0$ で t_1 は十分 t_0 に近いとすると, Inert は局所定数故, $\forall t<t_0$ で

$$\text{(5.23)} \qquad (-1)^{\mathrm{Inert}\,(\lambda_{\mathrm{Re}}, \iota_* \gamma(t_1), \lambda_K)} dv_K$$

が正の向きづけを与える. ところで dv_K は $t=t_0$ の前後で 0 でない. したがって $t_2>t_0$ で t_2 は t_0 に十分近いとすると, $T_{\gamma(t_2)} V$ の向きづけとして (5.23) をとれば, それは $T_{\gamma(a)} V$ の向きづけと, γ にそっては同調している. すなわち $\gamma(t_2)$ では,

$$\left|\det\left(\frac{\partial q_K}{\partial p_K}(\gamma(t_2))\right)\right| (-1)^{\mathrm{Inert}\,(\lambda_{\mathrm{Re}}, \iota_* \gamma(t_1), \lambda_K)} dv_K$$
$$= (-1)^{\mathrm{Inert}\,(\lambda_{\mathrm{Re}}, \iota_* \gamma(t_1), \lambda_K) - \mathrm{Inert}\,(\lambda_{\mathrm{Re}}, \iota_* \gamma(t_2), \lambda_K)} dq_1 \wedge dq_2 \wedge \cdots \wedge dq_n$$

が正の向きづけを与える. これに γ の Keller-Maslov-Arnol'd 指数を与える公式 (5.15) を適用し, $\iota_* \gamma(t)$ がつねに λ_{Re} と横断的であることを考慮すると, $\gamma(t_2)$ での正の向きづけは,

$$(-1)^{\mathrm{Ind}\,\gamma} dq_1 \wedge dq_2 \wedge \cdots \wedge dq_n$$

である. $t_2 \leqq t \leqq b$ では, $dq_1 \wedge dq_2 \wedge \cdots \wedge dq_n$ は 0 となることはないから, $T_{\gamma(a)} V$ の向きづけ $dq_1 \wedge dq_2 \wedge \cdots \wedge dq_n$ を γ に沿って接続して $\gamma(b)$ に来ると, そこでは,

$$\text{(5.24)} \qquad (-1)^{\mathrm{Ind}\,\gamma} dq_1 \wedge dq_2 \wedge \cdots \wedge dq_n$$

が, 同調した向きづけを与えることが分った. ここで, (5.24) 式では $\mathrm{Ind}\,\gamma$ は mod 2 で考えれば十分である. $\tilde{V}_2$ の直観的な意味はこれで理解されるであろう. (図 5.1 参照.)

曲線の Keller-Maslov-Arnol'd 指数は, mod 2 で考えると, V の向きづけを

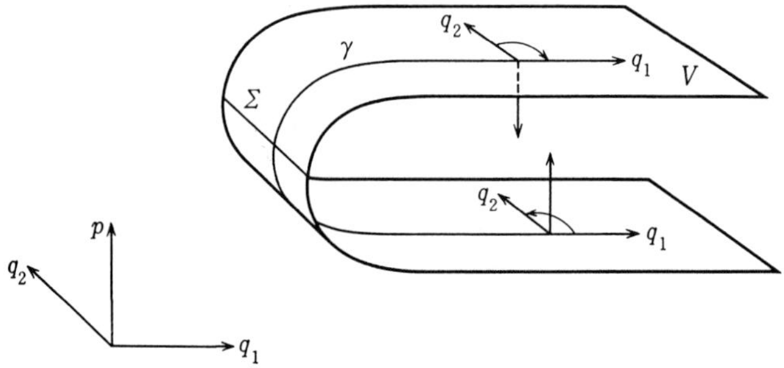

図 5・1

支配する．しかし，我々は，$\tilde{V}_2$ ではなく $\tilde{V}_4$ すなわち Keller-Maslov-Arnol'd 指数を mod 4 で考えるのである．これは，いわば，V 上の n 次微分形式 dv_K 等の平方根 $\sqrt{dv_K}$ の接続に関与して，その分枝の取り方を支配するバンドルであると考えることができる．この意味で，$\tilde{V}_4$ を $\sqrt{\text{向きづけ}}$ バンドルと標語的にいうことができよう．

§5.2　Maslov の振動関数

$\iota: V \to C^n$ を Lagrange はめ込みとする．$\hat{V}$ を V の普遍被覆空間とする．$K \subset \{1, 2, \cdots, n\}$ に対し，$\hat{V}_K$ を $\hat{V}_K = \{\hat{v} \in \hat{V} \mid \pi\hat{v} \in V_K\}$ とする．$\hat{V}_K$ では局所座標関数 (p_K, q_{K^c}) が使える．$\hat{V}_K$ 上の微分形式を

$$dv_K = \varepsilon(K, K^c)\, dp_K \wedge dq_{K^c} \tag{5.25}$$

と書く．$\hat{V}$ は向きづけ可能であるから，正の体積要素を一つ定めて，それを $d\eta$ と書く．$\hat{\gamma} \in \hat{V}_K$ で

$$d\eta(\hat{\gamma}) = a_K(\hat{\gamma})\, dv_K \tag{5.26}$$

となる $a_K(\hat{\gamma}) \neq 0$ がある．

$$a_K(\hat{\gamma}) = \frac{d\eta(\hat{\gamma})}{dv_K} \tag{5.27}$$

と書く．そして

$$\left(\frac{d\eta(\hat{\gamma})}{dv_K}\right)^{1/2} = \left|\frac{d\eta(\hat{\gamma})}{dv_K}\right|^{1/2} \exp\left(-\frac{\pi}{2} i n_{\hat{\gamma}_K}(\hat{\iota}_*(\hat{\gamma}))\right) \tag{5.28}$$

と定義する．

$\hat{V}_K$ における，Maslov の振動関数とは，パラメータ $\lambda=i\nu\,(\nu>0)$ に関する次の形の漸近級数である：

$$(5.29)\qquad U_K(\hat{\gamma})=\left(\frac{d\eta(\hat{\gamma})}{dv_K}\right)^{1/2}\left(\sum_{r=0}^{\infty}\lambda^{-r}\left(\frac{d\eta(\hat{\gamma})}{dv_K}\right)^r{\alpha_r}^K(\hat{\gamma})\right)e^{i\nu S_K(\hat{\gamma})}.$$

これを，$\hat{\gamma}\in\hat{V}_K$ での局所座標 (p_K, q_{K^c}) の関数とみなすのである．ここで $S_K(\hat{\gamma})$ は $\hat{V}_K$ での母関数で (5.9) が成立する．

$\hat{\gamma}\in\hat{V}_K\cap\hat{V}_H$ で，(p_H, q_{H^c}) の振動関数

$$(5.30)\qquad U_H(\hat{\gamma})=\left(\frac{d\eta(\hat{\gamma})}{dv_H}\right)^{1/2}\left(\sum_{r=0}^{\infty}\lambda^{-r}\left(\frac{d\eta(\hat{\gamma})}{dv_H}\right)^r{\beta_r}^H(\hat{\gamma})\right)e^{i\nu S_H(\hat{\gamma})}$$

があるとき，U_K と U_H が同じものの別の表示であるとはどのように定義すべきであるか．それには，第2章で紹介した議論を思い出すならば，自ずから明らかであろう．(3.8) 式で導入した，部分 Fourier 変換 ${F_H}^K$ を施して結べば良い．

$\hat{\gamma}\in\hat{V}_K\cap\hat{V}_H$ とする．$\hat{\gamma}$ の近傍で恒等的に1に等しく，台が $\hat{V}_K\cap\hat{V}_H$ に含まれる C^∞ 関数 φ をとる．U_K の中の一つの項に φ を乗じ

$$\left(\frac{d\eta}{dv_K}\right)^{1/2}\varphi(p_K, q_{K^c})\alpha_K(p_K, q_{K^c})e^{i\nu S_K}$$

に対して，部分 Fourier 変換 ${F_H}^K={F_{K^c\cap H}}^{K\cap H^c}$ を施す．

$$f(p_H, q_{H^c})={F_{H\cap K^c}}^{K\cap H^c}\left(\left(\frac{d\eta}{dv_K}\right)^{1/2}\alpha_K\varphi\right)(p_H, q_{H^c})$$

とする．$\hat{\gamma}$ で，$p_1, p_2, \cdots, p_n, q_1, q_2, \cdots, q_n$ のとる値を $p_1(\hat{\gamma}), p_2(\hat{\gamma}), \cdots, p_n(\hat{\gamma}), q_1(\hat{\gamma}), q_2(\hat{\gamma}), \cdots, q_n(\hat{\gamma})$ とする．$\beta=\alpha_K\varphi$ と書き，$A=K^c\cap H$, $B=K\cap H^c$ とおく．また

(5.31)

$${F_{K^c\cap H}}^{K\cap H^c}(\beta e^{i\nu S_K})(p_H, q_{H^c})$$
$$=\left(\frac{|\lambda|}{2n}\right)^{(|A|+|B|)/2}e^{(\pi/4)i(|B|-|A|)}\int\!\!\int_{R^{|A|+|B|}}e^{i\nu(S_K-p_A\cdot q_A+p_B\cdot q_B)}\beta(p_K, q_{K^c})\,dp_B dq_A$$

の右辺の漸近的な展開は，鞍部点法で求められる．位相関数の停留点では，

$$(5.32)\qquad -q_B=\frac{\partial S_K}{\partial p_B},\qquad p_A=\frac{\partial S_K}{\partial q_A}$$

が成立する．これから，(p_B, q_A) を解きたい．$\hat{\gamma}_1\in\hat{V}_K\cap\hat{V}_H$ にとる．$\hat{\gamma}_1$ は β の台に入っていると仮定する．$p_H=p_H(\hat{\gamma}_1)$，$q_{H^c}=q_{H^c}(\hat{\gamma}_1)$ に対しては，(5.32) は一組の解 $(p_B(\hat{\gamma}_1), q_A(\hat{\gamma}_1))$ をもつ．ここでの，Hesse 関数行列は

$$\text{Hess}\, S_K = \left.\begin{bmatrix} \dfrac{\partial^2 S_K}{\partial p_B \partial p_B} & \dfrac{\partial S_K}{\partial p_B \partial q_A} \\ \dfrac{\partial^2 S_K}{\partial q_A \partial p_B} & \dfrac{\partial^2 S_K}{\partial q_A \partial q_A} \end{bmatrix}\right|_{p_K = p_K(\hat{\gamma}_1),\, q_{K^c} = q_{K^c}(\hat{\gamma}_1)} \tag{5.33}$$

$\hat{\gamma}_1$ での $\hat{V}$ の座標系 (p_K, q_{K^c}), (p_H, q_{H^c}) との座標変換の Jacobi 行列式は

$$\det \left.\begin{bmatrix} -\dfrac{\partial^2 S_K}{\partial p_B \partial p_B} & -\dfrac{\partial^2 S_K}{\partial p_B \partial q_A} \\ \dfrac{\partial^2 S_K}{\partial q_A \partial p_B} & \dfrac{\partial^2 S_K}{\partial q_A \partial q_A} \end{bmatrix}\right|_{p_K = p_K(\hat{\gamma}_1),\, q_{K^c} = q_{K^c}(\hat{\gamma}_1)} \tag{5.34}$$

であるから，(5.33) の行列式も 0 ではない．これは，位相関数の停留点，$(p_B(\hat{\gamma}_1), q_A(\hat{\gamma}_1))$ が，Morse 型の停留点であることを示している．

また，(p_H, q_{H^c}) に，$(p_H(\hat{\gamma}_1), q_{H^c}(\hat{\gamma}_1))$ と近い値を入れて，(5.32) を (p_B, q_A) について解くことを考える．(p_B, q_A) に (5.32) の右辺を対応させる Jacobi 行列式は，$(p_K, q_{K^c}) = (p_K(\hat{\gamma}_1), q_{K^c}(\hat{\gamma}_1))$ であれば (5.33) の行列式と等しいから，陰関数定理によると，$(p_H, q_{H^c}) = (p_H(\hat{\gamma}_1), q_{H^c}(\hat{\gamma}_1))$ において $(p_B(\hat{\gamma}_1), q_A(\hat{\gamma}_1))$ になる (5.31) の解は，(p_H, q_{H^c}) に $(p_H(\hat{\gamma}_1), q_{H^c}(\hat{\gamma}_1))$ の近くの値を与えたときただ一つ定まる．関数 φ の台を十分小さくとっておくと，β の台で (5.31) を満たす点は，今，陰関数定理によって存在することが分ったただ一つの解に限るとして良い．この解は，(p_H, q_{H^c}) で定まる $\hat{V}$ 上の点 $\hat{\gamma}$ に対応する $\hat{V}_K$ での座標 $(p_K(\hat{\gamma}), q_{K^c}(\hat{\gamma}))$ から $(p_B(\hat{\gamma}), q_A(\hat{\gamma}))$ を作れば，それで良い．

ここでの位相関数は，

$$S_K(p_K(\hat{\gamma}), q_{K^c}(\hat{\gamma})) - p_{K^c \cap H}(\hat{\gamma}) \cdot q_{K^c \cap H}(\hat{\gamma}) + p_{K \cap H^c}(\hat{\gamma}) \cdot q_{K \cap H^c}(\hat{\gamma})$$

である．これは定義によって

$$S_H(p_H(\hat{\gamma}), q_{H^c}(\hat{\gamma}))$$

に等しい．停留点での位相関数の Hesse 行列が (5.33) となることから，鞍部点法を使うと，

$$\begin{aligned} f(p_H, q_{H^c}) \sim{}& e^{(\pi/4)i(|B|-|A|)} \left(\frac{d\eta(\hat{\gamma})}{dv_K}\right)^{1/2} e^{i\nu S_H(p_H(\hat{\gamma}), q_{H^c}(\hat{\gamma}))} \\ &\times |\det(\text{Hess}\, S_K(\hat{\gamma}))|^{-1/2} e^{-(\pi/2)i\, \text{Inert}(\text{Hess}\, S_K(\hat{\gamma}))} e^{(\pi/4)i(|A|+|B|)} \\ &\times \left(\sum_{l=0}^{\infty} P_l(\beta, S_H)(\lambda \det(\text{Hess}\, S_K(\hat{\gamma})))^{-l}\right) \end{aligned} \tag{5.35}$$

という漸近展開を得る．ここで $P_l(\beta, S_H)$ は β と S_H の導関数から成る関数の $\hat{\gamma}$ での値である．まえにも述べたように，

(5.36) $$|\det(\mathrm{Hess}\, S_K(\hat{\gamma}))| = \left|\det\left(\frac{\partial(q_B, p_A)}{\partial(p_B, q_A)}\right)\right| = \left|\frac{dp_H \wedge dq_{H^c}}{dp_K \wedge dq_{K^c}}\right|$$
$$= \left|\frac{d\eta(\hat{\gamma})}{dv_K}\right| \Big/ \left|\frac{d\eta(\hat{\gamma})}{dv_H}\right|$$

である．また105ページ例4.6によって，

$$\mathrm{Inert}\,(\mathrm{Hess}\, S_K(\hat{\gamma})) = \mathrm{Inert}\left(\frac{\partial(-q_{K\cap H^c}, p_{K^c\cap H})}{\partial(p_{K\cap H^c}, q_{K^c\cap H})}\right)$$
$$= \mathrm{Inert}\,(\lambda_K, \iota_* \pi(\hat{\gamma}), \lambda_H).$$

よって114ページ(4.133)から

$$\mathrm{Inert}\,(\mathrm{Hess}\, S_K(\hat{\gamma})) = n + M(\hat{\gamma}_K, \hat{\gamma}_H) - n_{\hat{\gamma}_K}^{\hat{\gamma}_H}(\iota_* \pi \hat{\gamma}),$$

116ページ(4.142)より

(5.37) $$\mathrm{Inert}\,(\mathrm{Hess}\, S_K(\hat{\gamma})) = |K \cap H^c| - n_{\hat{\gamma}_K}^{\hat{\gamma}_H}(\iota_* \pi \hat{\gamma})$$
$$= |B| - n_{\hat{\gamma}_K}^{\hat{\gamma}_H}(\iota_* \pi \hat{\gamma})$$
$$= |B| - n_{\hat{\gamma}_K}(\hat{\iota}_* \hat{\gamma}) + n_{\hat{\gamma}_H}(\hat{\iota}_* \hat{\gamma}).$$

(5.35)に代入して，定義(5.28)に注意すると，

(5.38)
$$f(p_H, q_{H^c}) \sim \left(\frac{d\eta(\hat{\gamma})}{dv_H}\right)^{1/2} e^{i\nu S_H(p_H(\hat{\gamma}), q_{H^c}(\hat{\gamma}))}\left(\sum_{l=0}^{\infty} P_l(\beta, S_H)\left(\frac{d\eta}{dv_K}\right)^{-l}\left(\lambda\frac{dv_H}{d\eta}\right)^{-l}\right).$$

したがって

$$F_{K^c\cap H}{}^{K\cap H^c}\left(\left(\frac{d\eta}{dv_K}\right)^{1/2}\alpha_K \varphi e^{i\nu S_K}\right)(p_H, q_{H^c})$$

は U_H の形の漸近級数となった．ここで，$P_l(\beta, S_H)$ は β と S_H の $\hat{\gamma}$ での高次微分の値のみによるから，$\hat{\gamma}$ が $\varphi\equiv 1$ という範囲にある限り，φ のとり方によらず，α_K のこの近傍の値だけに依る．それ故，次の定義が正しい意味をもつ．

定義 5.1 $\iota: V \to C^n$ が，Lagrange はめ込みであるとする．このとき，$\{1, 2, \cdots, n\}$ の任意の部分集合 K に対し，$\hat{V}_K$ 上で，形式的な漸近級数で

(5.39) $$U_K(p_{K^c}, q_{K^c}) = \left(\frac{d\eta}{dv_K}\right)^{1/2}\left(\sum_{r=0}^{\infty}\lambda^{-r}\left(\frac{d\eta}{dv_K}\right)^r \alpha_{K,r}(p_K, q_{K^c})\right)e^{\lambda S_K(p_K, q_{K^c})}$$

があって，任意の $\hat{\gamma} \in \hat{V}_K \cap \hat{V}_H$ において，$\hat{\gamma}$ の極く近くに台が限られ，$\hat{\gamma}$ の近傍

で恒等的に1となる C^∞ 関数 $\varphi(\hat{\gamma})$ をとって来ると，λ^{-1} の漸近級数として，$\hat{\gamma}$ の近くで

$$(5.40)\qquad F_{H\cap K^c}{}^{K\cap H^c}(\varphi U_K)(p_H, q_{H^c}) = U_H(p_H, q_{H^c})$$

が成立するとき，族 $\{U_K\}_{K\subset\{1,2,\cdots,n\}}$ は $\hat{V}$ 上で一つの **Maslov の振動関数**を定義すると言う．——

注意1 $\hat{V}_K\cap\hat{V}_H$ の各点 $\hat{\gamma}$ ごとに

$$U_K(p_K(\hat{\gamma}), q_{K^c}(\hat{\gamma})) = U_H(p_H(\hat{\gamma}), q_{H^c}(\hat{\gamma}))$$

というのではないことに注意.

注意2 しかしながら，定義5.1から，$\hat{V}_K\cap\hat{V}_H$ の各点 $\hat{\gamma}$ ごとに

$$(5.41)\qquad \alpha_{K,0}(p_K(\hat{\gamma}), q_{K^c}(\hat{\gamma})) = \alpha_{H,0}(p_H(\hat{\gamma}), q_{H^c}(\hat{\gamma}))$$

が成立していることが分る．それは(5.35)式，したがって(5.38)式で $P_0(\beta, S_H)=\beta(p_K(\hat{\gamma}), q_{K^c}(\hat{\gamma}))$ だからである．

定義5.1は V の普遍被覆空間 $\hat{V}$ 上での Maslov の振動関数を定義した．これは V 自体の上の概念とみなすことはできない．$\{1, 2, \cdots, n\}$ の任意の部分集合 K に対し，$\hat{\gamma}_1, \hat{\gamma}_2\in\hat{V}_K$ で，$\pi\hat{\gamma}_1=\pi\hat{\gamma}_2$ とする．$\hat{\gamma}_1$ の近傍の任意の点 $\hat{\gamma}$ と，$\hat{\gamma}_2$ の近傍にある点 $\hat{\gamma}'$ で $\pi\hat{\gamma}=\pi\hat{\gamma}'$ となるものに対して，$\hat{V}$ 上の Maslov 振動関数 $\{U_K\}$ が，

$$(5.42)\qquad U_K(p_K(\hat{\gamma}), q_{K^c}(\hat{\gamma})) = U_K(p_K(\hat{\gamma}'), q_{K^c}(\hat{\gamma}'))$$

を満足すれば，$\{U_K\}$ は V 上の Maslov 振動関数を定義すると言って良いであろう．

$\alpha(v)$ が V 上の任意の C^∞ 関数であるとする．これから $\hat{V}$ 上の Maslov の振動関数の第1項を，任意の $\hat{\gamma}\in V_K$ に対して

$$(5.43)\qquad U_K(p_K(\hat{\gamma}), q_{K^c}(\hat{\gamma})) = \left(\frac{d\eta(\hat{\gamma})}{dv_K}\right)^{1/2}(\alpha(\pi\hat{\gamma})+o(\lambda^{-1}))e^{\lambda S_K(p_K(\hat{\gamma}), q_{K^c}(\hat{\gamma}))}$$

によって作れる．今作った，$\hat{V}$ 上の Maslov 振動関数の第1項(5.43)が，$\hat{V}$ ではなくて，V 上の Maslov 振動関数の第1項とみなせるための必要十分条件は，$\pi\hat{\gamma}=\pi\hat{\gamma}'$，$\hat{\gamma}', \hat{\gamma}\in\hat{V}_K$ に対して，つねに

$$(5.44)\qquad \left(\frac{d\eta(\hat{\gamma})}{dv_K}\right)^{1/2}e^{\lambda S_K(p_K(\hat{\gamma}), q_{K^c}(\hat{\gamma}))} = \left(\frac{d\eta(\hat{\gamma}')}{dv_K}\right)^{1/2}e^{\lambda S_K(p_K(\hat{\gamma}'), q_{K^c}(\hat{\gamma}'))}$$

が成立することである．これから，V の1次元整係数ホモロジー群 $H_1(V, \boldsymbol{Z})$ の基底となる V の閉曲線 $\gamma_1, \gamma_2, \cdots$ に対して，

$$(5.45)\qquad -\frac{1}{4}\langle\alpha^\sharp, \gamma_j\rangle+\frac{u}{2\pi}\oint_{\gamma_j}\sum_{k=1}^{n} p_k dq_k = \text{整数}$$

が，$j=1,2,\cdots$ に対して成立しなければならない．ここで $\alpha^\sharp$ とは，Maslov-Arnol'd の特性類である．この条件(5.45)を **Keller-Maslov の量子化条件**と呼ぶ．

定義5.1にあわせて，Maslov の振動関数 $\{U_K\}_{K\subset\{1,2,\cdots,n\}}$ に作用する作用素も定義する．

定義 5.2 $\iota: V\to C^n$ が Lagrange はめ込みであるとする．このとき任意の $K\subset\{1,2,\cdots,n\}$ に対し，作用素 A_K が対応して，任意の Maslov の振動関数 $\{U_K\}_K$ に対して，$\{V_K\}_K$, $V_K=A_KU_K$, が再び Maslov の振動関数となるとき，$\{A_K\}_{K\subset\{1,2,\cdots,n\}}$ を Maslov の振動関数に作用する作用素あるいは，Maslov の作用素という．——

例 5.1

$$
(5.46)\quad
\begin{cases}
A_K=\dfrac{1}{\lambda}\dfrac{\partial}{\partial p_k}\ (k\in K) & \text{に対し}\quad A_H=\dfrac{1}{\lambda}\dfrac{\partial}{\partial p_k}\ (k\in K\cap H),\\
 & \phantom{\text{に対し}}\quad A_H=-q_k\ (k\in K\cap H^c),\\
A_K=\dfrac{1}{\lambda}\dfrac{\partial}{\partial q_j}\ (j\in K^c) & \text{に対し}\quad A_H=\dfrac{1}{\lambda}\dfrac{\partial}{\partial q_j}\ (j\in K^c\cap H^c),\\
 & \phantom{\text{に対し}}\quad A_H=p_j\ (j\in K^c\cap H),\\
A_K=p_k\ (k\in K) & \text{に対し}\quad A_H=p_k\ (k\in K\cap H),\\
 & \phantom{\text{に対し}}\quad A_H=\dfrac{1}{\lambda}\dfrac{\partial}{\partial q_k}\ (k\in K\cap H^c),\\
A_K=q_j\ (j\in K^c) & \text{に対し}\quad A_H=q_j\ (j\in K^c\cap H^c),\\
 & \phantom{\text{に対し}}\quad A_H=-\dfrac{1}{\lambda}\dfrac{\partial}{\partial p_j}\ (j\in K^c\cap H).
\end{cases}
$$

§5.3 Schrödinger 方程式の Maslov 近似解

第2章で，Schrödinger 方程式の近似解を Birkhoff に従って構成した．ここでは Maslov に従って，この Birkhoff の方法をより組織化して，大域的な構成を容易にする．第2章で考えた問題は，$\lambda=i\mu$, $\mu>0$ として，

$$
(5.47)\qquad \left[\frac{1}{\lambda}\frac{\partial}{\partial t}+H\left(t,x,\frac{1}{\lambda}\frac{\partial}{\partial x}\right)\right]u(t,x)=0
$$

と

(5.48) $$u(0,x)=f(x)$$

(5.49) $$f(x)=e^{\lambda S_0(x)}\sum_{l=0}^{\infty}\lambda^{-l}f_l(x)$$

をみたす $u(t,x)$ を,

(5.50) $$u(t,x)=e^{\lambda S(t,x)}\sum_{l=0}^{\infty}\lambda^{-l}u_l(t,x)$$

という形で構成することであった.

ここでは (5.50) の $u(t,x)$ を, Maslov の振動関数として把握する. 前節の議論を使うために, 次のように記号を定める.

$X=\boldsymbol{C}^n$ の点を $z=p+iq\ (p,q\in\boldsymbol{R}^n)$ とあらわす. さらにエネルギーと時間をあらわす, 2次元の空間 $\boldsymbol{C}$ をつけ加えて, $Y=\boldsymbol{C}^{n+1}$ という, $2(n+1)$ 次元シンプレクティックベクトル空間を考える. ここでの点を (z_0,z), $z_0=p_0+iq_0$, $z=p+iq$ とあらわす. p_0 はエネルギー, q_0 は時間である. $\theta_Y=-p_0dq_0+p_1dq_1+\cdots+p_ndq_n$ を微分して得られる

(5.51) $$\sigma_Y=-dp_0\wedge dq_0+dp_1\wedge dq_1+\cdots+dp_n\wedge dq_n$$

が, Y のシンプレクティック2次形式である. Y の $q_0=t$ での切り口を Y^t とおく.

$$Y^t=\{(z_0,z)\mid q_0=t\}$$

である. Y^t の X 空間への射影による像を X^t とかく. $\rho^t: Y^t\rightleftarrows X^t\cong X$ である. X^t は

(5.52) $$\sigma_X=dp_1\wedge dq_1+\cdots+dp_n\wedge dq_n=d\theta_X$$

に関して $2n$ 次元のシンプレクティックベクトル空間である.

作用素 $\lambda^{-1}\partial/\partial t+H(t,x,\lambda^{-1}\partial/\partial x)$ は我々の記号では,

(5.53) $$A=\frac{1}{\lambda}\frac{\partial}{\partial q_0}+H\left(q_0,q,\frac{1}{\lambda}\frac{\partial}{\partial q}\right)$$

となる. この Hamilton 作用素 $H(q_0,q,\lambda^{-1}\partial/\partial q)$ は (2.33) の形をしているものとする. この Hamilton 作用素に対応する古典的 Hamilton 関数の主要部として,

(5.54) $$H_0(q,p)=\frac{1}{2}\sum_{j,k=1}^{n}a_{jk}(q)p_jp_k+\sum_{j=1}^{n}a_j(q)p_j+a_0(q)$$

をとる.

第2章の議論を要約すると，次のようであった．

(5.55)
$$G(z_0, z) = p_0 + H_0(q_0, q, p)$$

の作る Y 上の Hamilton ベクトル場を $\mathfrak{Y}$ とする．これを積分することによって，1助変数 t の Y の正準変換群 Φ^t が得られる．G の特殊な形によって，

(5.56)
$$\Phi^t Y^s \subset Y^{t+s}$$

が成立する．G は $\mathfrak{Y}$ の積分であるから $Y_G{}^s = \{(z_0, z) \in Y^s \mid G(z_0, z) = 0\}$ とおくと，$\Phi^t Y_G{}^s \subset Y_G{}^{t+s}$ である．また任意の s について X^s から $Y_G{}^s$ への同相写像 ρ^s がある．

(5.57)
$$\rho^s(z) = (-H_0(s, q, p), s, p+iq) \in Y_G{}^s$$

である．

まず初期条件を，n 次元の Lagrange はめ込み

(5.58)
$$\iota^0 \colon M^0 \longrightarrow X^0$$

の上の Maslov の振動関数とする．今の場合(5.49)から，M^0 は X^0 の正則部分多様体で，

$$M^0 = \{z \in \boldsymbol{C}^n \mid p_j = \partial S_0(q)/\partial q_j, j = 1, 2, \cdots, n\}$$

となる．(5.57)と(5.58)から

(5.59)
$$\tau = \rho^0 \circ \iota^0 \colon M^0 \longrightarrow Y^0 \qquad (\text{はめ込み})$$

を得る．この像を $\rho^0 \circ \iota^0(M^0) = V^0$ とする．$m \in M^0$ に対して，$\tau(m)$ を通る $\mathfrak{Y}$ の積分曲線を考えると，それは，t をパラメータとして $\Phi^t(\tau(m))$ で与えられる．したがって(5.59)とあわせて，

(5.60)
$$\begin{array}{rcl} \iota \colon V = R \times M^0 & \longrightarrow & Y \\ \rotatebox{90}{$\in$} & & \rotatebox{90}{$\in$} \\ (t, m) & \longrightarrow & \Phi^t(\tau(m)) = \iota(t, m) \end{array}$$

というはめ込みが得られる．これは ι^0 が埋め込みならば埋め込みである．しかも Lagrange はめ込みであった．$\iota(t, m)$ の q_0 座標は $q_0 = t$ であるから，$v = (t, m)$ が焦的なときは，$K \subset \{1, 2, \cdots, n\}$ を適当にとると (q_0, p_K, q_{K^c}) が V の v の近傍の座標になる．

(5.53)の作用素 A は，V 上の Maslov 振動関数に作用する作用素 $\{A_K\}$ の，V の正則部分での表示であると考えられる．我々は，V 上の Maslov の振動関数 $\{U_K\}$ を構成し，

$$A_K U_K = 0 \tag{5.61}$$

を満たし，また $\{U_K\circ\tau\}$ が，M^0 上与えられた初期条件の Maslov 振動関数に一致するようにしたい．

初期条件が (5.49) のときは，M^0 が単連結であるから，V も単連結であり，$\hat{V}=V$ である．したがって $\iota^*\theta_Y=-p_0dq_0+p_1dq_1+\cdots+p_ndq_n$ は V 上完全微分形式で，V 上の1価 C^∞ 関数 S が存在して

$$dS=\iota^*\theta_Y \tag{5.62}$$

となる．と丶に $S\circ\tau=S_0$ とできる．それには，M^0 上の点 m_0 を固定して

$$S(v)=\int_{\tau(m_0)}^{v}\iota^*\theta_Y+S_0(m_0) \tag{5.63}$$

とおけば良い．S が V の正則部分 V_ϕ での位相関数である．振幅関数は次のように求められる．M^0 上の n 次微分形式，

$$\omega_0=dq_1\wedge dq_2\wedge\cdots\wedge dq_n \tag{5.64}$$

を作る．写像 (5.59) によって，これから V^0 上の n 次微分形式 $(\tau^{-1})^*\omega_0$ が定まる．(τ は今は同相である.) V^0 上これに一致する，$\iota(V)$ 上の $\mathfrak{Y}$ 不変 n 次微分形式 ω が作れる．それには，$(\Phi^{-t})^*$ で V^0 上の $(\tau^{-1})^*\omega_0$ を $\iota(V)\cap Y^t$ に移せば良い．

$$\eta=\iota^*(dq_0\wedge\omega)=dt\wedge\iota^*\omega=dq_0\wedge\iota^*\omega \tag{5.65}$$

とおく．η は V 上 $n+1$ 次微分形式で 0 とならない．V の正則部分 V_ϕ の点 v に対し，この近傍で座標関数を (q_0,q) にとれる，これらの v の値を $(q_0(v),q(v))$ とする．V_ϕ の連結成分で $t=0$ を含むものの上では，求める Maslov の振動関数は

$$U_\phi(q_0(v),q(0))=\left(\frac{\eta(v)}{dq_0\wedge\cdots\wedge dq_n}\right)^{1/2}\times\left(\alpha_0(v)+\sum_{r=1}^{\infty}\lambda^{-r}\left(\frac{\eta(v)}{dq_0\wedge\cdots\wedge dq_n}\right)\alpha_r\right)e^{\lambda S(q_0(v),q(v))} \tag{5.66}$$

である．ただし

$$\alpha_0(q_0(v),q(v))=f_0(v^0(v)). \tag{5.67}$$

ここで，$v^0(v)$ とは，$v^0(v)=(\Phi^{q_0(v)})^{-1}(\iota(v))$ すなわち $\iota(v)$ を通る $\mathfrak{Y}$ の積分曲線が V^0 と交わる点である．$r\geqq 1$ に対し α_r は高次の輸送方程式を解いて得られる．

以上が，第2章の内容であった．

V^0 の点 $\tau(m)$, $m\in M^0$, を通る，Hamilton ベクトル場 $\mathfrak{Y}$ の積分曲線 γ が，はじめて焦的となる時刻を $t=s$ とする．$K\subset\{1,2,\cdots,n\}$ を選ぶと，$\iota(T_{\gamma(s)}V)=\iota_\sharp(\gamma(s))$ は，$\lambda_K\subset\Lambda(n+1)$ と横断的となる．V の正則部分 V_ϕ で，

(5.68) $$A_\phi=\frac{1}{\lambda}\frac{\partial}{\partial q_0}+H\left(q_0,q,\frac{1}{\lambda}\frac{\partial}{\partial q}\right)$$

とかける作用素は V_K では，A_K と書けるとすると，

(5.69) $$A_KU_K=0$$

を満足する．そして，$t<s$ では $F_K{}^\phi U_\phi$ と一致する Maslov の振動関数 U_K を作る．すると，$\gamma(s)$ の近傍でも Maslov の振動関数が作れる．この過程をつづければ，V 全体に振動関数が作れる．

この過程を実行するには，作用素 A_K の形を計算しておく必要がある．しかし多くの場合，振動関数の第1項は，A_K の形を具体的には知らなくても求められる．実際，$K\subset\{1,2,\cdots,n\}$ が，どんなものであっても，V_K 上では，

(5.70)
$$U_K(q_0(v),p_K(v),q_{K^c}(v))$$
$$=\left(\frac{\eta(v)}{dq_0\wedge dv_K}\right)^{1/2}\left(\alpha_{K,0}+\sum_{r=1}^{\infty}\lambda^{-r}\left(\frac{\eta(v)}{dq_0\wedge dv_K}\right)^r\alpha_{K,r}\right)e^{\lambda S_K(q_0(v),p_K(v),q_{K^c}(v))}$$

という形をしていることはあらかじめ分っている．しかも $\alpha_{K,0}(v)=\alpha_{H,0}(v)$ が $v\in V_K\cap V_H$ で成立する．

以上のことを確かめると，下のように推論して，$\alpha_{K,0}$ が決定される．

仮定 $\iota(V-V_\phi)$ に対して $\mathfrak{Y}$ は横断的である．——

$\alpha_{\phi,0}$ は $\iota(V)$ の上の Hamilton ベクトル場 $\mathfrak{Y}$ の積分曲線に沿って一定値であるから，仮定によると，(5.67) が，$v\in V_\phi$ にある限り，どの連結成分にあっても成り立たねばならぬ．これで大域的に，Maslov の振動関数が，その第1項については，構成された．

(5.71) $$U_\phi(v)=\left(\frac{\eta(v)}{dq_0\wedge\cdots\wedge dq_n}\right)^{1/2}f_0(v^0(v))e^{\lambda S(q_0(v),q(v))}+o(\lambda^{-1})$$

である．もっと詳しく書くと，$v\in V$ では，

(5.72) $$U_\phi(q_0(v),q(v))$$
$$=\left|\frac{\eta(v)}{dq_0\wedge\cdots\wedge dq_n}\right|^{1/2}e^{-(\pi/2)in_\phi(\iota_\sharp v)}f_0(v^0(v))e^{\lambda S(q^0(v),q(v))}+o(\lambda^{-1})$$

であった．今の場合，γ を $v^0(v)$ から $\iota(v)$ へ至る $\mathfrak{Y}$ の積分曲線とすると，

(5.73)
$$n_\phi(\iota_* v) = \mathrm{Ind}\,\gamma$$

である．S はまた Lagrange 関数 L を使うと

(5.74)
$$S(q_0(v), q(v)) = \int_0^t L(q, \dot{q})ds + S_0(v^0(v))$$

とかける．積分は γ に沿っての積分である．よって (5.72) はまた，

(5.75)
$$U_\phi(q_0(v), q(v)) = \left|\frac{\eta(v)}{dq_0\wedge\cdots\wedge dq_n}\right|^{1/2} e^{-(\pi/2)i\,\mathrm{Ind}\,\gamma} f_0(v^0(v)) e^{\lambda\left(\int_0^t Lds + S_0(v^0(v))\right)} + o(\lambda^{-1})$$

と書ける．

(5.75) を見ると，$\iota(v)$ が γ に沿って，焦的な点の近くに近づくと，$dq_0\wedge dq_1\wedge\cdots\wedge dq_n$ が 0 に近づくので，$|\eta(v)/dq_0\wedge\cdots\wedge dq_n|^{1/2}$ が大きくなることが分る．また，γ が $t=s$ で焦的な点を通過するその前後で，U_ϕ の偏角が跳躍することが分る．この大きさは，Keller-Maslov-Arnol'd 指数の変化に $\pi/2$ を乗じたものに等しい．

以上 M^0 が単連結ということを使って議論したが，M^0 が単連結でなくても，その普遍被覆 $\hat{M}^0$ は単連結であるから，ここから出発して，上述の議論を使って同様に問題を解くことができる．$\hat{M}^0$ から上のように作った $\hat{V}$ は M^0 から作った V の普遍被覆空間である．したがって V 上の Maslov の波動関数を得るためには，条件 (5.45) を調べれば良いのである．

§5.4　Morse 指数と Keller-Maslov-Arnol'd 指数

前節で，$\iota(V)$ 上，Hamilton ベクトル場 $\mathfrak{Y}$ の積分曲線があるとき，その Keller-Maslov-Arnol'd 指数を求める必要があった．以下に，これを計算する方法を一つ与える．

記号は，§5.3 の通りとする．ただし Hamilton 関数は $H_0(q_0, q, p)$ ではなく $H(q_0, q, p)$ と書く．$m\in M^0$ を固定して，$\zeta(t)=(t, m)\in V$ とおくと，$\iota(\zeta(t))$ は，t をパラメータとして Y の Hamilton ベクトル場 $\mathfrak{Y}$ の積分曲線である．ζ_s で曲線 $\zeta(t)$ $(t\in[0, s])$ をあらわすことにする．曲線 $\zeta(t)$ は 1 点 $t=t_0$ で焦的な点 $\zeta(t_0)$ を通り，その前後の t の値においては $\zeta(t)$ は V の正則点を通るものとする．

$t_1<t_0<t_2$ で t_1, t_2 を t_0 に十分近くとって，$\mathrm{Ind}\,\zeta_{t_2}-\mathrm{Ind}\,\zeta_{t_1}$ を求めたい．

定理 5.1 $t=t_0$ で，$\iota_*\zeta(t_0)\in\Lambda^k(n+1)$ とする．$K\subset\{1,2,\cdots,n\}$ で $|K|=k$ のものを適当に選んで，$\iota_*\zeta(t_0)$ は λ_K と横断的とする．$\zeta(t_0)$ の近傍で V の局所座標関数として (q_0, p_K, q_{K^c}) を選び，V 上の v に対し

$$p_0=-\frac{\partial S_K}{\partial q_0},\qquad p_{K^c}=\frac{\partial S_K}{\partial q_{K^c}},\qquad q_K=-\frac{\partial S_K}{\partial p_K} \tag{5.76}$$

と書ける．t_0 に十分近く二つの実数を $t_1<t_0<t_2$ にとる．このとき，行列 A が正則であれば，

$$\mathrm{Ind}\,\zeta_{t_2}-\mathrm{Ind}\,\zeta_{t_1}=\mathrm{sgn}\,A=|K|-2\,\mathrm{Inert}\,A. \tag{5.77}$$

ただし A とは $|K|\times|K|$ 次正方行列

$$A=\begin{bmatrix} I & \dfrac{\partial^2 S_K(\zeta(t_0))}{\partial p_K\partial q_{K^c}}\end{bmatrix}\begin{bmatrix}\dfrac{\partial^2 H(\iota\zeta(t_0))}{\partial p_K\partial p_K} & \dfrac{\partial^2 H(\iota\zeta(t_0))}{\partial p_K\partial p_{K^c}}\\ \dfrac{\partial^2 H(\iota\zeta(t_0))}{\partial p_{K^c}\partial p_K} & \dfrac{\partial^2 H(\iota\zeta(t_0))}{\partial p_{K^c}\partial p_{K^c}}\end{bmatrix}\begin{bmatrix} I \\ \dfrac{\partial^2 S_K(\zeta(t_0))}{\partial q_{K^c}\partial p_K}\end{bmatrix} \tag{5.78}$$

である．——

ここで，順列 $(1,2,\cdots,n)$ の代りに (K,K^c) をとって考える．そして，行列 $[I\ \ \partial^2 S_K/\partial p_K\partial q_{K^c}]$ は縦が $|K|=k$ 行，横に n 列の，横に長い行列で，はじめの $k\times k$ の正方行列が単位行列で，後の $k\times(n-k)$ 行列の (i,j) 要素 $(i\in K,\ j\in K^c)$ が $\partial^2 S_K/\partial p_i\partial q_j$ となるものである．他もすべてこのような記法をする．

定理 5.1 の証明 方針は単純である．121-122 ページ (5.15), (5.16) によって，

$$\mathrm{Ind}\,\zeta_{t_2}-\mathrm{Ind}\,\zeta_{t_1}=\mathrm{Inert}\left(\frac{\partial q_K}{\partial p_K}(\zeta(t_1))\right)-\mathrm{Inert}\left(\frac{\partial q_K}{\partial p_K}(\zeta(t_2))\right) \tag{5.79}$$

であるから，t_2-t_1 が十分 0 に近いとして，右辺を計算するのである．

Hamilton 正準方程式

$$\frac{dp_j}{dt}=-\frac{\partial H}{\partial q_j},\qquad \frac{dq_j}{dt}=\frac{\partial H}{\partial p_j}\qquad (j=1,2,\cdots,n) \tag{5.80}$$

に，$t=t_0$ で初期値，(p^0, q^0) を与える．時刻 t での解を $(P,Q)=\Phi_t^{t_0}(p^0,q^0)$ とかくと，対応 $\Phi_t^{t_0}$ の Jacobi 行列

$$J=\frac{\partial(P,Q)}{\partial(p^0,q^0)} \tag{5.81}$$

は

$$(5.82)\qquad \frac{d}{dt}\begin{bmatrix}\dfrac{\partial P}{\partial p^0} & \dfrac{\partial P}{\partial q^0}\\ \dfrac{\partial Q}{\partial p^0} & \dfrac{\partial Q}{\partial q^0}\end{bmatrix}=\begin{bmatrix}-\dfrac{\partial^2 H}{\partial q\partial p} & -\dfrac{\partial^2 H}{\partial q\partial q}\\ \dfrac{\partial^2 H}{\partial p\partial p} & \dfrac{\partial^2 H}{\partial p\partial q}\end{bmatrix}\begin{bmatrix}\dfrac{\partial P}{\partial p^0} & \dfrac{\partial P}{\partial q^0}\\ \dfrac{\partial Q}{\partial p^0} & \dfrac{\partial Q}{\partial q^0}\end{bmatrix}$$

を満足する．$s=t-t_0$ とおく．s が十分小さいと，s^2 を無視して (5.82) の解は，

$$(5.83)\qquad J=I+s\,\mathrm{Hess}\,H^0$$

である．ここで，

$$(5.84)\qquad \mathrm{Hess}\,H^0=\begin{bmatrix}-\dfrac{\partial^2 H}{\partial q\partial p} & -\dfrac{\partial^2 H}{\partial q\partial q}\\ \dfrac{\partial^2 H}{\partial p\partial p} & \dfrac{\partial^2 H}{\partial p\partial q}\end{bmatrix}_{t=t_0,\,p=p^0,\,q=q^0}$$

である．長さ $2n$ のベクトル $(p_{K^c}', p_K', q_{K^c}', q_K')$ が，$\iota_*(\zeta(t_0))$ に入るべき必要十分条件は，母関数を使うと，

$$(5.85)\qquad \begin{bmatrix}p_{K^c}'\\ p_K'\\ q_{K^c}'\\ q_K'\end{bmatrix}=B\begin{bmatrix}p_K'\\ q_{K^c}'\end{bmatrix}$$

である．ここで，89ページ例4.3から

$$(5.86)\qquad B=\begin{bmatrix}\dfrac{\partial^2 S_K}{\partial q_{K^c}\partial p_K} & \dfrac{\partial^2 S_K}{\partial q_{K^c}\partial q_{K^c}}\\ I & 0\\ 0 & I\\ -\dfrac{\partial^2 S_K}{\partial p_K\partial p_K} & -\dfrac{\partial^2 S_K}{\partial p_K\partial q_{K^c}}\end{bmatrix}=\begin{bmatrix}\dfrac{\partial^2 S_K}{\partial q_{K^c}\partial p_K} & \dfrac{\partial^2 S_K}{\partial q_{K^c}\partial q_{K^c}}\\ I & 0\\ 0 & I\\ 0 & -\dfrac{\partial^2 S_K}{\partial p_K\partial q_{K^c}}\end{bmatrix}.$$

この行列 B および以下においては $p_K=p_K(\zeta(t_0))$，$q_{K^c}=q_{K^c}(\zeta(t_0))$ とおくものとする．(5.86) で第2の等号は，(4.53) 式を使った．J は正則行列であるから，ベクトル (P', Q') が $\iota_*(\zeta(t))$ に入るための条件は，

$$(5.87)\qquad \begin{bmatrix}P'\\ Q'\end{bmatrix}=J\cdot B\begin{bmatrix}p_K'\\ q_{K^c}'\end{bmatrix}$$

と書けることである．

$\iota_*(\xi(t))$ も λ_K に横断的であるから，P_{K^c}', Q_K' は，P_K', Q_{K^c}' の従属変数としてあらわせ，p_K', q_{K^c}' も P_K', Q_{K^c}' の線型関数となるはずである．実際 s^2 以上の項を無視して，

$$\begin{bmatrix} P_K' \\ Q_{K^c}' \end{bmatrix} = (I+sC)\begin{bmatrix} p_K' \\ q_{K^c}' \end{bmatrix}. \tag{5.88}$$

$$C = \begin{bmatrix} -\dfrac{\partial^2 H}{\partial q_K \partial p_{K^c}}\dfrac{\partial^2 S_K}{\partial q_{K^c}\partial p_K} - \dfrac{\partial^2 H}{\partial q_K \partial p_K} & -\dfrac{\partial^2 H}{\partial q_K \partial p_{K^c}}\dfrac{\partial^2 S_K}{\partial q_{K^c}\partial q_{K^c}} - \dfrac{\partial^2 H}{\partial q_K \partial q_{K^c}} + \dfrac{\partial^2 H}{\partial q_K \partial q_K}\dfrac{\partial^2 S_K}{\partial p_K \partial q_{K^c}} \\ \dfrac{\partial^2 H}{\partial p_{K^c} \partial p_{K^c}}\dfrac{\partial^2 S_K}{\partial q_{K^c}\partial p_K} + \dfrac{\partial^2 H}{\partial p_{K^c} \partial p_K} & \dfrac{\partial^2 H}{\partial p_{K^c} \partial p_{K^c}}\dfrac{\partial^2 S_K}{\partial q_{K^c}\partial q_{K^c}} + \dfrac{\partial^2 H}{\partial p_{K^c} \partial q_{K^c}} - \dfrac{\partial^2 H}{\partial p_{K^c} \partial q_K}\dfrac{\partial^2 S_K}{\partial p_K \partial q_{K^c}} \end{bmatrix} \tag{5.89}$$

である．よって，s^2 以上の項を無視して，

$$\begin{bmatrix} p_K' \\ q_{K^c}' \end{bmatrix} = (I-sC)\begin{bmatrix} P_K' \\ Q_{K^c}' \end{bmatrix}. \tag{5.90}$$

さて，105 ページ例 4.6 により $Q_{K^c}'=0$ としてよいから

$$\begin{bmatrix} p_K' \\ q_{K^c}' \end{bmatrix} = \begin{bmatrix} I + s\dfrac{\partial^2 H}{\partial q_K \partial p_{K^c}}\dfrac{\partial^2 S_K}{\partial q_{K^c}\partial p_K} + s\dfrac{\partial^2 H}{\partial q_K \partial p_K} \\ -s\dfrac{\partial^2 H}{\partial p_{K^c} \partial p_{K^c}}\dfrac{\partial^2 S_K}{\partial q_{K^c}\partial p_K} - s\dfrac{\partial^2 H}{\partial p_{K^c} \partial p_K} \end{bmatrix} P_K'. \tag{5.91}$$

故に，Q_K' を P_K' の従属関数として，

$$\begin{aligned} Q_K' = s\Bigl(& \frac{\partial^2 H}{\partial p_K \partial p_{K^c}}\frac{\partial^2 S_K}{\partial q_{K^c}\partial p_K} + \frac{\partial^2 H}{\partial p_K \partial p_K} \\ & + \frac{\partial^2 S_K}{\partial p_K \partial q_{K^c}}\frac{\partial^2 H}{\partial p_{K^c}\partial p_{K^c}}\frac{\partial^2 S_K}{\partial q_{K^c}\partial p_K} + \frac{\partial^2 S_K}{\partial p_K \partial q_{K^c}}\frac{\partial^2 H}{\partial p_{K^c}\partial p_K}\Bigr) P_K'. \end{aligned} \tag{5.92}$$

これは $(t-t_0)^2$ 以上の無限小を無視すれば，

$$\frac{\partial Q_K}{\partial P_K} = (t-t_0)\begin{bmatrix} I & \dfrac{\partial^2 S_K}{\partial p_K \partial q_{K^c}} \end{bmatrix} \begin{bmatrix} \dfrac{\partial^2 H}{\partial p_K \partial p_K} & \dfrac{\partial^2 H}{\partial p_K \partial p_{K^c}} \\ \dfrac{\partial^2 H}{\partial p_{K^c} \partial p_K} & \dfrac{\partial^2 H}{\partial p_{K^c} \partial p_{K^c}} \end{bmatrix} \begin{bmatrix} I \\ \dfrac{\partial^2 S_K}{\partial q_{K^c}\partial p_K} \end{bmatrix} \tag{5.93}$$

を示している．よって，(5.93) 右辺の行列が正則であると，$|t-t_0|$ が十分小さければ，両辺の慣性形式は，$(t-t_0)^2$ 以上の無限小の項に影響されず，したがって，

$$\operatorname{Inert}\frac{\partial Q_K}{\partial P_K}(\iota\cdot\zeta(t_1)) = \operatorname{Inert}(-A) = |K| - \operatorname{Inert} A, \tag{5.94}$$

$$(5.95)\qquad \mathrm{Inert}\,\frac{\partial Q_K}{\partial P_K}(\iota\cdot\zeta(t_2)) = \mathrm{Inert}\,A.$$

(5.94), (5.95) を (5.79) に代入して

$$(5.96)\qquad \mathrm{Ind}\,\zeta_{t_2} - \mathrm{Ind}\,\zeta_{t_1} = |K| - 2\,\mathrm{Inert}\,A$$

が証明された. ▌

とくに, (5.77) によって, Ind が簡単に分る場合として

定理 5.2　上の定理 5.1 において, Hamilton 関数から作る行列

$$\left(\frac{\partial^2 H(t_0, q, p)}{\partial p_j \partial p_k}\right)\Bigg|_{q=q(\zeta(t_0)),\, p=p(\zeta(t_0))}$$

が正定符号であるならば,

$$(5.97)\qquad \mathrm{Ind}\,\zeta_{t_2} - \mathrm{Ind}\,\zeta_{t_1} = |K|.$$ ――

これはあきらかである. 最も大事なのは, 次の定理 5.3 である.

定理 5.3　Hamilton 関数 H について, 任意の (t, p, q) に関して行列 $(\partial^2 H(t, q, p)/\partial p_j \partial p_k)_{j,k}$ がつねに正定符号であるなら, 曲線 ζ の Keller-Maslov-Arnol'd 指数は ζ の Morse 指数と等しい.

証明　ζ を少しずらしても, Keller-Maslov-Arnol'd 指数と, Morse 指数は共に変らない. ζ を少しずらすと, ζ が焦的になる点で ζ は $\Lambda^1(n+1)$ と横断的に交わるとして良い. このようにすると, ζ は, それが $\Lambda^1(n+1)$ を通過する度毎に, Keller-Maslov-Arnol'd 指数, Morse 指数ともに $+1$ 増加する. したがって ζ の両指数は等しい. ▌

問　　題

1　C^1 内の任意の曲線は, Lagrange 多様体であることを示せ.

2　C^1 内の円周を正の向きに 1 周したときの Keller-Maslov-Arnol'd 指数を求めよ.

3　調和振動子の等エネルギー曲線 (2.79) のうちで, Maslov の量子化条件 (5.45) を満足するものは, そのエネルギーはいくらか. このエネルギーと, 調和振動子の Hamilton 作用素 $(2m)^{-1}(\lambda^{-1}\partial/\partial x)^2 + 2^{-1}m\omega^2 x^2 = H$ の固有値との関係を調べよ.

4　§5.3 の意味で, M^0 から V を作る. $\iota(t, m) = \gamma(t)$ が, $\iota(V)$ 上の Hamilton ベクトル場の積分曲線で, $t = \iota_*(\gamma(t_0)) \in \Lambda^k(n+1)$ とする. このとき, Hamilton 関数 H_0 に対応する Lagrange 関数についての変分問題で第 1 章の意味で, $\gamma(t_0)$ は焦的で, その指数は k に等しいことを証明せよ.

第6章　Fourier 積分作用素論の背景

§6.1　波動光学から幾何光学へ

古代ギリシャとヘレニズム時代の諸科学を，回教徒を通じて，受け継いだ中世ヨーロッパの人々は，Euclid から光の反射の法則をうけとり，また，十分体系立ってはいなかったが，屈折の法則を，やはり，古代アレキサンドリアでの研究から受け継いだといわれている．そして，光学は，幾何学や力学と並んで，きわめて早い時期から，ヨーロッパの科学者達の関心の的であり，光学は力学と共に，ヨーロッパの自然科学の源流となったとされている[1)]．

力学法則が確立されたその同じ 17 世紀までに，光の進み方に関する法則も，いわゆる幾何光学として確立された．これは，次の四つの法則が基礎となっている．

(1)　光は均質な物質の中では直進する．

(2)　光源を出た幾つもの光線は，互いに独立に進む．

(3)　反射の法則に従う．

(4)　屈折の法則に従う．

この幾何光学の法則は，次の Fermat の原理という変分問題にまとめられる．点 (x_1, x_2, x_3) での物質の屈折率を $n(x_1, x_2, x_3)$ とする．点 P_0 から P_1 に至る曲線を $\gamma=\gamma(t)=(x_1(t), x_2(t), x_3(t))$ とする．$t\in[a,b]$．このとき，γ に対し，その汎関数 $S(\gamma)$ を

$$S(\gamma)=\int_a^b n(x_1(t), x_2(t), x_3(t))\,dt \tag{6.1}$$

とおく．これを γ に沿って P_0 と P_1 の間の**光学的距離**という．実際に P_0 から P へ光の進む道 γ_0 は，$S(\gamma)$ を停留させる．すなわち変分問題

$$\delta S(\gamma_0)=0$$

1)　例えば，堀米庸三編：西欧精神の探究 — 革新の 12 世紀（日本放送出版協会）．とくに，第 XI 章，伊東俊太郎：近代科学の源流．また，伊東俊太郎：文明における科学（勁草書房）．

の解である．これが，Fermat の原理である．

17 世紀には，光の分散とか回折というような，幾何光学以外の性質も発見されたが，光の物理的本性に関しては，Huygens による波動説，Newton による粒子説等があり十分理解はされていなかった．光の物理的本性が，何であるにしろ，上述の幾何光学の数学的構造は，人々の研究を誘った．そしてとくに 19 世紀に，Hamilton は，幾何光学の数学的研究から，変分学，1 階偏微分方程式論に画期的進歩をもたらし，解析力学の確立に大きく貢献した．

一方 19 世紀には，光の物理的本性は電磁波であることが明らかとなった．したがってそれは，Maxwell の偏微分方程式の解として記述される[1]．上述の幾何光学の法則は，この Maxwell 方程式の解の一般的な性質として証明されるはずの事柄である．物理的な説明としては，Maxwell 方程式の解である波の波長が無限に小さくなった極限において成立する近似として幾何光学が成立するはずであるということが，19 世紀末には一般的な認識として存在した．Debye の影響の下で，Runge と Sommerfeld は，これを次のように数学的な過程として述べた．

電磁場をあらわす量はベクトルであるが，その成分の一つは，一般に，Maxwell 方程式から変形して，

$$\frac{\partial^2}{\partial t^2}u(t,x)-\Delta u(t,x)=0 \tag{6.2}$$

という，波動方程式に従う．時刻 $t=0$ における初期条件として，

$$\begin{cases} u(0,x)=0, \\ \dfrac{\partial u}{\partial t}(0,x)=e^{ik\cdot x} \qquad (k\in \boldsymbol{R}^3) \end{cases} \tag{6.3}$$

を与えよう．$e^{ik\cdot x}$ というのは，k という法線ベクトルに直交する波面をもつ平面波である．時刻が過ぎるに従い，波面の形が崩れて来る．それ故 (6.2), (6.3) の解は，

$$u(t,x,k)=a(t,x,k)e^{-i\phi_1(t,x,k)}+b(t,x,k)e^{-i\phi_2(t,x,k)} \tag{6.4}$$

という形をもつものと仮定しよう．これは二つの波，$a(t,x,k)e^{-i\phi_1(t,x,k)}$ と $b(t,x,k)e^{-i\phi_2(t,x,k)}$ の重ね合せとなっていることを意味する．$a(t,x,k)$, $b(t,x,k)$ と

1) 本講座，藤田宏・犬井鉄郎・池部晃生・高見穎郎“数理物理に現われる偏微分方程式”参照．

いう関数はあまり急速に変化しない関数であることを，暗黙のうちに了解しておくことにする．するとこの第1の波は，時間-空間の4次元空間で 'ϕ_1=定数' という曲面に沿って位相が大略等しいから，ϕ_1 を位相関数と呼ぶ．a は第1の波の強さを示すから，振幅関数と呼ぶ．第2の波についても同様である．一般に，ϕ_1 を位相関数とし，a を振幅関数とする波 $ae^{-i\phi_1}$ について次の式が成立する．

$$\frac{\partial}{\partial t}(ae^{-i\phi_1}) = e^{-i\phi_1}\left(\frac{\partial}{\partial t} - i\frac{\partial \phi_1}{\partial t}\right)a.$$

したがって

$$e^{i\phi_1}\frac{\partial^2}{\partial t^2}(ae^{-i\phi_1}) = \frac{\partial^2 a}{\partial t^2} - 2i\left(\frac{\partial a}{\partial t}\frac{\partial \phi_1}{\partial t} + \frac{1}{2}\frac{\partial^2 \phi_1}{\partial t^2}\cdot a\right) - a\left(\frac{\partial \phi_1}{\partial t}\right)^2 \tag{6.5}$$

が成立する．また，同様に

$$\begin{aligned} e^{i\phi_1}\Delta(ae^{-i\phi_1}) &= e^{i\phi_1}\operatorname{div}(\operatorname{grad} a - ia\operatorname{grad}\phi_1)e^{-i\phi_1} \\ &= \Delta a - 2i\left\{\operatorname{grad}\phi_1\cdot\operatorname{grad} a + \frac{1}{2}\Delta\phi_1\cdot a\right\} - |\operatorname{grad}\phi_1|^2 a, \end{aligned} \tag{6.6}$$

(6.5) 式と (6.6) 式から，

$$\begin{aligned} &e^{i\phi_1}\left(\frac{\partial^2}{\partial t^2} - \Delta\right)(ae^{-i\phi_1}) \\ &= -\left(\left(\frac{\partial \phi_1}{\partial t}\right)^2 - |\operatorname{grad}\phi_1|^2\right)a \\ &\quad -2i\left\{\frac{\partial \phi_1}{\partial t}\frac{\partial a}{\partial t} - \operatorname{grad}\phi_1\cdot\operatorname{grad} a + \frac{1}{2}\left(\frac{\partial^2 \phi_1}{\partial t^2} - \Delta\phi_1\right)a\right\} \\ &\quad + \frac{\partial^2 a}{\partial t^2} - \Delta a \end{aligned} \tag{6.7}$$

である．ベクトル k の長さ $|k|$ は，初期条件として与えた波の波長の逆数に比例する．波長→0，すなわち $|k|\to\infty$ のときの極限を考えるために，振幅関数は，k の斉次1次式 (ただし $k=0$ で特異性を持っても良い) とし，振幅関数 a, b については，$|k|$ の負のベキの漸近級数として，展開されるものとする．すなわち，

$$a(t, x, k) = \sum_{j=0}^{\infty} a_j(t, x, k) \tag{6.8}$$

で，$a_j(t, x, k)$ は，k の $-j$ 次同次関数，すなわち，任意の正数 ν に対し，

$$a_j(t, x, \nu k) = \nu^{-j} a_j(t, x, k)$$

であるとする．$k=0$ で特異性をもっても良い．$k\to\infty$ のときの，(6.8) の主要項

は，$a_0(t,x,k)$ である．(6.8) 式と，b についての同様な表示

$$b(t,x,k)=\sum_{j=0}^{\infty}b_j(t,x,k)$$

を使って，(6.2) 式を書く．そして，$e^{-i\phi_1}$ のある項と，$e^{-i\phi_2}$ のある項は各々が 0 でなければならないとして，次の式を得る．

$$(6.9)\qquad 0=\sum_{j=0}^{\infty}\Bigg[\left\{\left(\frac{\partial\phi_1}{\partial t}\right)^2-|\mathrm{grad}\,\phi_1|^2\right\}a_j \\ +2i\left\{\frac{\partial\phi_1}{\partial t}\frac{\partial a_{j-1}}{\partial t}-\mathrm{grad}\,\phi_1\cdot\mathrm{grad}\,a_{j-1}+\frac{1}{2}\left(\frac{\partial^2\phi_1}{\partial t^2}-\Delta\phi_1\right)a_{j-1}\right\} \\ -\left(\frac{\partial^2 a_{j-2}}{\partial t^2}-\Delta a_{j-2}\right)\Bigg].$$

この各項は，k について斉次 $-j+2$ 次の同次式である．したがって，この各項ごとに，0 とならねばならない．まず，k^2 の項から

$$\left\{\left(\frac{\partial\phi_1}{\partial t}\right)^2-|\mathrm{grad}\,\phi_1|^2\right\}a_0=0.$$

$a_0\neq 0$ であるから

$$(6.10)\qquad \left(\frac{\partial\phi_1}{\partial t}\right)^2-|\mathrm{grad}\,\phi_1|^2=0.$$

$|k|^1$ の項から，

$$(6.11)\qquad \frac{\partial\phi_1}{\partial t}\frac{\partial a_0}{\partial t}-\mathrm{grad}\,\phi_1\cdot\mathrm{grad}\,a_0+\frac{1}{2}\left(\frac{\partial^2\phi_1}{\partial t^2}-\Delta\phi_1\right)a_0=0.$$

以下 $j=1,2,\cdots$ として

$$(6.12)\qquad \frac{\partial\phi_1}{\partial t}\frac{\partial a_j}{\partial t}-\mathrm{grad}\,\phi_1\cdot\mathrm{grad}\,a_j+\frac{1}{2}\left(\frac{\partial^2\phi_1}{\partial t^2}-\Delta\phi_1\right)a_j \\ -\frac{1}{2}\left(\frac{\partial^2 a_{j-1}}{\partial t^2}-\Delta a_{j-1}\right)=0$$

を得る．(6.10) は因数分解して，

$$(6.13)\qquad \frac{\partial\phi_1}{\partial t}=|\mathrm{grad}\,\phi_1|\quad \text{または}\quad \frac{\partial\phi_1}{\partial t}=-|\mathrm{grad}\,\phi_1|.$$

同様のことが，ϕ_2 と b_j についても成立する．後にのべる理由によって，

$$(6.14)\qquad \frac{\partial\phi_1}{\partial t}=|\mathrm{grad}\,\phi_1|,$$

(6.15) $$\frac{\partial\phi_2}{\partial t} = -|\mathrm{grad}\,\phi_2|$$

と仮定する．初期条件として，

(6.16) $$\phi_1(0, x, k) = x\cdot k, \qquad \phi_2(0, x, k) = x\cdot k$$

とする．a と b の初期条件としては，

(6.17) $$a+b = 0,$$

(6.18) $$\frac{\partial a}{\partial t} - i\frac{\partial\phi_1}{\partial t}a + \frac{\partial b}{\partial t} - i\frac{\partial\phi_2}{\partial t}b = 1$$

を満足するものとする．これらは，(6.3) 式から導いた．漸近級数として (6.17), (6.18) の表示をすると，

(6.19) $$a_j(0, x, k)+b_j(0, x, k) = 0 \qquad (j=0, 1, 2, \cdots).$$

一方

$$\frac{\partial\phi_1}{\partial t}(0, x, k) = |\mathrm{grad}\,\phi_1(0, x, k)| = |k| = -\frac{\partial\phi_2}{\partial t}(0, x, k)$$

が (6.14), (6.15), (6.16) から導かれるから，

(6.20) $$a_0(0, x, k)-b_0(0, x, k) = 1,$$

(6.21) $$-i|k|(a_j(0, x, k)-b_j(0, x, k)) + \frac{\partial a_{j-1}}{\partial t} - \frac{\partial b_{j-1}}{\partial t} = 0 \qquad (j=1, 2, \cdots)$$

を得る．ϕ_1 が (6.14) をみたし，ϕ_2 が (6.15) をみたすとした理由は，(6.20), (6.21) の漸化式が，(6.19) の漸化式と 1 次独立となるようにしたかったのである．以上によって，ϕ_1, ϕ_2, a, b を定めて (6.4) を作ると，

$$\left(\frac{\partial^2}{\partial t^2} - \Delta\right)u(t, x, k) = 0,$$

$$u(0, x, k) = 0,$$

$$\frac{\partial u}{\partial t}(0, x, k) = e^{ik\cdot x}$$

を漸近的にみたす解 $u(t, x, k)$ が得られた．

これは，$|k|$ の負ベキに関する漸近的な解で，真の解とは一般には異なる．（もちろん和 (6.8) が真に収束すれば，真の解となる.）しかし，幾何光学の説明には，この漸近解で十分であると考えられる．（もちろん，真の解が，これと同じ漸近

性を示すということを暗黙のうちに了解してである.) (6.14) 式を Hamilton-Jacobi の方法で解くとする. Hamilton 関数は, $H(x,\xi)=|\xi|^2$ である. Hamilton ベクトル場で, Hamilton 関数 $H(x,\xi)$ は不変であるから, 初期値

$$|\mathrm{grad}\,\phi_j(0,x,k)|=|k| \qquad (j=1,2)$$

に注意すると, 任意の t に対して,

$$\frac{\partial\phi_j}{\partial t}(t,x,k)=\pm|\mathrm{grad}\,\phi_j(t,x,k)|=\pm|k|. \tag{6.22}$$

すなわち, $|k|$ は, 周期の逆数にも比例する. (6.10) あるいは (6.14), (6.15) は幾何光学で, **アイコナール方程式**と呼ばれるものと一致する. 幾何光学にあっては, 一般に, 時間-空間の4次元空間で, **光線**の進む方向 (direction of ray) のベクトル場は, ポテンシャルを持つ. すなわち, ある関数 $\varphi(t,x)$ があって, 光線の進む方向のベクトル場は,

$$\left(\frac{\partial\varphi}{\partial t},\frac{\partial\varphi}{\partial x_1},\frac{\partial\varphi}{\partial x_2},\frac{\partial\varphi}{\partial x_3}\right)$$

で与えられる. アイコナール方程式とは, この $\varphi(t,x)$ の満足する方程式である. またこの関数を用いて, この関数の等高面, すなわち, $\varphi(t,x)=\mathrm{const.}$ を幾何光学では**波面** (wave front) と呼ぶ. いま φ が (6.14) を満足すると, $\partial\varphi/\partial t\gneqq 0$ である. $\varphi=c_0$ という波面と時刻 $t=t_0$ との交わりとして得られる3次元空間内の曲面を S とする. 時刻 $t=t_0$ を固定して得られる x の関数 $\varphi(t_0,x)$ の3次元空間内の勾配ベクトルを, $\boldsymbol{n}=\mathrm{grad}_x\varphi(t_0,x)$ とする. これは S の法線ベクトルである. 波面 $\varphi=c_0$ と $t=t_0+\delta t$ との交わりを S' とする. S' は, S から $\boldsymbol{n}$ の方向へ高次の無限小を無視して,

$$-\frac{\partial\varphi}{\partial t}\cdot\delta t\cdot|\boldsymbol{n}|^{-1} \tag{6.23}$$

だけ進んだ位置に存在する. $\delta t>0$ とすると, (6.14) から $\partial\varphi/\partial t>0$ であるから, (6.23) の量は <0 である. したがって, S' は S から $-\boldsymbol{n}$ の方向へ進んでいる. すなわち $\boldsymbol{n}$ の方向へ退行している. この事実から, (6.14) をみたす φ は, **退行波**をあらわすという. 全く同じ考察を, (6.15) を満足する φ について行うと, こんどは $\partial\varphi/\partial t<0$ であるから, $\delta t>0$ のとき, 量 (6.23) は >0 である. S' はこんどは, S から $\boldsymbol{n}$ の方向へ進んだ位置にある. このことによって, (6.15) を満足す

る φ は，**進行波**をあらわすという.

(6.4) はしたがって，解 $u(t,x,k)$ が，退行波と進行波の重ね合せで成立していて，それぞれの波面は，位相関数 ϕ_1 と ϕ_2 とで与えられることを示している．そして，振幅関数は，それぞれ退行波と進行波各々の強さを与えるわけである．振幅関数を決定する (6.11), (6.12) の方程式を書き直す．いま，退行波の光線 (ray) の方向は 4 次元空間で

$$(6.24)\qquad \left(\frac{\partial\varphi}{\partial t}, -\frac{\partial\varphi}{\partial x_1}, -\frac{\partial\varphi}{\partial x_2}, -\frac{\partial\varphi}{\partial x_3}\right) = \left(\frac{\partial\varphi}{\partial t}, -\mathrm{grad}_x\,\varphi\right)$$

であった．光線の進む方向への方向微分を $\delta/\delta s$ と書くと，

$$(6.25)\qquad \frac{\delta}{\delta s} = -\frac{\partial\varphi}{\partial t}\frac{\partial}{\partial t}+\frac{\partial\varphi}{\partial x_1}\frac{\partial}{\partial x_1}+\frac{\partial\varphi}{\partial x_2}\frac{\partial}{\partial x_2}+\frac{\partial\varphi}{\partial x_3}\frac{\partial}{\partial x_3}$$

であるから，(6.11) と (6.12) はそれぞれ，

$$(6.26)\qquad \frac{\delta}{\delta s}a_0+\frac{1}{2}\left(\frac{\partial^2\phi}{\partial t^2}-\varDelta\phi\right)a_0 = 0,$$

$$(6.27)\qquad \frac{\delta}{\delta s}a_j+\frac{1}{2}\left(\frac{\partial^2\phi}{\partial t^2}-\varDelta\phi\right)a_j-\left(\frac{\partial^2 a_{j-1}}{\partial t^2}-\varDelta a_{j-1}\right) = 0$$

である．この二つの方程式の意味するところは，退行波の強さをあらわす振幅関数が，光線の進む方向に沿って，常微分方程式によって決定されるということである．このことは，電磁波が，幾何光学での光線の進む方向に進むことを意味するといって良いであろう．それゆえ，(6.11) または (6.26) を**輸送方程式**と呼び，(6.12) あるいは (6.27) を**高次輸送方程式**と呼ぶ．進行波についても同様である．

後に一度必要となるから，$\phi_j(t,x,k)$ $(j=1,2)$ の求め方について復習しておく．まず，$\boldsymbol{R}^4$ の余接バンドル $\boldsymbol{R}^4\times\boldsymbol{R}^4$ において，Hamilton 関数 $\tau-|p|$ で生成される Hamilton ベクトル場を作る．この Hamilton ベクトル場で，$t=0$ のとき，$\tau=|p|$, $p=k$ という部分多様体を通る積分曲線が張る Lagrange 部分多様体を V とする．$t=0$, $q=0$, $p=k$, $\tau=|p|=|k|$ である点を P_0 とする．V 上の点 P を基底空間 $\boldsymbol{R}^4$ に射影した点を (t,x) とすると，

$$(6.28)\qquad \begin{aligned}\phi_1(t,x,k) &= \int_{P_0}^{P}\left(-\tau dt+\sum_{j=1}^{3}p_j dq_j\right)\\ &= -|k|t+S_0(t,x,k)\\ &= -|k|t+k\cdot\bar{x}(x,k)+S_1(t,x,k),\end{aligned}$$

ただし

$$
(6.29)\quad \begin{cases} S_0(t,x,k) = \displaystyle\int_{P_0}^{P}\left(\sum_{j=1}^{3} p_j dq_j\right), \\ S_1(t,x,k) = \displaystyle\int_{\bar{x}}^{P}\left(\sum_{j=1}^{3} p_j dq_j\right) = \int_{\bar{x}}^{P}\sum_{j=1}^{3} p_j \frac{d\dot{q}_j}{dt}dt \end{cases}
$$

で S_0 の積分は，V 上任意の道に沿って P_0 から P へ積分すれば良い．S_1 に関しては，$\bar{x}(t,x,k)$ は，P を通る Hamilton ベクトル場の積分曲線と，$t=0$ との交わりの x 座標が $\bar{x}(t,x,k)$ であり，S_1 の積分は，この積分曲線に沿っての積分である．

以上に述べた過程は，本講の第I分冊で述べた Schrödinger 方程式の解から，$h\to 0$ の極限として，古典力学を導いた Birkhoff の方法と同じであることに気がつかれたと思う．歴史的には，むしろ，Debye-Runge-Sommerfeld による幾何光学のこの説明が先行していて，Birkhoff はここからヒントを得たのであろう．本講では，Keller-Maslov-Arnol'd 指数の解説を何よりも優先させる立場を取ったから，このように順序を逆転して紹介した．

注意　波面を与える関数 φ は，光源から光線に沿っての光学的距離を与える．このことは，本講では必要がないから省略したが，ϕ_1 の構成法から想像されよう．

さて，上の Debye-Runge-Sommerfeld の方法は，一見すると特殊のようにみえる．すなわち，$u(t,x,k)$ が (6.4) の形をしていること，初期条件が (6.3) という形であることは，極めて特殊であると思われるであろう．後になって，これは特殊でないことが分る．たとえば，初期値の形についていえば，すべての関数が $e^{ik\cdot x}$ の形の波の重ね合せとして書けることは，Fourier 積分公式の意味するところであるから，(6.3) の形の初期値は，さして特殊ではないことが分る．

§6.2　解の不連続性と幾何光学

前節で行ったのと別の仕方で，幾何光学を説明することも可能である．すなわち，電磁場をあらわすベクトルの一つの成分 $u(t,x)$ は，波動方程式

$$
(6.30)\qquad \left(\frac{\partial^2}{\partial t^2}-\Delta\right)u(t,x) = 0
$$

を満足する．それまで暗闇であった空間で，時刻 t_0 において，突然光源が光を

発したとする．空間の他の点で観測して，$u(t, x)$ をグラフにしてみると，図 6.1 のようになるであろう．

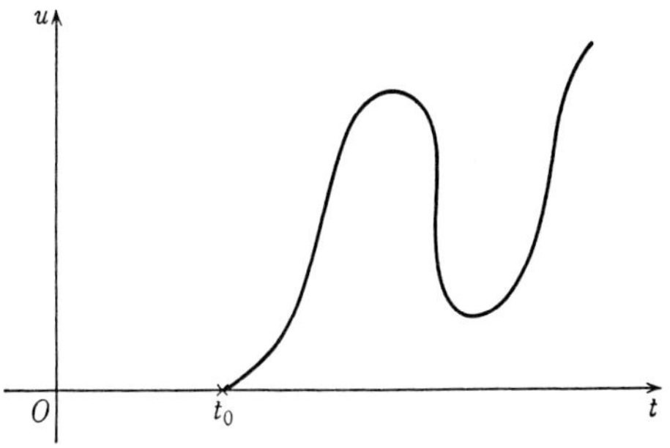

図 6.1

はじめのうちは，光源から観測点には光が届かないから u はずっと 0 である．時刻 $t=t_0$ においてはじめて光が到達するから，これ以後は u は 0 ではない．光がはじめて到達した時刻 $t=t_0$ にあっては，u の値は 0 から突然不連続的に 0 でない値に飛躍するかもしれない．あるいは，u の値自体は突然の飛躍をしないが，その何階かの導関数は，不連続となって飛躍をしていると考えられる．他の時刻では，u は導関数をこめて，滑らかな関数となっていると考えられる．したがって，この観測点に光が最初に到達した時刻 $t=t_0$ とは，u あるいはその何階かの導関数が不連続性を示す時刻であるという特徴づけが出来るであろう．こうして，空間の各点で，u またはその導関数が不連続となる時刻を記録すると，空間の各点に光がはじめて到達した時刻が記録されるわけで，それは時間-空間の 4 次元空間の中で，光の進む様子を記述することになるであろう．そして，これは幾何光学と一致するであろうと思われる．このような立場も 19 世紀の末には知られていた．

これを数学的に実行するためには，超曲面に沿って特異性をもつ超関数について，少し準備しよう．

$\boldsymbol{R}^1$ で定義された関数で，原点で不連続的な飛躍をするものとして，Heaviside の関数

(6.31)
$$Y(t)=\begin{cases}1 & (t>0),\\ 0 & (t\leqq 0)\end{cases}$$

がある．この関数は原点で1だけ飛躍し，他の点では定数である．さて，一般に，$f(t)$ という $\boldsymbol{R}^1$ で定義された関数が，原点で α だけ飛躍し，他の点では連続であると，$f(t)-\alpha Y(t)$ は $\boldsymbol{R}^1$ 全体で連続となる．したがって，Y は最も基本的な不連続関数である．

4次元空間で定義された特異点のない曲面 Γ が，方程式

(6.32)
$$h(t,x)=0$$

で与えられたとする．Γ は特異点をもたぬから，Γ 上で，$\mathrm{grad}_{(t,x)}\,h\neq 0$ とする．いま，関数 $Y(h(t,x))$ を作る．すなわち

(6.33)
$$Y(h(t,x))=\begin{cases}1 & (h(t,x)>0),\\ 0 & (h(t,x)\leqq 0)\end{cases}$$

となる．領域 $h<0$ から，Γ を越えて $h>0$ という領域へ移るとき1だけ値が飛躍する，Γ に沿って不連続性を持つ関数である．

いま $f(t,x)$ が，4次元空間 $\boldsymbol{R}^4$ で定義されていて，Γ で境された二つの領域 $h<0$ から，Γ を越えて $h>0$ という領域へ移るとき，不連続的に飛躍し，他の点では連続な関数とする．Γ の点 P を越えて $h<0$ の領域から，$h>0$ の領域に移るとき，f の飛躍を $\Delta f(P)$ とおく．簡単のため，f は $h\leqq 0$ という閉集合上連続とする．Γ 上では $\mathrm{grad}_{(t,x)}\,h\neq 0$ であるから，Γ の適当に小さい近傍 U をとると，U 内では，ベクトル場 $\mathrm{grad}_{(t,x)}\,h(t,x)$ は0でないとして良い．しかも，U 内のベクトル場 $\mathrm{grad}_{(t,x)}\,h$ の積分曲線は，つねに Γ と1点で交わると仮定して良い．それゆえ，U の任意の点 (t,x) に対して，この点を通る $\mathrm{grad}_{(t,x)}\,\varphi$ の積分曲線と，Γ との交わりを $P(t,x)$ とする．対応 $U\ni(t,x)\to P(t,x)\in\Gamma$ は，U から Γ への C^∞ 写像となる．U での C^∞ 関数 $\omega(t,x)$ を，Γ の近くで恒等的に1に等しく，U の境界近くで恒等的に0となるようにとる．すると，

(6.34)
$$f(t,x)-\Delta f(P(t,x))\,Y(h(t,x))\,\omega(t,x)$$

は，$\boldsymbol{R}^4$ 全体で定義された $\boldsymbol{R}^4$ 全体で連続な関数となる．関数 $f(t,x)$ の不連続性は，(6.34) の第2項の関数の不連続性と一致する．これは，f の飛躍をあらわす関数 Δf と，$Y(h(t,x))$ から構成される．この意味で $f(t,x)$ は，Γ に沿って不連続となる関数のうちで，基準的なものであるといえる．

$\boldsymbol{R}^1$ で定義された Heaviside 関数 $Y(t)$ の原始関数の一つは,

$$t_+ = \begin{cases} t & (t>0), \\ 0 & (t\leqq 0) \end{cases} \tag{6.35}$$

である．次々に，積分して

$$\frac{1}{n!}t_+{}^n = \begin{cases} \dfrac{1}{n!}t^n & (t>0), \\ 0 & (t\leqq 0) \end{cases} \tag{6.36}$$

という関数を得る．ここで，ベキ n を一般化して，$\mathrm{Re}\,\lambda>-1$ という任意の複素数 λ に対して,

$$t_+{}^\lambda = \begin{cases} t^\lambda & (t>0), \\ 0 & (t\leqq 0) \end{cases} \tag{6.37}$$

を定義する．これは，局所可積分関数であるから，超関数とみなすことができる．たとえば,

$$t_+{}^0 = \begin{cases} 1 & (t>0), \\ 0 & (t\leqq 0) \end{cases}$$

であるから

$$Y(t) = t_+{}^0 \tag{6.38}$$

である．$t_+{}^\lambda$ を超関数とみなすには，$\forall\varphi\in\mathcal{D}(\boldsymbol{R}^1)$ に対し

$$\langle t_+{}^\lambda, \varphi\rangle = \int_0^\infty t^\lambda\varphi(t)\,dt \tag{6.39}$$

である．これは確かに，$\mathrm{Re}\,\lambda>-1$ のとき，λ の正則関数である．よって $\lambda\to t_+{}^\lambda$ は，超関数に値をもつ正則関数とみなされる．これを，$\mathrm{Re}\,\lambda>-1$ という領域の外へ解析接続してみよう．$\mathrm{Re}\,\lambda>-1$ で，(6.39) から

$$\begin{aligned}\langle t_+{}^\lambda, \varphi\rangle &= \int_0^1 t^\lambda\varphi(t)\,dt+\int_1^\infty t^\lambda\varphi(t)\,dt \\ &= \int_0^1 t^\lambda(\varphi(t)-\varphi(0))\,dt+\frac{\varphi(0)}{\lambda+1}+\int_1^\infty t^\lambda\varphi(t)\,dt\end{aligned} \tag{6.40}$$

という表示が成立する．$\varphi\in\mathcal{D}(\boldsymbol{R}^1)$ に Taylor の公式を適用すると，任意の N という正整数に対し,

$$\varphi(t) = \varphi(0)+\sum_{k=1}^N \frac{t^k}{k!}\varphi^{(k)}(0)+R_N(t), \tag{6.41}$$

$$R_N(t) = \frac{t^{N+1}}{N!}\int_0^1 (1-t)^N \varphi^{(N)}(s)\,ds \tag{6.42}$$

である．定数 C_N があって

$$|R_N(t)| \leqq C_N t^{N+1} \tag{6.43}$$

である．$C_N = 1/N! \max_{t\in \boldsymbol{R}^1} |\varphi^{(N)}(t)|$ とおけば良い．$N=0$ とすると $|\varphi(t)-\varphi(0)| \leqq C_0 t$ であるから，(6.40) の右辺第1項は，$\mathrm{Re}\,\lambda > -2$ で広義一様収束する．したがって，この項はこの範囲で λ の正則関数である．(6.40) の右辺第3項も同様に，全 λ 平面で正則である．以上によって (6.40) は，λ の関数として $\mathrm{Re}\,\lambda > -2$ で有理型で，$\lambda=-1$ に1位の極をもつ正則関数に解析接続された．そして $\lambda=-1$ で留数は $\varphi(0)$．それゆえに，$\mathcal{D}'(\boldsymbol{R}^1)$ に値をもつ λ の解析関数として，$t_+{}^\lambda$ は $\mathrm{Re}\,\lambda > -2$ まで有理型に接続され，$\lambda=-1$ が1位の極で，そこでの留数は

$$\operatorname*{Res}_{\lambda=-1} t_+{}^\lambda = \delta \tag{6.44}$$

となる．同様のことをつづけて行えば，$\mathcal{D}'(\boldsymbol{R}^1)$ に値をもつ λ の複素解析関数として，$t_+{}^\lambda$ は全平面で有理型であること，さらに $\lambda=-n$ $(n=1,2,\cdots)$ が極で，しかもそこでは1位の極であって，留数は，

$$\operatorname*{Res}_{\lambda=-n} t_+{}^\lambda = \frac{(-1)^{n-1}}{\Gamma(n)}\delta^{(n-1)} \tag{6.45}$$

であるということが分る．$\mathrm{Re}\,\lambda > -n-1$ まで有効な表示式として，(6.40) と同様な

$$\begin{aligned}\langle t_+{}^\lambda, \varphi\rangle = &\int_0^1 t^\lambda\Bigl(\varphi(t)-\varphi(0)-\sum_{k=1}^{N-1}\frac{t^k}{k!}\varphi^{(k)}(0)\Bigr)dt \\ &+\sum_{k=1}^{N}\frac{1}{\Gamma(k)}\frac{1}{\lambda+k}\varphi^{(k-1)}(0) \\ &+\int_1^\infty t^\lambda \varphi(t)\,dt\end{aligned} \tag{6.46}$$

がある．超関数としての微分の公式は，$\mathrm{Re}\,\lambda > 0$ のとき，明らかに

$$\frac{d}{dt}t_+{}^\lambda = \lambda t_+{}^{\lambda-1} \tag{6.47}$$

である．$\mathcal{D}'(\boldsymbol{R}^1)$ に値をとる解析関数でも一致の定理が成立するから，(6.47) 式は，両辺が意味をもつすべての λ について成立する．

以上のことは，$\mathrm{Re}\,\lambda > -1$ において，

(6.48)
$$t_-^{\lambda}=\begin{cases}0 & (t\geqq 0),\\ (-t)^{\lambda} & (t<0)\end{cases}$$

で定義される関数 t_-^{λ} についても成立する．これは超関数とみなすと，$\mathcal{D}'(\boldsymbol{R}^1)$ に値をもつ λ の全平面で有理型の解析関数として解析接続される．極は，$\lambda=-n$ $(n=1,2,\cdots)$ であり，そこでは1位の極で，留数は，

(6.49)
$$\operatorname*{Res}_{\lambda=-n} t_-^{\lambda}=\frac{1}{\Gamma(n)}\delta^{(n-1)}$$

である．微分の公式は，

(6.50)
$$\frac{d}{dt}t_-^{\lambda}=-\lambda t_-^{\lambda-1}$$

で，両辺が意味をもつすべての λ で成立する．

$t_+^{\lambda}, t_-^{\lambda}$ を使って，

(6.51)
$$(t\pm i0)^{\lambda}=t_+^{\lambda}+e^{\pm\pi\lambda i}t_-^{\lambda}$$

という新しい超関数を定義する．λ が正整数 n ならこれは t^n に一致し，$\operatorname{Re}\lambda>-1$ ならこれは局所可積分の関数である．(6.45) と (6.49) から $(t\pm i0)^{\lambda}$ は，$\mathcal{D}'(\boldsymbol{R}^1)$ に値をもつ λ の解析関数として，全平面で正則であることが分る．微分の公式は，

(6.52)
$$\frac{d}{dt}(t\pm i0)^{\lambda}=\lambda(t\pm i0)^{\lambda-1}$$

で，任意の $\lambda\in\boldsymbol{C}$ で成立する．ただし，両辺は超関数としての意味である．

$\boldsymbol{R}^4$ の中の超曲面 Γ が，前のように $h=0$ で定義され，Γ 上 $\operatorname{grad}_{(t,x)}h\neq 0$ であるとする．Heaviside の Y 関数から $Y(h(t,x))$ という関数を作ったように，こんどは，超関数 t_+^{λ} から Γ 上で不連続となる超関数を作る．まず，複素数 λ を $\operatorname{Re}\lambda>-1$ にとる．このとき，

(6.53)
$$h_+^{\lambda}(t,x)=\begin{cases}h(t,x)^{\lambda} & (h(t,x)>0),\\ 0 & (h(t,x)\leqq 0)\end{cases}$$

とおく．これは局所可積分関数であるから超関数である．すなわち，$\varphi\in\mathcal{D}(\boldsymbol{R}^4)$ に対し，

(6.54)
$$\langle h_+^{\lambda},\varphi\rangle=\int_{h(t,x)>0}h(t,x)^{\lambda}\varphi(t,x)\,dtdx$$

という超関数となる．$\lambda=0$ とすると，

$$h_+{}^0(t,x)=Y(h(t,x)) \tag{6.55}$$

である．また，全く同様に，

$$h_-{}^\lambda(t,x)=\begin{cases}0 & (h\geqq 0),\\ (-h(t,x))^\lambda & (h<0)\end{cases} \tag{6.56}$$

として，$h_-{}^\lambda$ が定義される．これらから，

$$(h(t,x)\pm i0)^\lambda=h_+{}^\lambda(t,x)+e^{\pm\pi\lambda i}h_-{}^\lambda(t,x) \tag{6.57}$$

によって $(h(t,x)\pm i0)^\lambda$ を定義する．$\lambda=n$ (正整数) のときこれは h^n と一致する．この $\mathrm{Re}\,\lambda>-1$ で定義された超関数は，この範囲では，$\mathcal{D}'(\boldsymbol{R}^4)$ に値をもつ λ の正則関数である．これらは，この外にも解析接続される．(6.34) を構成したときに用いた Γ の近傍 U と関数 $\omega(t,x)$ を使う．$U\ni(t,x)\to P(t,x)\in\Gamma$ は，C^∞ 写像であった．$y=h(t,x)-h(P(t,x))$ とおく．U の任意の点は，$(y,P)\in\boldsymbol{R}\times\Gamma$ をパラメータとして表示できる．Γ の体積要素を与える3次外微分形式 η は，

$$dy\wedge\eta=dt\wedge dx_1\wedge dx_2\wedge dx_3 \tag{6.58}$$

で定義される．この式では，η は $\mathrm{mod}\,dy=\mathrm{mod}\,(dh)$ でしか定まらない．しかし，Γ に制限すれば η は一意的に定まる．たとえば，

$$\begin{aligned}\eta&=\frac{*dy}{|dy|^2}=\frac{*dh}{|dh|^2}\\&=\left(\left|\frac{\partial h}{\partial t}\right|^2+\sum_{j=1}^{3}\left(\frac{\partial h}{\partial x_j}\right)^2\right)^{-1}\left(\frac{\partial h}{\partial t}dx_1\wedge dx_2\wedge dx_3-\frac{\partial h}{\partial x_1}dt\wedge dx_2\wedge dx_3\right.\\&\qquad\left.+\frac{\partial h}{\partial x_2}dt\wedge dx_1\wedge dx_3-\frac{\partial h}{\partial x_3}dt\wedge dx_1\wedge dx_2\right)\end{aligned} \tag{6.59}$$

とすれば良い．さて，任意の $\varphi\in\mathcal{D}(\boldsymbol{R}^4)$ に対して，ω と φ の積を $\omega\varphi$ と書く．この関数の台は，U に含まれるコンパクト集合であるから，ここで (y,P) が座標としてとれるから，$(\omega\varphi)(y,P)$ とあらわされる．Taylor の公式を変数 y について適用すれば，任意の整数 $N\geqq 0$ に対して，

$$(\omega\varphi)(y,P)=\sum_{k=0}^{N}\frac{y^k}{k!}\frac{\partial^k\varphi}{\partial y^k}(0,P)+R_N(y,P) \tag{6.60}$$

が成立する．剰余項 $R_N(y,P)$ に対しては，評価

$$|R_N(y,P)|\leqq M|y|^{N+1} \tag{6.61}$$

が成立する．M は N と φ とに依る正数である．

$$\varphi(t,x)=(\omega\varphi)(t,x)+(1-\omega(t,x))\varphi(t,x)$$

であるから，$\mathrm{Re}\,\lambda > -1$ で (6.54) を書き直すと，

$$\langle h_+{}^\lambda, \varphi\rangle = \int_{h>0} h(t,x)^\lambda (1-\omega(t,x))\varphi(t,x)\,dtdx + \int_{h>0} h(t,x)^\lambda (\omega\varphi)(t,x)\,dtdx. \tag{6.62}$$

この第1項の被積分関数の台はコンパクトで，そこで，$h(t,x)$ は 0 でない．したがって，$h(t,x)^\lambda$ は，任意の $\lambda \in \boldsymbol{C}$ に対し定義された正則関数となる．したがって，この第1項の積分は，λ の全平面で正則関数となる．第2項については，(6.40) 式にならって

$$\begin{aligned}\int_{h>0} h(t,x)^\lambda (\omega\varphi)(t,x)\,dtdx &= \int_\Gamma\int_0^\infty y^\lambda (\omega\varphi)(y,P)\,dy\wedge d\eta(P) \\ &= \int_\Gamma\left[\int_0^\infty y^\lambda((\omega\varphi)(y,P)-(\omega\varphi)(0,P))\,dy\right]\eta(P) \\ &\quad +\frac{1}{\lambda+1}\int_\Gamma \varphi(0,P)\eta(P).\end{aligned} \tag{6.63}$$

したがって，$\varphi|_\Gamma$ で φ を Γ に制限した関数を示すと，

$$\begin{aligned}\langle h_+{}^\lambda, \varphi\rangle &= \int_{h>0} h(t,x)^\lambda (1-\omega(t,x))\varphi(t,x)\,dtdx \\ &\quad + \int_\Gamma\left[\int_0^\infty y^\lambda((\omega\varphi)(y,P)-\varphi(0,P))\,dy\right]\eta(P) \\ &\quad +\frac{1}{\lambda+1}\int_\Gamma \varphi|_\Gamma(P)\eta(P).\end{aligned} \tag{6.64}$$

これは，(6.61) によって $\mathrm{Re}\,\lambda > -2$ で有理型で，$\lambda=-1$ が極であってしかもここで1位の極である．留数は

$$\operatorname*{Res}_{\lambda=-1}\langle h_+{}^\lambda, \varphi\rangle = \int_\Gamma \varphi|_\Gamma(P)\eta(P).$$

そこで，超関数 $\delta(h) \in \mathcal{D}'(\boldsymbol{R}^4)$ を任意の $\varphi \in \mathcal{D}(\boldsymbol{R}^4)$ に対して

$$\langle \delta(h), \varphi\rangle = \int_\Gamma \varphi|_\Gamma(P)\eta(P) \tag{6.65}$$

で定義する．すると，$h_+{}^\lambda$ は $\mathcal{D}'(\boldsymbol{R}^4)$ に値をもつ λ の関数として $\mathrm{Re}\,\lambda > -2$ で有理型で，$\lambda=-1$ にただ一つの極があり，位数は 1 で，留数は

$$\operatorname*{Res}_{\lambda=-1} h_+{}^\lambda = \delta(h) \tag{6.66}$$

である．以下同様にするならば，

(6.67)
$$
\begin{aligned}
\langle h_+{}^\lambda, \varphi\rangle
&= \int_{h>0} h(t,x)^\lambda (1-\omega(t,x))\varphi(t,x)\,dtdx \\
&\quad + \int_\Gamma \int_0^\infty y^\lambda \Big[(\omega\varphi)(y,P) - \varphi(0,P) - y\frac{\partial}{\partial y}\varphi(0,P) - \cdots \\
&\quad - \frac{y^{n-1}}{(n-1)!}\frac{\partial^{n-1}}{\partial y^{n-1}}\varphi(0,P)\Big] dy\eta(P) \\
&\quad + \sum_{k=1}^n \frac{1}{\Gamma(k)}\frac{1}{\lambda+k}\int_\Gamma \left(\frac{\partial}{\partial y}\right)^{k-1}\varphi(0,P)\eta(P)
\end{aligned}
$$

という $\mathrm{Re}\,\lambda > -n-1$ で有効な式を得る．したがって，λ について，$h_+{}^\lambda$ は全平面で有理型で $\lambda=-k$ $(k=1,2,\cdots)$ にのみ極があり，それらはみな1位の極で，留数は，

(6.68)
$$
\underset{\lambda=-n}{\mathrm{Res}}\, h_+{}^\lambda = \frac{(-1)^{n-1}}{\Gamma(n)}\frac{\partial^{n-1}}{\partial h^{n-1}}\delta(h)
$$

である．ここで，

(6.69)
$$
\frac{\partial}{\partial h} = |\mathrm{grad}_{(t,x)}\, h|^{-2}\left(\frac{\partial h}{\partial t}\frac{\partial}{\partial t} + \frac{\partial h}{\partial x_1}\frac{\partial}{\partial x_1} + \frac{\partial h}{\partial x_2}\frac{\partial}{\partial x_2} + \frac{\partial h}{\partial x_3}\frac{\partial}{\partial x_3}\right)
$$

である．全く同様に，$h_-{}^\lambda$ も全平面有理型に解析接続される．$\lambda=-n$ $(n=1,2,\cdots)$ に1位の極をもって，そこでの留数は

(6.70)
$$
\underset{\lambda=-n}{\mathrm{Res}}\, h_-{}^\lambda = \frac{1}{\Gamma(n)}\frac{\partial^{n-1}}{\partial h^{n-1}}\delta(h)
$$

である．$(h\pm i0)^\lambda$ は，λ につき全平面で正則な関数として解析接続される．微分の公式については，$\mathrm{Re}\,\lambda > -1$ のときの公式から，

(6.71)
$$
\begin{cases}
\dfrac{\partial}{\partial t} h_\pm{}^\lambda = \pm\lambda h_\pm{}^{\lambda-1}\dfrac{\partial}{\partial t}h, \\[2ex]
\dfrac{\partial}{\partial x_j} h_\pm{}^\lambda = \pm\lambda h_\pm{}^{\lambda-1}\dfrac{\partial}{\partial x_j}h \qquad (j=1,2,3)
\end{cases}
$$

となる．また

(6.72)
$$
\begin{cases}
\dfrac{\partial}{\partial t}(h\pm i0)^\lambda = \lambda\dfrac{\partial}{\partial t}h(h\pm i0)^{\lambda-1}, \\[2ex]
\dfrac{\partial}{\partial x_j}(h\pm i0)^\lambda = \lambda\dfrac{\partial h}{\partial x_j}(h\pm i0)^{\lambda-1}
\end{cases}
$$

という公式を得る．これらは，両辺が定義される λ について成立する．

さて，方程式 (6.2) の解で，不連続性をもつ解として

$$(6.73)\qquad u(t,x,k)=\sum_{j=0}^{\infty}a_j(t,x,k)(\phi_1(t,x,k)-i0)^{\lambda+j}+\sum_{j=0}^{\infty}b_j(t,x,k)(\phi_2(t,x,k)-i0)^{\lambda+j}$$

という形を想定する．初期条件としては，

$$(6.74)\qquad u(0,x,k)=0,$$

$$(6.75)\qquad \frac{\partial u}{\partial t}(0,x,k)=(x\cdot k-i0)^{\lambda}$$

とする．

一般に，

$$(6.76)\qquad \frac{\partial}{\partial t}(a(\phi-i0)^{\mu})=\frac{\partial a}{\partial t}(\phi-i0)^{\mu}+\mu a\frac{\partial\phi}{\partial t}(\phi-i0)^{\mu-1},$$

$$(6.77)\qquad \frac{\partial^2}{\partial t^2}(a(\phi-i0)^{\mu})=\frac{\partial^2 a}{\partial t^2}(\phi-i0)^{\mu}+2\mu\frac{\partial a}{\partial t}\frac{\partial\phi}{\partial t}(\phi-i0)^{\mu-1}+\mu a\frac{\partial^2\phi}{\partial t^2}(\phi-i0)^{\mu-1}+\mu(\mu-1)a\left(\frac{\partial\phi}{\partial t}\right)^2(\phi-i0)^{\mu-2}$$

である．同様に，

$$(6.78)\qquad \Delta(a(\phi-i0)^{\mu})=\Delta a(\phi-i0)^{\mu}+2\mu\,\mathrm{grad}_x a\cdot\mathrm{grad}_x\phi(\phi-i0)^{\mu-1}+\mu a\Delta\phi(\phi-i0)^{\mu-1}+\mu(\mu-1)a|\mathrm{grad}_x\phi|^2(\phi-i0)^{\mu-2}$$

が成立する．よって，

$$(6.79)\qquad \left(\frac{\partial^2}{\partial t^2}-\Delta\right)(a(\phi-i0)^{\mu})=\mu(\mu-1)\left(\left(\frac{\partial\phi}{\partial t}\right)^2-|\mathrm{grad}_x\phi|^2\right)a(\phi-i0)^{\mu-2}+2\mu\left(\frac{\partial\phi}{\partial t}\frac{\partial a}{\partial t}-\mathrm{grad}_x\phi\cdot\mathrm{grad}_x a+\frac{1}{2}\left(\frac{\partial^2\phi}{\partial t^2}-\Delta\phi\right)a\right)(\phi-i0)^{\mu-1}+\left(\frac{\partial^2}{\partial t^2}a-\Delta a\right)(\phi-i0)^{\mu}.$$

この (6.79) を使って (6.73) を (6.2) に代入して，$(\phi_j(t,x,k)-i0)^k$ $(j=1,2)$ の

各項の係数を0とおくと，第1項として

$$\lambda(\lambda-1)\left(\left(\frac{\partial\phi_j}{\partial t}\right)^2-|\mathrm{grad}_x\,\phi_j|^2\right)=0 \qquad (j=1,2) \tag{6.80}$$

を得る．$\lambda\neq 1, 0$ として，アイコナール方程式，

$$\left(\frac{\partial\phi_j}{\partial t}\right)^2-|\mathrm{grad}_x\,\phi_j|^2=0 \qquad (j=1,2) \tag{6.81}$$

を得る．これから

$$\frac{\partial\phi_1}{\partial t}-|\mathrm{grad}_x\,\phi_1|=0, \tag{6.82}$$

$$\frac{\partial\phi_2}{\partial t}+|\mathrm{grad}_x\,\phi_2|=0 \tag{6.83}$$

とする．つぎの項は，a_0 に関して

$$\frac{\partial\phi_1}{\partial t}\frac{\partial a_0}{\partial t}-\mathrm{grad}_x\,\phi_1\cdot\mathrm{grad}_x\,a_0+\frac{1}{2}\left(\frac{\partial^2\phi_1}{\partial t^2}-\Delta\phi_1\right)a_0=0. \tag{6.84}$$

$j=1,2,\cdots$ に対して，

$$\frac{\partial\phi_1}{\partial t}\frac{\partial a_j}{\partial t}-\mathrm{grad}_x\,\phi_1\cdot\mathrm{grad}_x\,a_j+\frac{1}{2}\left(\frac{\partial^2\phi_1}{\partial t^2}-\Delta\phi_1\right)a_j \\ +\frac{1}{2(\lambda+j)}\left(\frac{\partial^2}{\partial t^2}-\Delta\right)a_{j-1}=0. \tag{6.85}$$

$b_j\ (j=0,1,2,\cdots)$ に対しても，ϕ_1 を ϕ_2 に変えた同じ漸化式が成立する．初期条件としては，(6.74) と (6.75) から，

$$\phi_1(0,x,k)=\phi_2(0,x,k)=x\cdot k, \tag{6.86}$$

$$a_j(0,x,k)+b_j(0,x,k)=0 \qquad (j=0,1,2,\cdots), \tag{6.87}$$

$$\frac{\partial a_{j-1}}{\partial t}+(\lambda+j)a_j\frac{\partial\phi_1}{\partial t}+\frac{\partial b_{j-1}}{\partial t}+(\lambda+j)b_j\frac{\partial\phi_2}{\partial t}\bigg|_{t=0}=1 \tag{6.88}$$

である．

$$\frac{\partial\phi_1}{\partial t}(0,x,k)=|k|=-\frac{\partial\phi_2}{\partial t}(0,x,k)$$

であるから

$$\lambda|k|(a_0(0,x,k)-b_0(0,x,k))=1, \tag{6.89}$$

$$(6.90)\qquad (\lambda+j)|k|(a_j(0,x,k)-b_j(0,x,k))+\frac{\partial a_{j-1}(0,x,k)}{\partial t}+\frac{\partial b_{j-1}(0,x,k)}{\partial t}=0\qquad (j=1,2,\cdots)$$

である．(6.82), (6.83) と選んだ理由は，やはり (6.87) と (6.89), (6.90) が独立な漸化式を示すようにしたのである．

こうして，'$\lambda\neq$負整数' のときは，これらによって (6.73) の各項が定まり，(6.2), (6.74), (6.75) の形式解が構成される．(6.82), (6.83), (6.86) を前節の (6.14), (6.15), (6.16) と比較すると，ϕ_1, ϕ_2 という関数は，前節と本節では全く一致することが分る．(6.73) にあっては，$\phi_1=0$, $\phi_2=0$ という曲面は (6.2) の (形式) 解の不連続面である．これが前節の ϕ_1, ϕ_2 と一致するということは，この不連続面が幾何光学の波面であることを意味している．波動方程式の解の不連続な点の作る面が，幾何光学の光の進行を記述するという予想が，この場合では確かめられた．それでは (6.73) 式の $a_j(t,x,k)$ と $b_j(t,x,k)$ は，どういう意味をもつか？また，指数 λ はどういう意味をもつか？ 指数 λ は，u の何階の導関数が飛躍をもつかという階数に関連する．したがって，$\phi_j=0$ $(j=1,2)$ という面での u の特異性の程度を示す．ところで，たとえば a_0, b_0 は，その飛躍がどのくらいの大きさであるかを示す．したがって，はじめて光が到達したときの衝撃の強さとでもいうべきであろうか．この強さは，常微分方程式 (6.84) にしたがう．これは前節の輸送方程式と同じである．また $j=1,2,\cdots$ に対しては，前節の a_j を $1/2^j(\lambda+1)(\lambda+2)\cdots(\lambda+j)$ 倍すれば本節の a_j を得ることになる．したがって，衝撃の強さすなわち解の特異性の大きさは，光線の進む向きに，輸送方程式によって決定される．このようにして，波動方程式の解の不連続性の伝播という見地からも幾何光学は説明できて，Debye-Runge-Sommerfeld と全く平行な結果を得た．

ところで，上述の議論は '$\lambda=$負整数' の場合は，例外となっていて扱うことができない．その理由は，$(t\pm i0)^{-1}$ の原始関数が $(t\pm i0)^0$ ではないことから生じている．$(t\pm i0)^{-1}$ の原始関数を求めるには次のようにすれば良い．$\varepsilon\neq 0$ とすれば，$(t\pm i0)^{-1+\varepsilon}$ の原始関数の一つとして $\varepsilon^{-1}(t\pm i0)^{\varepsilon}$ がある．ところで，$(t\pm i0)^0\equiv 1$ であるから，

(6.91) $$\frac{d}{dt}\varepsilon^{-1}((t\pm i0)^{\varepsilon}-(t\pm i0)^{0})=(t\pm i0)^{-1+\varepsilon}.$$

$\varepsilon\to 0$ とすると，(6.91) 右辺は $\mathcal{D}'(\boldsymbol{R}^1)$ で $(t\pm i0)^{-1}$ に収束する．微分演算は，$\mathcal{D}'(\boldsymbol{R}^1)$ で連続故

$$\frac{d}{dt}\lim_{\varepsilon\to 0}\varepsilon^{-1}((t\pm i0)^{\varepsilon}-(t\pm i0)^{0})=(t\pm i0)^{-1}.$$

ところで $(t\pm i0)^{\lambda}$ は，$\mathcal{D}'(\boldsymbol{R}^1)$ に値をとる関数として $\lambda=0$ の近傍で正則であるから，上式から，

(6.92) $$\frac{d}{dt}\left(\frac{\partial}{\partial\lambda}(t\pm i0)^{\lambda}\Big|_{\lambda=0}\right)=(t\pm i0)^{-1}$$

を得る．ところで，$\varphi\in\mathcal{D}(\boldsymbol{R}^1)$ に対して $\mathrm{Re}\,\lambda>-1$ のとき，

(6.93) $$\langle(t\pm i0)^{\lambda},\varphi\rangle=\int_0^{\infty}t^{\lambda}\varphi(t)\,dt+\int_{-\infty}^{0}e^{\pm\lambda\pi i}(-t)^{\lambda}\varphi(t)\,dt$$

であった．複素平面 $\boldsymbol{C}$ から負の実軸を除いたところで，対数関数 $\mathrm{Log}\,z$ を $\mathrm{Log}\,1=0$ という枝で定義する．すると，

(6.94) $$\lim_{\varepsilon\downarrow 0}\mathrm{Log}\,(t\pm i\varepsilon)=\log|t|\pm\pi i$$

であるから，この $\mathrm{Log}\,z$ という関数から

(6.95) $$z^{\lambda}=\exp\lambda\,\mathrm{Log}\,z$$

を，$\boldsymbol{C}-\{$負の実数$\}$ という領域で定義すると，

(6.96) $$\lim_{\varepsilon\downarrow 0}(t\pm i\varepsilon)^{\lambda}=\begin{cases}t^{\lambda} & (t>0),\\ (-t)^{\lambda}e^{\pm\pi\lambda i} & (t\leqq 0).\end{cases}$$

したがって，(6.93) から

(6.97) $$\langle(t\pm i0)^{\lambda},\varphi\rangle=\lim_{\varepsilon\downarrow 0}\langle(t\pm i\varepsilon)^{\lambda},\varphi\rangle.$$

λ の正則関数 $\langle(t\pm i\varepsilon)^{\lambda},\varphi\rangle$ は，$\varepsilon\downarrow 0$ のとき，$\mathrm{Re}\,\lambda>-1$ で λ に関し広義一様に収束するから，

$$\frac{d}{d\lambda}\langle(t\pm i0)^{\lambda},\varphi\rangle=\lim_{\varepsilon\downarrow 0}\frac{d}{d\lambda}\langle(t\pm i\varepsilon)^{\lambda},\varphi\rangle\qquad(\mathrm{Re}\,\lambda>-1)$$

である．

$$\frac{d}{d\lambda}z^{\lambda}=z^{\lambda}\,\mathrm{Log}\,z$$

であり，$\mathrm{Re}\,\lambda>-1$ で

$$\langle (t\pm i\varepsilon)^{\lambda}, \varphi\rangle = \int_{-\infty}^{\infty}(t\pm i\varepsilon)^{\lambda}\varphi(t)\,dt$$

であるから，λ がこの範囲であれば

$$\frac{d}{d\lambda}\langle (t\pm i\varepsilon)^{\lambda}, \varphi\rangle = \int_{-\infty}^{\infty}(t\pm i\varepsilon)^{\lambda}\,\mathrm{Log}\,(t\pm i\varepsilon)\,\varphi(t)\,dt$$

である．ε を正から 0 へ近づけると，

$$\left\langle \frac{d}{d\lambda}(t\pm i0)^{\lambda}, \varphi\right\rangle = \lim_{\varepsilon\downarrow 0}\int_{-\infty}^{\infty}(t\pm i\varepsilon)^{\lambda}\,\mathrm{Log}\,(t\pm i\varepsilon)\,\varphi(t)\,dt. \tag{6.98}$$

ここで，

$$\lim_{\varepsilon\downarrow 0}(t\pm i\varepsilon)^{\lambda}\,\mathrm{Log}\,(t\pm i\varepsilon) = \begin{cases} t^{\lambda}\log t & (t>0), \\ (-t)^{\lambda}e^{\pm\pi\lambda i}(\log(-t)\pm\pi i) & (t\leqq 0)\end{cases} \tag{6.99}$$

に注意しておく．$\mathrm{Re}\,\lambda>-1$ で，

$$(t\pm i0)^{\lambda}\log(t\pm i0) = \begin{cases} t^{\lambda}\log t & (t>0), \\ (-t)^{\lambda}e^{\pm\pi\lambda i}(\log(-t)\pm\pi i) & (t\leqq 0)\end{cases} \tag{6.100}$$

とおく．これは t に関し局所可積分関数であるから超関数を定義し，(6.98) 式は $\mathscr{D}'(\boldsymbol{R}^1)$ の元として

$$\frac{d}{d\lambda}(t\pm i0)^{\lambda} = (t\pm i0)^{\lambda}\log(t\pm i0) \tag{6.101}$$

を意味する．左辺は λ の関数として複素全平面で正則であるから，$(t\pm i0)^{\lambda}\log(t\pm i0)$ も複素全平面で正則で (6.101) が成立する．(6.92) 式は，

$$\frac{d}{dt}(t\pm i0)^{0}\log(t\pm i0) = (t\pm i0)^{-1}$$

となる．

$$(t\pm i0)^{0}\log(t\pm i0) = \begin{cases} \log t & (t>0), \\ \log(-t)\pm\pi i & (t\lneqq 0)\end{cases}$$

であるから，

$$(t\pm i0)^{0}\log(t\pm i0) = \log(t\pm i0) \tag{6.102}$$

と書くのが適当である．そして，(6.92) 式は

$$\frac{d}{dt}\log(t\pm i0) = (t\pm i0)^{-1} \tag{6.103}$$

と書ける．また，(6.100) で $\lambda=n=0,1,2,\cdots$ とすると，(6.102) から

(6.104) $$(t\pm i0)^n\log(t\pm i0)=t^n\log(t\pm i0)$$

である．つぎに，$(t\pm i0)^\lambda\log(t\pm i0)$ を微分するには，(6.101) を t で微分すると良い．t に関する微分演算は，$\mathscr{D}'(\boldsymbol{R}^1)$ で連続故

$$\frac{d}{dt}(t\pm i0)^\lambda\log(t\pm i0)=\frac{d}{d\lambda}\frac{d}{dt}(t\pm i0)^\lambda.$$

これに (6.52) を用いて，

(6.105) $$\frac{d}{dt}(t\pm i0)^\lambda\log(t\pm i0)=(t\pm i0)^{\lambda-1}+\lambda(t\pm i0)^{\lambda-1}\log(t\pm i0)$$

を得る．これは (6.103) をも含む．

$\lambda=k=0,1,2,\cdots$ の場合は，

(6.106) $$\frac{d}{dt}t^k\log(t\pm i0)=t^{k-1}+kt^{k-1}\log(t\pm i0)$$

である．(6.105) と (6.106) を見易くするために，t によらない λ のみの関数 $\alpha(\lambda)$ を定めて

$$\frac{d}{dt}((t\pm i0)^\lambda\log(t\pm i0)+\alpha(\lambda)(t\pm i0)^\lambda)$$
$$=\lambda((t\pm i0)^{\lambda-1}\log(t\pm i0)+\alpha(\lambda-1)(t\pm i0)^{\lambda-1})$$

としたい．漸化式

$$\lambda^{-1}+\alpha(\lambda)=\alpha(\lambda-1)$$

を得るから

$$\alpha(\lambda)=-(\lambda^{-1}+(\lambda-1)^{-1}+\cdots),$$

とくに $\alpha(1)=-1$ として

$$\alpha(n)=-(1+2^{-1}+3^{-1}+\cdots+n^{-1}).$$

したがって

(6.107) $$\frac{d}{dt}(t^n\log(t\pm i0)+\alpha(n)t^n)=n(t^{n-1}\log(t\pm i0)+\alpha(n-1)t^{n-1}),$$

$$\alpha(n)=-\left(1+\frac{1}{2}+\cdots+\frac{1}{n}\right).$$

$\boldsymbol{R}^4$ で定義された関数 $h(t,x)$ が，$h(t,x)=0$ となる点で $\mathrm{grad}_{(t,x)}h\neq 0$ であるならば，(6.100) にならい，$\mathrm{Re}\,\lambda>-1$ のとき

$$(6.108)\qquad (h\pm i0)^{\lambda}\log(h\pm i0)=\begin{cases} h^{\lambda}\log h & (h\geqq 0),\\ (-h)^{\lambda}e^{\pm\pi\lambda i}(\log(-h)\pm\pi i) & (h<0)\end{cases}$$

とおく．これは，$\lambda=n=0,1,2,\cdots$ のとき，

$$(6.109)\qquad \begin{cases} (h\pm i0)^{n}\log(h\pm i0)=h^{n}\log(h\pm i0),\\ \log(h\pm i0)=\begin{cases}\log h & (h>0),\\ \log(-h)\pm\pi i & (h<0)\end{cases}\end{cases}$$

となる．関数としても，超関数としても，

$$(6.110)\qquad (h\pm i0)^{\lambda}\log(h\pm i0)=\lim_{\varepsilon\downarrow 0}(h\pm i\varepsilon)^{\lambda}\log(h\pm i\varepsilon)$$
$$=\lim_{\varepsilon\downarrow 0}\frac{\partial}{\partial\lambda}(h\pm i\varepsilon)^{\lambda}=\frac{\partial}{\partial\lambda}(h\pm i0)^{\lambda}$$

である．これによって $(h\pm i0)^{\lambda}\log(h\pm i0)$ は，$\mathcal{D}'(\boldsymbol{R}^4)$ に値をもつ λ の全平面正則関数で (6.110) はつねに成立する．微分の公式は，

$$(6.111)\qquad \frac{\partial}{\partial t}(h\pm i0)^{\lambda}\log(h\pm i0)$$
$$=\left(\frac{\partial h}{\partial t}\right)((h\pm i0)^{\lambda-1}+\lambda(h\pm i0)^{\lambda-1}\log(h\pm i0)).$$

また $j=1,2,3$ に対し

$$(6.112)\qquad \frac{\partial}{\partial x_j}(h\pm i0)^{\lambda}\log(h\pm i0)$$
$$=\left(\frac{\partial h}{\partial x_j}\right)((h\pm i0)^{\lambda-1}+\lambda(h\pm i0)^{\lambda-1}\log(h\pm i0))$$

が成立する．漸化式，

$$(6.113)\qquad \alpha(\lambda)=-\lambda^{-1}+\alpha(\lambda-1)$$

をみたすように $\alpha(\lambda)$ を定める．そして，

$$(6.114)\qquad F_{\pm}(h,\lambda)=(h\pm i0)^{\lambda}\log(h\pm i0)+\alpha(\lambda)(h\pm i0)^{\lambda}$$

とおく．とくに，$n=0,1,2,\cdots$ に対し $\alpha(0)=0$，$\alpha(n)=1+2^{-1}+\cdots+n^{-1}$ $(n=1,2,\cdots)$ とおくと，

$$(6.115)\qquad F_{\pm}(h,n)=h^{n}\log(h\pm i0)+\alpha(n)h^{n}.$$

すると微分公式は $\lambda\neq 0$ で

$$(6.116)\qquad \frac{\partial}{\partial t}F_{\pm}(h,\lambda)=\lambda F_{\pm}(h,\lambda-1)\frac{\partial h}{\partial t},$$

$$\frac{\partial}{\partial x_j}F_\pm(h,\lambda)=\lambda F_\pm(h,\lambda-1)\frac{\partial h}{\partial x_j}\qquad(j=1,2,3) \tag{6.117}$$

である．$\lambda=0$ のとき，$F_\pm(h,0)=\log(h\pm i0)$ 故

$$\begin{cases}\dfrac{\partial}{\partial t}F_\pm(h,0)=\dfrac{\partial}{\partial t}h(h\pm i0)^{-1},\\[2mm] \dfrac{\partial}{\partial x_j}F_\pm(h,0)=\dfrac{\partial h}{\partial x_j}(h\pm i0)^{-1}\qquad(j=1,2,3)\end{cases} \tag{6.118}$$

である．

(6.118) を得た以上 (6.2) をみたす形式解を $\lambda=-n$ $(n=0,1,2,\cdots)$ のときに構成出来る．そのために $k=0,1,2,\cdots$ に対して，

$$G_\pm(h,k)=\frac{1}{k!}F_\pm(h,k) \tag{6.119}$$

とし，$k=-1,-2,\cdots$ に対して，

$$G_\pm(h,k)=(-1)^{-k+1}(-k-1)!\,(h\pm i0)^k \tag{6.120}$$

とおく．すると，任意の整数 k に対して，

$$\frac{\partial}{\partial t}G_\pm(h,k)=\frac{\partial h}{\partial t}G_\pm(h,k-1), \tag{6.121}$$

$$\frac{\partial}{\partial x_j}G_\pm(h,k)=\frac{\partial h}{\partial x_j}G_\pm(h,k-1)\qquad(j=1,2,3) \tag{6.122}$$

が成立する．これを使って (6.2) の形式解を，

$$u(t,x,k)=\sum_{j=0}^{\infty}a_j(t,x,k)G_-(\phi_1,-n+j)+\sum_{j=0}^{\infty}b_j(t,x,k)G_-(\phi_2,-n+j) \tag{6.123}$$

という形で求める．(6.73) との相異は $(\phi_1-i0)^l\log(\phi_1-i0)$，$(\phi_2-i0)^l\log(\phi_2-i0)$ からなる項が加わったことである．直接の計算でたとえば，

$$\frac{\partial}{\partial t}a_jG_-(\phi_1,-n+j)=\frac{\partial}{\partial t}a_jG_-(\phi_1,-n+j)+a_j\frac{\partial\phi_1}{\partial t}G_-(\phi_1,-n+j-1), \tag{6.124}$$

$$(6.125)\qquad \frac{\partial^2}{\partial t^2}(a_jG_-(\phi_1, -n+j))$$
$$= \frac{\partial^2}{\partial t^2}a_jG_-(\phi_1, -n+j)+2\frac{\partial}{\partial t}a_j\frac{\partial \phi_1}{\partial t}G_-(\phi_1, -n+j-1)$$
$$+a_j\frac{\partial^2\phi_1}{\partial t^2}G_-(\phi_1, -n+j-1)+a_j\left(\frac{\partial\phi_1}{\partial t}\right)^2G_-(\phi_1, -n+j-2)$$

であるから,

$$(6.126)\qquad \left(\frac{\partial^2}{\partial t^2}-\Delta\right)(a_jG_-(\phi_1, -n+j))$$
$$=\left(\left(\frac{\partial\phi_1}{\partial t}\right)^2-|\mathrm{grad}_x\,\phi_1|^2\right)a_jG_-(\phi_1, -n+j-2)$$
$$+2\left(\frac{\partial\phi_1}{\partial t}\frac{\partial a_j}{\partial t}-\mathrm{grad}_x\,\phi_1\cdot\mathrm{grad}_x\,a_j+\frac{1}{2}\left(\frac{\partial^2\phi_1}{\partial t^2}-\Delta\phi_1\right)a_j\right)$$
$$\times G_-(\phi_1, -n+j-1)$$
$$+\left(\frac{\partial^2}{\partial t^2}-\Delta\right)a_jG_-(\phi_1, -n+j).$$

したがって, (6.123) を (6.2) に代入して得る方程式は, (6.82), (6.83) と,

$$(6.127)\qquad \frac{\partial\phi_1}{\partial t}\frac{\partial a_0}{\partial t}-\mathrm{grad}_x\,\phi_1\cdot\mathrm{grad}_x\,a_0+\frac{1}{2}\left(\frac{\partial^2\phi_1}{\partial t^2}-\Delta\phi_1\right)a_0=0,$$

および $j=1, 2, \cdots$ に対して

$$(6.128)\qquad \frac{\partial\phi_1}{\partial t}\frac{\partial a_j}{\partial t}-\mathrm{grad}_x\,\phi_1\cdot\mathrm{grad}_x\,a_j+\frac{1}{2}\left(\frac{\partial^2\phi_1}{\partial t^2}-\Delta\phi_1\right)a_j$$
$$+\frac{1}{2}\left(\frac{\partial^2}{\partial t^2}-\Delta\right)a_{j-1}=0$$

である. b_j についても同様である. 初期条件に関しては, 初期条件 (6.74), (6.75) を定数倍だけ変えて,

$$(6.129)\qquad u(0, x, k)=0,$$

$$(6.130)\qquad \frac{\partial u}{\partial t}(0, x, k)=G_-(x\cdot k, -n)$$

とすると, ϕ_1, ϕ_2, a_j と b_j に関する初期条件は, 前と全く同じで (6.86), (6.87), (6.89), (6.90) が成立する. (6.127), (6.128) を (6.11), (6.12) と比べると, 前節の a_j, b_j とこれらの a_j, b_j は定数倍の違いしかないことが分る. (6.127), (6.128)

もそれぞれ輸送方程式，高次輸送方程式という．こうして，$\lambda=-n$ のときも，幾何光学は波動方程式の解の不連続性の伝播として記述されることが分った．

この波動方程式の解の不連続性の伝播によって幾何光学を説明する立場と，前節の Debye-Runge-Sommerfeld の立場とは内的連関があるはずである．それを次に述べよう．それは Mellin 変換なのである．

まず，1次元の場合の超関数 t_+^λ の Fourier 変換と，逆 Fourier 変換を想い出そう．$\mathrm{Re}\,\lambda>-1$ で，

$$F(t_+^\lambda)=\lim_{\varepsilon\downarrow 0}\left(\frac{1}{2\pi}\right)^{1/2}\int_0^\infty e^{-\varepsilon t-i\sigma t}t^\lambda dt = \left(\frac{1}{2\pi}\right)^{1/2}e^{-(\pi/2)(\lambda+1)i}(\sigma-i0)^{-\lambda-1}\Gamma(\lambda+1), \tag{6.131}$$

$$F^{-1}(t_+^\lambda)=(2\pi)^{-1/2}\lim_{\varepsilon\downarrow 0}\int_0^\infty e^{-\varepsilon t+i\sigma t}t^\lambda dt = \left(\frac{1}{2\pi}\right)^{1/2}e^{(\pi/2)(\lambda+1)i}(\sigma+i0)^{-\lambda-1}\Gamma(\lambda+1). \tag{6.132}$$

これらは解析接続により，'$\lambda\neq$ 負整数' ならば成立する．

さて，前節の漸近解 (6.4) は，

$$u(t,x,k)=\sum_{j=0}^\infty \rho^{-j}a_j(t,x,\omega)e^{-i\rho\phi_1(t,x,\omega)} +\sum_{j=0}^\infty \rho^{-j}b_j(t,x,\omega)e^{-i\rho\phi_2(t,x,\omega)} \tag{6.133}$$

とかける．ただし，

$$\rho=|k|,\qquad \omega=\frac{k}{|k|} \tag{6.134}$$

である．波動方程式は線型であるから，これにパラメータ ρ の関数を乗じて積分しても，積分した結果は再び，(6.2) を満足する．$e^{-\varepsilon\rho}\rho^\mu$ を (6.133) の両辺に乗じて積分し，$\varepsilon>0$ を 0 に収束させる．すると，(6.133) の無限和について，これらの演算を項別に遂行することが許されるならば，各項は，

$$\lim_{\varepsilon\downarrow 0}\int_0^\infty e^{-\varepsilon\rho-i\phi_1(t,x,\omega)\rho}\rho^{-j+\mu}d\rho = e^{-(\pi/2)(\mu-j+1)i}\Gamma(-j+\mu+1)(\phi_1-i0)^{j-\mu-1} \tag{6.135}$$

によって

$$a_j(t,x,\omega)e^{-(\pi/2)(\mu-j+1)i}\Gamma(-j+\mu+1)(\phi_1(t,x,\omega)-i0)^{j-\mu-1}$$

となる．よって，

$$(6.136)\qquad v(t,x,\omega)=\lim_{\varepsilon\downarrow 0}\int_0^\infty e^{-\varepsilon\rho}\rho^\mu u(t,x,\rho\omega)\,d\rho$$
$$=\sum_{j=0}^\infty e^{-(\pi/2)(\mu-j+1)i}\Gamma(-j+\mu+1)a_j(t,x,\omega)(\phi_1-i0)^{j-\mu-1}$$
$$+\sum_{j=0}^\infty e^{-(\pi/2)(\mu-j+1)i}\Gamma(-j+\mu+1)b_j(t,x,\omega)(\phi_2-i0)^{j-\mu-1}$$

を得る．これは (6.2) を満足する形式解であって，初期条件は，

$$(6.137)\qquad v(0,x,\omega)=0,$$

$$(6.138)\qquad \frac{\partial v}{\partial t}(0,x,\omega)=\lim_{\varepsilon\downarrow 0}\int_0^\infty e^{-\varepsilon\rho}\rho^\mu\frac{\partial u}{\partial t}(0,x,\rho\omega)\,d\rho$$
$$=\lim_{\varepsilon\downarrow 0}\int_0^\infty e^{-\varepsilon\rho+i\rho\omega\cdot x}\rho^\mu d\rho$$
$$=e^{(\pi/2)(\mu+1)i}(\omega\cdot x+i0)^{-\mu-1}\Gamma(\mu+1).$$

そして定数倍を除いて，$v(t,x,\omega)$ は (6.73) と一致することが，(6.84), (6.85) と (6.11), (6.12) から分る．(ただし $\lambda=-\mu-1$.)

以上の議論は，(6.131), (6.132) に依ったから，$\mu=1,2,\cdots$ には無効である．$\mu=1,2,\cdots$ の場合に有効な議論は，簡単にスケッチするだけにしておこう．

(6.136) 式において $\mu=n-1+\delta$ とおく．また (6.136) の左辺は，δ に依存するから $v_\delta(t,x,\omega)$ と書く．これは $\mathscr{D}'(\boldsymbol{R}^4)$ に値をもつ δ の解析関数で，

(6.139)

$$v_\delta(t,x,\omega)=\sum_{j=0}^\infty e^{-(\pi/2)(n+\delta-j)i}\Gamma(n+\delta-j)a_j^{(\delta)}(t,x,\omega)(\phi_1-i0)^{j-n-\delta}$$
$$+\sum_{j=0}^\infty e^{-(\pi/2)(n+\delta-j)i}\Gamma(n+\delta-j)b_j^{(\delta)}(t,x,\omega)(\phi_2-i0)^{j-n-\delta}$$

である．ここで a_j, b_j は前節の (6.11), (6.12) をみたすものであるから，$\delta\to 0$ としても特異性はない．v_δ が $\delta\to 0$ のとき定義されない理由は，右辺の項 $\Gamma(n+\delta-j)$ が $j\geqq n$ に対し，$\delta=0$ で 1 位の極をもつことによる．そこで (6.139) の両辺に δ を乗じて，$\delta\to 0$ とすると，$j\geqq n$ に対して

$$\lim_{\delta\to 0}\delta\Gamma(n+\delta-j)=\operatorname*{Res}_{\lambda=n-j}\Gamma(\lambda)=\frac{(-1)^{j-n}}{(j-n)!}$$

に注意すれば $\lim_{\delta\to 0}\delta v_\delta$ が存在して，少なくも形式的には，

$$w(t,x,\omega)=\lim_{\delta\to 0}\delta v_\delta \tag{6.140}$$
$$=\sum_{j=n}^{\infty}e^{-(\pi/2)(n-j)i}\frac{(-1)^{j-n}}{(j-n)!}a_j{}^{(0)}(t,x,\omega)(\phi_1-i0)^{j-n}$$
$$+\sum_{j=n}^{\infty}e^{-(\pi/2)(n-j)i}\frac{(-1)^{j-n}}{(j-n)!}b_j{}^{(0)}(t,x,\omega)(\phi_2-i0)^{j-n}$$

である．ここで $j<n$ に対する項は0となる．初期条件は

$$w(0,x,\omega)=\lim_{\delta\to 0}\delta v_\delta(0,x,\omega)=0, \tag{6.141}$$

$$\frac{\partial w}{\partial t}(0,x,\omega)=\lim_{\delta\to 0}\delta\frac{\partial v_\delta}{\partial t}(0,x,\omega)=0 \tag{6.142}$$

である．$w(t,x,\omega)$ も (6.2) の形式解であるから，$\delta^{-1}w(t,x,\omega)$ も (6.2) をみたす形式解で，しかも $t=0$ で初期条件は0となる．したがってこれと (6.139) との差

$$u_\delta(t,x,\omega)=v_\delta(t,x,\omega)-\delta^{-1}w(t,x,\omega) \tag{6.143}$$

は，v_δ と同じ初期条件をみたす (6.2) の形式解である．u_δ の各項は，その作り方によって $\delta\to 0$ のとき，特異性はなくなっている．すなわち $j\geqq n$ のところで，

$$e^{-(\pi/2)(n+\delta-j)i}\Gamma(n+\delta-j)a_j{}^{(\delta)}(t,x,\omega)(\phi_1-i0)^{j-n-\delta} \tag{6.144}$$
$$-\delta^{-1}e^{-(\pi/2)(n+\delta-j)i}\frac{(-1)^{j-n}}{(j-n)!}a_j{}^{(0)}(t,x,\omega)(\phi_1-i0)^{j-n}$$
$$=\left(\Gamma(n+\delta-j)-\delta^{-1}\frac{(-1)^{j-n}}{(j-n)!}\right)e^{-(\pi/2)(n+\delta-j)i}a_j{}^{(\delta)}(t,x,\omega)$$
$$\times(\phi_1-i0)^{j-n-\delta}$$
$$+\frac{(-1)^{j-n}}{(j-n)!}\delta^{-1}(e^{-(\pi/2)(n+\delta-j)i}a_j{}^{(\delta)}(t,x,\omega)(\phi_1-i0)^{j-n+\delta}$$
$$-e^{-(\pi/2)(n-j)i}a_j{}^{(0)}(t,x,\omega)(\phi_1-i0)^{j-n}).$$

$\delta\to 0$ とすると，これは，

$$\gamma(n-j)e^{-(\pi/2)(n-j)i}a_j{}^{(0)}(t,x,\omega)(\phi_1-i0)^{j-n} \tag{6.145}$$
$$+\frac{(-1)^{j-n}}{(j-n)!}\frac{\partial}{\partial\delta}(e^{-(\pi/2)(n+\delta-j)i}a_j{}^{(\delta)}(t,x,\omega)(\phi_1-i0)^{j-n+\delta})\Big|_{\delta=0}$$

に収束する．ただし

$$\gamma(n-j)=\left(\Gamma(\lambda)-\frac{1}{\lambda+j-n}\operatorname*{Res}_{\lambda=n-j}\Gamma(\lambda)\right)\Bigg|_{\lambda=n-j}$$

である．

(6.145) を

(6.146) $$\tilde{a}_j(t,x,\omega)(\phi_1-i0)^{j-n}+\tilde{\tilde{a}}_j(t,x,\omega)(\phi_1-i0)^{j-n}\log(\phi_1-i0)$$

と整理して書くことができる．同様のことが b_j についてもできるから，

(6.147) $$\tilde{u}(t,x,\omega)=\lim_{\delta\to 0}v_\delta(t,x,\omega)-\delta^{-1}w(t,x,\omega)$$

とすると，

(6.148)

$$\begin{aligned}\tilde{u}(t,x,\omega)=&\sum_{j=0}^{n-1}e^{-(\pi/2)(n-j)i}\Gamma(n-j)a_j^{(0)}(t,x,\omega)(\phi_1-i0)^{j-n}\\&+\sum_{j=n}^{\infty}[\tilde{a}_j(t,x,\omega)(\phi_1-i0)^{j-n}+\tilde{\tilde{a}}_j(\phi_1-i0)^{j-n}\log(\phi_1-i0)]\\&+\sum_{j=0}^{n-1}e^{-(\pi/2)(n-j)i}\Gamma(n-j)b_j^{(0)}(t,x,\omega)(\phi_2-i0)^{j-n}\\&+\sum_{j=n}^{\infty}[\tilde{b}_j(t,x,\omega)(\phi_2-i0)^{j-n}+\tilde{\tilde{b}}_j(\phi_2-i0)^{j-n}\log(\phi_2-i0)]\end{aligned}$$

は，確かに $\lambda=-n$ として，(6.2) と (6.74), (6.75) を満足するはずである．こうして，$\lambda=-n$ のときも (6.4) 型の解から，(6.123) 型の解を導くことができた．

逆に，(6.73) あるいは (6.123) 型の不連続性をもつ解から，(6.4) 型の解を導くこともできる．それは次節へ譲って，今は，(6.73) あるいは (6.123) 型の解の超関数としての特異スペクトル[1)]を調べておく．

一般に $(h\pm i0)^\lambda$ という超関数 (6.57) は，$h\neq 0$ の点の近傍で C^∞ 関数である．それゆえ，C^∞ 特異スペクトルを調べるには，$\Gamma=\{(t,x)\,|\,h(t,x)=0\}$ の近傍で考えれば良い．(6.34) を構成したときのように，Γ 上の 1 点 P の近傍では，$h(t,x)=y$ を一つの座標関数とし，他の座標関数 $y'=(y_1',y_2',y_3')$ を適当にとると，超関数 $(h\pm i0)^\lambda$ はこの座標系に関し $J\cdot(y\pm i0)^\lambda$ と書ける．ここで J は (y,y') の C^∞ 関数で，座標関数の変換の Jacobi 行列式である．この C^∞ 特異スペクトルは，

$$C^\infty\text{-S.S.}\ (y\pm i0)^\lambda=\{\alpha dy\,|\,y=0,\ \pm\alpha<0\}\subset T^*\boldsymbol{R}^4$$

1) 本講座，金子晃"定数係数線型偏微分方程式"§2.4 参照.

で，座標系をもとに戻して，

(6.149)

$$C^\infty\text{-S.S.}\,(h\pm i0)^\lambda = \{(t,x\,;\alpha dh(t,x))\,|\,h(t,x)=0,\ \pm\alpha<0\}\subset T^*\boldsymbol{R}^4$$

である．$\Gamma=\{(t,x)\,|\,h(t,x)=0\}$ の余法線ベクトル束は

(6.150) $$N^*(\Gamma)=\{(t,x\,;\beta dh(t,x))\,|\,h(t,x)=0,\ \beta\in\boldsymbol{R}\}$$

であるから，$N^*(\Gamma)$ から 0 切断を除いた．$N^*(\Gamma)\setminus 0$ は，二つの連結成分に分かれる．そして，その dh を含む成分が C^∞-S.S. $(h-i0)^\lambda$ と一致し，$-dh$ を含む成分が C^∞-S.S. $(h+i0)^\lambda$ と一致する．

とくに，$h=\phi_1$ あるいは，$h=\phi_2$ の場合を考えれば，(6.73) あるいは (6.123) の C^∞-S.S. が分る．もちろん，(6.73)，(6.123) が収束して実解析的であれば，解析的特異スペクトルも求まる．

退行波の特異スペクトル C^∞-S.S. $(\phi_1-i0)^\lambda$ を基底空間 $\boldsymbol{R}^4$ に射影したものは，ちょうど $\phi_1=0$ という面で，幾何光学の波面 (wave front) と一致した（しかも初期条件の特異台を含む）．そして C^∞-S.S. $(\phi_1-i0)^\lambda$ のファイバーは，この波面上の各点での，幾何光学における光線の進行方向 (direction of ray) と一致する．したがって，波動方程式の解の特異性の伝播で幾何光学を説明する立場では，次のようにいうことができる．

Maxwell 方程式（あるいは波動方程式）の解 $\boldsymbol{u}$ の C^∞ の特異スペクトルを作ると，その基底空間への射影が幾何光学における波面となり，その波面上のファイバーは光線の進行方向を与える．

注意しなくてはならないが，これだけでは，輸送方程式に対応する光線の強さに関する情報は含まれない．

注意 一般の超関数 $A\in\mathcal{D}'(\boldsymbol{R}^n)$ に対して，A が波動方程式の解であると，C^∞-S.S. (A) は，上述のように，古典的幾何光学の波面と密接な関係がある．それゆえ，一般の超関数 $A\in\mathcal{D}'(\boldsymbol{R}^n)$ についても，A の C^∞ 特異スペクトルを A の波面集合 (wave front set) と呼んで，$WF(A)$ と書くこともよく行われている．実は，私も，この用語法に慣れている．また，A が C^∞ でない方向，すなわち，$WF(A)$ のファイバーに入る方向を光線の方向 (direction of ray) と呼ぶこともある．

これに対して，解析的特異スペクトルは，回折現象に際しても出現する等，古典的な幾何光学の波面とは必ずしも一致しないことがある．（回折現象は，幾何光学の枠外にある．）解析的特異スペクトルは，幾何光学よりも詳しい情報も含んでいるのである．

§6.3　幾何光学から波動光学へ

幾何光学は，Maxwell 方程式あるいは波動方程式の解としての電磁波そのものを，正確に記述しているわけではない．しかし，ある意味で，その第1近似というべきものであると想像されよう．幾何光学の問題は，常微分方程式の理論の枠内でとける．それゆえ，これはすべて分ったとして，波動現象としての電磁波，すなわち，Maxwell 方程式あるいは波動方程式という偏微分方程式の解を，たとえ近似的にしろ構成することは極めて興味深い．我々が本講で行うことはまさにこのことであって，本節ではその大略の様子を概観し，次章からは，そこに登場する基本的な道具について詳しく一般的な立場から説明する．

さて，幾何光学から，波動方程式の解を近似的に構成するというのは，初期条件が (6.3) をみたすときは §6.1 において，また，初期条件が (6.74) と (6.75) を満足するときは §6.2 において，それぞれ行った構成で十分である．実際，$\phi_1(t, x, k)$, $\phi_2(t, x, k)$ はアイコナール方程式の解として，幾何光学の枠内で知られる．つぎに光線の進行方向について，輸送方程式を解くと，a_j, b_j が定まって，近似解が (6.4) あるいは，(6.73), (6.123) で与えられる．

つぎに，(6.73) と (6.123) に基づき，より一般の初期条件について近似解を構成する．我々は，まず

$$\left(\frac{\partial^2}{\partial t^2}-\Delta\right)E(t, x, y) = 0, \tag{6.151}$$

$$E(0, x, y) = 0, \tag{6.152}$$

$$\frac{\partial E}{\partial t}(0, x, y) = \delta(x-y) \tag{6.153}$$

となる超関数を近似的に構成する．

δ 関数の平面波分解についての，次の公式を使う．

$$\delta(x) = F^{-1}\left(\frac{1}{2\pi}\right)^{3/2} = \lim_{\epsilon\downarrow 0}\left(\frac{1}{2\pi}\right)^3\int_{R^3} e^{-\epsilon|\xi|+ix\cdot\xi}d\xi. \tag{6.154}$$

ξ の極座標で表示する．$|\xi|=\rho$ とし，$\xi=\rho\cdot\omega$ とおく．ω は2次元単位球面 S^2 上の点である．S^2 の体積要素を $d\Sigma$ とおく．これは2次の外微分形式で，

$$\rho^2 d\rho\wedge d\Sigma = dx_1\wedge dx_2\wedge dx_3 \tag{6.155}$$

となるものである．これから，

(6.156)
$$\delta(x)=\lim_{\varepsilon\downarrow 0}\left(\frac{1}{2\pi}\right)^3\int_{S^2}d\Sigma(\omega)\int_0^\infty e^{-\varepsilon\rho+i\rho\cdot x\cdot\omega}\rho^2d\rho$$
$$=\left(\frac{1}{2\pi i}\right)^3 2\int_{S^2}(x\cdot\omega-i0)^{-3}d\Sigma(\omega).$$

よって

(6.157)
$$\delta(x-y)=\frac{2}{(2\pi i)^3}\int_{S^2}((x-y)\cdot\omega-i0)^{-3}d\Sigma(\omega)$$

である．

これから，(6.151), (6.152), (6.153) の解を構成するには，初期条件にパラメータ $\omega\in S^2$ を含む

(6.158)
$$E(0, x, y, \omega)=0,$$

(6.159)
$$\frac{\partial E}{\partial t}(0, x, y, \omega)=((x-y)\cdot\omega-i0)^{-3}$$

をみたす (6.151) の解を構成すれば良く，さらにそれを ω について積分すれば良い．このような近似解は，§6.2 で得てある．すなわち (6.123) であった．これから，

(6.160)
$$E(t, x, y)=\frac{2}{(2\pi i)^3}\int_{S^2}E(t, x, y, \omega)\,d\Sigma(\omega)$$

とすれば，(6.151), (6.152) と (6.153) の解を得る．この結果，任意の $\varphi\in\mathcal{D}(\boldsymbol{R}^3)$ に対して，

(6.161)
$$v(t, x)=\int_{\boldsymbol{R}^3}E(t, x, y)\varphi(y)\,dy$$

を作ると，これは (6.151) を近似的にみたし，初期条件は，

(6.162)
$$v(0, x)=0,$$

(6.163)
$$\frac{\partial v}{\partial t}(0, x)=\varphi(x)$$

をみたす近似解である．つぎに，$\psi\in\mathcal{D}(\boldsymbol{R}^3)$ として，

(6.164)
$$v_1(t, x)=\int_{\boldsymbol{R}^3}\frac{\partial E}{\partial t}(t, x, y)\psi(y)\,dy$$

とおくと，これは，(6.151) と初期条件，

(6.165)
$$v_1(0, x)=\psi(x),$$

(6.166) $$\frac{\partial v_1}{\partial t}(0, x) = 0$$

をみたす近似解である．(6.166) 式は，

$$\frac{\partial}{\partial t}v_1(0, x) = \int_{\boldsymbol{R}^3} \Delta E(0, x, y)\psi(y)dy = 0$$

によった．さらに，$f \in \mathcal{D}(\boldsymbol{R}^4)$ に対して，

(6.167) $$w(t, x) = \int_0^t \int_{\boldsymbol{R}^3} E(t-s, x, y) f(s, y) ds dy$$

とおくと，(6.152) から

$$\frac{\partial}{\partial t}w(t, x) = \int_0^t \int_{\boldsymbol{R}^3} \frac{\partial}{\partial t}E(t-s, x, y) f(s, y) ds dy.$$

(6.153) を用いて

(6.168) $$\frac{\partial^2}{\partial t^2}w(t, x) = f(t, x) + \int_0^t \int_{\boldsymbol{R}^3} \frac{\partial^2}{\partial t^2}E(t-s, x, y) f(s, y) ds dy.$$

したがって，$w(t, x)$ は

(6.169) $$\left(\frac{\partial^2}{\partial t^2} - \Delta\right)w(t, x) = f(t, x),$$

(6.170) $$w(0, x) = 0,$$

(6.171) $$\frac{\partial w}{\partial t}(0, x) = 0$$

を近似的にみたす解となる．以上をまとめると，

(6.172) $$\left(\frac{\partial^2}{\partial t^2} - \Delta\right)u(t, x) = f(t, x),$$

(6.173) $$u(0, x) = \psi(x),$$

(6.174) $$\frac{\partial u}{\partial t}(0, x) = \varphi(x)$$

の解は，近似的に，

(6.175) $$\begin{aligned} u(t, x) &= v(t, x) + v_1(t, x) + w(t, x) \\ &= \int_{\boldsymbol{R}^3} E(t, x, y)\varphi(y)dy + \int_{\boldsymbol{R}^3} \frac{\partial}{\partial t}E(t, x, y)\psi(y)dy \\ &\quad + \int_0^t \int_{\boldsymbol{R}^3} E(t-s, x, y) f(s, y) ds dy \end{aligned}$$

である．これは，(6.123) という特異性をもつ波動方程式の近似解の構成に基づいている．これにより，幾何光学から波動方程式の解の近似を構成することができた．これからさらに進んで真の解を得るには，さらに進んだ考察を必要とする．ただ，方程式が実解析的係数をもつとき，(6.123) は実際に収束し解析関数を定めることが分るから[1)]，上の構成は真の解を与える．方程式の係数が解析的でないときは，Fourier 積分作用素の L^2 理論を使って，真の解を構成出来るが，本講ではそれに触れない．

ところで (6.73) や (6.123) の解は，§6.2 のおわり近くに示したように，(6.4) という形の解から積分変換で得られた．この際，(6.123) を得るには (6.136) の各項 ($j \geqq n$) に含まれる Γ 関数の極を取り除くために，技術的に少し面倒なことをした．我々の問題とは本質的に関係のないこの Γ 関数の特異性の生ずる原因は，どこにあるか．それは，(6.131) を見れば分るが，超関数 $t_+{}^\lambda$ が，$\lambda=-1, -2, \cdots$ に極をもつことに起因している．そして，ここでの $t_+{}^\lambda$ の留数 (6.45) から分るように，それは，また $t_+{}^\lambda$ の原点での特異性に起因している．(6.135) 式にそくしていうならば，$a_j(t, x, k), b_j(t, x, k)$ の $k \to 0$ のときの特異性から生じている．ところで，幾何光学は $|k| \to \infty$ の際に成立するわけであるから，この $k \to 0$ のときの $a_j(t, x, k), b_j(t, x, k)$ での振舞いは，我々の問題では全く本質的なものではなく，k が 0 の近傍でこれらの関数を変えてしまっても，我々の考えている問題には本質的に変わりはないはずである．

事実，$\lambda=-n$ $(n=1, 2, \cdots)$ の近くで，$t_+{}^\lambda$ のかわりに，

(6.176)
$$t_+{}^\lambda - \frac{1}{\lambda+n}\frac{(-1)^{n-1}}{\Gamma(n)}\delta^{(n-1)} = T_+(t, \lambda)$$

を導入する．これは，$\lambda=-n$ の近傍で正則である．そして，φ $(\varphi \in \mathcal{D}(\boldsymbol{R}^1))$ が $t=0$ の近くで恒等的に 0 となっているとすると，

(6.177)
$$\langle t_+{}^\lambda, \varphi\rangle = \langle T_+(t, \lambda), \varphi\rangle$$

が，任意の $\lambda \in \boldsymbol{C}$ に対して成立する．すなわち $T_+(t, \lambda)$ は，$t_+{}^\lambda$ と原点以外で一致する．そして，(6.133) から，(6.135) を使って (6.136) を得る際に，

---

1) 浜田雄策：The Singularities of solutions of the Cauchy Problems, Publ. RIMS. Kyoto Univ., vol. 5 (1969), pp. 21-40，とその文献表参照．

$$\rho^{\mu}u(t, x, k) = \sum_{j=0}^{\infty} a_j(t, x, \omega)\rho^{\mu-j}e^{-i\rho\phi_1(t,x,\omega)} + \sum_{j=0}^{\infty} b_j(t, x, \omega)\rho^{\mu-j}e^{-i\rho\phi_2(t,x,\omega)} \tag{6.178}$$

の代りに,

$$\begin{aligned}\rho^{\mu}u^{\sharp}(t, x, k) = &\sum_{j=0}^{\mu} a_j(t, x, \omega)\rho_+{}^{\mu-j}e^{-i\rho\phi_1(t,x,\omega)} \\ &+\sum_{j=0}^{\mu} b_j(t, x, \omega)\rho_+{}^{\mu-j}e^{-i\rho\phi_2(t,x,\omega)} \\ &+\sum_{j=\mu+1}^{\infty} a_j(t, x, \omega)T_+(\rho, \mu-j)e^{-i\rho\phi_1(t,x,\omega)} \\ &+\sum_{j=\mu+1}^{\infty} b_j(t, x, \omega)T_+(\rho, \mu-j)e^{-i\rho\phi_2(t,x,\omega)}\end{aligned} \tag{6.179}$$

を用いることにする. ただし (6.179) では, (6.178) の $\mu-j\leqq-1$ となる項に対しては $\rho^{\mu-j}$ の代りに $T_+(\rho, \mu-j)$ を用いた. すると

$$F(T_+(t, -n+\mu)) = e^{-(\pi/2)(-n+1+\mu)i}(\sigma-i0)^{n-\mu-1}\Gamma(-n+1+\mu) - \frac{(-1)^{n-1}}{(n-1)!}e^{-(\pi/2)(1-n)i}(\sigma-i0)^{n-1} \tag{6.180}$$

が成立するから,

$$\int_{-\infty}^{\infty} u^{\sharp}(t, x, k)\rho^{\mu}d\rho \tag{6.181}$$

を計算して $\mu\to n-1$ とすると, これは (6.148) の $\tilde{u}$ と一致するはずである.

これを, さらに徹底して, $a_j(t, x, k)$, $b_j(t, x, k)$ を変更して, $k=0$ の近傍では恒等的に 0 としてしまう. すなわち, $\chi(t)$ を $\boldsymbol{R}^1$ で定義された C^{∞} 関数で,

$$\chi(t) = \begin{cases} 0 & (|t|\leqq 1), \\ 1 & (|t|\geqq 2) \end{cases} \tag{6.182}$$

とする. このとき, (6.4) の $u(t, x, k)$ を使って

$$u_b(t, x, k) = \chi(|k|)u(t, x, k) \tag{6.183}$$

とおく. ここで Mellin 変換をとる. すなわち,

$$\rho^{\mu}u_b(t, x, k) = \sum_{j=0}^{\infty} a_j(t, x, \omega)\rho^{\mu-j}\chi(\rho)e^{-i\rho\phi_1(t,x,\omega)} \tag{6.184}$$

$$+\sum_{j=0}^{\infty} b_j(t, x, \omega)\rho^{\mu-j}\chi(\rho)e^{-i\rho\phi_2(t,x,\omega)}.$$

これを，ρ で積分すると，

$$\int_0^\infty \rho^{\mu-j}\chi(\rho)e^{-i\rho\phi_1(t,x,\omega)}d\rho = K_{\mu-j}(t, x, \omega) \tag{6.185}$$

は，$j \geqq \mu+1$ でも μ について正則である．そして，

$$R_{\mu-j}(\sigma) = \int_0^\infty \rho^{\mu-j}(1-\chi(\rho))e^{-i\rho\sigma}d\rho \tag{6.186}$$

とおくと，

$$\begin{aligned} K_{\mu-j}(t, x, \omega) &= e^{-(\pi/2)(\mu-j+1)i}\Gamma(\mu-j+1)(\phi_1-i0)^{j-\mu-1} \\ &\quad + R_{\mu-j}(\phi_1(t, x, \omega)) \end{aligned} \tag{6.187}$$

となる．ところで，$\rho_+{}^{\mu-j}(1-\chi(\rho))$ は台がコンパクトな超関数であるから，$R_{\mu-j}(\sigma)$ は σ の C^∞ 関数である．それゆえ，$R_{\mu-j}(\phi_1(t, x, \omega))$ も (t, x, ω) の C^∞ 関数である．したがって

$$\tilde{u}_b{}^\delta(t, x, \omega) = \int_0^\infty \rho^{n-1+\delta}u_b(t, x, k)d\rho \tag{6.188}$$

とおくと，

$$\begin{aligned} & v_\delta(t, x, \omega) - \tilde{u}_b{}^\delta(t, x, \omega) \\ &= \sum_{j=0}^{\infty} a_j(t, x, \omega)R_{\mu-j}(\phi_1(t, x, \omega)) \\ &\quad + \sum_{j=0}^{\infty} b_j(t, x, \omega)R_{n-1+\delta-j}(\phi_2(t, x, \omega)) \end{aligned} \tag{6.189}$$

である．したがって，$v_\delta(t, x, \omega) - \tilde{u}_b{}^\delta(t, x, \omega)$ は C^∞ 関数であることが期待されよう．それゆえ，$\tilde{u}_b{}^\delta$ も (6.4), (6.74), (6.75) の，$\lambda = -n+\delta$ に対する解である．そして，$\delta \to 0$ としても，$\tilde{u}_b{}^\delta$ は δ の関数として正則であるから，$\tilde{u}_b{}^0(t, x, \omega)$ は (6.74), (6.75) の，$\lambda = -n$ とおいた形式解であることが期待される．それは，(6.123) の代りとなる．(6.123) との差は C^∞ 関数であろう．

さて，(6.160) を作る際に (6.123) を用いる代りに，この $\tilde{u}_b{}^0(t, x-y, \omega)$ を用いる．すると，全く前と同じことで，(6.175) が成立するであろう．すると，たとえば

$$(6.190)\qquad \int_{\boldsymbol{R}^3} E(t,x,y)\varphi(y)dy$$
$$= \frac{2}{(2\pi i)^3}\int_{\boldsymbol{R}^3}\int_{S^2} \tilde{u}_b{}^0(t,x-y,\omega)\varphi(y)d\Sigma(\omega)dy$$
$$= \frac{2}{(2\pi i)^3}\int_{\boldsymbol{R}^3}\int_{S^2}\int_0^\infty \rho^2 u_b(t,x-y,k)d\rho d\Sigma(\omega)$$
$$= \frac{2}{(2\pi i)^3}\iint_{\boldsymbol{R}^3\times\boldsymbol{R}^3} u_b(t,x-y,k)\varphi(y)dydk$$

となる．そして，(6.172), (6.173), (6.174) の近似解として (6.175) があるわけだから，(6.190) という積分変換は，(6.172), (6.173), (6.174) という初期値問題にも大切であろう．それはちょうど，ポテンシャル論で，Newton ポテンシャルの積分変換が重要であったことと類比されるであろう．

(6.190) に (6.183) を代入すれば，(6.190) は，

$$(6.191)\qquad A_j\varphi(x) = \iint_{\boldsymbol{R}^3\times\boldsymbol{R}^3} a_j(t,x,y,k)e^{-i\phi_1(t,x,y,k)}\varphi(y)dydk$$

という積分変換の和としてあらわされることが分る．ただし，

$$(6.192)\qquad a_j(t,x,y,k) = a_j(t,x-y,k)\chi(|k|) \qquad (j=0,1,2,\cdots),$$

$$(6.193)\qquad \phi_1(t,x,y,k) = \phi_1(t,x-y,k)$$

である．それゆえ，(6.191) の型の積分変換を組織的に考察して，それを線型偏微分方程式論の道具の一つとしよう．これが次章以下のこの本の目的である．この際，$\phi_1(t,x,y,k)$ は，実数値をとる C^∞ 関数で，k につき同次1次関数である．また，$a_j(t,x,y,k)$ は C^∞ 関数で，$|k|\to\infty$ のとき，k の同次関数と同様の振舞いをする．それゆえ，積分 (6.191) は，Lebesgue の意味で積分確定ではない．すなわち，絶対収束はしない．(6.191) の特徴は $e^{-i\phi_1(t,x,y,k)}$ という因子であって，$|k|\to\infty$ のとき，この因子は急速に振動している．したがって，Fresnel 積分

$$(6.194)\qquad \int_0^\infty \frac{\sin x}{x}dx$$

が条件収束しているように，(6.191) も条件収束するのである．古くから知られているこの型の積分変換として，Fourier 変換の公式

$$(6.195)\qquad \varphi(x) = (2\pi)^{-n}\iint_{\boldsymbol{R}^n\times\boldsymbol{R}^n} e^{i(x-y)\cdot k}\varphi(y)dydk$$

がある．これでは，$\phi_1(t, x, y, k)=(x-y)\cdot k$ という双1次形式であり，$a_j\equiv$ const. である．それゆえ，(6.191) の型の積分変換は，Fourier の積分公式の拡張という意味で，Fourier 積分作用素と呼ばれている．Fourier 積分作用素の理論は比較的新しく，未だ発展途上であるが，第10章末に述べてある実例の数々に，ここで目を通していただければ，その重要性は納得できるであろう．

Fourier 積分作用素の理論の紹介は，次章以下に行うが，ここでは，不連続性をもつ (6.73), (6.123) という型の波動方程式の解から，(6.4) 型の解を得る方法を簡単に紹介する．それには，(6.123) から (6.160) を作る．すると，(6.175) で (6.172), (6.173), (6.174) が成立するから，$f=0$，$\psi=0$，$\varphi(x)=e^{ik\cdot x}$ とおくと，

$$u(t, x, k) = \int_{R^3} E(t, x, y) e^{ik\cdot y} dy \tag{6.196}$$

である．これが (6.4) 型の展開をもつはずである．これは形式的には次のように理解されよう．

$E(t, x, y)$ に適当に C^∞ 関数 $F(t, x, y)$ を加えて，

$$E_b(t, x, y) = E(t, x, y) + F(t, x, y) \tag{6.197}$$

を作れば，これは (6.160) を作る際，(6.123) を用いないで，$\tilde{u}_b{}^0(t, x-y, \omega)$ を用いたものと一致するであろう．それゆえ，

$$\int_{R^3} E_b(t, x, y) e^{ik\cdot y} dy = \frac{2}{(2\pi i)^3} \iint_{R^3\times R^3} u_b(t, x-y, k') e^{ik\cdot y} dy dk' \tag{6.198}$$

である．

一方 $F(t, x, y)$ は y の C^∞ 関数だから，

$$\int_{R^3} F(t, x, y) e^{ik\cdot y} dy$$

は，k の急減少関数となるであろう．したがって，$|k|\to\infty$ のときの (6.196) と (6.198) の漸近的様子は等しいことが (6.197) から分る．さて，(6.198) の漸近的性質をみるには，(6.190) が (6.191) 型の積分変換の和と書けるのであるから

$$A_j(e^{ik\cdot x}) = \int_{R^3\times R^3} a_j(t, x, y, k') e^{-i\phi_1(t, x-y, k')} e^{ik\cdot y} dy dk' \tag{6.199}$$

の漸近展開を，$k\to\infty$ に対して鞍部点法でしよう．鞍部点で，

$$-\frac{\partial\phi_1}{\partial y}(t, x-y, k') + k = 0, \tag{6.200}$$

(6.201) $$\frac{\partial\phi_1}{\partial k'}(t, x-y, k') = 0.$$

ここで，ϕ_1 の具体的構造を用いる．(6.201) と Euler の同次関数の恒等式

$$k'\cdot\frac{\partial\phi_1}{\partial k'} = \phi_1$$

を用いると，

(6.202) $$\phi_1(t, x, y, k') = 0.$$

ところで，(6.28) と同じ構成法で，ϕ_1 は

$$\frac{\partial\phi_1}{\partial t} = |\mathrm{grad}\,\phi_1|,$$

$$\phi_1(0, x, y, k') = k'\cdot(x-y)$$

であるから，$t=0$ の上で $d(k'\cdot(x-y))$ という $\boldsymbol{R}^3$ の上の関数の作る $T^*\boldsymbol{R}^3$ のセクションと，Hamilton ベクトル場の張る $T^*\boldsymbol{R}^4$ の Lagrange 多様体上の積分として，

(6.203) $$\phi_1(t, x, y, k') = \int_y^x pdq = +k'y+\int_0^x pdq$$

である．ただし，x は，$t=0$ で $(y, k')\in T^*\boldsymbol{R}^3$ を通る Hamilton ベクトル場が，t で x のファイバー上を通る．したがって，(6.202) の条件下では，‘(6.203) の微分=0’ 故，

(6.204) $$\sum\frac{\partial\phi_1}{\partial x_j}dx_j = \sum\frac{\partial\phi_1}{\partial y_j}dy_j.$$

また，(6.203) より $k'=\partial\phi_1/\partial y$ 故，(6.200) から

(6.205) $$k' = k.$$

よって (6.200), (6.201) の成立する鞍部点では，(6.199) の被積分関数のうちで，指数関数の指数は，

(6.206) $$\begin{aligned}-i(\phi_1(t, x, y, k')-k\cdot y) &= -i(\phi_1(t, x, y, k')-k'\cdot y)\\ &= -i\left(\int_0^x pdq\right)\\ &= -i\phi_1(t, x, k') = -i\phi_1(t, x, k).\end{aligned}$$

よって，確かに (6.199) は

(6.207) $$A_j(e^{ik\cdot x}) \sim \sum_l c_j(t, x, k)\,e^{-i\phi_1(t,x,k)}$$

という漸近展開をもつ．これらを j について加えて，(6.198) は (6.4) 型の漸近展開をもつことがわかる．これによって，(6.123) 型の近似解から (6.4) 型の近似解を導くことができた．

注意　以上解説したとおり，(6.4) 型の形式解と，(6.73) あるいは，(6.123) 型の形式解は，'形式的には' 互いに他を導くことができる．しかしながら，上の議論で省略した項別積分可能性，無限級数の収束性，その他の技術的な困難は，実際はとても無視できるものではない．また，原理的には成立することが分ってもとても実行不可能な計算もある．たとえば，鞍部点法による (6.207) の展開で，第2項以下の形を決定するのは大変である．しかしながら，(6.4) 式中の振幅関数 $a(t,x,k)$ を (6.8) とおくと，第2項以下，(6.12) にしたがって計算するのはそれほど困難ではない．これからみると，この2種類の形式解は使いわける必要があろう．

問　　題

$$A=\sum_{j,k=1}^{n} a_{jk}(t,x)\frac{\partial^2}{\partial x_j\partial x_k}+\sum_j a_j(t,x)\frac{\partial}{\partial x_j}+a(t,x)$$

とする．$a_{jk}(t,x)\in C^\infty(\boldsymbol{R}^{n+1})$，$a_j(t,x)\in C^\infty(\boldsymbol{R}^{n+1})$，$a(t,x)\in C^\infty(\boldsymbol{R}^{n+1})$ でいずれも実数値関数で，$\xi=(\xi_1,\cdots,\xi_n)$ の2次形式 $\sum_{j,k=1}^{n} a_{jk}(t,x)\xi_j\xi_k$ は $(t,x)\in\boldsymbol{R}^{n+1}$ に対して，ξ の正定符号2次形式とする．

1
$$\left(\frac{\partial^2}{\partial t^2}-A\right)u(t,x,k)=0,\qquad u(0,x,k)=0,\qquad \frac{\partial u}{\partial t}(0,x,k)=e^{ik\cdot x}$$

の漸近解を構成せよ．

2
$$\left(\frac{\partial^2}{\partial t^2}-A\right)u(t,x,k)=0$$

の解で，

$$u(0,x,k)=0,\qquad \frac{\partial u}{\partial t}(0,x,k)=(x\cdot k-i0)^{\lambda}$$

という不連続性をもつ解を，(6.73) 以下にならって，漸近的に構成せよ．

第7章　超関数と密度の平方根

§7.1　多様体上の超関数

φ と ϕ を $C_0^\infty(\boldsymbol{R}^n)$ の元とする．この標準的な内積は

$$(7.1)\qquad (\varphi, \phi) = \int_{\boldsymbol{R}^n} \overline{\varphi(x)}\phi(x)\,dx$$

で与えられる．ここで $dx = dx_1 \cdots dx_n$ は，$\boldsymbol{R}^n$ の Lebesgue 測度である．だが，φ と ϕ の内積としては，別のものも定義できる．μ を $\boldsymbol{R}^n$ の任意の Radon 測度として，

$$(7.2)\qquad (\varphi, \phi)_{(\mu)} = \int_{\boldsymbol{R}^n} \overline{\varphi(x)}\phi(x)\,d\mu(x)$$

とすれば，これも一つの Hermite 内積である．多くの内積のうち，(7.1) の内積が基準的なものである理由は，$\boldsymbol{R}^n$ のあらゆる Radon 測度のうちで，Lebesgue 測度が $\boldsymbol{R}^n$ の平行移動に関して不変なものであるということによって，特別な位置を占めているからである．

M を σ コンパクトな C^∞ 多様体とする．M 上で定義された複素数値をとる C^∞ 関数全体のなすベクトル空間を $C^\infty(M)$ と書く．このうち，台がコンパクトとなっている関数の作る部分空間を $C_0^\infty(M)$ と書く．$\varphi, \phi \in C_0^\infty(M)$ とする．M の Radon 測度 μ を固定し，

$$(7.3)\qquad (\varphi, \phi)_{(\mu)} = \int_M \overline{\varphi(x)}\phi(x)\,d\mu(x)$$

とおけば，一つの Hermite 内積を得る．これは，測度 μ のとり方に依る．一般には，M 上で基準的な特別な Radon 測度はないから，$C_0^\infty(M)$ 上には基準的な Hermite 内積はない．

この事実は，Schwartz の超関数論の中にも影をおとしている．そして

(7.4)　座標変換に際しての挙動をも考慮すると，Schwartz の超関数は関数概念の一般化ではない

ということを導く．これは形式的なことであるが，多少の不便をもたらす．多様体の理論で，de Rham のカレントの理論を学ばれた読者は，超関数は n 次のカレントであるから，0 次のカレントである関数とは座標変換の際の振舞いが違うのは当然である，と理解しておられるであろう．しかし，念のためこれを一応説明しよう．

U_1 を $\boldsymbol{R}^n$ の開集合とする．U_1 での超関数 $T \in \mathcal{D}'(U_1)$ は，$\mathcal{D}(U_1)$ 上の線型汎関数である．$\varphi \in \mathcal{D}(U_1)$ での T の値を

$$\langle T, \varphi \rangle \tag{7.5}$$

とかく．$f(x)$ が U_1 上の局所可積分関数のとき，

$$\langle S_f, \varphi \rangle = \int_{U_1} f(x)\varphi(x)\,dx \qquad (\forall \varphi \in \mathcal{D}(U_1)) \tag{7.6}$$

で定義される超関数 S_f と f は同一視された．

$U_2 \subset \boldsymbol{R}^n$ も開集合とする．写像 $\Phi: U_2 \ni y \to x \in U_1$ が微分同相とする．$\varphi \in \mathcal{D}(U_1)$ という任意の元に対し，$\Phi^*\varphi(y) = \varphi \circ \Phi(y) = \varphi(x(y))$ を対応させて，

$$\Phi^*: \mathcal{D}(U_1) \longrightarrow \mathcal{D}(U_2) \tag{7.7}$$

という位相ベクトル空間の同型ができる．これらの双対空間として，超関数空間 $\mathcal{D}'(U_2)$ と $\mathcal{D}'(U_1)$ の同型

$$\Phi_*: \mathcal{D}'(U_1) \longleftarrow \mathcal{D}'(U_2) \tag{7.8}$$

が出来る．任意の $S \in \mathcal{D}'(U_2)$ に対し，任意の $\varphi \in \mathcal{D}(U_1)$ をとると，次の式で Φ_* が定義される．

$$\langle S, \Phi^*\varphi \rangle = \langle \Phi_* S, \varphi \rangle. \tag{7.9}$$

もしも，座標変換に際しての振舞いもこめて，超関数が関数の一般化であるならば，$S_{\Phi^* f} = \Phi_*{}^{-1} S_f$ となるはずである．しかし，以下にみるようにこれは成立しない．すなわち，座標変換に際しては超関数は関数の一般化とはみなせない．これを確かめよう．$\Phi_*{}^{-1} = (\Phi^{-1})_*$ であるから，$\Phi_*{}^{-1} S_f = S_h$ とすると，$\forall \varphi \in \mathcal{D}(U_1)$ に対して，

$$\begin{aligned} \int_{U_1} f(x)\varphi(x)\,dx &= \langle S_f, \varphi \rangle = \langle \Phi_* S_h, \varphi \rangle = \langle S_h, \Phi^*\varphi \rangle \\ &= \int_{U_2} h(y)\varphi(x(y))\,dy \end{aligned} \tag{7.10}$$

であり，一方

$$\int_{U_1} f(x)\varphi(x)\,dx = \int_{U_2} f(x(y))\varphi(x(y))\det\left(\frac{\partial x}{\partial y}\right)dy \tag{7.11}$$

であるから，

$$h(y) = f(x(y))\det\frac{\partial x}{\partial y} = \Phi^* f(y)\det\frac{\partial x}{\partial y} \neq \Phi^* f(y) \tag{7.12}$$

である．

$\omega(x) = f(x)\,dx_1\wedge\cdots\wedge dx_n$ を U_1 上で定義された n 次の外微分形式であるとし，$\forall\varphi\in\mathcal{D}(U_1)$ に対して，

$$\langle T_\omega, \varphi\rangle = \int_{U_1}\varphi(x)\omega(x) = \int_{U_1}\varphi(x)f(x)\,dx_1\wedge\cdots\wedge dx_n \tag{7.13}$$

とおくと，ω は $T_\omega\in\mathcal{D}'(U_1)$ と同一視される．微分同相 Φ によって，ω から $\Phi^*\omega$ という U_2 上の微分形式を得る．

$$\begin{aligned}\Phi^*\omega(y) &= f(x(y))\,dx_1(y)\wedge\cdots\wedge dx_n(y)\\ &= f(x(y))\det\frac{\partial x}{\partial y}dy_1\wedge\cdots\wedge dy_n\end{aligned}$$

である．これには U_2 上の超関数 $T_{\Phi^*\omega}$ が対応する．明らかに，(7.12) から (7.13) をあわせ考えると，

$$T_{\Phi^*\omega} = \Phi_*{}^{-1}T_\omega \tag{7.14}$$

である．この意味において“超関数とは，n 次微分形式の概念の一般化である”という方が，“関数概念の一般化”というより正確であろう．de Rham は，これを n 次のカレントといったのである．n 次微分形式は，測度とみなせるから，“超関数とは，測度の一般化である”ということはできよう．L. Schwartz のつけた名前 distributions は，この感じを含んでいるように思われる．訳語の‘超関数’は，‘超測度’とでもいった方が，感じが良くはないだろうか．

度々カレントという概念をひきあいに出したから，この定義をしておこう[1]．X を σ コンパクト C^∞ 多様体とする．簡単のため X は向きづけられているとしよう．X 上の C^∞ の p 次微分形式の全体を $C^\infty(X, \Lambda^p)$ とおく．台がコンパクトな C^∞ の p 次微分形式の全体を $C_0^\infty(X, \Lambda^p)$ とする．$\varphi^p\in C^\infty(X, \Lambda^p)$ を一つの座

1) G. de Rham: Variétés différentiables, Hermann, Paris. または，秋月康夫: 調和積分論，上，下，岩波書店．

標系では,

$$\varphi^p(x) = \sum_{i_1<\cdots<i_p} \alpha_{i_1\cdots i_p}(x)\,dx_{i_1}\wedge\cdots\wedge dx_{i_p} \tag{7.15}$$

と書ける. $\alpha_{i_1\cdots i_p}(x)$ は, この座標近傍内で C^∞ 関数である. $C^\infty(X, \Lambda^p)$ の元の無限列 $\varphi_1{}^p, \varphi_2{}^p, \cdots, \varphi_n{}^p, \cdots$ があって, 座標近傍内で (7.15) のように各 k につき,

$$\varphi_k{}^p(x) = \sum_{i_1<\cdots<i_p} \alpha_{i_1\cdots i_p,(k)}(x)\,dx_{i_1}\wedge\cdots\wedge dx_{i_p} \tag{7.16}$$

と書くとき, 係数となる関数列 $\alpha_{i_1\cdots i_p,(k)}(x)$ が, $k\to\infty$ のときそれらのすべての導関数と共に, 収束して, 極限が, $\alpha_{i_1\cdots i_p}(x)$ とその導関数のとき, 列 $\{\varphi_k{}^p\}_{k=1}^\infty$ は $C^\infty(X, \Lambda^p)$ で φ^p に収束するという. この収束概念で, $C^\infty(X, \Lambda^p)$ に局所凸位相が入り, 完備距離空間——Fréchet 空間——になる. これを $\mathcal{E}(X, \Lambda^p)$ と書く.

つぎに $K\subset X$ をコンパクト集合として,

$$C_K{}^\infty(X, \Lambda^p) = \{\varphi\in\mathcal{E}(X, \Lambda^p) \mid \operatorname{supp}\varphi\subset K\} \tag{7.17}$$

とおく. これは $\mathcal{E}(X, \Lambda^p)$ の部分空間故, これも Fréchet 空間となる. $\mathcal{D}_K(X, \Lambda^p)$ と書く. X は σ コンパクトであるから, コンパクト集合列 $\{K_n\}$ をとって

$$K_1\subset K_2\subset\cdots\subset K_n\subset K_{n+1}\subset\cdots, \qquad \bigcup_n K_n = X \tag{7.18}$$

とできる. $\mathcal{D}_{K_n}(X, \Lambda^p)$ は位相もこめて, $\mathcal{D}_{K_{n+1}}(X, \Lambda^p)$ の部分空間である. よって, これらの帰納的極限として

$$\varinjlim \mathcal{D}_{K_n}(X, \Lambda^p) = \mathcal{D}(X, \Lambda^p) \tag{7.19}$$

を定義する. 集合としては, $\mathcal{D}(X, \Lambda^p)=C_0{}^\infty(X, \Lambda^p)$ である. $\{\varphi_n{}^p\}_{n=1}^\infty\subset\mathcal{D}(X, \Lambda^p)$ が, $\varphi^p\in\mathcal{D}(X, \Lambda^p)$ に収束する必要十分条件は, $\{\varphi_n{}^p\}_{n=1}^\infty$ のすべてが一つのコンパクト集合 K 内に台をもち, しかも $\{\varphi_n{}^p\}_{n=1}^\infty$ が $\mathcal{D}_K(X, \Lambda^p)$ で φ^p に収束することである.

例えば $\mathcal{D}(X, \Lambda^0)$ は $\mathcal{D}(X)$ のことである.

$\mathcal{D}(X, \Lambda^p)$ の双対空間を $\mathcal{D}'(X, \Lambda^{n-p})$ と書き, これを, $n-p$ 次のカレントの空間といい, この空間の元を, $n-p$ 次のカレントと呼ぶ.

$$\omega^{n-p}(x) = \sum_{i_1<\cdots<i_{n-p}} f_{i_1\cdots i_{n-p}}(x)\,dx_{i_1}\wedge\cdots\wedge dx_{i_{n-p}} \tag{7.20}$$

は $n-p$ 次の微分形式で, $f_{i_1\cdots i_{n-p}}(x)$ は局所可積分とする. このとき, 任意の $\varphi^p(x)=\sum_{i_1<\cdots<i_p}\alpha_{i_1\cdots i_p}(x)\,dx_{i_1}\wedge\cdots\wedge dx_{i_p}\in\mathcal{D}(X, \Lambda^p)$ に対し,

$$\langle T_\omega, \varphi\rangle = \int \omega(x) \wedge \varphi^p(x) \tag{7.21}$$

とおくと，T_ω は $\mathcal{D}(X, \Lambda^p)$ の連続線型汎関数を定義する．すなわち $T_\omega \in \mathcal{D}'(X, \Lambda^{n-p})$ である．これによって，局所可積分な $n-p$ 次微分形式 ω は，$n-p$ 次カレント T_ω と同一視される．この意味で，$n-p$ 次のカレントは，$n-p$ 次の微分形式の概念の一般化とみなせる．

超関数空間 $\mathcal{D}'(X)$ は $\mathcal{D}(X) = \mathcal{D}(X, \Lambda^0)$ の双対空間ゆえ $\mathcal{D}'(X) = \mathcal{D}'(X, \Lambda^n)$，すなわち超関数は n 次のカレントである．一方，関数は 0 次微分形式だから 0 次のカレントである．

このようにカレント概念を導入すれば，超関数の座標変換に際しての振舞いが明確になる．と同時に，関数同士の Hermite 内積の定義の困難さも分る．次節はこれを除くことを考える．

§7.2　密度の平方根

X は σ コンパクト C^∞ 多様体で，必ずしも向きづけられていないとする．X 上の関数空間に自然な Hermite 内積を定義するのは困難であった．Hörmander は，密度の平方根の概念を導入して，この困難を取り除いた．

V は n 次元のベクトル空間とする．係数体は，複素数体あるいは実数体とする．考えをきめるために，複素数体で論じる．V^* をその双対空間とする．V の n 個の外積を $\bigwedge^n V$，V^* の n 個の外積を $\bigwedge^n V^*$ とする．$\bigwedge^n V$ と $\bigwedge^n V^*$ は共に 1 次元ベクトル空間で，互いに他の双対空間である．$\omega \in \bigwedge^n V^*$ とは，

$$\omega : \bigwedge^n V \longrightarrow \boldsymbol{C} \tag{7.22}$$

という線型写像である．これに対して，$\mu \in \boldsymbol{R}$ を固定し，ρ は

$$\rho : \bigwedge^n V \longrightarrow \boldsymbol{C} \tag{7.23}$$

という写像 (線型ではないが) であって，次の同次性条件，

$$\rho(\alpha e) = |\alpha|^\mu \rho(e) \qquad (\forall \alpha \in \boldsymbol{C},\ \forall e \in \bigwedge^n V) \tag{7.24}$$

を成立させるもの全体を $\Omega^\mu(V^*)$ と書く．$\Omega^\mu(V^*)$ はベクトル空間を作る．実際，$\rho_1, \rho_2 \in \Omega^\mu(V^*)$，$\alpha, \beta \in \boldsymbol{C}$ とすると，$\forall e \in \bigwedge^n V$ に対し

$$(\rho_1 + \rho_2)(\alpha e) = \rho_1(\alpha e) + \rho_2(\alpha e) = |\alpha|^\mu (\rho_1 + \rho_2)(e),$$

$$\beta\rho_1(\alpha e) = |\alpha|^{\mu}\beta\rho_1(e)$$

が成立する．よって次の命題が成立する．

命題 7.1 任意の $\mu \in \boldsymbol{R}$ に対し $\Omega^{\mu}(V^*)$ は，$\boldsymbol{C}$ 上1次元のベクトル空間である．また，$e \in \overset{n}{\bigwedge} V$ を $\overset{n}{\bigwedge} V$ の基底とするとき，$\rho(e) \neq 0$ なる ρ は $\Omega^{\mu}(V^*)$ の基底である．——

命題 7.2 $\mu, \mu' \in \boldsymbol{R}$ とする．$\rho_1 \in \Omega^{\mu}(V^*)$，$\rho_2 \in \Omega^{\mu'}(V^*)$，$\forall e \in \overset{n}{\bigwedge}(V)$ に対し，$\rho_1 \otimes \rho_2(e) = \rho_1(e)\rho_2(e)$ とおいて，

$$\Omega^{\mu}(V^*) \otimes \Omega^{\mu'}(V^*) \cong \Omega^{\mu+\mu'}(V^*) \tag{7.25}$$

という同型ができる．——

証明は省略する．

命題 7.3 $\rho \in \Omega^{\mu}(V^*)$ が0でないとき，ρ による $\overset{n}{\bigwedge} V$ の像は，複素平面上偏角が一定の，原点から ∞ へ至る半直線である．——

定義 7.1 $\rho \in \Omega^{\mu}(V^*)$ が正の元であるとは，ρ による $\overset{n}{\bigwedge} V$ の像が，$\boldsymbol{C}$ 平面で正の実軸と一致することである．$\Omega^{\mu}(V^*)$ の正の元全体を $\Omega_+{}^{\mu}(V^*)$ と書く．——

命題 7.4 $\mu \in \boldsymbol{R}$ とする，$\Omega_+{}^{\mu}(V^*) \neq \phi$，かつ $\rho_1, \rho_2 \in \Omega_+{}^{\mu}(V^*)$ なら，正数 α があって，下のようにかける．

$$\rho_2 = \alpha\rho_1. \tag{7.26}$$ ——

証明省略．

定義 7.2 $\Omega_+{}^1(V^*)$ の元を，V の正の体積要素という．$\Omega^1(V^*)$ の元を，V の体積要素という．——

$\rho \in \Omega_+{}^1(V^*)$ を一つ定めると，V の n 個のベクトル $e_1, e_2, \cdots, e_n$，の張る平行多面体 $e_1 \wedge \cdots \wedge e_n$ に対して，正の値 $\rho(e_1 \wedge \cdots \wedge e_n)$ が対応し，他の平行多面体 $e_1' \wedge \cdots \wedge e_n'$ が，$e_1' \wedge \cdots \wedge e_n' = \alpha e_1 \wedge \cdots \wedge e_n$ のとき，

$$\rho(e_1' \wedge \cdots \wedge e_n') = |\alpha|\rho(e_1 \wedge \cdots \wedge e_n)$$

が成立する．これが，体積要素の名の由来である．

例えば，$\forall \omega \in \overset{n}{\bigwedge} V^*$ に対して，$|\omega| \in \Omega_+{}^1(V^*)$ を次のように定義する．すなわち，任意の $e \in \overset{n}{\bigwedge} V$ に対し

$$|\omega|(e) = |\omega(e)| \tag{7.27}$$

である．$|\omega| \in \Omega_+{}^1(V^*)$ を，ω の定める体積要素という．

定義 7.3 $\forall \rho \in \Omega^{\mu}(V^*)$ に対し

(a) $\bar{\rho}(e)=\overline{\rho(e)}$ $(\forall e\in\bigwedge^{n}V)$ によって, $\bar{\rho}\in\Omega^{\mu}(V^{*})$ を定義する. $\bar{\rho}$ を ρ の複素共役という.

(b) $|\rho|(e)=|\rho(e)|$ $(\forall e\in\bigwedge^{n}V)$ によって, $|\rho|\in\Omega^{\mu}(V^{*})$ を定義する. $|\rho|$ を ρ の絶対値という.

(c) $\rho\in\Omega_{+}{}^{\mu}(V^{*})$ と, $\forall\nu\in\boldsymbol{R}$ に対し $\rho^{\nu}\in\Omega^{\nu\mu}(V^{*})$ を,

$$\rho^{\nu}(e)=(\rho(e))^{\nu}$$

で定義し, ρ^{ν} を ρ の ν 乗という. ——

定義 7.4 $\Omega^{\mu}(V^{*})\times\Omega^{\mu}(V^{*})\to\Omega^{2\mu}(V^{*})$ という Hermite 形式を, 次のように定義する.

$\forall\rho_1,\forall\rho_2\in\Omega^{\mu}(V^{*})$, $\forall e\in\bigwedge^{n}V$ に対し, $\omega=\{\rho_1,\rho_2\}_{\mu}$ を,

$$\omega(e)=\overline{\rho_1(e)}\,\rho_2(e). \tag{7.28}$$
——

注意 (7.28) は, 少なくも一つの $e\neq 0$ について成立すれば良い. $\bigwedge^{n}V$ は1次元だからである.

命題 7.5 上の定義 7.4 の Hermite 形式は,

$$\Omega^{\mu}(V^{*})\times\Omega^{\mu}(V^{*})\longrightarrow\Omega^{2\mu}(V^{*}) \tag{7.29}$$

という正値定符号2次形式である. ここで正値とは, 0 でない $\rho\in\Omega^{\mu}(V^{*})$ に対し $0\neq\{\rho,\rho\}_{\mu}\in\Omega_{+}{}^{2\mu}(V^{*})$ のことである. ——

証明省略.

つぎに $\Omega^{\mu}(V^{*})$ の座標変換の公式を作る.

V の基底 $e_1,e_2,\cdots,e_n$ と V^{*} の双対基底 $e_1{}^{*},e_2{}^{*},\cdots,e_n{}^{*}$ をとる. $e_1{}^{*}\wedge\cdots\wedge e_n{}^{*}\in\bigwedge^{n}V^{*}$ である. (7.27) によって $0\neq|e_1{}^{*}\wedge\cdots\wedge e_n{}^{*}|\in\Omega_{+}{}^{1}(V^{*})$ である. $\mu\in\boldsymbol{R}$ のとき, 定義 7.3 (c) により $|e_1{}^{*}\wedge\cdots\wedge e_n{}^{*}|^{\mu}\in\Omega_{+}{}^{\mu}(V^{*})$ である. 任意の $\rho\in\Omega^{\mu}(V^{*})$ に対し,

$$\alpha=\rho(e_1\wedge e_2\wedge\cdots\wedge e_n) \tag{7.30}$$

とおくと, $\rho=\alpha|e_1{}^{*}\wedge\cdots\wedge e_n{}^{*}|^{\mu}$ である. (7.30) を, 座標系 $e_1,e_2,\cdots,e_n$ による ρ の成分と呼ぶ.

命題 7.6 V の新しい基底 $e_1',e_2',\cdots,e_n'$ をとる.

$$e_i'=\sum_{j=1}^{n}\alpha_{ij}e_j \qquad (i=1,2,\cdots,n) \tag{7.31}$$

とすると, A を (α_{ij}) を成分とする行列として,

(7.32) $$|e_1'^* \wedge \cdots \wedge e_n'^*|^\mu = |\det A|^{-\mu}|e_1^* \wedge \cdots \wedge e_n^*|^\mu$$

である．ここで $e_1'^*, e_2'^*, \cdots, e_n'^*$ は，$e_1', e_2', \cdots, e_n'$ の双対基底である．——

証明省略．

$\rho \in \Omega^\mu(V^*)$，$\rho' \in \Omega^{\mu'}(V^*)$ とする．V の基底 $e_1, \cdots, e_n$ をとって，

(7.33) $$\rho = \alpha|e_1^* \wedge e_2^* \wedge \cdots \wedge e_n^*|^\mu, \qquad \rho' = \alpha'|e_1^* \wedge e_2^* \wedge \cdots \wedge e_n^*|^{\mu'}$$

とおくと，$\rho \otimes \rho'$ の $\Omega^{\mu+\mu'}(V^*)$ の像は，

(7.34) $$\rho\rho' = \alpha\alpha'|e_1^* \wedge e_2^* \wedge \cdots \wedge e_n^*|^{\mu+\mu'}$$

である．したがって，とくに $\mu=\mu'$ のとき，

(7.35) $$\{\rho, \rho'\}_\mu = \bar{\alpha}\alpha'|e_1^* \wedge e_2^* \wedge \cdots \wedge e_n^*|^{2\mu}$$

である．また，$\rho \in \Omega^0(V^*)$ とする．

$$\rho = \alpha|e_1^* \wedge e_2^* \wedge \cdots \wedge e_n^*|^0$$

とする．V の基底を $e_1', e_2', \cdots, e_n'$ に変更すると，

$$\rho = \alpha'|e_1'^* \wedge e_2'^* \wedge \cdots \wedge e_n'^*|^0$$

と書ける．(7.32) によって

(7.36) $$\alpha = \alpha'$$

である．それゆえ，

(7.37) $$\Omega^0(V^*) \cong \boldsymbol{C}$$

という自然な同型がある．したがって $\Omega^\mu(V^*)$ と $\Omega^{-\mu}(V^*)$ は，

(7.38) $$\Omega^\mu(V^*) \times \Omega^{-\mu}(V^*) \longrightarrow \Omega^\mu(V^*) \otimes \Omega^{-\mu}(V^*) \longrightarrow \Omega^0(V^*) \cong \boldsymbol{C}$$

によって，自然に双対空間とみなせる．

定義 7.5 $\Omega_+{}^\mu(V^*)$ の元を，V の**体積要素の $\boldsymbol{\mu}$ 乗**という．$\Omega^\mu(V^*)$ の元をも体積要素の μ 乗と呼ぶことがある．とくに $\Omega^{1/2}(V^*)$ の元は，**体積要素の平方根**という．——

さて，X が σ コンパクトな $\boldsymbol{n}$ 次元の C^∞ 多様体とする．その接ベクトル束を TX，余接ベクトル束を，T^*X とおく．各点 $x \in X$ で，T_xX を x での X の接ベクトル空間，$T_x{}^*X$ を x での X の余接ベクトル空間とする．各 $x \in X$ ごとに $\Omega^\mu(T_x{}^*X)$ を作り，この直和 (disjoint union)

(7.39) $$\Omega^\mu(X) = \coprod_{x \in X} \Omega^\mu(T_x{}^*X)$$

を作ると，これは X を基底とする1次元のベクトル束である．これを密度の μ

乗のベクトル束という.

$U \subset X$ を開集合とし, U で, 座標関数 $x=(x_1, x_2, \cdots, x_n)$ がとれるとする. 各点 $x \in U$ で, $|dx_1 \wedge \cdots \wedge dx_n|^\mu$ は, $\Omega^\mu(T_x{}^*X)$ の基底である. U で $\Omega^\mu(X)$ の局所切断は,

(7.40) $$\rho(x) = f(x)|dx_1 \wedge \cdots \wedge dx_n|^\mu$$

と書ける. f が $C^\infty(U)$ に入るとき, ρ は U で C^∞ の切断であるといい, $\rho \in C^\infty(U, \Omega^\mu(X))$ と書く.

$V \subset X$ も開集合で, ここで $y=(y_1, y_2, \cdots, y_n)$ が局所座標としてとれるならば, $U \cap V$ では同じ ρ が,

(7.41) $$\rho(x(y)) = f(x(y))\left|\det\left(\frac{\partial x(y)}{\partial y}\right)\right|^\mu |dy_1 \wedge \cdots \wedge dy_n|^\mu$$

と書ける. (7.41) は $\Omega^\mu(X)$ の座標変換の公式である.

$\rho(x) \geqq 0$ とは, $f(x) \geqq 0$ のことである. また, ρ に関し, 各ファイバーごとに, 定義 7.3 の (a), (b), (c) の演算ができる.

(7.42) $$\begin{cases} \bar{\rho}(x) = \overline{f(x)}|dx_1 \wedge \cdots \wedge dx_n|^\mu, \\ |\rho(x)| = |f(x)||dx_1 \wedge \cdots \wedge dx_n|^\mu, \\ |\rho(x)|^\nu = |f(x)|^\nu |dx_1 \wedge \cdots \wedge dx_n|^{\mu\nu} \end{cases}$$

である.

Y がやはり n 次元の C^∞ 多様体で σ コンパクトとする. $\Phi: Y \to X$ を C^∞ 写像とする.

$$\Phi_*: \bigwedge^n TY \longrightarrow \bigwedge^n TX$$

というベクトル束の写像があるから,

(7.43) $$\Phi^*: \Omega^\mu(X) \longrightarrow \Omega^\mu(Y)$$

という自然なベクトル束の写像がある. $\rho \in C^\infty(U, \Omega^\mu)$, すなわち, ρ が U での $\Omega^\mu(X)$ の局所切断で, (7.40) と書けると, $\Phi^*\rho$ は, Y の局所座標で,

(7.44) $$\begin{aligned} \Phi^*\rho(y) &= f(\Phi(y))|\Phi^*(dx_1 \wedge \cdots \wedge dx_n)|^\mu \\ &= f(x(y))\left|\det\frac{\partial x}{\partial y}\right|^\mu |dy_1 \wedge \cdots \wedge dy_n|^\mu \end{aligned}$$

と書ける. とくに $X=Y$ とし, $\mathfrak{X}$ が X 上のベクトル場で, $\mathfrak{X}$ の定める X の 1 パラメータ変換群を Φ_t とする. 任意の $\rho \in C^\infty(X, \Omega^\mu)$ に対し, その Lie 微分

が定義される．

定義 7.6　$\rho \in C^\infty(X, \Omega^\mu)$ に対して，

$$\mathscr{L}_{\mathfrak{X}}\rho = \lim_{t\to 0}\frac{1}{t}(\Phi_t{}^* - I)\rho \tag{7.45}$$

を ρ の $\mathfrak{X}$ による Lie 微分という．——

局所座標で $\rho(x)$ を (7.40) と表示すると，

$$\mathscr{L}_{\mathfrak{X}}\rho(x) = (\mathfrak{X}f)(x)|dx_1\wedge\cdots\wedge dx_n|^\mu + \mu f(x)|\mathscr{L}_{\mathfrak{X}}(dx_1\wedge\cdots\wedge dx_n)|^\mu \tag{7.46}$$

が成立する．

つぎに $\Omega^\mu(X)$ の大域的 C^∞ 切断の作るベクトル空間 $C^\infty(X, \Omega^\mu)$ に，位相を導入しよう．$C^\infty(X, \bigwedge^n T^*X)$ と同様にする．すなわち，$\rho_1, \rho_2, \cdots$ という $C^\infty(X, \Omega^\mu)$ の無限列が，$\rho \in C^\infty(X, \Omega^\mu)$ に収束するとは，ρ_j を (7.40) のように局所座標で書いて

$$\rho_j(x) = f_j(x)|dx_1\wedge\cdots\wedge dx_n|^\mu \tag{7.47}$$

としたとき，$j\to\infty$ とすると，$f_j(x)$ が (7.40) の $f(x)$ に $C^\infty(V)$ の位相で収束すること．すなわち，$f_j(x)$ とその各導関数が，U で広義一様に $f(x)$ とその各導関数に収束することである．この収束概念で，$C^\infty(X, \Omega^\mu)$ は，Fréchet 空間となる．これを $\mathscr{E}(X, \Omega^\mu)$ と書く．

$K\subset X$ をコンパクト集合とし，

$$C_K{}^\infty(X, \Omega^\mu) = \{\rho \in C^\infty(X, \Omega^\mu)\,|\,\mathrm{supp}\,\rho\subset K\}$$

とする．$C_0{}^\infty(X, \Omega^\mu) = \bigcup_K C_K{}^\infty(X, \Omega^\mu)$ とする．これは，コンパクトな台をもつ $C^\infty(X, \Omega^\mu)$ の元の全体である．$C_K{}^\infty(X, \Omega^\mu)$ には，$\mathscr{E}(X, \Omega^\mu)$ の部分空間としての位相を入れて，$\mathscr{D}_K(X, \Omega^\mu)$ と書く．X は σ コンパクトであるから，コンパクト集合の列 $K_1\subset K_2\subset K_3\subset\cdots$ で，$\bigcup_n K_n = X$ にできる．$K_n\subset K_{n+1}$ であるから，$\mathscr{D}_{K_n}(X, \Omega^\mu)\subset\mathscr{D}_{K_{n+1}}(X, \Omega^\mu)$ で，$\mathscr{D}_{K_n}(X, \Omega^\mu)$ は $\mathscr{D}_{K_{n+1}}(X, \Omega^\mu)$ の部分空間の位相をもつことが分る．そこで，この帰納的極限として

$$\mathscr{D}(X, \Omega^\mu) = \varinjlim_n \mathscr{D}_{K_n}(X, \Omega^\mu) \tag{7.48}$$

を定義する．集合として $\mathscr{D}(X, \Omega^\mu) = C_0{}^\infty(X, \Omega^\mu)$ である．$\mathscr{D}(X, \Omega^\mu)$ の列 $\rho_1, \rho_2, \cdots$ が ρ に収束するとは，あるコンパクト集合 K があって，すべての ρ_j の台が K に入って，しかも $\rho_1, \rho_2, \cdots$ が $\mathscr{D}_K(X, \Omega^\mu)$ の中で ρ に収束することである．

定義 7.7　$\mathcal{D}(X, \Omega^\mu)$ の双対空間を $\mathcal{D}'(X, \Omega^{1-\mu})$ と書き，$\mathcal{E}(X, \Omega^\mu)$ の双対空間を $\mathcal{E}'(X, \Omega^{1-\mu})$ と書く．——

これらの空間が，どんなものを含むかを見よう．

定義 7.8　(1)　$\Omega^\mu(X)$ の切断 ρ が，C^k $(k=0, 1, 2, \cdots)$ 級の切断とは，局所座標で

$$\rho(x) = f(x)|dx_1 \wedge \cdots \wedge dx_n|^\mu \tag{7.49}$$

と書くとき，$f(x)$ が C^k 級の関数となることである．ここで C^k 級の切断の全体を $C^k(X, \Omega^\mu)$ と書く．$f(x)$ の k 回までの導関数の広義一様収束の位相で $C^k(X, \Omega^\mu)$ には Fréchet 空間の位相が入る．これを $\mathcal{E}^k(X, \Omega^\mu)$ と書く．

(2)　ρ が可測な切断であるとは，(7.49) と書くとき，$f(x)$ が可測関数であることである．

(3)　ρ が局所可積分な切断とは，(7.49) の表示で，f が局所可積分となることである．このような切断の全体を $L_{\mathrm{loc}}{}^1(X, \Omega^\mu)$ と書く．——

注意　これらの定義は，座標系のとり方によらない．

つぎに $\Omega^1(X)$ の積分という概念を考えよう．X の座標近傍を $U_1, U_2, \cdots$ とする．これが X の局所有限開被覆とする．これに従属する1の C^∞ の分解を $\{\varphi_j\}_{j=1}^\infty$ とする．$\varphi_j(x) \geqq 0$ として良い．

定義 7.9　ρ が，$\Omega^1(X)$ の可測な切断で，各 $x \in X$ に対して $\rho(x) \in \Omega_+{}^1(T^*X)$ とする．各座標近傍 U_j で $\rho(x)$ が

$$\rho(x) = f_j(x)|dx_1 \wedge \cdots \wedge dx_n| \tag{7.50}$$

と表わせるとする．このとき

$$\int_X \varphi_j \rho = \int_X \varphi_j(x) f_j(x)\, dx \tag{7.51}$$

とする．ここで dx とは，座標関数によって U_j を $\boldsymbol{R}^n$ の開集合と同一視したときの Lebesgue 測度である．さらに

$$\int_X \rho = \sum_{j=1}^\infty \int \varphi_j \rho \tag{7.52}$$

とおくとき，$\infty > \int_X \rho$ であれば ρ を可積分という．$\int_X \rho$ を ρ の積分という．——

命題 7.7　(7.52) 式の $\int_X \rho$ は，座標近傍，座標関数 $x=(x_1, \cdots, x_n)$，および，1の分解などのとり方によらない．——

証明は省略する.

定義 7.10 ρ が $\Omega^1(X)$ の可測な切断であるとする. $|\rho|$ が可積分な切断のとき, ρ は可積分な切断であるという. そして, U_j で (7.50) とあらわしたとき, (7.51), (7.52) で ρ の積分 $\int_X \rho$ を定義する. ——

これも, $\{U_j\}_j$, 座標関数, および1の分解 φ_j などのとり方によらない.

注意 ρ が, $\Omega^1(X)$ の可積分の切断で $\rho(x) \geqq 0$ のとき,

$$\int_X \rho \geqq 0 \tag{7.53}$$

である. ここで等号は, ほとんどいたるところ $\rho(x) \equiv 0$ となるときに限る.

命題 7.8 ρ が $\Omega^{1-\mu}(X)$ の局所可積分の切断であるとする. 任意の $\varphi \in \mathcal{D}(X, \Omega^\mu)$ に対して,

$$\langle T_\rho, \varphi \rangle = \int_X \varphi\rho \tag{7.54}$$

とおくと, $T_\rho \in \mathcal{D}'(X, \Omega^{1-\mu})$ である. こうして, 局所可積分の切断 ρ と $T_\rho \in \mathcal{D}'(X, \Omega^{1-\mu})$ が, 同一視される. ——

定義 7.11 $\Omega^1(X)$ の可測な切断で可積分のものの全体を $L^1(X, \Omega^1)$ とおく. $\rho \in L^1(X, \Omega^1)$ に対し,

$$\|\rho\|_{L^1} = \int_X |\rho| \tag{7.55}$$

を, ρ のノルムという. ——

定理 7.1 $L^1(X, \Omega^1)$ は, ノルム $\| \ \|_{L^1}$ で Banach 空間である. ——

証明省略.

定義 7.12 $1 \leqq p < \infty$ とする. X 上 $\Omega^{1/p}(X)$ の局所可積分な切断 ρ で, $|\rho|^p$ が $L^1(X, \Omega^1)$ に入るときの全体を, $L^p(X, \Omega^{1/p})$ と書く. ——

定理 7.2 $1 \leqq p < \infty$ のとき, $L^p(X, \Omega^{1/p})$ は, ノルム

$$\rho \longrightarrow \|\rho\|_{L^p} = \left[\int_X |\rho|^p\right]^{1/p} \tag{7.56}$$

で Banach 空間である. ——

定義 7.13 X 上 $\Omega^0(X) = X \times \boldsymbol{C}$ の切断 ρ が可測で, $L^\infty(X)$ の関数 $f(x)$ と同一視されるとき, ρ は本質的に有界という. ρ のノルムを

$$\|\rho\|_{L^\infty} = \|f\|_{L^\infty} \tag{7.57}$$

とおく．この ρ の空間を $L^\infty(X, \Omega^0)$ とおく．——

定理 7.3　$L^\infty(X, \Omega^0)$ は，上のノルムで，Banach 空間である．——

定義 7.14　$1/p+1/p'=1$，$1\leqq p, p'\leqq\infty$ とする．このとき，$\rho\in L^p(X, \Omega^{1/p})$，$\rho'\in L^{p'}(X, \Omega^{1/p'})$ に対し，

$$\langle\rho, \rho'\rangle=\int_X \rho\rho' \tag{7.58}$$

とおく．ここで，任意の $x\in X$ で，$\rho\rho'(x)=\rho(x)\rho'(x)\in\Omega^1(T_x{}^*X)$ である．((7.25) 参照.)　——

定理 7.4　$1\leqq p<\infty$，$1/p+1/p'=1$ のとき，(7.58) によって $L^{p'}(X, \Omega^{1/p'})$ は，$L^p(X, \Omega^{1/p})$ の双対空間とみなせる．——

証明は省略する．

定理 7.5　$L^2(X, \Omega^{1/2})$ は，次の Hermite 内積で，Hilbert 空間となる．すなわち，$\rho, \rho'\in L^2(X, \Omega^{1/2})$ に対して，

$$(\rho, \rho')_{L^2}=\int_X\{\rho, \rho'\}_{1/2}=\int_X\bar{\rho}\rho'. \tag{7.59}$$ ——

証明は省略して良いだろう．

これによって，§7.2 の冒頭に述べた目的，すなわち，Hilbert 空間 $L^2(X, \Omega^{1/2})$ を，測度を特定に指定することなく構成すること，ができた．

若干の記号について，約束する．局所座標で，

$$\rho=f(x)|dx_1\wedge\cdots\wedge dx_n| \tag{7.60}$$

とかける $L^1(X, \Omega^1)$ の元 ρ について，

$$\int_X\rho=\int_X f(x)|dx_1\wedge\cdots\wedge dx_n| \tag{7.61}$$

という記号を使う．同様に，$\rho\in L^p(X, \Omega^{1/p})$，$\rho'\in L^{p'}(X, \Omega^{1/p'})$ に対して，$1/p+1/p'=1$ のとき，

$$\rho(x)=f(x)|dx_1\wedge\cdots\wedge dx_n|^{1/p},\qquad \rho'(x)=g(x)|dx_1\wedge\cdots\wedge dx_n|^{1/p'}$$

と局所表示されるならば，

$$\rho\rho'(x)=f(x)g(x)|dx_1\wedge\cdots\wedge dx_n|$$

であるから

$$\langle\rho, \rho'\rangle=\int_X f(x)g(x)|dx_1\wedge\cdots\wedge dx_n| \tag{7.62}$$

と書くことにする．$p=p'=2$ のとき，ρ, ρ' の内積を，

$$(\rho, \rho') = \int_X \overline{f(x)}\, g(x) |dx_1 \wedge \cdots \wedge dx_n| \tag{7.63}$$

と書くこともある．

以下主として，$\mu=1/2$，すなわち，密度の平方根の場合を扱う．命題7.8で，T_ρ と ρ を同一視して，

$$\begin{aligned}\mathcal{D}(X, \Omega^{1/2}) \subset C_0{}^k(X, \Omega^{1/2}) \subset C_0{}^0(X, \Omega^{1/2}) \\ \subset L^2(X, \Omega^{1/2}) \subset L_{\mathrm{loc}}{}^1(X, \Omega^{1/2}) \subset \mathcal{D}'(X, \Omega^{1/2})\end{aligned}$$

である．ここで $C_0{}^k(X, \Omega^{1/2})$ は $C^k(X, \Omega^{1/2})$ の切断で台がコンパクトなものの全体．$\mathcal{D}(X, \Omega^{1/2})$ は，これらすべての空間で稠密である．そして，$\rho, \tau \in \mathcal{D}(X, \Omega^{1/2})$ のとき，Hermite 内積は

$$(\tau, \rho) = \langle \bar{\tau}, \rho \rangle = \overline{\langle \bar{\rho}, \tau \rangle} \tag{7.64}$$

となり，内積 $\langle\ ,\ \rangle$ が対称性をもってくる．また，Y が n 次元の多様体で，Φ: $Y \to X$ が，微分同相であると，$\Phi^* : \mathcal{D}(X, \Omega^{1/2}) \to \mathcal{D}(Y, \Omega^{1/2})$ および，$\Phi^* : L^2(X, \Omega^{1/2}) \to L^2(Y, \Omega^{1/2})$ という写像がある．$\Phi^* : \mathcal{D}(X, \Omega^{1/2}) \to \mathcal{D}(Y, \Omega^{1/2})$ が同型のことは明らかである．双対作用素 $\Phi_* : \mathcal{D}'(Y, \Omega^{1/2}) \to \mathcal{D}'(X, \Omega^{1/2})$ が定義される．これも同型である．

定理 7.6 Φ_* を $L^2(Y, \Omega^{1/2})$ に制限すると，Φ^{*-1} と一致する．

証明 $\tau \in L^2(Y, \Omega^{1/2})$ とする．ある $\omega \in L^2(X, \Omega^{1/2})$ があって，$\tau = \Phi^* \omega$ である．(Φ^* は $L^2(X, \Omega^{1/2}) \to L^2(Y, \Omega^{1/2})$ の同型である.) すると任意の $\rho \in \mathcal{D}(X, \Omega^{1/2})$ に対して，

$$\begin{aligned}\langle \Phi_* \tau, \rho \rangle &= \langle \tau, \Phi^* \rho \rangle = (\bar{\tau}, \Phi^* \rho) = (\Phi^* \bar{\omega}, \Phi^* \rho) \\ &= (\bar{\omega}, \rho) = \langle \omega, \rho \rangle = \langle \Phi^{*-1} \tau, \rho \rangle.\end{aligned} \tag{7.65}$$

ここで Φ^* が $L^2(X, \Omega^{1/2}) \to L^2(Y, \Omega^{1/2})$ の Hilbert 空間の同型を与えるユニタリ作用素のことを用いた．(7.65) から

$$\Phi_* \tau = \Phi^{*-1} \tau$$

である．▌

これによって $\mathcal{D}'(X, \Omega^{1/2})$ の元は，座標変換に際して，$\mathcal{D}(X, \Omega^{1/2})$ あるいは $L^2(X, \Omega^{1/2})$ の元と同じ振舞いをすることが分った．

最後に，$\mathcal{D}'(X, \Omega^{1/2})$ の元 ρ に偏微分作用素を作用させることを定義しなけれ

ばならない．通常の超関数の理論と同様にする．X の座標近傍で $\partial/\partial x_j$ とあらわされる微分作用素があると，$\phi \in \mathscr{D}(X, \Omega^{1/2})$ の元を，

$$\phi = f(x)|dx_1 \wedge \cdots \wedge dx_n|^{1/2}$$

とかくと

$$\frac{\partial}{\partial x_j}\phi(x) = \frac{\partial f}{\partial x_j}(x)|dx_1 \wedge \cdots \wedge dx_n|^{1/2}$$

である．これは，$\mathfrak{X}=\partial/\partial x_j$ をベクトル場とみなした ϕ の Lie 微分 $\mathscr{L}_{\mathfrak{X}}\phi$ と一致する．この双対写像が $\mathscr{D}'(X, \Omega^{1/2})$ の偏微分作用素 $-\partial/\partial x_j$ である．また，C^∞ 関数 $a(x)$ を乗ずることは，明らかに $\mathscr{D}(X, \Omega^{1/2}) \to \mathscr{D}(X, \Omega^{1/2})$ の連続写像である．この双対写像が $\mathscr{D}'(X, \Omega^{1/2})$ で，関数 $a(x)$ を乗ずる作用素である．以上の二つの作用を繰り返して，$\mathscr{D}'(X, \Omega^{1/2})$ の偏微分作用素が定義される．

以上は，X 上に特別の測度を定めることなく議論された．しかし，一度測度(もっと正確には体積密度)を定めると，次のようになる．$\omega \in C^\infty(X, \Omega^1)$ で，各 $x \in X$ で，$\omega(x) \in \Omega_+{}^1(T_x{}^*X)$ とする．ω を X の体積要素として固定すると，任意の μ に対し $\omega(x)^\mu \in \Omega_+{}^\mu(T_x{}^*X)$ である．よって，任意の $\rho \in \mathscr{D}(X, \Omega^\mu)$ に対して，

$$\rho(x) = \varphi(x)|\omega(x)|^\mu \tag{7.66}$$

とかける．$\rho \leftrightarrow \varphi$ の対応で $\mathscr{D}(X, \Omega^\mu) \leftrightarrow \mathscr{D}(X)$ と同型を得る．同様にして，これまで論じたベクトル束 Ω^μ の切断の作る各種の関数空間は，単に複素数値の関数の関数空間と同一視される．

§7.3 Sobolev 空間

$\boldsymbol{R}^n$ の体積要素として，Lebesgue 測度 $dx=|dx_1 \wedge \cdots \wedge dx_n|$ がある．それゆえ，$\Omega^{1/2}(\boldsymbol{R}^n)$ の切断

$$\rho(x) = f(x)|dx_1 \wedge \cdots \wedge dx_n|^{1/2} = f(x)|dx|^{1/2} \tag{7.67}$$

が，$\mathscr{D}'(\boldsymbol{R}^n, \Omega^{1/2})$ に(あるいは，$L^2(\boldsymbol{R}^n, \Omega^{1/2})$ や $\mathscr{D}(\boldsymbol{R}^n, \Omega^{1/2})$ に)入る必要十分条件は，$f \in \mathscr{D}'(\boldsymbol{R}^n)$ (あるいは，$f \in L^2(\boldsymbol{R}^n)$ や $f \in \mathscr{D}(\boldsymbol{R}^n)$) なることである．とくに，$\boldsymbol{R}^n$ の上で急減少 C^∞ 関数空間 $\mathscr{S}$ と，緩増加超関数の空間 $\mathscr{S}'$ があったが，f がこれらに入るとき，$\Omega^{1/2}(\boldsymbol{R}^n)$ の切断 (7.67) が，$\mathscr{S}(\boldsymbol{R}^n, \Omega^{1/2})$ あるいは，$\mathscr{S}'(\boldsymbol{R}^n, \Omega^{1/2})$ に入るという．

$\xi=(\xi_1,\cdots,\xi_n)$ を $\boldsymbol{R}^n$ の双対空間の座標であるとする．$f\in\mathcal{S}'(\boldsymbol{R}^n)$ のとき，その Fourier 変換は，形式的に，

$$\hat{f}(\xi)=\left(\frac{\nu}{2\pi i}\right)^{n/2}\int_{\boldsymbol{R}^n}e^{-i\nu x\cdot\xi}f(x)\,dx \tag{7.68}$$
$$=\left(\frac{\nu}{2\pi}\right)^{n/2}e^{-(\pi/4)ni}\int_{\boldsymbol{R}^n}e^{-i\nu x\cdot\xi}f(x)\,dx.$$

このとき，

$$\hat{\rho}(\xi,\nu)=\hat{f}(\xi)|d\xi_1\wedge\cdots\wedge d\xi_n|^{1/2}\in\mathcal{S}'(\boldsymbol{R}^n,\Omega^{1/2}) \tag{7.69}$$

を，ρ の Fourier 変換という．

$$\tau(\xi)=g(\xi)|d\xi_1\wedge\cdots\wedge d\xi_n|^{1/2} \tag{7.70}$$

が $\mathcal{S}'(\boldsymbol{R}^n,\Omega^{1/2})$ の元であるとすると，

$$\check{\tau}^{-1}(x)=h(x)|dx_1\wedge\cdots\wedge dx_n|^{1/2}. \tag{7.71}$$

ただし，形式的に，

$$h(x)=F^{-1}(g)(x)=\left(\frac{\nu}{2\pi}\right)^{n/2}e^{(\pi/4)ni}\int_{\boldsymbol{R}^n}e^{i\nu x\cdot\xi}g(\xi)\,d\xi \tag{7.72}$$

である．$\check{\tau}^{-1}$ を τ の Fourier 逆変換という．

$\boldsymbol{R}^n\times\boldsymbol{R}^n$ における $\Omega^{1/2}$ の切断の基準的なものとして，

$$|dx|^{1/2}|d\xi|^{1/2}=|dx_1\wedge\cdots\wedge dx_n|^{1/2}|d\xi_1\wedge\cdots\wedge d\xi_n|^{1/2}$$

がある．よって，

$$k(x,\xi,\nu)=\left(\frac{\nu}{2\pi}\right)^{n/2}e^{-(\pi/4)ni}e^{-i\nu x\cdot\xi}|dx|^{1/2}|d\xi|^{1/2} \tag{7.73}$$

とし，さらに $\rho\in\mathcal{S}(\boldsymbol{R}^n,\Omega^{1/2})$ とする．このとき変数 x について内積をとり，ξ をパラメータとみて，$k(x,\xi,\nu)$ を $k(*,\xi,\nu)$ とすると，

$$\langle k(*,\xi,\nu),\rho\rangle=\left(\frac{\nu}{2\pi}\right)^{n/2}e^{-(\pi/4)ni}\int f(x)e^{-i\nu x\cdot\xi}|dx||d\xi|^{1/2} \tag{7.74}$$

となる．すなわち $\Omega^{1/2}$ の切断 ρ から，$\Omega^{1/2}(\boldsymbol{R}^n)$ の切断 $\hat{\rho}$ への変換の積分核を，積空間上の $\Omega^{1/2}$ の切断とみなすと具合が良いことがわかる．

定理 7.7　X と Y が，σ コンパクト多様体であるとする．写像

$$K:\ \mathcal{D}(Y,\Omega^{1/2})\ni\varphi\longrightarrow K\varphi\in\mathcal{D}'(X,\Omega^{1/2}) \tag{7.75}$$

が線型連続であるとする．すると，一つの $k\in\mathcal{D}'(X\times Y,\Omega^{1/2})$ があって，任意の $\phi\in\mathcal{D}(X,\Omega^{1/2})$ に対して，

$$\langle K\varphi, \phi\rangle = \langle k, \varphi\otimes\phi\rangle \tag{7.76}$$

となる．逆に，$k\in\mathcal{D}'(X\times Y, \Omega^{1/2})$ があると，(7.76) によって，(7.75) の連続線型な K が定義される．この対応，$K\leftrightarrow k$ は，1:1 で互いに上への写像となっている．ただし，ここで，$\varphi\otimes\phi$ とは，$(x, y)\in X\times Y$ に対し，$\varphi(y)\phi(x)$ を対応させる $\mathcal{D}(X\times Y, \Omega^{1/2})$ の切断である．——

この定理は，Schwartz の核定理と呼ばれるものを，我々の場合に書き直したものである．証明は省略する[1]．

つぎに我々は Sobolev 空間を定義する．

$s\in\boldsymbol{R}$ とする．

$$H^s(\boldsymbol{R}^n) = \Big\{T\in\mathcal{S}'(\boldsymbol{R}^n) \mid \hat{T}(\xi)\text{ は }\xi\text{ の関数で } \|T\|_s{}^2=\nu^{-2s}\int(\nu^2+|\xi|^2)^s|\hat{T}(\xi,\nu)|^2d\xi<\infty\Big\} \tag{7.77}$$

とおく．$H^s(\boldsymbol{R}^n)$ を s 次 Sobolev 空間という．$\|\ \|_s$ をノルムとして，Hilbert 空間である．

定理 7.8 (1) $s\geqq s' \Longrightarrow H^s(\boldsymbol{R}^n)\subset H^{s'}(\boldsymbol{R}^n)$．

(2) $H^0(\boldsymbol{R}^n) = L^2(\boldsymbol{R}^n)$．

(3) $P(D)$ が，m 階の定数係数の微分作用素のとき，

$$P(D) : H^s(\boldsymbol{R}^n) \longrightarrow H^{s-m}(\boldsymbol{R}^n)$$

は線型連続写像である．

(4) $a\in C^\infty(\boldsymbol{R}^n)$，そのすべての導関数と共に a 自身が $L^\infty(\boldsymbol{R}^n)$ の元ならば，掛け算作用素

$$a:\ H^s(\boldsymbol{R}^n)\ni T \longrightarrow aT\in H^s(\boldsymbol{R}^n)$$

が連続線型作用素である．

(5) $s>n/2+k$，$k\geqq 0$ のとき，$H^s(\boldsymbol{R}^n)\subset C^k(\boldsymbol{R}^n)$．

(6) $T\in\mathcal{D}'(\boldsymbol{R}^n)$，supp T がコンパクトのとき，$\exists s\in\boldsymbol{R}$，$T\in H^s(\boldsymbol{R}^n)$．

証明 5° だけを証明しよう．$u\in H^s(\boldsymbol{R}^n)$ とする．

$$u(x) = \left(\frac{\nu}{2\pi}\right)^{n/2}\int_{\boldsymbol{R}^n} e^{i\nu x\cdot\xi}(\nu^2+|\xi|^2)^{-s/2}(\nu^2+|\xi|^2)^{s/2}\hat{u}(\xi)\,d\xi \tag{7.78}$$

---

1) L. Schwartz: Théorie des distributions, Hermann, Paris (岩村聯他訳：超函数の理論，岩波書店 (1971))．

である．$(\nu^2+|\xi|^2)^{-s/2}$ は，$s>n/2$ ゆえ $L^2(\boldsymbol{R}^n)$ に入る．また，$(\nu^2+|\xi|^2)^{s/2}\hat{u}(\xi)\in L^2(\boldsymbol{R}^n)$ は，$u\in H^s(\boldsymbol{R}^n)$ ゆえ明らか．したがって，$(\nu^2+|\xi|^2)^{-s/2}(\nu^2+|\xi|^2)^{s/2}\hat{u}(\xi)$ は，$L^1(\boldsymbol{R}^n)$ の元．したがって，Riemann-Lebesgue の定理によって，$u\in C^0(\boldsymbol{R}^n)$．つぎに $s>n/2+1$ のとき，

(7.79)

$$\frac{\partial}{i\nu\partial x_j}u(x)=\left(\frac{\nu}{2\pi}\right)^{n/2}\int_{\boldsymbol{R}^n}e^{i\nu x\cdot\xi}(\nu^2+|\xi|^2)^{-(s-1)/2}\xi_j(\nu^2+|\xi|^2)^{s/2}\hat{u}(\xi)d\xi$$

であり，$(\nu^2+|\xi|^2)^{-(s-1)/2}\in L^2(\boldsymbol{R}^n)$．$\xi_j(\nu^2+|\xi|^2)^{s/2}\hat{u}\in L^2(\boldsymbol{R}^n)$ であるから，この積 $\xi_j(\nu^2+|\xi|^2)^{-(s-1)/2}(\nu^2+|\xi|^2)^{s/2}\hat{u}\in L^1(\boldsymbol{R}^n)$．よって再び Riemann-Lebesgue の定理で，$\partial u/\partial x_j\in C^0(\boldsymbol{R}^n)$．よって $u\in C^1(\boldsymbol{R}^n)$．以下同様．∎

定義 7.15　$H^s(\boldsymbol{R}^n,\Omega^{1/2})=\{T=S|dx|^{1/2}\mid S\in H^s(\boldsymbol{R}^n)\}$ とおき，これを密度の平方根の，s 次 Sobolev 空間という．定理 7.7 に相当するものが成立する．——

定義 7.16　$U\subset\boldsymbol{R}^n$ を開集合とする．$\rho=T|dx|^{1/2}\in H^s(\boldsymbol{R}^n,\Omega^{1/2})$ の U への制限を $\rho|_U$ と書く．$\rho|_U$ の全体を $H^s(U,\Omega^{1/2})$ と書く．F を閉集合とする．$H^s(\boldsymbol{R}^n,\Omega^{1/2})$ の元で，F に台が含まれるもの全体を $H_F{}^s(\boldsymbol{R}^n,\Omega^{1/2})$ とおく．

(7.80)　$$0\longrightarrow H_{U^c}{}^s(\boldsymbol{R}^n,\Omega^{1/2})\longrightarrow H^s(\boldsymbol{R}^n,\Omega^{1/2})\longrightarrow H^s(U,\Omega^{1/2})\longrightarrow 0$$

という完全列が成立する．——

定義 7.17　X を C^∞ 多様体で，σ コンパクトとする．$s\in\boldsymbol{R}$ とする．$\tau\in\mathcal{D}'(X,\Omega^{1/2})$ が，任意の座標近傍 U について，$\tau|_U$ が座標関数によって $H^s(U',\Omega^{1/2})$ と同一視されるとき，$\tau\in H_{\mathrm{loc}}{}^s(X,\Omega^{1/2})$ と書く．ここで，$U'\subset\boldsymbol{R}^n$ は U と座標関数で同一視される $\boldsymbol{R}^n$ の開集合．$H_{\mathrm{loc}}{}^s(X,\Omega^{1/2})$ を，s 次 Sobolev 空間という．——

問　題

1　(7.4) を示せ．

2　命題 7.1 と 7.2 を示せ．

3　命題 7.3 と 7.4, 7.5 を示せ．

4　命題 7.6 を示せ．

5　(7.46) 式を示せ．

6　命題 7.7 を示せ．

7　定理 7.1-7.3 を示せ．

8　定理 7.4 を示せ．

第8章　振動積分の定義する超関数

§8.1　振動積分

これから我々は，第6章で出会った形の積分変換

(8.1)
$$A\varphi(x)=\iint_{R^3\times R^3} a(t,x,y,k)e^{-i\phi(x,y,k)}\varphi(y)\,dydk$$

((6.191) 参照) を考察の対象とする．これを，密度の平方根の切断の間の連続線型写像ととらえるには，

(8.2)
$$A\varphi(x)|dx|^{1/2}$$
$$=\iint_{R^3\times R^3} a(t,x,y,k)e^{-i\phi(x,y,k)}\varphi(y)|dx|^{1/2}|dy|^{1/2}|dy|^{1/2}dk$$

とする．すなわち，積分核は $\mathscr{D}'(X\times Y,\Omega^{1/2})$ の元として形式的に，

(8.3)
$$\int_{R^3} a(t,x,y,k)e^{-i\phi(x,y,k)}|dx|^{1/2}|dy|^{1/2}dk$$

である．これは，パラメータ $k\in \boldsymbol{R}^3$ を含む $\mathscr{E}(\boldsymbol{R}^3\times \boldsymbol{R}^3,\Omega^{1/2})$ の元，$a(t,x,y,k)$ $e^{-i\phi(x,y,k)}|dx|^{1/2}|dy|^{1/2}$ を k について積分したものとみなせる．しかしながら，表示 (8.3) は形式的なものであって，これがどのように $\mathscr{D}'(\boldsymbol{R}^3\times \boldsymbol{R}^3,\Omega^{1/2})$ の元を定めるか，が最初の問題となるであろう．

ここで x,y の動く空間は，$\boldsymbol{R}^3$ である必要は全くない．また，核定理 (定理 7.7) によると，変数 x と y の動く空間を区別することも，それほど必要ない．我々は次のような場合を考えることにする．U を $\boldsymbol{R}^n$ の開集合とする．パラメータ $\theta\in \boldsymbol{R}^N$ と，$\nu\geqq 1$ を含む $\mathscr{E}(U,\Omega^{1/2})$ の元，

(8.4)
$$a(x,\theta)e^{i\nu\phi(x,\theta)}|dx|^{1/2}$$

があるとき，これを θ について積分した，形式的には，

(8.5)
$$A(\nu)|dx|^{1/2}=\int_{R^N} a(x,\theta)e^{i\nu\phi(x,\theta)}|dx|^{1/2}d\theta$$

を考察の対象とする．そして，これが $A(\nu)|dx|^{1/2}\in\mathscr{D}'(U,\Omega^{1/2})$ を定める様子を調べたい．

定義 8.1　(8.5)の形の積分を，振動積分，あるいは，Fourier 積分という．a を振幅関数 (amplitude function) と呼び，一般には複素数値関数である．ϕ を位相関数 (phase function) といい，これは実数値関数である．ϕ は，θ につき，斉次1次の同次関数であることを仮定する．——

前にも述べたように，(8.5)型の振動積分は絶対収束しないで，$a(x,\theta)$ はそれほど振動しないが，$e^{i\phi}$ が急速に振動することによって，条件収束することを期待する．したがって，$\phi(x,\theta)$ とか，振幅関数 $a(x,\theta)$ について，幾つかの仮定をおかねばならない．その仮定は，目的とする応用に従って，いろいろに変えねばならない．ここでは，第6章で紹介したような事柄を扱うために，標準的な仮定をする．位相関数 $\phi(x,\theta)$ が実数値で，θ につき1次同次式である，という前に述べた仮定もその一つである．振幅関数については，$|\theta|\to\infty$ のときの様子が大切で，第6章でみた例から，大略 θ の同次式のような振舞いを要請するが，やや拡張した仮定をとる．しかも，(8.5)を扱うのに座標変換を行うことが多いので，なるべく広いクラスの座標変換を許すようにしたい．それゆえ，次のように定義しておく．

定義 8.2　U が $\boldsymbol{R}^n$ の開集合であるとする．$U\times\boldsymbol{R}^N$ の部分集合 $M\subset U\times\boldsymbol{R}^N$ が錐的であるとは，任意の点 $(x,\theta)\in M$ と，任意の $t>0$ に対し，$(x,t\theta)\in M$ となることである．——

注意　$M\subset U\times\boldsymbol{R}^N$ が錐的であれば，正数 $\boldsymbol{R}^+$ の作る乗法群は M に作用する．すなわち，$\forall t>0$ に対し，M の変換，$M\ni(x,\theta)\to(x,t\theta)\in M$ が対応する．

定義 8.3　$\Gamma\subset U\times\boldsymbol{R}^N$ を錐的開集合とする．$K\subset\Gamma$ がコンパクトのとき，

$$\mathrm{Cone}\,K=\{(x,t\theta)\,|\,t\geqq 1,\ (x,\theta)\in K\}$$

とおく．——

定義 8.4　$\Gamma\subset U\times\boldsymbol{R}^N$ が錐的開集合であるとする．Γ で定義された C^∞ 関数 $a:\Gamma\ni(x,\theta)\to a(x,\theta)\in\boldsymbol{C}$ が，$S_{\rho,\delta}{}^m(\Gamma)$ $(m\in\boldsymbol{R},\ 0\leqq\delta\leqq\rho\leqq 1)$ に入るとは，任意のコンパクト集合 $K\subset\Gamma$ と，任意の多重指数 α,β に対し，ある正定数 $C_{\alpha\beta K}$ が存在して，評価

$$\left|\left(\frac{\partial}{\partial x}\right)^\alpha\left(\frac{\partial}{\partial\theta}\right)^\beta a(x,\theta)\right|\leqq C_{\alpha\beta K}(1+|\theta|)^{m-\rho|\beta|+\delta|\alpha|} \tag{8.6}$$

が，$(x,\theta)\in\mathrm{Cone}\,K$ で成立することである．$S_{\rho,\delta}{}^m(\Gamma)$ の元を位数が m で (ρ,δ)

型の関数と呼ぶ．そして，

$$(8.7)\qquad S_{\rho,\delta}{}^{\infty}(\Gamma)=\bigcup_m S_{\rho,\delta}{}^m(\Gamma),\qquad S_{\rho,\delta}{}^{-\infty}(\Gamma)=\bigcap_m S_{\rho,\delta}{}^m(\Gamma)$$

とする．また

$$(8.8)\qquad \text{cone supp}\, a=\{(x,t\theta)\,|\,t\geqq 0,\ (x,\theta)\in \text{supp}\, a\}$$

とおき，これを a の台の錐あるいは a の錐台という．——

例 8.1 $a\in C^{\infty}(\Gamma)$ で，a は θ に関し同次 m 次式とする．

$$\chi(\theta)=\begin{cases}1 & (|\theta|\geqq 2),\\ 0 & (|\theta|\leqq 1)\end{cases}$$

とすると

$$a(x,\theta)\chi(\theta)\in S_{1,0}{}^m(\Gamma)$$

である．——

例 8.2 $\Gamma=U\times\boldsymbol{R}^N$ で，a が次の意味で半斉次式であるとき，すなわち $\forall t>0$ に対し，

$$a(x,\theta_1 t^{m_1},\cdots,\theta_N t^{m_N})=t^m a(x;\theta_1,\cdots,\theta_N)$$

が成立する $m_1,\cdots,m_N>0$, $m\in\boldsymbol{R}$ があるとき，このとき，

$$\chi(\theta)a(x,\theta)\in S_{\rho,0}{}^{m'}(U\times\boldsymbol{R}^N),\ \text{ただし}\ m'=\max_j\left(\frac{m}{m_j}\right),\ \ \rho=\min_{jk}\left(\frac{m_j}{m_k}\right)$$

である．——

例 8.3 $\chi\in\mathcal{S}(\boldsymbol{R}^n)$ のとき $a(x,\theta)=\chi(x|\theta|^{\varepsilon})$ は，$S_{1,\varepsilon}{}^0(\boldsymbol{R}^n\times\boldsymbol{R}^N)$ の元である．——

例 8.4 $0<t<1$ のとき，$a(x,\theta)=e^{ic(x)|\theta|^{1-t}}$．ここで，$c(x)$ は実数値とすると，$\rho\leqq t$, $\delta\geqq 1-t$ に対し，$S_{\rho,\delta}{}^0(\boldsymbol{R}^n\times\boldsymbol{R}^N)$ の元である．——

命題 8.1 $S_{\rho,\delta}{}^m(\Gamma)$ は，(8.6) 式における定数 $C_{\alpha\beta K}$ の下限を a のセミノルムとして，Fréchet 空間となる．そして，$\rho\geqq\rho'$, $\delta\leqq\delta'$, $m\leqq m'$ のとき $S_{\rho,\delta}{}^m(\Gamma)\subset S_{\rho',\delta'}{}^{m'}(\Gamma)$．また，$a\in S_{\rho,\delta}{}^m(\Gamma)$ のとき，

$$(8.9)\qquad \left(\frac{\partial}{\partial x}\right)^{\alpha}\left(\frac{\partial}{\partial\theta}\right)^{\beta}a\in S^{m-\rho|\beta|+|\alpha|\delta}(\Gamma).$$

そして，$b\in S_{\rho,\delta}{}^{m'}(\Gamma)$ なら，$a\cdot b\in S_{\rho,\delta}{}^{m+m'}(\Gamma)$ である．——

証明は省略する．

定義 8.5 $\Gamma_1\subset U\times\boldsymbol{R}^M$, $\Gamma_2\subset V\times\boldsymbol{R}^N$ を共に錐的開集合で，$U\times\{0\}$, $V\times\{0\}$

とは共通集合はないとする．

(8.10) $$\Psi\colon \Gamma_1 \longrightarrow \Gamma_2$$

が C^∞ 写像で斉次1次とは，$\boldsymbol{R}^+$ の作用と可換であることとする．——

命題 8.2　$\Gamma_1 \subset U\times\boldsymbol{R}^M$，$\Gamma_2\subset V\times\boldsymbol{R}^N$ がともに錐的開集合で，$\Psi\colon\Gamma_1\to\Gamma_2$ が，斉次1次の C^∞ 写像とする．$\Gamma_1\cap U\times\{0\}=\phi$，$\Gamma_2\cap V\times\{0\}=\phi$ とする．このとき，下の条件のどれか一つが成立すれば，任意の $a\in S_{\rho,\delta}{}^m(\Gamma_2)$ に対し，$a\circ\Psi\in S_{\rho,\delta}{}^m(\Gamma_1)$ が成り立つ．

(i)　$\rho+\delta=1$．

(ii)　$\rho+\delta\geqq1$，かつ，Ψ はファイバーを保つ．すなわち $\Psi(x,\theta)$ の V への射影は，x のみに依る．

(iii)　ρ,δ は何でも良いが，$F\colon\boldsymbol{R}^M\to\boldsymbol{R}^N$，$G\colon V\to V$ という C^∞ 写像があって $\Psi=G\times F$ である．

証明　$U\times\boldsymbol{R}^M$ の点を (x,ξ)，$V\times\boldsymbol{R}^N$ の点を (y,η) とする．Ψ による対応を $y=y(x,\xi)$，$\eta=\eta(x,\xi)$ と書くことにする．Ψ が斉次1次ということは，$\forall t>0$ に対し，

(8.11) $$y(x,t\xi)=ty(x,\xi),\qquad \eta(x,t\xi)=t\eta(x,\xi)$$

を意味する．$K\subset\Gamma_1$ がコンパクト集合のとき，C_1 と C_2 という正定数があって，$(x,\xi)\in K$ のとき，$\eta=0$ となることはないから，

(8.12) $$C_1|\xi|\leqq|\eta(x,\xi)|\leqq C_2|\xi|$$

が成立する．(8.12) 式は，ξ につき斉次であるから，$(x,\xi)\in\mathrm{Cone}\,K$ で成立する．$b=a\circ\Psi$ とおく．$b(x,\xi)=a(y(x,\xi),\eta(x,\xi))$ であるから，(8.6) が $\alpha=\beta=0$ のとき成立するのは明らか．

(8.13) $$\begin{cases}\dfrac{\partial b}{\partial x_j}(x,\xi)=\displaystyle\sum_k b_k\frac{\partial y_k}{\partial x_j}+\sum_k b^k\frac{\partial\eta_k}{\partial x_j},\\[2ex] \dfrac{\partial b}{\partial\xi_j}(x,\xi)=\displaystyle\sum_k b_k\frac{\partial y_k}{\partial\xi_j}+\sum_k b^k\frac{\partial\eta_k}{\partial\xi_j}\end{cases}$$

が成立する．ただし，

(8.14) $$b_k=\frac{\partial a}{\partial y_k}\circ\Psi,\qquad b^k=\frac{\partial a}{\partial\eta_k}\circ\Psi$$

である．$\partial y_k/\partial x_j$, $\partial\eta_k/\partial\xi_j$ は斉次0次式，$\partial\eta_k/\partial x_j$ は斉次1次式で $\partial y_k/\partial\xi_j$ は斉次

-1 次式である.

$\partial a/\partial y_k \in S_{\rho,\delta}{}^{m+\delta}(\Gamma_2)$, $\partial a/\partial \eta_k \in S_{\rho,\delta}{}^{m-\rho}(\Gamma_2)$ 故, 正定数 C があって, $(x,\xi) \in$ Cone K のときは,

$$\left|\frac{\partial a}{\partial y_k}\circ\Psi\right| \leqq C(1+|\xi|)^{m+\delta}, \qquad \left|\frac{\partial a}{\partial \eta_k}\circ\Psi\right| \leqq C(1+|\xi|)^{m-\rho} \tag{8.15}$$

が成立する. よって

$$\left|\frac{\partial b}{\partial x_j}(x,\xi)\right| \leqq C(1+|\xi|)^{m+\delta}+C(1+|\xi|)^{m-\rho}|\xi|, \tag{8.16}$$

$$\left|\frac{\partial b}{\partial \xi_j}(x,\xi)\right| \leqq C(1+|\xi|)^{m+\delta}|\xi|^{-1}+C(1+|\xi|)^{m-\rho}. \tag{8.17}$$

したがって, (i) が成立する場合は, (8.16) と (8.17) から,

$$\left|\frac{\partial b}{\partial x_j}(x,\xi)\right| \leqq C(1+|\xi|)^{m+\delta}, \tag{8.18}$$

$$\left|\frac{\partial b}{\partial \xi_j}(x,\xi)\right| \leqq C(1+|\xi|)^{m-\rho} \tag{8.19}$$

が成立する. 以下順次やれば, 数学的帰納法を使って証明出来る. (ii) が成立する場合は, $\partial y_k/\partial \xi_j \equiv 0$ であるから, (8.13) から,

$$\left|\frac{\partial b}{\partial \xi_j}(x,\xi)\right| \leqq C(1+|\xi|)^{m-\rho} \tag{8.20}$$

は明らか. また, (8.16) で, $1-\rho \leqq \delta$ であるから, (8.16) から

$$\left|\frac{\partial b}{\partial x_j}(x,\xi)\right| \leqq C(1+|\xi|)^{m+\delta} \tag{8.21}$$

も証明される. この場合も, $|\alpha+\beta|$ に関する数学的帰納法で示せる.

(iii) のとき, $y=y(x)$, $\eta=\eta(\xi)$ であるから, $\partial \eta_k/\partial x_j \equiv 0$, $\partial y_k/\partial \xi_j \equiv 0$ である. よって (8.13) から (8.20), (8.21) が示せる. このときも, $|\alpha+\beta|$ についての数学的帰納法で, 証明出来る. ▌

命題 8.3 $a_1, \cdots, a_k$ が実数値の $S_{\rho,\delta}{}^0(U\times \boldsymbol{R}^N)$ の関数で, f が $(a_1(x,\theta), \cdots, a_k(x,\theta))$ の値域の閉包の近傍で C^∞ ならば $(x,\theta)\to f(a_1,\cdots,a_k)$ は $S_{\rho,\delta}{}^0(X\times \boldsymbol{R}^N)$ に入る.

証明 $b(x,\theta)=f(a_1(x,\theta),\cdots,a_k(x,\theta))$ が有界のことは明らか.

$$\frac{\partial}{\partial x_j}b(x,\theta) = \sum_k \frac{\partial f}{\partial a_k}\frac{\partial a_k}{\partial x_j}, \qquad \frac{\partial}{\partial \theta_j}b(x,\theta) = \sum_k \frac{\partial f}{\partial a_k}\frac{\partial a_k}{\partial \theta_j}$$

よって $\partial a_k/\partial x_j \in S_{\rho,\delta}{}^0$, $\partial a_k/\partial\theta_j \in S_{\rho,\delta}{}^{-\rho}$ であるから $\partial f/\partial a_k$ が有界のことから，K がコンパクトのとき Cone K で

$$\left|\frac{\partial}{\partial x_j}b(x,\theta)\right| \leqq C, \qquad \left|\frac{\partial}{\partial\theta_j}b(x,\theta)\right| \leqq C(1+|\theta|)^{-\rho}.$$

以下同様に証明すれば良い. ∎

命題 8.4　$a_j \in S_{\rho,\delta}{}^{m_j}(U\times\boldsymbol{R}^N)$ で，$j=0, 1, 2, \cdots$ に対し，m_j は単調減少して $-\infty$ に発散するとする．ある $a \in S_{\rho,\delta}{}^{m_0}(U\times\boldsymbol{R}^N)$ が存在して，任意の k に対して，$a-\sum_{j=0}^{k} a_j$ が，$S_{\rho,\delta}{}^{m_{k+1}}(U\times\boldsymbol{R}^N)$ に入るように出来る．a は，$S_{\rho,\delta}{}^{-\infty}(U\times\boldsymbol{R}^N)$ の関数だけの不定性を残して，一意的に定まる．この a を

$$a \sim \sum_{j=0}^{\infty} a_j \tag{8.22}$$

と書くことにする．

証明　$K_0\subset K_1\subset K_2\subset\cdots$ は増大する $U\times(\boldsymbol{R}^N\setminus 0)$ のコンパクト集合列で,

$$U\times\boldsymbol{R}^N = \bigcup_{j=0}^{\infty} \mathrm{Cone}\, K_j$$

とする．$|\alpha+\beta|\leqq j$, $(x,\theta)\in \mathrm{Cone}\,K_j$ で,

$$\left|\left(\frac{\partial}{\partial x}\right)^\alpha\left(\frac{\partial}{\partial\theta}\right)^\beta a_j(x,\theta)\right| \leqq C_j(1+|\theta|)^{m_j-\rho|\beta|+\delta|\alpha|} \tag{8.23}$$

となるような正定数 C_j をとる．$\chi\in C^\infty(\boldsymbol{R}^N)$, かつ

$$\chi(\theta) = \begin{cases} 1 & (|\theta|\geqq 2), \\ 0 & (|\theta|\leqq 1) \end{cases} \tag{8.24}$$

とする．∞ に発散する正数の増大列 $\{p_j\}_{j=0}^{\infty}$ を次のようにとる.

$$p_1 \geqq 1, \qquad \sum_{j=1}^{\infty} C_j(1+p_j)^{m_j+k} < \infty \qquad (k=0, 1, 2, \cdots). \tag{8.25}$$

そして,

$$a(x,\theta) = \sum_{j=0}^{\infty} a_j(x,\theta)\chi\left(\frac{\theta}{p_j}\right) \tag{8.26}$$

とおく．(8.26) は K_l 上一様収束する．実際，l は十分大きくとって，$m_l<0$ として良い．$(x,\theta)\in\mathrm{Cone}\,K_l$ とする．$\chi(\theta/p_j)\neq 0$ とすると，$|\theta|\geqq p_j$ である．したがって，(x,θ) を固定すると，(8.26) は，有限項を除いて 0 である．したがって，(8.26) の収束については問題がない．$\chi(\theta/p_j)\neq 0$ となる j については，$j\geqq l$

について，

$$|a_j(x,\theta)| \leqq C_j(1+|\theta|)^{m_j} \leqq C_j(1+|\theta|)^{m_0}(1+p_j)^{m_j-m_0}.$$

したがって (8.25) から

$$(8.27)\qquad |a(x,\theta)| \leqq \sum_{j=0}^{\infty}\left|a_j(x,\theta)\chi\left(\frac{\theta}{p_j}\right)\right|$$
$$\leqq C(1+|\theta|)^{m_0}\sum_{j=0}^{\infty}(1+p_j)^{m_j-m_0}C_j \leqq C(1+|\theta|)^{m_0}.$$

つぎに，

$$(8.28)\qquad \frac{\partial}{\partial x_k}\sum_{j=0}^{m}a_j(x,\theta)\chi\left(\frac{\theta}{p_j}\right)$$
$$=\sum_{j=0}^{m}\left(\frac{\partial}{\partial x_k}a_j(x,\theta)\right)\chi\left(\frac{\theta}{p_j}\right)$$
$$=\frac{\partial}{\partial x_k}a_0(x,\theta)\chi\left(\frac{\theta}{p_j}\right)+\sum_{j=1}^{m}\frac{\partial}{\partial x_k}a_j(x,\theta)\chi\left(\frac{\theta}{p_j}\right)$$

である．この右辺の第2項を処理するために，

$$(8.29)\qquad b_j(x,\theta)=\frac{\partial}{\partial x_k}a_{j+1}(x,\theta)\qquad (j=0,1,2,\cdots)$$

とおく．$K_j'=K_{j+1}$ とする．すると，$|\alpha+\beta|\leqq j$ に対して，任意の $(x,\theta)\in K_j'$ に対して，

$$(8.30)\qquad \left|\left(\frac{\partial}{\partial x}\right)^{\alpha}\left(\frac{\partial}{\partial\theta}\right)^{\beta}b_j(x,\theta)\right| \leqq C_j'(1+|\theta|)^{m_j'-\rho|\beta|+\delta|\alpha|}$$

が成立する．ただし $C_j'=C_{j+1}$，$m_j'=m_{j+1}+\delta$ である．したがって，$p_j'=p_{j+1}$ とすれば，

$$(8.31)\qquad \sum_{j=0}^{\infty}C_j'(1+p_j')^{m_j'}=\sum_{j=0}C_{j+1}(1+p_{j+1})^{m_{j+1}+\delta}<\infty.$$

よって，上の議論から，任意の l に対して，Cone K_l 上で，

$$(8.32)\qquad b(x,\theta)=\sum_{j=0}^{\infty}b_j(x,\theta)\chi\left(\frac{\theta}{p_j'}\right)=\sum_{j=0}^{\infty}\frac{\partial}{\partial x_k}a_{j+1}(x,\theta)\chi\left(\frac{\theta}{p_{j+1}}\right)$$

は一様収束する．また Cone K_l 上である正数 C があって

$$(8.33)\qquad |b(x,\theta)| \leqq C(1+|\theta|)^{m_0'}=C(1+|\theta|)^{m_1+\delta}$$

である．(8.28) と (8.33) を見比べれば，Cone K_l 上 (8.28) の左辺は一様収束して，ある正定数 C があり

$$(8.34)\qquad \left|\frac{\partial}{\partial x_k}\sum_{j=0}^{\infty} a_j(x,\theta)\chi\left(\frac{\theta}{p_j}\right)\right| \leqq C(1+|\theta|)^{m_0+\delta}+C(1+|\theta|)^{m_1+\delta} \leqq C(1+|\theta|)^{m_0+\delta}$$

が成立することがわかる．つづいて，

$$(8.35)\qquad \frac{\partial}{\partial\theta_k}\sum_{j=0}^{m} a_j(x,\theta)\chi\left(\frac{\theta}{p_j}\right) = \sum_{j=0}^{m}\frac{\partial}{\partial\theta_k}a_j(x,\theta)\chi\left(\frac{\theta}{p_j}\right) + \sum_{j=0}^{m} a_j(x,\theta)\frac{1}{p_j}\left(\frac{\partial\chi}{\partial\theta_k}\right)\left(\frac{\theta}{p_j}\right).$$

(8.35) の右辺第1項は，$b_j''(x,\theta)=(\partial/\partial\theta_k)a_{j+1}(x,\theta)$，$m_j''=m_{j+1}-\rho$，$K_j''=K_{j+1}$，$C_j''=C_{j+1}$ $(j=0,1,2,\cdots)$ として，(8.30) を経て，(8.34) を示したと同様にすると，$m\to\infty$ のとき，Cone K_l 上一様収束し，

$$(8.36)\qquad \left|\sum_{j=0}^{\infty}\frac{\partial}{\partial\theta_k}a_j(x,\theta)\chi\left(\frac{\theta}{p_j}\right)\right| \leqq C(1+|\theta|)^{m_0-\rho}$$

が示せる．(8.35) 右辺第2項を扱うには，

$$(8.37)\qquad \left|\frac{\partial}{\partial\theta_k}\chi\left(\frac{\theta}{p_j}\right)\right| \neq 0 \iff p_j \leqq |\theta| \leqq 2p_j$$

に注意する．$(x,\theta)\in$ Cone K_l のとき，ある十分小さい $\varepsilon>0$ があり，$|\theta|>\varepsilon$ が成立することに注意する．$j\geqq l$ なら $C=\max|\partial\chi/\partial\theta_k|$ として

$$(8.38)\qquad \left|a_j(x,\theta)\frac{1}{p_j}\left(\frac{\partial\chi}{\partial\theta_k}\right)\left(\frac{\theta}{p_j}\right)\right| \leqq C_j(1+|\theta|)^{m_j}p_j^{-1}C \leqq CC_j(1+|\theta|)^{m_0}(1+p_j)^{-(m_0-m_j)}p_j^{-1}.$$

(8.37) から，$|\theta|>\varepsilon$ を用いて

$$(8.39)\qquad p_j^{-1} \leqq 2|\theta|^{-1} \leqq 2\varepsilon^{-1}(1+\varepsilon)(1+|\theta|)^{-1}.$$

したがって，

$$(8.40)\qquad \sum_{j=l}^{m}\left|a_j(x,\theta)\frac{1}{p_j}\left(\frac{\partial\chi}{\partial\theta_k}\right)\left(\frac{\theta}{p_j}\right)\right| \leqq 2C\varepsilon^{-1}(1+\varepsilon)(1+|\theta|)^{m_0-1}\sum_{j=0}^{\infty}C_j(1+p_j)^{m_j-m_0}.$$

よって $m\to\infty$ のとき，(8.35) 右辺第2項も，Cone K_l で一様収束し，Cone K_l 上，ある $C>0$ があって

$$(8.41)\qquad \sum_{j=l}^{\infty}\left|a_j(x,\theta)\frac{1}{p_j}\left(\frac{\partial\chi}{\partial\theta_k}\right)\left(\frac{\theta}{p_j}\right)\right| \leqq C(1+|\theta|)^{m_0-1}.$$

一方 $j=0,1,2,\cdots,l-1$ については，ある正数 C があり，Cone K_l 上

(8.42) $$\sum_{j=0}^{l-1}\left|a_j(x,\theta)\frac{1}{p_j}\left(\frac{\partial\chi}{\partial\theta_k}\right)\left(\frac{\theta}{p_j}\right)\right| \leqq C(1+|\theta|)^{m_0-1}$$

になる．よって Cone K_l 上，ある $C>0$ があり

(8.43) $$\left|\sum_{j=0}^{\infty}a_j(x,\theta)\frac{1}{p_j}\left(\frac{\partial\chi}{\partial\theta_k}\right)\left(\frac{\theta}{p_j}\right)\right| \leqq C(1+|\theta|)^{m_0-1}$$

が，(8.41) と (8.42) から示された．以上によって，(8.26) で定義した $a(x,\theta)$ が，$U\times\boldsymbol{R}^N$ で C^1 級であり，各 Cone K_l 上

(8.44) $$\left|\left(\frac{\partial}{\partial x}\right)^{\alpha}\left(\frac{\partial}{\partial\theta}\right)^{\beta}a(x,\theta)\right| \leqq C_{l\alpha\beta}(1+|\theta|)^{m_0-\rho|\beta|+\delta|\alpha|}$$

という評価が $|\alpha+\beta|\leqq 1$ のとき成立することが証明された．

以上のことを繰り返し行えば，$a(x,\theta)$ が $U\times\boldsymbol{R}^N$ で C^∞ 級であり，(8.44) が任意の α,β に対し成立することが分る．すなわち $a\in S_{\rho,\delta}{}^{m_0}(U\times\boldsymbol{R}^N)$．すると，任意の，$l$ に対して，

$$a_l'(x,\theta)=\sum_{j\geqq l}^{\infty}a_j(x,\theta)\chi\left(\frac{\theta}{p_j}\right)$$

は，以上の議論によって $a_l'\in S_{\rho,\delta}{}^{m_l}(U\times\boldsymbol{R}^N)$．よって

(8.45) $$\left(a-\sum_{j=0}^{l-1}a_j(x,\theta)\right)=a_l'(x,\theta)+\sum_{j=0}^{l-1}a_j(x,\theta)\left(\chi\left(\frac{\theta}{p_j}\right)-1\right)$$

であり，$\chi(\theta/p_j)-1\equiv 0$ が $|\theta|>2p_j$ で成立するから，

(8.46) $$\left(a-\sum_{j=0}^{l-1}a_j(x,\theta)\right)\in S_{\rho,\delta}{}^{m_l}(U\times\boldsymbol{R}^N)$$

は明らか．

最後に，(8.22) の a が $S_{\rho,\delta}{}^{-\infty}(U\times\boldsymbol{R}^N)$ の元だけの不定性を残して決まるということは明らかである．▌

積分 (8.5) の意味づけのためには，しばしば，変数変換と共に部分積分を行う．そのとき，$\theta=\infty$ での影響を考慮しなくて良いように，次の命題を利用する．

命題 8.5 $\Gamma\subset U\times\boldsymbol{R}^N$ を錐的開集合とする．$M\subset S_{\rho,\delta}{}^m(\Gamma)$ は，$S_{\rho,\delta}{}^m(\Gamma)$ での有界集合とする．$\{a_j\}_{j=1}^{\infty}$ が M 内の列で，$\{a_j(x,\theta)\}_{j=1}^{\infty}$ が $(x,\theta)\in\Gamma$ を止めるごとに $a(x,\theta)$ に収束しているならば，$\{a_j\}_{j=1}^{\infty}$ は $m'>m$ なる任意の m' に関して，$S_{\rho,\delta}{}^{m'}(\Gamma)$ の位相で a $(\in S_{\rho,\delta}{}^m(\Gamma))$ に収束する．

証明 K をコンパクト集合で $K\subset\Gamma$ であるとし，α,β を多重指数とすれば，

$S_{\rho,\delta}{}^m(\Gamma)$ のセミノルム

$$(8.47)\qquad p_{K\alpha\beta}{}^m(a)=\sup_{(x,\theta)\in\mathrm{Cone}\,K}(1+|\theta|)^{-m+\rho|\alpha|-\delta|\beta|}\left|\left(\frac{\partial}{\partial\theta}\right)^{\alpha}\left(\frac{\partial}{\partial x}\right)^{\beta}a(x,\theta)\right|$$

がある．さて $\{a_j\}_{j=1}^{\infty}\subset M$ であるから，正定数 $C_{K\alpha\beta}$ があって，番号 j によらず，

$$(8.48)\qquad p_{K\alpha\beta}{}^m(a_j)\leqq C_{K\alpha\beta}.$$

したがって，Ascoli-Arzelà の定理によって a_j の各階導関数が広義一様収束して $a\in C^{\infty}(\Gamma)$．

$$(8.49)\qquad (1+|\theta|)^{-m+\rho|\alpha|-\delta|\beta|}\left|\left(\frac{\partial}{\partial\theta}\right)^{\alpha}\left(\frac{\partial}{\partial x}\right)^{\beta}a_j(x,\theta)\right|\leqq C_{K\alpha\beta}$$

で，$j\to\infty$ として $a_j(x,\theta)\to a(x,\theta)$ 故

$$(8.50)\qquad p_{K\alpha\beta}{}^m(a)\leqq C_{K\alpha\beta}$$

が示される．したがって，$a\in S_{\rho,\delta}{}^m(\Gamma)$ である．

つぎに，$m'>m$ とする．$(x,\theta)\in\mathrm{Cone}\,K$ では，

$$(8.51)\qquad (1+|\theta|)^{-m'+\rho|\alpha|-\delta|\beta|}\left|\left(\frac{\partial}{\partial\theta}\right)^{\alpha}\left(\frac{\partial}{\partial x}\right)^{\beta}(a(x,\theta)-a_j(x,\theta))\right|$$
$$\leqq(1+|\theta|)^{m-m'}(p_{K\alpha\beta}(a)+p_{K\alpha\beta}(a_j)).$$

したがって，$\forall\varepsilon>0$ に対し，$N>\varepsilon^{-1}(2C_{K\alpha\beta})^{1/(m'-m)}$ とする．すると，$|\theta|>N$ ならば，j の如何にかかわらず，

$$(8.52)\qquad (1+|\theta|)^{-m'+\rho|\alpha|-\delta|\beta|}\left|\left(\frac{\partial}{\partial x}\right)^{\beta}\left(\frac{\partial}{\partial\theta}\right)^{\alpha}(a(x,\theta)-a_j(x,\theta))\right|<\varepsilon$$

である．一方 $(x,\theta)\in\mathrm{Cone}\,K$ で，$|\theta|\leqq N$ の集合は，コンパクトである．一方 a_j は，その各階の導関数と共に，a に広義一様収束しているから，j_0 を十分大きくとると，任意の $j\geqq j_0$ に対し (8.52) が $|\theta|\leqq N$ で成立する．したがって，この j に対しては (8.52) が任意の $(x,\theta)\in\mathrm{Cone}\,K$ に対して成立する．すなわち

$$(8.53)\qquad p_{K\alpha\beta}{}^{m'}(a-a_j)<\varepsilon.$$

したがって，a_j は a に $S_{\rho,\delta}{}^{m'}(\Gamma)$ で収束している．▌

この命題は，次の形で使う．

系 1 $\{\omega_j(\theta)\}_{j=1}^{\infty}$ は $\mathcal{S}(\boldsymbol{R}^N)$ の関数列であり，$\{\omega_j\}_{j=1}^{\infty}$ は $S_{1,0}{}^0(\boldsymbol{R}^n\times\boldsymbol{R}^N)$ で有界とする．各 $\theta\in\boldsymbol{R}^N$ を固定するごとに，$\omega_j(\theta)\to1$ $(j\to\infty)$ とする．すると，任意の $a\in S_{\rho,\delta}{}^m(\Gamma)$ に対して，

$$a_j(x,\theta)=a(x,\theta)\omega_j(\theta)\in S_{\rho,\delta}^{-\infty}(\Gamma)$$

は，$S_{\rho,\delta}^{m}(\Gamma)$ で有界な列であり，$a(x,\theta)$ に $S_{\rho,\delta}^{m'}(\Gamma)$ $(m'>m)$ で収束する．——

証明は明らかである．

系2　$\omega(\theta)\in\mathcal{S}(\boldsymbol{R}^N)$，$\omega(0)=1$ とする．このとき，$a_\varepsilon(x,\theta)=a(x,\theta)\omega(\varepsilon\theta)$ $(a\in S_{\rho,\delta}^{m}(\Gamma))$ とすると，$a_\varepsilon\in S_{\rho,\delta}^{-\infty}(\Gamma)$ であり，$m'>m$ なる m' に対し $S_{\rho,\delta}^{m'}(\Gamma)$ で，$a_\varepsilon\to a$ $(\varepsilon\to 0)$．——

我々は，$U\subset\boldsymbol{R}^n$ を開集合とし，振動積分

$$A(\nu)|dx|^{1/2}=\int_{\boldsymbol{R}^N}a(x,\theta)e^{i\nu\phi(x,\theta)}d\theta|dx|^{1/2} \tag{8.54}$$

を扱うのであるが，振幅関数 a は $a\in S_{\rho,\delta}^{m}(U\times\boldsymbol{R}^N)$ であることを仮定する．しかも，命題8.2によって座標変換が自由に出来るように，$\delta=1-\rho$ を仮定する．$\rho>\delta$ であったから，$\rho>1/2$，$\delta=1-\rho$ である．このとき，$S_{\rho,\delta}^{m}(U\times\boldsymbol{R}^N)$ を単に $S_{\rho}^{m}(U\times\boldsymbol{R}^N)$ と書き，$S_{1,0}^{m}(U\times\boldsymbol{R}^N)$ を単に $S^{m}(U\times\boldsymbol{R}^N)$ と書く．

(8.54) 式は形式的なものであって，この積分は一般には発散し，ただ $\mathcal{D}'(U,\Omega^{1/2})$ の中でのみ収束する．これをみるには，$\varphi|dx|^{1/2}\in\mathcal{D}(U,\Omega^{1/2})$ を任意に固定して，

$$\langle A(\nu)|dx|^{1/2},\varphi(x)|dx|^{1/2}\rangle=\iint_{\boldsymbol{R}^N\times U}a(x,\theta)e^{i\nu\phi(x,\theta)}\varphi(x)\,dxd\theta \tag{8.55}$$

の考察をすれば良い．

§8.2　振動積分の定義する超関数

我々は，$\boldsymbol{R}^n$ の開集合 U において，$\mathcal{D}'(U,\Omega^{1/2})$ の元として，振動積分

$$A(\nu,x)|dx|^{1/2}=\int_{\boldsymbol{R}^N}a(x,\theta)e^{i\nu\phi(x,\theta)}d\theta|dx|^{1/2} \tag{8.56}$$

を扱う．ここで，ϕ は $U\times(\boldsymbol{R}^N\setminus 0)$ で C^∞ かつ実数値の θ につき，同次1次関数で，振幅関数 a は $S_{\rho}^{m}(U\times\boldsymbol{R}^N)$ の関数である．ν は正のパラメータで，$\nu\geqq 1$ とする．(8.56) が，絶対収束して明確な意味をもつ場合は，次のとおりである．

補助定理 8.1　U を $\boldsymbol{R}^n$ の開集合とする．$a\in S_{\rho}^{m}(U\times\boldsymbol{R}^N)$ で $m<-N$ のとき，(8.56) は x につき広義一様に絶対収束して，$A(\nu,x)\in C^0(U)$ を定める，

$$S_{\rho}^{m}(U\times\boldsymbol{R}^N)\ni a\longrightarrow A(\nu,x)|dx|^{1/2}\in C^0(U,\Omega^{1/2})$$

は連続写像である．

証明　$K\,(\subset U)$ をコンパクト集合とする．$x\in K$ のとき，

$$|a(x,\theta)|\leqq C(1+|\theta|)^m \tag{8.57}$$

であるから，

$$\int_{\boldsymbol{R}^N}|a(x,\theta)e^{i\nu\phi(x,\theta)}|d\theta\leqq C\int_{\boldsymbol{R}^N}(1+|\theta|)^m d\theta<\infty$$

だからである．Lebesgue の収束定理により，連続性を示すことができる．∎

系　$a\in S_\rho^{\,m}(U\times\boldsymbol{R}^N)$ ならば，$m<-N-l$ $(l=0,1,2,\cdots)$ のとき，(8.56) で定義された $A(\nu,x)|dx|^{1/2}$ は，l 階連続微分可能な密度の平方根である．そして，対応

$$S_\rho^{\,m}(U\times\boldsymbol{R}^N)\ni a\longrightarrow A(\nu,x)|dx|^{1/2}\in C^l(U,\Omega^{1/2})$$

は連続な写像である．とくに $a\in S_\rho^{\,-\infty}(U\times\boldsymbol{R}^N)$ なら $A(\nu,x)|dx|^{1/2}\in C^\infty(U,\Omega^{1/2})$ である．

証明　(8.56) を形式的に微分すると，

$$\frac{\partial}{\partial x_j}A(\nu,x)|dx|^{1/2}=\int_{\boldsymbol{R}^N}\left(\frac{\partial}{\partial x_j}a(x,\theta)+i\nu\frac{\partial\phi}{\partial x_j}(x,\theta)a(x,\theta)\right)e^{i\nu\phi(x,\theta)}d\theta|dx|^{1/2}$$

であり，$m<-N-1$ のときは，この被積分関数の絶対値が $C(1+|\theta|)^{m+1}$ で評価される．したがって実際に上式が成立し，連続関数が定義される．これをもっとつづけることによって一般の l についても証明出来る．∎

(8.56) で $m\geqq -N$ のときは，どのようにして (8.56) に意味を与えるべきであろうか．

定義 8.6　関数列 $\{\omega_k\}_{k=1}^\infty$ が次の3条件を満たすとき，この列を1の近似列と呼ぶ．

(i)　$\{\omega_k\}_{k=1}^\infty$ は $S^0(\boldsymbol{R}^N)$ で有界集合を成す．

(ii)　$\omega_k\in\mathcal{S}(\boldsymbol{R}^N)$．

(iii)　各 θ で $\lim_{k\to\infty}\omega_k(\theta)=1$．——

定義 8.7　$\{\omega_k\}_{k=1}^\infty$ を1の近似列とする．

$$\lim_{k\to\infty}\int_{\boldsymbol{R}^N}a(x,\theta)\omega_k(\theta)e^{i\nu\phi(x,\theta)}d\theta|dx|^{1/2} \tag{8.58}$$

が，$\{\omega_k\}_k$ のとり方によらず $\mathcal{D}'(U,\Omega^{1/2})$ で収束するとき，その極限を

$$A(\nu)|dx|^{1/2} = \int_{\boldsymbol{R}^N} a(x,\theta)e^{i\nu\phi(x,\theta)}d\theta|dx|^{1/2}$$

とおく．——

この定義は，$m<-N$ のとき，補助定理 8.1 と合致する．

定義 8.7 において，(8.58) は $\mathcal{D}'(U,\Omega^{1/2})$ での極限であるから，任意の $\varphi|dx|^{1/2} \in \mathcal{D}(U,\Omega^{1/2})$ において，

$$\lim_{k\to\infty}\iint_{U\times\boldsymbol{R}^N} a(x,\theta)\omega_k(\theta)\varphi(x)e^{i\nu\phi(x,\theta)}d\theta dx \tag{8.59}$$

が，$\{\omega_k\}_k$ のとり方によらず存在するかどうかを調べることになる．

(8.59) でも，振幅関数のクラス，$S_\rho^m(U\times\boldsymbol{R}^N)$ において，$m\geqq-N$ となると，補助定理 8.1 のような絶対収束を期待することは出来ない．この場合は $e^{i\nu\phi(x,\theta)}$ が急速に振動すること，これに比べて $a(x,\theta)\varphi(x)$ がそれほど急速には振動しないことから，(8.59) が存在することを期待したい．この期待を実現するための技巧として，部分積分を用いる．まず，次の事実を注意する．

命題 8.6　$a_j\in S^0(U\times\boldsymbol{R}^N)$，$b_j\in S^{-1}(U\times\boldsymbol{R}^N)$，$c\in S^{-1}(U\times\boldsymbol{R}^N)$ のとき，1 階の偏微分作用素

$$L=\sum_{j=1}^N a_j(x,\theta)\frac{\partial}{\partial\theta_j}+\sum_{j=1}^n b_j(x,\theta)\frac{\partial}{\partial x_j}+c(x,\theta) \tag{8.60}$$

を考え，L の形式的共役作用素を

$$L^* = -L-\left(\sum_{j=1}^N\frac{\partial}{\partial\theta_j}a_j(x,\theta)+\sum_{j=1}^n\frac{\partial}{\partial x_j}b_j(x,\theta)\right) \tag{8.61}$$

とする．すると，任意の $l=0,1,2,\cdots$ に対し，

$$L^{*l}:\ S_\rho^m(U\times\boldsymbol{R}^N)\ni a\longrightarrow L^{*l}(a)\in S_\rho^{m-l\rho}(U\times\boldsymbol{R}^N) \tag{8.62}$$

は連続線型写像である．また，a_j, b_j, c がそれぞれ $S_\rho^0(U\times\boldsymbol{R}^N)$，$S_\rho^{-1}(U\times\boldsymbol{R}^N)$，$S_\rho^{-1}(U\times\boldsymbol{R}^N)$ で有界な範囲で動くとすると，$B\subset S_\rho^m(U\times\boldsymbol{R}^N)$ が有界な限り $L^{*l}(B)$ は $S_\rho^{m-l\rho}(U\times\boldsymbol{R}^N)$ で有界にとどまる．

証明　$$c^*(x,\theta)=c(x,\theta)-\sum_j\frac{\partial}{\partial\theta_j}a_j(x,\theta)-\sum_j\frac{\partial}{\partial x_j}b_j(x,\theta)$$

とおくと，$c^*(x,\theta)\in S^{-1}(U\times\boldsymbol{R}^N)$ である．

$$L^*(a(x,\theta)) = -\sum_j a_j(x,\theta)\frac{\partial}{\partial\theta_j}a(x,\theta)-\sum_j b_j(x,\theta)\frac{\partial}{\partial x_j}a(x,\theta) \tag{8.63}$$

$$+c^*(x,\theta)a(x,\theta)$$

であるから，命題8.1によって，$L^*(a)\in S_\rho^{m-\rho}(U\times\boldsymbol{R}^N)$ である．l の帰納法で証明すれば，一般の l についても示される．∎

つぎに $e^{i\nu\phi(x,\theta)}$ が急速に振動することを要請する．次の定義を考える．

定義 8.8　位相関数が正則であるとは，$\phi(x,\theta)$ が $U\times(\boldsymbol{R}^N\setminus 0)$ で定義され，$U\times(\boldsymbol{R}^N\setminus 0)$ では C^∞ の実数値関数であり，θ に関し同次1次で，しかも，$\theta\neq 0$ のときは，

$$\left(\frac{\partial\phi}{\partial x}(x,\theta),\frac{\partial\phi}{\partial\theta}(x,\theta)\right)\neq 0 \tag{8.64}$$

である．——

命題 8.7　$U\times(\boldsymbol{R}^N\setminus 0)$ で定義された位相関数 $\phi(x,\theta)$ が正則であるとする．このとき，$a_j\in S^0(U\times\boldsymbol{R}^N)$，$b_j\in S^{-1}(U\times\boldsymbol{R}^N)$，$c\in S^{-1}(U\times\boldsymbol{R}^N)$ を適当にとると，

$$L_\nu=\sum_{j=1}^N a_j{}^{(\nu)}(x,\theta)\frac{\partial}{i\partial\theta_j}+\sum_{j=1}^n b_j{}^{(\nu)}(x,\theta)\frac{\partial}{i\partial x_j}+c(x,\theta), \tag{8.65}$$

$$(L_\nu-1)e^{i\nu\phi(x,\theta)}=0 \tag{8.66}$$

である．$\nu\geqq 1$ のとき，$\{a_j{}^{(\nu)}\}_\nu$, $\{b_j{}^{(\nu)}\}_\nu$ はそれぞれ，$S^0(U\times\boldsymbol{R}^N)$, $S^{-1}(U\times\boldsymbol{R}^N)$ で有界集合を成す．

証明　$\chi\in C^\infty(\boldsymbol{R}^N)$ で，

$$\chi(\theta)=\begin{cases}1 & (|\theta|\geqq 2),\\ 0 & (|\theta|\leqq 1)\end{cases}$$

とする．

$$\Phi(x,\theta)^2=\sum_j\left(\frac{\partial\phi}{\partial\theta_j}\right)^2+\sum_j\left(\frac{\partial\phi}{\partial x_j}\right)^2|\theta|^{-2} \tag{8.67}$$

とおく．

$$a_j{}^{(\nu)}(x,\theta)=\nu^{-1}\chi(\theta)\Phi(x,\theta)^{-2}\frac{\partial\phi}{\partial\theta_j}(x,\theta), \tag{8.68}$$

$$b_j{}^{(\nu)}(x,\theta)=\nu^{-1}\chi(\theta)\Phi(x,\theta)^{-2}|\theta|^{-2}\frac{\partial\phi}{\partial x_j}(x,\theta),$$

$$c(x,\theta)=(1-\chi(\theta))$$

とする．$\chi(\theta)\partial\phi/\partial\theta_j\in S^0(U\times\boldsymbol{R}^N)$，$|\theta|^{-2}\chi(\theta)\partial\phi/\partial x_j\in S^{-1}(U\times\boldsymbol{R}^N)$ であるから，$\{a_j{}^{(\nu)}\}_\nu$ は $S^0(U\times\boldsymbol{R}^N)$ で有界集合であり，$\{b_j{}^{(\nu)}\}_\nu$ は $S^{-1}(U\times\boldsymbol{R}^N)$ で有界集合で

ある．$c(x,\theta)=0$, $|\theta|\geqq 2$ であるから $c\in S^{-\infty}(U\times\boldsymbol{R}^N)\subset S^{-1}(U\times\boldsymbol{R}^N)$.

$$(L_\nu-1)e^{i\nu\phi(x,\theta)}=0$$

も明らかである．▌

定理 8.1 $a\in S_\rho{}^m(U\times\boldsymbol{R}^N)$ とし，$\{\omega_k\}_{k=1}^\infty$ が，1 の近似列とする．ϕ を $U\times\boldsymbol{R}^N$ で定義された正則な位相関数とする．$\nu\geqq 1$ をパラメータとし，l を $\rho l\gneqq N+m$ になる正整数とすると，(8.59) の極限が存在して，

(8.69)
$$\lim_{k\to\infty}\iint_{U\times\boldsymbol{R}^N}a(x,\theta)\omega_k(\theta)\varphi(x)e^{i\nu\phi(x,\theta)}dxd\theta$$
$$=\iint_{U\times\boldsymbol{R}^N}L_\nu{}^{*l}(a(x,\theta)\varphi(x))e^{i\nu\phi(x,\theta)}dxd\theta.$$

ここで，L_ν は命題 8.7 で構成した微分作用素，$\varphi|dx|^{1/2}$ は $\mathcal{D}(U,\Omega^{1/2})$ の任意の元である．$L_\nu{}^{*l}(a\varphi)\in S_\rho{}^{m-l\rho}(U\times\boldsymbol{R}^N)$ 故 (8.69) 右辺は，絶対収束する．

証明

(8.70)
$$I_k(\nu)=\iint_{U\times\boldsymbol{R}^N}a(x,\theta)\omega_k(\theta)\varphi(x)e^{i\nu\phi(x,\theta)}dxd\theta$$

は絶対収束している．ϕ は正則な位相関数であるから命題 8.7 が成立する．(8.66) から

(8.71)
$$I_k(\nu)=\iint_{U\times\boldsymbol{R}^N}a(x,\theta)\omega_k(\theta)\varphi(x)L_\nu{}^l(e^{i\nu\phi(x,\theta)})dxd\theta.$$

部分積分して

(8.72)
$$I_k(\nu)=\iint_{U\times\boldsymbol{R}^N}L_\nu{}^{*l}(a(x,\theta)\omega_k(\theta)\varphi(x))e^{i\nu\phi(x,\theta)}dxd\theta.$$

$L_\nu{}^{*l}$ は $S_\rho{}^m(U\times\boldsymbol{R}^N)$ から $S_\rho{}^{m-l\rho}(U\times\boldsymbol{R}^N)$ への線型連続写像で，$\nu\geqq 1$, $k=1,2,\cdots$ のとき，$L_\nu{}^{*l}(a\omega_k\varphi)$ は $S_\rho{}^{m-l\rho}(U\times\boldsymbol{R}^N)$ で有界にとどまる．そして，$k\to\infty$ のとき，$L_\nu{}^{*l}(a\omega_k\varphi)\to L_\nu{}^{*l}(a\varphi)$ が各 $(x,\theta)\in U\times\boldsymbol{R}^N$ で成立するから，実は $S_\rho{}^{m'-l\rho}(U\times\boldsymbol{R}^N)$ $(\forall m'>m)$ で，

(8.73)
$$L_\nu{}^{*l}(a\omega_k\varphi)\longrightarrow L_\nu{}^{*l}(a\varphi).$$

ところで，$m'-l\rho<-N$ ゆえ補助定理 8.1 が使えるから，$k\to\infty$ のとき，

$$I_k(\nu)\longrightarrow\iint_{U\times\boldsymbol{R}^N}L_\nu{}^{*l}(a(x,\theta)\varphi(x))e^{i\nu\phi(x,\theta)}dxd\theta.$$

よって証明された．▌

系　定理8.1の条件下で，任意の $\varphi|dx|^{1/2}\in\mathcal{D}(U,\Omega^{1/2})$ に対し

(8.74)
$$\langle A(\nu)|dx|^{1/2},\varphi|dx|^{1/2}\rangle = \lim_{k\to\infty}\iint_{U\times\boldsymbol{R}^N} a(x,\theta)\,\omega_k(\theta)\,\varphi(x)\,e^{i\nu\phi(x,\theta)}dxd\theta$$

とおくと，$A(\nu)|dx|^{1/2}\in\mathcal{D}'(U,\Omega^{1/2})$ が存在して，

(8.75)
$$\langle A(\nu)|dx|^{1/2},\varphi|dx|^{1/2}\rangle = \iint_{U\times\boldsymbol{R}^N} {L_\nu}^{*l}(a(x,\theta)\,\varphi(x))\,e^{i\nu\phi(x,\theta)}dxd\theta$$

となる．φ の台が，一定のコンパクト集合 $K\subset U$ に入る限り，

(8.76)
$$|\langle A(\nu)|dx|^{1/2},\varphi|dx|^{1/2}\rangle| \leqq C_K\|\varphi|dx|^{1/2}\|_{C^l}.$$

ただし，ここで，

(8.77)
$$\|\varphi|dx|^{1/2}\|_{C^l} = \sup_{\substack{x\in K\\|\alpha|\leqq l}}\left|\left(\frac{\partial}{\partial x}\right)^{\alpha}\varphi(x)\,|dx|^{1/2}\right|.\qquad \text{——}$$

ついで，$A(\nu)|dx|^{1/2}$ の $\nu\to\infty$ のときの振舞いを検討する．

補助定理 8.2　定理8.1と同じ仮定をし，$\chi_0\in C^\infty(\boldsymbol{R}^N)$ を，

(8.78)
$$\chi_0(\theta) = \begin{cases} 1 & \left(|\theta|\leqq\dfrac{1}{4}\right), \\[2ex] 0 & \left(|\theta|\geqq\dfrac{1}{2}\right) \end{cases}$$

とする．このとき，

(8.79)
$$f(\nu,x)|dx|^{1/2} = \int_{\boldsymbol{R}^N} a(x,\theta)\,\chi_0(\theta)\,e^{i\nu\phi(x,\theta)}d\theta$$

とおくと，$l\gneqq m+N$ という任意の正整数 l に対して，任意の $\varphi\in\mathcal{D}(U,\Omega^{1/2})$ に対し，評価

(8.80)
$$|\langle A(\nu)|dx|^{1/2}-f(\nu,x)|dx|^{1/2},\varphi|dx|^{1/2}\rangle| \leqq C\nu^{-l}\|\varphi|dx|^{1/2}\|_{C^l}$$

が成立する．C は l による定数．

証明　$A(\nu)|dx|^{1/2}-f(\nu,x)|dx|^{1/2}$ は，振動積分で，振幅が $a(x,\theta)(1-\chi_0(\theta))$ で定義される．ところで，$\chi(\theta)$ を $C^\infty(\boldsymbol{R}^N)$ の関数で，

$$\chi(\theta) = \begin{cases} 1 & (|\theta|\geqq 2), \\ 0 & (|\theta|\leqq 1) \end{cases}$$

とする．命題8.7で作った微分作用素 L_ν を使うと，$(1-\chi(\theta))(1-\chi_0(\theta))\equiv 0$ であるから，

$$(\nu L_\nu{}^*)^l(a(x,\theta)(1-\chi_0(\theta))) \tag{8.81}$$

は, $S_\rho{}^{m-\rho l}(U\times \boldsymbol{R}^N)$ で有界. したがって, 定理8.1の系から(8.80)が導かれる. ▮

さらに, (8.79)の振舞いを考えるには, 次の命題を必要とする.

命題 8.8 1階の偏微分作用素を,

$$L=\sum_{j=1}^N a_j(x,\theta)\frac{\partial}{\partial\theta_j}+\sum_{j=1}^n b_j(x,\theta)\frac{\partial}{\partial x_j}+c(x,\theta) \qquad (|\theta|\neq 0) \tag{8.82}$$

とし, a_j は θ につき0次同次式, b_j および c は θ につき -1 次同次式とする. このとき形式的共役 L^* につき,

$$L^{*m}=\sum_{|\alpha+\beta|\leqq m} A_{\alpha\beta}{}^{(m)}(x,\theta)\left(\frac{\partial}{\partial\theta}\right)^\alpha\left(\frac{\partial}{\partial x}\right)^\beta \tag{8.83}$$

とおくと, $A_{\alpha\beta}(x,\theta)$ は θ の $-m+|\alpha|$ 次同次式である.

証明 計算によって

$$L^*=-L+c^*(x,\theta), \tag{8.84}$$

$$c^*(x,\theta)=2c(x,\theta)-\left(\sum_j\frac{\partial}{\partial\theta_j}a_j(x,\theta)+\sum_j\frac{\partial}{\partial x_j}b_j(x,\theta)\right) \tag{8.85}$$

である. c^* は θ につき -1 次同次式. したがって(8.83)は $m=1$ につき成立する. m についての帰納法による. $m=k$ で正しいとする.

$$\begin{cases} a_j(x,\theta)\dfrac{\partial}{\partial\theta_j}\left(A_{\alpha\beta}{}^{(k)}(x,\theta)\left(\dfrac{\partial}{\partial\theta}\right)^\alpha\left(\dfrac{\partial}{\partial x}\right)^\beta\right) \\ \quad =a_j(x,\theta)A_{\alpha\beta}{}^{(k)}(x,\theta)\left(\dfrac{\partial}{\partial\theta_j}\right)\left(\dfrac{\partial}{\partial\theta}\right)^\alpha\left(\dfrac{\partial}{\partial x}\right)^\beta \\ \qquad +a_j(x,\theta)\left(\dfrac{\partial}{\partial\theta_j}A_{\alpha\beta}{}^{(k)}(x,\theta)\right)\left(\dfrac{\partial}{\partial\theta}\right)^\alpha\left(\dfrac{\partial}{\partial x}\right)^\beta, \\ b_j(x,\theta)\dfrac{\partial}{\partial x_j}\left(A_{\alpha\beta}{}^{(k)}(x,\theta)\left(\dfrac{\partial}{\partial\theta}\right)^\alpha\left(\dfrac{\partial}{\partial x}\right)^\beta\right) \\ \quad =b_j(x,\theta)A_{\alpha\beta}{}^{(k)}\left(\dfrac{\partial}{\partial\theta}\right)^\alpha\left(\dfrac{\partial}{\partial x_j}\right)\left(\dfrac{\partial}{\partial x}\right)^\beta \\ \qquad +b_j(x,\theta)\dfrac{\partial}{\partial x_j}A_{\alpha\beta}{}^{(k)}\left(\dfrac{\partial}{\partial\theta}\right)^\alpha\left(\dfrac{\partial}{\partial x}\right)^\beta \end{cases} \tag{8.86}$$

であるから, $m=k+1$ でも成立する. ▮

さて, $\nu\to\infty$ のとき, $f(\nu,x)|dx|^{1/2}$ の振舞いを見よう. それには, 位相関数が正則であり,

(8.87) $$L = \sum_{j=1}^{N} a_j(x,\theta)\frac{\partial}{i\partial\theta_j} + \sum_{j=1}^{n} b_j(x,\theta)\frac{\partial}{i\partial x_j} \qquad (|\theta| \neq 0),$$

(8.88) $$\begin{cases} a_j(x,\theta) = \Psi(x,\theta)^{-2}|\theta|^2 \dfrac{\partial\phi}{\partial\theta_j}(x,\theta), \\ b_j(x,\theta) = \Psi(x,\theta)^{-2}\dfrac{\partial\phi}{\partial x_j}(x,\theta), \end{cases}$$

(8.89) $$\Psi(x,\theta)^2 = |\theta|^2 \sum_{j=1}^{N}\left(\frac{\partial\phi}{\partial\theta_j}\right)^2 + \sum_j \left(\frac{\partial\phi}{\partial x_j}\right)^2$$

とすると，これは命題8.8の条件をみたし，しかも，

(8.90) $$(L-\nu)e^{i\nu\phi(x,\theta)} = 0$$

を満足する．

補助定理 8.3 定理8.1の仮定の下で，任意の $k=0,1,2,\cdots$ に対して，ある定数があって

(8.91) $$|\langle f(\nu,x)|dx|^{1/2}, \varphi|dx|^{1/2}\rangle| \leqq C\nu^{-kN/(N+k)}\|\varphi|dx|^{1/2}\|_{C^k}$$

が成立する．

証明

(8.92) $$\langle f(\nu,x)|dx|^{1/2}, \varphi|dx|^{1/2}\rangle = \iint_{U\times \boldsymbol{R}^N} a(x,\theta)\chi_0(\theta)\varphi(x)e^{i\nu\phi(x,\theta)}dxd\theta$$

であった．これを二つに分けて

(8.93) $$I_1(\nu) = \iint_{U\times \boldsymbol{R}^N} a(x,\theta)\chi_0\left(\frac{\theta}{t}\right)\chi_0(\theta)\varphi(x)e^{i\nu\phi(x,\theta)}d\theta dx,$$

(8.94) $$I_2(\nu) = \iint_{U\times \boldsymbol{R}^N} a(x,\theta)\left(1-\chi_0\left(\frac{\theta}{t}\right)\right)\chi_0(\theta)\varphi(x)e^{i\nu\phi(x,\theta)}dxd\theta$$

の和とする．t はあとで定める定数で $t>0$ とする．

$\chi_0(t^{-1}\theta)$ の台は，半径 $2^{-1}t$ の球であるから，

(8.95) $$|I_1(\nu)| \leqq Ct^N\|\varphi\|_{C^0}$$

である．$I_2(\nu)$ には，(8.90) を用いて

(8.96)

$$I_2(\nu) = \iint_{U\times \boldsymbol{R}^N} a(x,\theta)\left(1-\chi_0\left(\frac{\theta}{t}\right)\right)\chi_0(\theta)\varphi(x)\nu^{-k}L^k(e^{i\nu\phi(x,\theta)})d\theta dx$$

$$= \nu^{-k}\int\int_{U\times \boldsymbol{R}^N} L^{*k}\left(a(x,\theta)\left(1-\chi_0\left(\frac{\theta}{t}\right)\right)\chi_0(\theta)\varphi(x)\right)e^{i\nu\phi(x,\theta)}d\theta dx$$

である．任意の多重指数 α,β に関して，ある $C_{\alpha\beta}$ という正定数があり

$$\left|\left(\frac{\partial}{\partial\theta}\right)^{\alpha}\left(\frac{\partial}{\partial x}\right)^{\beta}\left(a(x,\theta)\left(1-\chi_0\left(\frac{\theta}{t}\right)\right)\chi_0(\theta)\varphi(x)\right)\right| \leqq C_{\alpha\beta}t^{-|\alpha|}\|\varphi\|_{C^k} \tag{8.97}$$

である．(8.96) の被積分関数の台では，$2^{-2}t\leqq\theta\leqq 1$ である．ここで，(8.83) 式で $|A_{\alpha\beta}{}^{(k)}(x,\theta)|\leqq C(2^{-2}t)^{-k+|\alpha|}$ となる正定数がある．よって正定数 C があって

$$\left|L^{*k}\left(a(x,\theta)\left(1-\chi_0\left(\frac{\theta}{t}\right)\right)\chi_0(\theta)\varphi(x)\right)\right| \leqq Ct^{-k}\|\varphi\|_{C^k}. \tag{8.98}$$

これから，$C>0$ という定数があり

$$|I_2(\nu)| \leqq C\nu^{-k}t^{-k}\|\varphi\|_{C^k}. \tag{8.99}$$

したがって (8.95) とあわせて，

$$|\langle f(\nu,x)|dx|^{1/2}, \varphi|dx|^{1/2}\rangle| \leqq Ct^N\|\varphi\|_{C^0}+C\nu^{-k}t^{-k}\|\varphi\|_{C^k} \tag{8.100}$$

となる．C は t によらぬ正定数である．この右辺を最小とするように t を選ぶ．そのような t は，

$$CNt^{N-1}\|\varphi\|_{C^0}-kC\nu^{-k}t^{-k-1}\|\varphi\|_{C^k}=0 \tag{8.101}$$

をみたす．よって

$$t=C(\|\varphi\|_{C^0}{}^{-1}\nu^{-k}\|\varphi\|_{C^k})^{1/(N+k)}.$$

すると，

$$\begin{aligned}&|\langle f(\nu,x)|dx|^{1/2}, \varphi|dx|^{1/2}\rangle|\\ &\leqq C\nu^{-kN/(N+k)}\|\varphi\|_{C^0}{}^{1-N/(N+k)}\|\varphi\|_{C^k}{}^{N/(N+k)}\end{aligned} \tag{8.102}$$

である．$\|\varphi\|_{C^0}\leqq C\|\varphi\|_{C^k}$ であるから補助定理 8.3 が示されたことになる．▮

注意　ν を固定すると，$f(\nu,x)|dx|^{1/2}\in C^\infty(U,\Omega^{1/2})$ である．ν を動かすと，この空間で有界ではない．

以上のことをまとめて，次の定理を得る．

定理 8.2　$U\subset\boldsymbol{R}^n$ を開集合とし，$a\in S_\rho{}^m(U\times\boldsymbol{R}^N)$ のとき，ϕ が $U\times(\boldsymbol{R}^N\setminus 0)$ で定義された正則位相関数であるとする．このとき，任意の $l=0,1,2,\cdots$ と U のコンパクト集合 K に対して，ある正定数 C があって，

$$|\langle A(\nu)|dx|^{1/2}, \varphi|dx|^{1/2}\rangle| \leqq C\nu^{-lN/(N+l)}\|\varphi|dx|^{1/2}\|_{C^l} \tag{8.103}$$

が，K に台をもつ $\mathcal{D}_K(U,\Omega^{1/2})$ の元 $\varphi|dx|^{1/2}$ に対し成立する．――

つぎに，我々は "$A(\nu)|dx|^{1/2}$ の波面集合＝特異スペクトル" を調べる．

定義 8.9　X を多様体とする．$\mathcal{D}'(X, \Omega^{1/2}) \ni A$ の波面集合（$=C^\infty$ 特異スペクトル）$WF(A|dx|^{1/2})$ とは，X 上で決して 0 とならない $\Omega^{1/2}(X)$ の C^∞ の切断 ω を使って，$A=T\omega$ と書いたとき，T の超関数としての波面集合（$=C^\infty$ 特異スペクトル）$WF(T)$ のことである．——

定義 8.10　ϕ が $U\times(\boldsymbol{R}^N\setminus 0)$ 上の正則位相関数であるとする．ϕ が特異点をもたぬ位相関数であるとは，$|\theta|\neq 0$ のときベクトル

$$\frac{\partial\phi}{\partial\theta}(x,\theta) = \mathrm{grad}_\theta\,\phi(x,\theta) = \left(\frac{\partial\phi}{\partial\theta_1}(x,\theta), \cdots, \frac{\partial\phi}{\partial\theta_N}(x,\theta)\right) \tag{8.104}$$

が，決して 0 とならないことである．——

この定義から，次の技巧上の命題を得る．

命題 8.9　ϕ が $U\times(\boldsymbol{R}^N\setminus 0)$ 上，特異点のない正則位相関数であるとすると，1 階偏微分作用素

$$L_0 = \sum_j a_j(x,\theta)\frac{\partial}{i\partial\theta_j} \qquad (|\theta|\neq 0) \tag{8.105}$$

を，$a_j(x,\theta)$ が θ につき同次 0 次式で，

$$(L_0-\nu)e^{i\nu\phi(x,\theta)} = 0 \qquad (|\theta|\neq 0) \tag{8.106}$$

が成立するように出来る．

証明
$$a_j(x,\theta) = \frac{\partial\phi}{\partial\theta_j}(x,\theta)\Big/\sum_{j=1}^N\left|\frac{\partial\phi}{\partial\theta_j}(x,\theta)\right|^2$$

とすれば良い．▌

これを使うと，次の定理を示すことができる．

定理 8.3　ϕ が $U\times\boldsymbol{R}^N$ 上で定義された特異点のない正則位相関数であるとする．このとき，任意の $a\in S_\rho{}^m(U\times\boldsymbol{R}^N)$ に対して，

$$A(\nu)|dx|^{1/2} = \int_{\boldsymbol{R}^N} a(x,\theta)e^{i\nu\phi(x,\theta)}|dx|^{1/2}d\theta \tag{8.107}$$

は，実は，$A(\nu)|dx|^{1/2}\in C^\infty(U,\Omega^{1/2})$ であり，任意の正数 $l<N$ に対して

$$\nu^l A(\nu)|dx|^{1/2} \qquad (\nu\geqq 1)$$

は $C^\infty(U,\Omega^{1/2})$ で有界集合を成す．

証明　$\{\omega_k\}_{k=1}^\infty$ を 1 の近似列とする．任意の $\varphi|dx|^{1/2}\in\mathcal{D}(U,\Omega^{1/2})$ をとる．

$$(8.108)\qquad I_k(\nu)=\iint_{U\times \boldsymbol{R}^N} a(x,\theta)\,\omega_k(\theta)\,\varphi(x)\,e^{i\nu\phi(x,\theta)}dxd\theta$$

を，$\chi_0\in C^\infty(\boldsymbol{R}^N)$ で，

$$(8.109)\qquad \chi_0(\theta)=\begin{cases}1 & (|\theta|\leqq 2^{-2}),\\ 0 & (|\theta|\geqq 2^{-1})\end{cases}$$

となるものを使って，二つに分ける．

$$(8.110)\qquad \begin{cases} I_k{}^{(1)}(\nu)=\displaystyle\iint_{U\times \boldsymbol{R}^N} a(x,\theta)\,\omega_k(\theta)(1-\chi_0(\theta))\,\varphi(x)\,e^{i\nu\phi(x,\theta)}dxd\theta,\\ I_k{}^{(2)}(\nu)=\displaystyle\iint_{U\times \boldsymbol{R}^N} a(x,\theta)\,\omega_k(\theta)\,\chi_0(\theta)\,\varphi(x)\,e^{i\nu\phi(x,\theta)}dxd\theta.\end{cases}$$

$I_k{}^{(1)}(\nu)$ については，被積分関数 $\neq 0$ となるところで，$|\theta|\geqq 2^{-2}$ であるから，命題8.9の(8.105)を使い，

(8.111)

$$\begin{aligned}I_k{}^{(1)}(\nu)&=\nu^{-l}\iint_{U\times \boldsymbol{R}^N} a(x,\theta)\,\omega_k(\theta)(1-\chi_0(\theta))\,\varphi(x)\,L_0{}^l(e^{i\nu\phi(x,\theta)})\,dxd\theta\\ &=\nu^{-l}\iint_{U\times \boldsymbol{R}^N} L_0{}^{*l}(a(x,\theta)\,\omega_k(\theta)(1-\chi_0(\theta)))\,\varphi(x)\,e^{i\nu\phi(x,\theta)}dxd\theta.\end{aligned}$$

命題8.8の(8.83)を用いる．ただし $\beta=0$ である．$a(x,0)\,\omega_k(\theta)(1-\chi_0(\theta))$ は $S_\rho{}^m(U\times\boldsymbol{R}^N)$ で有界であるから，(8.83)から $L_0{}^{*l}(a(x,\theta)\,\omega_k(\theta)(1-\chi_0(\theta)))$ は $k=1,2,\cdots$ のとき，$S_\rho{}^{m-l\rho}(U\times\boldsymbol{R}^N)$ で有界．そして，$k\to\infty$ のとき，各点で $L_0{}^{*l}(a(x,\theta)(1-\chi_0(\theta)))$ に収束する．したがって，Lebesgue の有界収束定理によって，$l\rho>m+N$ にとると，

$$(8.112)\qquad |I_k{}^{(1)}(\nu)|\leqq C\nu^{-l}\|\varphi\|_{C^0(U)}.$$

$I_k{}^{(2)}(\nu)$ の処理は，補助定理8.1と同様にする．ただし，(8.96)における L の代りに L_0 を用いる．すると x についての微分を全く含まないから，(8.102)の代りに

$$(8.113)\qquad |I_k{}^{(2)}(\nu)|\leqq C\nu^{-kN/(N+k)}\|\varphi\|_{C^0}$$

を得る．したがって，まず $0<\forall l<N$ のとき，

$$(8.114)\qquad \nu^l A(\nu)|dx|^{1/2}$$

が，$C^0(U,\Omega^{1/2})$ で有界のことが分った．つぎに，$A(\nu)|dx|^{1/2}$ を超関数の意味で微分すると，

(8.115)
$$\frac{\partial}{\partial x_j}A(\nu)|dx|^{1/2} = \int_{\boldsymbol{R}^N}\left(\frac{\partial a}{\partial x_j}(x,\theta)+i\nu\frac{\partial\phi}{\partial x_j}(x,\theta)a(x,\theta)\right)e^{i\nu\phi(x,\theta)}|dx|^{1/2}d\theta$$

であるから，ν を固定すると，(8.114) によってこれも $C^0(U,\Omega^{1/2})$ に入る．したがって $A(\nu)|dx|^{1/2}\in C^1(U,\Omega^{1/2})$ である．以下同様に，$A(\nu)|dx|^{1/2}\in C^\infty(U,\Omega^{1/2})$ であることを示すことができる．▌

定理 8.4　ϕ が $U\times(\boldsymbol{R}^N\setminus 0)$ 上の正則位相関数であるとする．$a\in S_\rho^m(U\times\boldsymbol{R}^N)$ とする．このとき，

(8.116)
$$A(\nu)|dx|^{1/2} = \int_{\boldsymbol{R}^N}a(x,\theta)e^{i\nu\phi(x,\theta)}|dx|^{1/2}d\theta$$

とする．

$$C_\phi = \left\{(x,\theta)\,\middle|\,(x,\theta)\in U\times(\boldsymbol{R}^N\setminus 0),\ \frac{\partial\phi}{\partial\theta}(x,\theta)=0\right\}$$

とおくと，

(8.117)
$$WF(A(\nu)|dx|^{1/2}) \subset \{(x,d_x\phi(x,\theta))\,|\,(x,\theta)\in \text{cone supp}\, a\cap C_\phi\} \subset T^*U.$$

証明　我々の証明すべきことは，$(x^0,\xi^0)\in T^*U$ が，(8.117) の $F=\{(x,d_x\phi(x,\theta))\,|\,(x,\theta)\in\text{cone supp}\,a\cap C_\phi\}$ に入らぬとき，(x^0,ξ^0) の錐近傍があって，そこで，$A(\nu)|dx|^{1/2}$ の Fourier 変換 $F(A(\nu))|d\xi|^{1/2}$ が急減少であることである．$b(x,\theta)$ は θ につき同次 0 次で，C_ϕ の錐近傍では恒等的に 1 で，(x^0,ξ^0) の錐近傍では恒等的に 0 となる関数とする．$\chi(\theta)\in C^\infty(\boldsymbol{R}^N)$ で

$$\chi(\theta)=\begin{cases}1 & (|\theta|\geqq 2),\\ 0 & (|\theta|\leqq 1)\end{cases}$$

とし，$b_0(x,\theta)=b(x,\theta)\chi(\theta)$ とおく．$A(\nu)|dx|^{1/2}$ を定義する積分 (8.116) を二つに分ける．

(8.118)
$$A(\nu)|dx|^{1/2} = B_0(\nu)|dx|^{1/2}+B_1(\nu)|dx|^{1/2},$$

(8.119)
$$B_0(\nu)|dx|^{1/2} = \int_{\boldsymbol{R}^N}a(x,\theta)b_0(x,\theta)e^{i\nu\phi(x,\theta)}|dx|^{1/2}d\theta,$$

(8.120)
$$B_1(\nu)|dx|^{1/2} = \int_{\boldsymbol{R}^N}a(x,\theta)(1-b_0(x,\theta))e^{i\nu\phi(x,\theta)}|dx|^{1/2}d\theta.$$

$B_1(\nu)|dx|^{1/2}\in C^\infty(U,\Omega^{1/2})$ は，定理8.3による．$\varphi(x)$ が x^0 の近傍で $\varphi(x)\equiv 1$ となる $C_0^\infty(U)$ の元として，

(8.121)
$$F\varphi B_0(\nu)|d\xi|^{1/2} = \left(\frac{\nu^{1/2}}{2\pi}\right)^n \int\int_{U\times \boldsymbol{R}^N} a(x,\theta)\varphi(x)b_0(x,\theta)e^{i\nu(\phi(x,\theta)-x\cdot\xi)}|d\xi|^{1/2}dxd\theta$$

である．ξ が ξ_0 の十分小さい錐近傍に入ると，$(x,\theta)\in \text{cone supp}\, a\cap \text{cone supp}\, b_0$ において

(8.122)
$$\left|\frac{\partial\phi}{\partial x}(x,\theta)-\xi\right| \geqq C(|\xi|+|\theta|)$$

の成立する正数 C がある．よって，

(8.123)
$$L_1 = \sum_{j=1}^n b_j(x,\theta,\xi)\frac{\partial}{i\partial x_j},$$
$$b_j(x,\theta,\xi) = \left(\frac{\partial\phi}{\partial x_j}-\xi_j\right)\Big/\sum_{j=1}^N\left|\frac{\partial\phi}{\partial x_j}-\xi_j\right|^2$$

とおける．さらに

(8.124)
$$(L_1-\nu)e^{i\nu(\phi(x,\theta)-x\cdot\xi)} = 0$$

であるから，部分積分で，

(8.125)
$$\varphi B_0(\nu)|d\xi|^{1/2} = \left(\frac{\nu^{1/2}}{2\pi}\right)^n \nu^{-l}\int\int L_1{}^{*l}(a(x,\theta)\varphi(x)b_0(x,\theta))e^{i\nu(\phi(x,\theta)-x\cdot\xi)}|d\xi|^{1/2}dxd\theta.$$

(8.122), (8.123) から (x,θ) が，cone supp $a\cap$ cone supp b_0 の近くにあり，ξ が ξ_0 の近くにある限り，(x,θ,ξ) の関数として b_j は (θ,ξ) の -1 次同次式である．また，命題8.8は $\alpha=0$ で成立し，

$$L_1{}^{*l} = \sum_{|\beta|\leqq l} A_\beta{}^{(l)}(x,\theta,\xi)\left(\frac{\partial}{\partial x}\right)^\beta$$

となり，$A_\beta{}^{(l)}(x,\theta,\xi)$ は (θ,ξ) につき $-l$ 次同次式である．したがって，

(8.126)
$$L_1{}^{*l}(a(x,\theta)\varphi(x)b_0(x,\theta)) = \sum_{|\beta|\leqq l} A_\beta{}^{(l)}(x,\theta,\xi)\left(\frac{\partial}{\partial x}\right)^\beta(a(x,\theta)\varphi(x)b_0(x,\theta))$$

である．$A_\beta{}^{(l)}(x,\theta,\xi)$ は，(θ,ξ) の $-l$ 次同次式であるから，cone supp $(a(x,\theta)$

$\varphi(x)b_0(x,\theta))$ で，$|\xi|^l A_\beta{}^{(l)}(x,\theta,\xi)$ が，$S^0(U\times \boldsymbol{R}^N)$ の関数と一致する．したがって，

(8.127) $$|\xi|^l L_1{}^{*l}(a(x,\theta)\varphi(x)b_0(x,\theta)) = a_0(x,\theta,\xi)$$

とおくとパラメータ ξ が $\to\infty$ のとき，これは $S^m(U\times \boldsymbol{R}^N)$ で有界で，あるコンパクト集合 K の Cone K に台が含まれる．したがって，定理8.1によって

$$\iint_{U\times \boldsymbol{R}^N} a_0(x,\theta,\xi)e^{i\nu\phi(x,\theta)}d\theta dx$$

は有界である．よって $l=0,1,2,\cdots$ に対し

(8.128) $$F(\varphi B_0(\nu))|d\xi|^{1/2} \leqq C|\xi|^{-l}\nu^{-l}$$

が証明され，また $(1-\varphi)B_0(\nu)|dx|^{1/2}$ は x_0 の近傍で $C^\infty(U,\Omega^{1/2})$ に入るからその Fourier 変換が急減少であることは明らかである．▌

$A(\nu)|dx|^{1/2}$ の波面集合について，これ以上詳しい知識を得るには，ϕ について $\partial\phi/\partial\theta=0$ となる点の集合に対して詳しい情報を与えなくてはならない．次章では，$\partial\phi/\partial\theta=0$ となる点が，特異点のない多様体となる場合を考察する．

問　　題

1　命題8.1を証明せよ．

2　命題8.5系2を示せ．

3　$f(x)=e^{ix^2}$ $(x\in \boldsymbol{R})$ は C^∞ 関数で，$|f(x)|\equiv 1$ であるが，任意の $\varphi\in C_0^\infty(\boldsymbol{R})$ に対し，合成積

$$g(x) = f*\varphi(x) = \int_{-\infty}^{\infty} f(x-y)\varphi(y)dy$$

は，$g\in \mathcal{S}(\boldsymbol{R}^1)$ であることを示せ．

4　1実変数の C^∞ 関数 $S(x)$ が，実数値をとり，ある正定数があって，任意の $x\in \boldsymbol{R}$ に対して，

$$\left|\frac{\partial^2 S(x)}{\partial x^2}\right| > \gamma$$

とする．$f(x)=e^{iS(x)}$ とおくとき，$\forall\varphi\in C_0^\infty(\boldsymbol{R}^1)$ に対し，$f*\varphi\in\mathcal{S}(\boldsymbol{R}^1)$ を示せ．

5　$u|dx|^{1/2}\in\mathcal{D}'(\boldsymbol{R}^n,\Omega^{1/2})$，$(x_0,\xi_0)\in T^*(\boldsymbol{R}^n)$ が $WF(u|dx|^{1/2})$ に入らないための必要十分条件は，$\forall\psi(x,a)\in C^\infty(\boldsymbol{R}^n\times\boldsymbol{R}^p)$ で実数値をとり $d_x\psi(x_0,a_0)=\xi_0$ となるものに対して，ある x_0 の近傍 U と a_0 の近傍 A があって，$\forall\varphi\in C_0^\infty(U)$，$\forall a\in A$，$\forall N=1,2,\cdots$ に対して

$$\lim_{\tau\to\infty}\tau^N\langle\varphi e^{-i\tau\psi(x,a)}|dx|^{1/2}, u|dx|^{1/2}\rangle = 0$$

が成立することである．これを証明せよ．

第9章　非退化正則位相関数をもつ振動積分

§9.1　非退化正則位相関数

振動積分

$$A(\nu)|dx|^{1/2} = \int_{\boldsymbol{R}^N} a(x,\theta)e^{i\nu\phi(x,\theta)}d\theta|dx|^{1/2} \tag{9.1}$$

で定義される $A(\nu)|dx|^{1/2}$ において，ϕ が正則位相関数のときは，$WF(A(\nu)|dx|^{1/2})$ の評価は定理8.4で得られた．

$$C_\phi = \left\{(x,\theta)\,\middle|\,\frac{\partial\phi}{\partial\theta}(x,\theta)=0\right\} \tag{9.2}$$

とすると，

$$WF(A(\nu)|dx|^{1/2}) \subset \{(x, d_x\phi(x,\theta)) \mid (x,\theta)\in C_\phi\cap \operatorname{cone\,supp} a\} \tag{9.3}$$

である．

つぎに，C_ϕ がもっとも単純なとき，すなわち，滑らかな多様体となるとき，$A(\nu)|dx|^{1/2}$ の振舞いをより詳しく調べる．その前に次の命題を示そう．

命題9.1　$\chi\in C^\infty(\boldsymbol{R}^N)$ で，

$$\chi(\theta) = \begin{cases} 1 & (|\theta|\geqq 2), \\ 0 & (|\theta|\leqq 1) \end{cases} \tag{9.4}$$

とする．$A(\nu)|dx|^{1/2}$ を分解する．

$$A(\nu)|dx|^{1/2} = A_0(\nu)|dx|^{1/2}+B(\nu)|dx|^{1/2}, \tag{9.5}$$

$$A_0(\nu)|dx|^{1/2} = \int_{\boldsymbol{R}^N} a_0(x,\theta)e^{i\nu\phi(x,\theta)}|dx|^{1/2}d\theta, \tag{9.6}$$

$$B(\nu)|dx|^{1/2} = \int_{\boldsymbol{R}^N} b(x,\theta)e^{i\nu\phi(x,\theta)}|dx|^{1/2}d\theta \tag{9.7}$$

とする．ただし，

$$a_0(x,\theta) = a(x,\theta)\chi(\theta), \qquad b(x,\theta) = a(x,\theta)(1-\chi(\theta)) \tag{9.8}$$

である．$b\in S_\rho^{-\infty}(U\times\boldsymbol{R}^N)$ である．——

この命題の証明は，不要である．

本題に入って，C_ϕ が滑らかな多様体となるときの，$A(\nu)|dx|^{1/2}$ の振舞いを調べる．

定義 9.1　$U\subset \boldsymbol{R}^n$ を開集合とする．$\Gamma\subset U\times(\boldsymbol{R}^N\setminus 0)$ を，錐的開集合とする．Γ 上で定義された正則位相関数 $\phi(x,\theta)$ が**非退化**であるとは，$C_\phi=\{(x,\theta)\mid \partial\phi(x,\theta)/\partial\theta=0\}$ において，1次外微分形式系 $d\partial\phi/\partial\theta_1$, $d\partial\phi/\partial\theta_2$, $\cdots$, $d\partial\phi/\partial\theta_N$ が，1次独立のことである．——

注意 1　C_ϕ の各点で $d\partial\phi/\partial\theta_1, \cdots, d\partial\phi/\partial\theta_N$ が1次独立とは，$\forall(x,\theta)\in C_\phi$ において，次のことと同値である．

$$\text{rank}\left(\frac{\partial^2\phi}{\partial\theta\partial x}, \frac{\partial^2\phi}{\partial\theta\partial\theta}\right)=N. \tag{9.9}$$

注意 2　また，この条件は，(x,θ) の関数 $a(x,\theta)$ が，C_ϕ 上で0となると，少なくも局所的には，

$$a(x,\theta)=\sum_{j=1}^N b_j(x,\theta)\frac{\partial\phi}{\partial\theta_j}(x,\theta) \tag{9.10}$$

と書けることを意味する．

実際，$(x^0,\theta^0)\in C_\phi$ とする．$\eta_j=\partial\phi(x,\theta)/\partial\theta_j$ $(j=1,2,\cdots,N)$ とする．$S_p(\Gamma)=\{(x,\theta)\mid |\theta|=1\}$ とおく．ここで $(x^0,\theta^0/|\theta^0|)$ の近傍で，$\eta_1,\cdots,\eta_N$ は独立関数．θ につき同次0次関数 $\eta_{N+1},\cdots,\eta_{N+n-1}$ を補って $(\eta_1,\cdots,\eta_{N+n-1})$ をとると，これは $S_p(\Gamma)$ での $(x^0,\theta^0/|\theta^0|)$ の近傍 V を $\boldsymbol{R}^{N+n-1}$ の開集合 V' へ同相に写像する．Γ での (x^0,θ^0) の近傍は $V\times\boldsymbol{R}^+$ として良い．よって，$V\times\boldsymbol{R}^+$ は $(\eta_1,\cdots,\eta_{N+n-1},|\theta|)$ によって $V'\times\boldsymbol{R}^+$ へ，斉次1次の微分同相となる．$a\in S_{\rho,\delta}{}^m(V\times\boldsymbol{R}^+)$ であるから，$(\eta_1,\cdots,\eta_{N+n-1},|\theta|)$ の関数として $a\in S_{\rho,\delta}{}^m(V'\times\boldsymbol{R}^+)$ である．$\eta_1=\eta_2=\cdots=\eta_N=0$ で $a=0$ 故

$$a(\eta_1,\cdots,\eta_{N+n-1},|\theta|)=\sum_{j=1}^N a_j(\eta_1,\cdots,\eta_{N+n-1},|\theta|)\eta_j.$$

ただし，

$$a_j(\eta_1,\cdots,\eta_{N+n-1},|\theta|)=\int_0^1\frac{\partial}{\partial\eta_j}a(t\eta_1,\cdots,t\eta_N,\eta_{N+1},\cdots,\eta_{N+n-1},|\theta|)\,dt$$

である．よって $a_j\in S_\rho{}^{m+1-\rho}(V'\times\boldsymbol{R}^+)$．これを (x,θ) 変数に戻して，$b_j(x,\theta)$ とすると，$b_j\in S_\rho{}^{m+1-\rho}(V\times\boldsymbol{R}^+)$ である．

この注意2を用いて，

定理 9.1　(9.1) 式で，ϕ が非退化正則位相関数で，振幅関数 $a\in S_\rho{}^m(U\times\boldsymbol{R}^N)$ がとくに $a|_{C_\phi}=0$ であるならば，$b\in S_\rho{}^{m+(1-2\rho)}(U\times\boldsymbol{R}^N)$ が存在して，

$$A(\nu)|dx|^{1/2}=(i\nu)^{-1}\int_{\boldsymbol{R}^N}b(x,\theta)e^{i\nu\phi(x,\theta)}|dx|^{1/2}d\theta \tag{9.11}$$

である．

証明 補助定理8.4によって $|\theta|\leqq 1$ では $a(x,\theta)=0$ として一般性を失わない．$U\times \boldsymbol{R}^N$ を錐的開集合の局所有限の族 $\{W_j\}_{j=1}^{\infty}$ で被覆する．W_l では，表示(9.10)が成立しているとして良い．W_l における表示(9.10)を，

$$a(x,\theta)=\sum_{j=1}^{N} b_j^l(x,\theta)\frac{\partial\phi}{\partial\theta_j}(x,\theta) \tag{9.12}$$

とする．$b_j^l\in S_\rho^{m+1-\rho}(U\times\boldsymbol{R}^N)$ として良い．$\{W_l\}_{l=1}^{\infty}$ に従属する1の分解を $\{\varphi_l(x,\theta)\}_{l=1}^{\infty}$ とする．$\varphi_l(x,\theta)$ は θ につき0次同次式とする．(9.12)の両辺に $\varphi_l(x,\theta)$ を乗じ，l に関して加えて，

$$a(x,\theta)=\sum_{j=1}^{N} a_j(x,\theta)\frac{\partial\phi}{\partial\theta_j}(x,\theta) \tag{9.13}$$

を得る．ただし，

$$a_j(x,\theta)=\sum_{l=1}^{\infty}\varphi_l(x,\theta)b_j^l(x,\theta) \tag{9.14}$$

とする．$b_j^l(x,\theta)$ は $|\theta|\leqq 1$ で0であるから

$$a_j\in S_\rho^{m+1-\rho}(U\times\boldsymbol{R}^N). \tag{9.15}$$

すなわち(9.10)が大域的に成立する．

$\{w_k\}_{k=1}^{\infty}$ を1の近似列とすると，

$$A(\nu)|dx|^{1/2}=\lim_{k\to\infty}\int_{\boldsymbol{R}^N}\sum_{j=1}^{N}a_j(x,\theta)w_k(\theta)\frac{\partial\phi}{\partial\theta_j}(x,\theta)e^{i\nu\phi(x,\theta)}d\theta|dx|^{1/2} \tag{9.16}$$

である．部分積分により

$$A(\nu)|dx|^{1/2}=(i\nu)^{-1}\lim_{k\to\infty}\int_{\boldsymbol{R}^N}\sum_{j=1}^{N}\frac{\partial}{\partial\theta_j}(a_j(x,\theta)w_k(\theta))e^{i\nu\phi(x,\theta)}d\theta|dx|^{1/2} \tag{9.17}$$

である．$k\to\infty$ のとき，$a_j(x,\theta)w_k(\theta)$ は $S_\rho^{m+1-\rho}(U\times\boldsymbol{R}^N)$ で有界で，しかも，$S_\rho^m(U\times\boldsymbol{R}^N)$ 内で a_j に収束する．したがって，$\partial(a_j(x,\theta)w_k(\theta))/\partial\theta_j$ は $k\to\infty$ のとき，$S_\rho^{m-\rho}(U\times\boldsymbol{R}^N)$ において，$\partial a_j(x,\theta)/\partial\theta_j$ に収束する．したがって定理9.1は証明された．∎

§9.2 錐的 Lagrange 多様体

$U\subset\boldsymbol{R}^N$ が開集合で，$\Gamma\subset U\times\boldsymbol{R}^N$ を錐的開集合とする．ϕ を Γ で定義された非退化正則位相関数とする．次のような写像を考える．

$$
(9.18)\qquad
\begin{array}{ccc}
\Gamma \ni (x,\theta) & \longrightarrow & (x,\theta,d_x\phi,d_\theta\phi) \in T^*(U\times \boldsymbol{R}^N) \\
\downarrow \iota & \overset{\Phi}{\times} & \downarrow \\
T^*U \ni (x,d_x\phi) & & (\theta,d_\theta\phi) \in T^*\boldsymbol{R}^N
\end{array}
$$

$T^*\boldsymbol{R}^N$ の0切断を M とおく．ϕ が非退化正則位相関数ということは，上の写像 Φ が M と横断的であるということである[1]．ただし，$C_\phi=\Phi^{-1}M$ である．

命題 9.2　Γ で ϕ が正則で非退化位相関数ならば，

(1)　C_ϕ は n 次元部分多様体．

(2)　$$\iota\colon C_\phi \longrightarrow \iota(C_\phi)=\Lambda_\phi\subset T^*U$$

は Lagrange はめ込みである．

(3)　T^*U 上の正準1次微分形式 θ について，

$$(9.19)\qquad \iota^*\theta|_{C_\phi}=d\phi|_{C_\phi}=0$$

である．

証明　(1)　Φ は M と横断的であるから $\Phi^{-1}M$ は Γ の C^∞ 部分多様体で，余次元は N．したがって C_ϕ は n 次元部分多様体である．

(2)　T^*U の座標を (x,ξ) としよう．ι がはめ込みであることを示すには，微分写像 ι_* が $1:1$ であることを示せば良い．$(x,\theta)\in C_\phi$ とする．$v\in T_{(x,\theta)}C_\phi$ は，$d\partial\phi/\partial\theta_j=0$ $(j=1,2,\cdots,N)$ をみたす．さらに $\iota_*v=0$，すなわち ι_*v が，$dx_1,\cdots,dx_n,d\xi_1,\cdots,d\xi_n$ をも0とすれば，$v=0$ であることを示せば良い．v は $\iota^*dx_1=dx_1$，$\cdots$，$\iota^*dx_n=dx_n$，$\iota^*d\xi_1=d\partial\phi/\partial x_1$，$\cdots$，$\iota^*d\xi_n=d\partial\phi/\partial x_n$ を0とする．したがって，v を $T_{(x,\theta)}(\Gamma)$ の元と考えると，$dx_1=\cdots=dx_n=0$，$d\partial\phi/\partial x_1=\cdots=d\partial\phi/\partial x_n=0$，$d\partial\phi/\partial\theta_1=\cdots=d\partial\phi/\partial\theta_N=0$ を満足する．v を $T_{(x,\theta)}(\Gamma)$ の元とみて，$v=\sum\delta x_j\partial/\partial x_j+\sum\delta\theta_j\partial/\partial\theta_j$ とかくと，$\delta x_j=0$ で $\delta\theta$ は

$$(9.20)\qquad \frac{\partial^2\phi}{\partial x\partial\theta}\delta\theta=0,\qquad \frac{\partial^2\phi}{\partial\theta\partial\theta}\delta\theta=0$$

をみたす．(9.20) と (9.9) から，$\delta\theta=0$．よって $v=0$，すなわち ι ははめ込み．ι が Lagrange はめ込みのことは (3) から出る．

(3)　$\iota^*\theta=\iota^*\left(\sum_{j=1}^n\xi_jdx_j\right)=\sum_j(\partial\phi/\partial x_j)dx_j=d\phi-\sum_{j=1}^n(\partial\phi/\partial\theta_j)d\theta_j$．一方 C_ϕ 上 $\partial\phi/\partial\theta_j=0$ 故，$\iota^*\theta=d\phi|_{C_\phi}$．また ϕ は θ の同次1次式であるから $(x,\theta)\in C_\phi$ のとき

1)　本講座，志賀浩二"多様体論 III"第7章 §7.1 参照．

$$\phi(x,\theta) = \sum_j \theta_j \frac{\partial\phi}{\partial\theta_j}(x,\theta) = 0.$$

よって $\iota^*\theta = d\phi|_{C_\phi} = d(\phi|_{C_\phi}) = 0$. ▮

定義 9.2 上の命題 9.2 の (2) で Λ_ϕ を，非退化位相関数 ϕ の定める錐的 Lagrange (部分) 多様体という．$\iota: C_\phi \to \Lambda_\phi$ は，$\boldsymbol{R}^+$ の作用と可換すなわち斉次の写像である．——

つぎに C_ϕ 上の体積要素 $d\eta_\phi$ を定めよう．

定義 9.3 C_ϕ 上の n 次微分形式 $d\eta_\phi$ を

$$d\eta_\phi \wedge d\frac{\partial\phi}{\partial\theta_1} \wedge \cdots \wedge d\frac{\partial\phi}{\partial\theta_N} = dx_1 \wedge \cdots \wedge dx_n \wedge d\theta_1 \wedge \cdots \wedge d\theta_N \tag{9.21}$$

をみたすものとする．$d\eta_\phi$ は $d\partial\phi/\partial\theta_1, \cdots, d\partial\phi/\partial\theta_N$ を法として定まるから，C_ϕ 上では一意的に定まる．——

$d\eta_\phi$ を定める (9.21) の右辺は Γ の体積要素を与える $n+N$ 次形式である．また $d\eta_\phi \neq 0$ であることに注意．これから C_ϕ は $d\eta_\phi$ の向きで，向きづけられる．$|d\eta_\phi|$ は $\Omega^1(C_\phi)$ の切断として，C_ϕ の体積要素を与える．$\Omega^{1/2}(C_\phi)$ の切断として，$|d\eta_\phi|^{1/2}$ がとれる．

$\boldsymbol{R}^+$ は Γ に働いている．$\boldsymbol{R}^+ \ni t$ のとき $m_t: \Gamma \ni (x,\theta) \to (x, t\theta) \in \Gamma$ である．これはまた $m_t: C_\phi \to C_\phi$ でもある．m_t によって $d\eta_\phi$ をひき戻すと，

$$m_t{}^* d\eta_\phi = t^N d\eta_\phi \tag{9.22}$$

である．それは，(9.21) の両辺に $m_t{}^*$ を施してみれば良い．よって，後に用いる公式

$$m_t{}^*|d\eta_\phi|^{1/2} = t^{N/2}|d\eta_\phi|^{1/2} \tag{9.23}$$

を得る．

つぎに，以下ではめ込み，$\iota: C_\phi \to \Lambda_\phi \subset T^*U$ が固有写像として，Λ_ϕ の座標表示をすることにする．任意の $(x,\theta) \in C_\phi$ に対して，$\lambda = T_{\iota(x,\theta)}\Lambda_\phi \subset T_{\iota(x,\theta)}(T^*U)$ は，Lagrange 部分空間である．U に座標 $x=(x_1, \cdots, x_n)$ をとると，$T_{\iota(x,\theta)}T^*U$ は，$\partial/\partial x_1, \cdots, \partial/\partial x_n, \partial/\partial\xi_1, \cdots, \partial/\partial\xi_n$ をシンプレクティック基底とする，シンプレクティックベクトル空間である．$\partial/\partial\xi_1, \cdots, \partial/\partial\xi_n$ の張る Lagrange 部分空間を，$\boldsymbol{C}^n$ の実空間 λ_{Re} に，$\partial/\partial x_1, \cdots, \partial/\partial x_n$ の張る Lagrange 部分空間を虚の空間 λ_{Im} と同一視して，$T_{\iota(x,\theta)}(T^*U)$ は $\boldsymbol{C}^n$ と同一視される．λ_{Re} は，$\iota(x,\theta) \in T^*U$ で

のファイバーに接する接ベクトル空間である．上のような同一視によって，TT^*U の Λ_ϕ 上にある部分を $T_{\Lambda_\phi}T^*U$ と書くと

$$T_{\Lambda_\phi}(T^*U) \cong \Lambda_\phi \times \boldsymbol{C}^n \tag{9.24}$$

と同一視が出来る．$K\subset\{1,2,\cdots,n\}$ とするとき，$T_{\iota(x,\theta)}T^*U$ において，$\partial/\partial x_K$, $\partial/\partial\xi_{K^c}$ によって張られる部分空間は，$\boldsymbol{C}^n$ の λ_K と同一視される．

$T_{(x,\xi)}\Lambda_\phi\subset T_{(x,\xi)}T^*U$ は，(9.24) によって，$\boldsymbol{C}^n$ の Lagrange 部分空間 $\lambda(x,\xi)\in\Lambda(n)$ と同一視される．すなわち，

$$\mu:\ \Lambda_\phi \longrightarrow \Lambda(n) \tag{9.25}$$

という写像が出来る．λ_K と横断的に交わる $\Lambda(n)$ の元の全体を $\Lambda^0(n;\lambda_K)$ と書いた．$\lambda\in\Lambda^0(n;\lambda_K)$ のとき，λ は n 次元平面で，その上で $\delta x_{K^c}, \delta\xi_K$ は独立変数である．したがって，$\mu^{-1}\Lambda^0(n;\lambda_K)\subset\Lambda_\phi$ で，Λ_ϕ の座標関数として (x_{K^c},ξ_K) が採用出来る．$\Lambda(n)$ の開被覆

$$\Lambda(n)=\bigcup_{K\subset\{1,2,\cdots,n\}}\Lambda^0(n;\lambda_K) \tag{9.26}$$

があったから，Λ_ϕ の開被覆

$$\Lambda_\phi=\bigcup_{K\subset\{1,2,\cdots,n\}}\mu^{-1}\Lambda^0(n;\lambda_K) \tag{9.27}$$

が，Λ_ϕ の局所座標近傍系を作る．さらに，C_ϕ には，

$$C_\phi=\bigcup_K(\mu\circ\iota)^{-1}\Lambda^0(n;\lambda_K) \tag{9.28}$$

が座標近傍系となり，$\iota^{-1}\Lambda^0(n;\lambda_K)$, $(\mu\circ\iota)^{-1}\Lambda^0(n;\lambda_K)$ では，(x_{K^c},ξ_K) が局所座標関数である．

この座標関数を用いて，さきの C_ϕ 上の $\Omega^{1/2}(C_\phi)$ の切断を書き出してみる．まず $dx_{K^c}, d\xi_K$ は $T_{(x,\theta)}{}^*C_\phi$ で1次独立．よって，$T_{(x,\theta)}{}^*\Gamma$ 内では，$dx_{K^c}, d\xi_K$ と $d\partial\phi/\partial\theta$ が，1次独立，すなわち，

$$D_K=\begin{bmatrix}\dfrac{\partial^2\phi}{\partial x_K\partial x_K} & \dfrac{\partial^2\phi}{\partial x_K\partial\theta}\\[2ex] \dfrac{\partial^2\phi}{\partial\theta\partial x_K} & \dfrac{\partial^2\phi}{\partial\theta\partial\theta}\end{bmatrix} \tag{9.29}$$

とおくと

$$\det D_K \neq 0. \tag{9.30}$$

以上をまとめて次の命題を得る．

命題 9.3　C_ϕ 上の座標近傍 $(\mu\circ\iota)^{-1}\Lambda^0(n;\lambda_K)$ では，(x_{K^c},ξ_K) が座標関数で，そこでは (9.30) が成立する．そして，定義 9.3 で定義された体積要素は，

$$d\eta_\phi=\varepsilon(K,K^c)|\det D_K(x,\theta)|^{-1}d\xi_K\wedge dx_{K^c} \tag{9.31}$$

であり，$\Omega^{1/2}(C_\phi)$ の切断は，

$$|d\eta_\phi|^{1/2}=|\det D_K(x,\theta)|^{-1/2}|d\xi_K\wedge dx_{K^c}|^{1/2} \tag{9.32}$$

である．ここで $\varepsilon(K,K^c)$ は順列 (K,K^c) の符号である．

証明

$$d\xi_K\wedge d\frac{\partial\phi}{\partial\theta_1}\wedge\cdots\wedge d\frac{\partial\phi}{\partial\theta_N}=d\frac{\partial\phi}{\partial x_K}\wedge d\frac{\partial\phi}{\partial\theta_1}\wedge\cdots\wedge d\frac{\partial\phi}{\partial\theta_N} \tag{9.33}$$
$$=\det D_K dx_K\wedge d\theta_1\wedge\cdots\wedge d\theta_N.$$

したがって，(9.21) と比べて (9.31) を得る．(9.32) は明らか．∎

注意　念のため $\boldsymbol{R}^+$ の作用をみておこう．

$$m_t^*(dx_{K^c}\wedge d\xi_K)=t^{|K|}dx_{K^c}\wedge d\xi_K, \tag{9.34}$$

$$m_t^*(\det D_K)=t^{|K|-N}\det D_K \tag{9.35}$$

である．

C_ϕ の中の 1 点を基点として選ぶ，C_ϕ 上 (x^1,θ^1) の錐近傍 V を十分小さくとって，V は単連結で，$\iota(V)$ と V が微分同相となるようにする．V 上では (x_{K^c},ξ_K) が座標関数であるとして良い．いま，第 I 分冊 §5.2 の記号で

$$dv_K=\varepsilon(K,K^c)d\xi_K\wedge dx_{K^c} \tag{9.36}$$

とおくと，上の (9.31) から，

$$d\eta_\phi=(\det D_K)^{-1}dv_K \tag{9.37}$$

である．基点から (x^1,θ^1) へ至る一つの曲線 γ_1 を固定する．V 内の任意の点 (x,θ) へは，(x^1,θ^1) から，V 内で結ぶ曲線 γ' がとれる．γ_1 と γ' をつないだ曲線 $\gamma=\gamma'\circ\gamma_1$ のホモトピー類 $\hat{\gamma}$ で，V の上にある枝の一つが C_ϕ の普遍被覆空間 $\hat{C}_\phi$ で定義される．これは V と同相である．曲線 γ のホモトピー類を $\mu\circ\iota$ によって，$\Lambda(n)$ の中のホモトピー類 $(\mu\circ\iota)_*(\hat{\gamma})$ に写像する．これは $\Lambda(n)$ の普遍被覆空間の点を定める．これによって，第 I 分冊 §5.2，(5.28) 式によって，(9.37) から

$$\left(\frac{d\eta_\phi}{dv_K}\right)^{1/2}=|\det D_K|^{-1/2}\exp\left\{-\frac{\pi}{2}in_{\hat{\gamma}_K}((\mu\circ\iota)_*\hat{\gamma})\right\} \tag{9.38}$$

である．つぎに Maslov の振動関数を V で作る．V 上で，$\iota(V)\subset\Lambda_\phi$ の母関数を作る．それには，命題 9.2 の (3) が役に立つ．母関数 $S=S_K(x_{K^c},\xi_K)$ は，第 I

分冊32ページの議論で，

(9.39) $$dS = dS_K = \theta_K = \theta - d(x_K \cdot \xi_K)$$

であるから，命題9.2の(3)によって，

(9.40) $$S_K(x_{K^c}, \xi_K) = -x_K \cdot \xi_K$$

である．ここで x_K は座標関数 (x_{K^c}, ξ_K) の従属関数 $x_K(x_{K^c}, \xi_K)$ とみなされている．したがって，V 上の Maslov の振動関数は，この座標では，

(9.41) $$U_K(x_{K^c}, \xi_K) = \left(\frac{d\eta_\phi}{dv_K}\right)^{1/2} \exp(-i\nu x_K \cdot \xi_K)\left(\sum_{k=0}^{\infty}(i\nu)^{-k} p_k{}^K(x_{K^c}, \xi_K)\right)$$

である．この第1項は，(9.38)を代入して，

(9.42)
$$U_K(x_{K^c}, \xi_K) \sim |\det D_K|^{-1/2} \exp\left\{-\frac{\pi}{2} i n_{\hat{\gamma}_K}((\mu\circ\iota)_*\hat{\gamma})\right\} \exp\{-i\nu x_K(x_{K^c}, \xi_K)\cdot\xi_K\}$$
$$\times\{p_0{}^K(x_{K^c}, \xi_K) + O(\nu^{-1})\}$$

である．γ の終点 (x, θ) が V に入っている限りでは，$\mu\circ\iota(x, \theta)$ はつねに λ_K と横断的な Lagrange 部分空間である．よって，$n_{\hat{\gamma}_K}((\mu\circ\iota)_*\hat{\gamma})$ は一定値をとる．したがって，この第1項を $U_K{}^0(x_{K^c}, \xi_K)$ と書くと，

(9.43)
$$U_K{}^0(x_{K^c}, \xi_K)|dv_K|^{1/2}$$
$$= \exp\left\{-\frac{\pi}{2} i n_{\hat{\gamma}_K}((\mu\circ\iota)_*\hat{\gamma})\right\} \exp\{-i\nu x_K(x_{K^c}, \xi_K)\cdot\xi_K\}$$
$$\times p_0{}^K(x_{K^c}, \xi_K)|d\eta_\phi|^{1/2}$$

である．これは，$C^\infty(V, \Omega^{1/2})$ の元をあらわす．

§9.3　微局所標準表示

U は $\boldsymbol{R}^n$ の開集合で，ϕ は $U\times\boldsymbol{R}^N$ 上で定義された非退化正則位相関数とする．$a\in S_\rho{}^m(U\times\boldsymbol{R}^N)$ に対して，

(9.44) $$A(\nu)|dx|^{1/2} = \int_{\boldsymbol{R}^N} a(x, \theta) e^{i\nu\phi(x,\theta)}|dx|^{1/2} d\theta$$

が定義されている．U の中での $C_0{}^\infty(U)$ の1の分解 $\{\varphi_j(x)\}_{j=1}^\infty$ によって，

(9.45) $$A(\nu)|dx|^{1/2} = \sum_{j=1}^{\infty} A_j(\nu)|dx|^{1/2}.$$

ここで

$$A_j(\nu)|dx|^{1/2}=\int_{\boldsymbol{R}^N}a_j(x,\theta)e^{i\nu\phi(x,\theta)}|dx|^{1/2}d\theta, \tag{9.46}$$

$$a_j(x,\theta)=\varphi_j(x)a(x,\theta) \tag{9.47}$$

となる．よって，今後は，この一つを考察することにすれば，はじめから $a(x,\theta)$ は，x が U のコンパクト集合の外では 0 であるとして良い．

点 $(x^0,\theta^0)\in C_\phi$ の C_ϕ における錐近傍 W を十分小さくとると，ある部分集合 $K\subset\{1,2,\cdots,n\}$ があって，W では，(x_{K^c},ξ_K) が，C_ϕ の座標関数になる．つぎに (x^0,θ^0) の $U\times\boldsymbol{R}^N$ での錐近傍 $\widetilde{W}$ をとって，$\widetilde{W}\cap C_\phi=W$ となるようにする．このような操作を点 (x^0,θ^0) をいろいろにかえて行う．このときそれにつれて，$\{1,2,\cdots,n\}$ の部分集合 K もいろいろに変る．a の錐台が x 空間に射影すると U のコンパクト集合であるから，このような $\widetilde{W}$ の有限個 $\widetilde{W}_1,\widetilde{W}_2,\cdots,\widetilde{W}_k$ をとると cone supp $a\cap C_\phi$ のある近傍を覆うように出来る．$\{\widetilde{W}_j\}_{j=1}^k$ に従属する，C^∞ の 1 の分解を $\{\varphi_j(x,\theta)\}_{j=1}^k$ とする．cone supp $a\cap C_\phi$ のある近傍で，

$$\sum_{j=1}^k\varphi_j(x,\theta)\equiv 1 \tag{9.48}$$

であるから，$A(\nu)|dx|^{1/2}$ を分解して，

$$A(\nu)|dx|^{1/2}=\sum_{j=1}^k A_j(\nu)|dx|^{1/2}+B(\nu)|dx|^{1/2} \tag{9.49}$$

とする．ここで

$$A_j(\nu)|dx|^{1/2}=\int a_j(x,\theta)e^{i\nu\phi(x,\theta)}|dx|^{1/2}d\theta, \tag{9.50}$$

$$a_j(x,\theta)=a(x,\theta)\varphi_j(x,\theta), \tag{9.51}$$

$$B(\nu)|dx|^{1/2}=\int b(x,\theta)e^{i\nu\phi(x,\theta)}|dx|^{1/2}d\theta, \tag{9.52}$$

$$b(x,\theta)=a(x,\theta)\left(1-\sum_{j=1}^k\varphi_j(x,\theta)\right) \tag{9.53}$$

とする．(9.48) によって，cone supp $b\cap C_\phi=\phi$ である．定理 9.1 によって，任意の正整数 l に対し $b_l(x,\theta)\in S_\rho^{m+l(1-2\rho)}(U\times\boldsymbol{R}^N)$ があって

$$B(\nu)|dx|^{1/2}=(i\nu)^{-l}\int b_l(x,\theta)e^{i\nu\phi(x,\theta)}|dx|^{1/2}d\theta. \tag{9.54}$$

したがって，任意の $l=0,1,2,\cdots$ に対して，$\nu^lB(\nu)|dx|^{1/2}$ は $\nu\to\infty$ のとき $C^\infty(U,$

$\Omega^{1/2}$) で有界である．とくに $A(\nu)|dx|^{1/2}$ の特異性は $A_j(\nu)|dx|^{1/2}$ から生ずる．

$A_j(\nu)|dx|^{1/2}$ を調べる．cone supp $a_j \cap C_\phi$ では，(x_{K^c}, ξ_K) が座標関数である．このとき $A_j(\nu)|dx|^{1/2}$ に，部分 Fourier 変換 F_K を施してみる．すると，

(9.55)
$$F_K(A_j(\nu)|dx|^{1/2}) = F_K(A_j(\nu))|dx_{K^c}|^{1/2}|d\xi_K|^{1/2}$$

であり，1 の近似列 $\{\omega_l(\theta)\}_{l=1}^{\infty}$ を用いると

(9.56)
$$\begin{aligned}&F_K(A_j(\nu)|dx|^{1/2})\\&=\left(\frac{\nu}{2\pi}\right)^{|K|/2} e^{-(\pi/4)|K|i}\lim_{l\to\infty}\int\int_{\boldsymbol{R}^{|K|}\times\boldsymbol{R}^N} a_{jl}(x,\theta)e^{i\nu(\phi(x,\theta)-x_K\cdot\xi_K)}dx_K d\theta\\&\quad\times|dx_{K^c}|^{1/2}|d\xi_K|^{1/2}\end{aligned}$$

である．ここで，

(9.57)
$$a_{jl}(x,\theta) = a_j(x,\theta)\omega_l(\theta) \qquad (l=1,2,\cdots)$$

である．鞍部点法を用いる．(9.56) の位相関数 $\phi(x,\theta)-x_K\cdot\xi_K$ の停留点は，

(9.58)
$$\frac{\partial\phi}{\partial x_K}(x,\theta)-\xi_K = 0,$$

(9.59)
$$\frac{\partial\phi}{\partial\theta}(x,\theta) = 0$$

を満足する．この任意の解 (x,θ) は (9.59) によって，C_ϕ の点である．ところで，$C_\phi\cap$ cone supp a_j の錐近傍 $\widetilde{W}_j$ においては，$\widetilde{W}_j\cap C_\phi$ では $(x_{K^c}, \partial\phi(x,\theta)/\partial x_K)$ が座標関数であったから，(9.58), (9.59) の解 (x,θ) で $\widetilde{W}_j$ に入るものはただ一つ存在して，それを，

(9.60)
$$x_K = \bar{x}_K = \bar{x}_K(x_{K^c},\xi_K),$$

(9.61)
$$\theta = \bar{\theta} = \bar{\theta}(x_{K^c},\xi_K)$$

と書くことにする．$\bar{\theta}=\bar{\theta}(x_{K^c},\xi_K)$ は，ξ_K の 1 次の同次式である．$\bar{x}_K$ は，ξ_K の 0 次同次関数である．$\bar{x}_K(x_{K^c},\xi_K), \bar{\theta}(x_{K^c},\xi_K)$ が，(x_{K^c},ξ_K) の C^∞ 関数のことも分る．というのは，$(x_K,\theta)\to(\partial\phi/\partial x_K, \partial\phi/\partial\theta)$ の Jacobi 行列は，$(x,\theta)\in C_\phi$ で，(9.29) の D_K に等しく，したがって (9.30) が成立するからである．この位相関数の停留点 $(x_K,\theta)=(\bar{x}_K,\bar{\theta})$ における Hesse の行列は，(9.29) の D_K に等しい．変数変換 $\mu=|\xi_K|\nu$，$\eta_K=|\xi_K|^{-1}\xi_K$，$\sigma=|\xi_K|^{-1}\theta$ とする．(9.56) の積分は，

(9.62)
$$I_{jl} = |\xi_K|^N\int\int_{\boldsymbol{R}^{|K|}\times\boldsymbol{R}^N} a_{jl}(x,|\xi_K|\sigma)e^{i\mu(\phi(x,\sigma)-x_K\cdot\eta_K)}dx_K d\sigma$$

となる．$\varepsilon>0$ を十分小さくとり，$V=\{(x_K,\sigma)\,|\,|x_K-\tilde{x}_K|^2+|\sigma-\tilde{\sigma}|^2<\varepsilon\}$ とする．ただし，$\tilde{x}_K=\bar{x}_K(x_{K^c},\eta_K)$，$\tilde{\sigma}=\bar{\theta}(x_{K^c},\eta_K)$ とおく．$\varepsilon>0$ を十分小さくとると，V の中では，Morse の補助定理 3.1 が成立する．すなわち，V で新しい変数 z に変換すると，

$$\phi(x,\sigma)-x_K\cdot\eta_K=-\tilde{x}_K\cdot\eta_K+\frac{1}{2}Q_K(z,z) \tag{9.63}$$

となる．ここで $Q_K(z,z)$ とは，z の 2 次形式で，その係数行列は，(9.29) の行列 D_K で $x_K=\tilde{x}_K$，$\sigma=\tilde{\sigma}$ とおいたものである．そして，変換 $(x_K,\sigma)\leftrightarrow z$ の Jacobi 行列については，

$$\det\frac{\partial(x_K,\sigma)}{\partial z}\bigg|_{z=0}=1 \tag{9.64}$$

である．$\chi\in C_0^\infty(V)$ を $0\leqq\chi(x_K,\sigma)\leqq 1$ で，$\{(x_K,\sigma)\,|\,|x_K-\tilde{x}_K|^2+|\sigma-\tilde{\sigma}|^2\leqq 2^{-1}\varepsilon\}$ のとき $\chi\equiv 1$ となるようにとっておく．(9.62) を分割すると，

$$I_{jl}=I^{(1)}+I^{(2)}, \tag{9.65}$$

$$\begin{aligned}I^{(1)}=&\,|\xi_K|^N e^{-i\mu\tilde{x}_K\cdot\eta_K}\\&\times\iint_{\boldsymbol{R}^{|K|}\times\boldsymbol{R}^N}a_{jl}(x_{K^c},x_K(z),|\xi_K|\sigma(z))\chi(x_K(z),\sigma(z))\\&\times\det\left(\frac{\partial(x_K,\sigma)}{\partial z}\right)e^{i(\mu/2)Q_K(z,z)}dz,\end{aligned} \tag{9.66}$$

$$\begin{aligned}I^{(2)}=&\,|\xi_K|^N\\&\times\int_{\boldsymbol{R}^{|K|}\times\boldsymbol{R}^N}a_{jl}(x,|\xi_K|\sigma)(1-\chi(x_K,\sigma))e^{i\mu(\phi(x,\sigma)-x_K\cdot\eta_K)}dx_Kd\sigma\end{aligned} \tag{9.67}$$

である．まず，$I^{(1)}$ を扱おう．

$$\begin{aligned}&b_{jl}(x_{K^c},|\xi_K|,z)\\&\quad=a_{jl}(x_{K^c},x_K(z),|\xi_K|\sigma(z))\chi(x_K(z),\sigma(z))\det\frac{\partial(x_K,\sigma)}{\partial z}\end{aligned} \tag{9.68}$$

とおく．χ の台の上では，$|\sigma-\tilde{\sigma}|<\varepsilon$ で，ε は，$|\tilde{\sigma}|$ に比べて十分小さいから

$$2^{-1}<|\sigma|^{-1}|\tilde{\sigma}|<2 \tag{9.69}$$

になる．$I^{(1)}$ に，第 I 分冊 66 ページの (3.14), (3.15) を適用すると，

$$I^{(1)}=\left(\frac{\mu}{2\pi}\right)^{-(N+|K|)/2}|\xi_K|^N e^{-i\mu\tilde{x}_K\cdot\eta_K}|\det D_K|^{-1/2}e^{(\pi/4)i\,\mathrm{sgn}\,D_K} \tag{9.70}$$

$$\times\left\{\sum_{|r|<M}\frac{\mu^{-r}}{r!}\left(\frac{1}{2i}Q_K^{-1}(D_z,D_z)\right)^r b_{jl}\Big|_{z=0}+R_M\right\},$$

(9.71) $$|R_M|\leqq C_M\mu^{-M+(N+|K|)/2}|\det D_K|^{-M}$$
$$\times\left\{\sum_{|\alpha|\leqq 2(M+N+|K|)}\int\left|\left(\frac{\partial}{\partial z}\right)^\alpha b_{jl}\right|dz\right\}$$

である．ここで $Q_K^{-1}(\zeta,\zeta)$ は D_K^{-1} を係数行列とする，ζ の2次形式であり，$D_z=(1/i)(\partial/\partial z)$ である．この R_M の評価をする．$(\partial/\partial z)^\alpha$ は，(x_K,σ) による微分にあらためることによって，

(9.72) $$\left|\left(\frac{\partial}{\partial z}\right)^\alpha b_{jl}\right|\leqq\sum_{|\beta|+|\gamma|\leqq|\alpha|}C_{\beta\gamma}\left(\frac{\partial}{\partial x_K}\right)^\beta\left(\frac{\partial}{\partial\sigma}\right)^\gamma|a_{jl}(x_{K^c},x_K,|\xi_K|\sigma)|$$
$$\leqq\sum_{|\beta|+|\gamma|\leqq|\alpha|}C_{\beta\gamma}(1+|\xi_K||\sigma|)^{m+\delta|\beta|-\rho|\gamma|}|\xi_K|^{|\gamma|}.$$

したがって

(9.73)
$$\int\left|\left(\frac{\partial}{\partial z}\right)^\alpha b_{jl}\right|dz\leqq\int_{2^{-1}\tilde\sigma\leqq\sigma\leqq2\tilde\sigma}\sum_{|\beta|+|\gamma|\leqq|\alpha|}C_{\beta\gamma}(1+|\xi_K||\sigma|)^{m+\delta|\beta|-\rho|\gamma|}|\xi_K|^{|\gamma|}d\sigma$$
$$\leqq C\sum_{|\beta|+|\gamma|\leqq|\alpha|}(1+|\xi_K|)^{m+\delta(|\beta|+|\gamma|)}$$
$$\leqq C(1+|\xi_K|)^{m+\delta|\alpha|}.$$

よって

(9.74) $$|R_M|\leqq C\mu^{-M+(N+|K|)/2}(1+|\xi_K|)^{m+\delta(2M+N+|K|)}$$
$$\leqq C\nu^{-M+(N+|K|)/2}(1+|\xi_K|)^{m-(1-2\delta)M+((1/2)+\delta)(N+|K|)}$$

である．M を大きくとれば，この $|\xi_K|$ のベキはいくらでも小さくなる．同時に ν のベキも小さくなる．全く同様に，(9.70) の一般項のベキも，r が大となると共に小さくなることが分る．実際，

(9.75) $$|\mu^{-r}[Q_K^{-1}(D_z,D_z)]^r b_{jl}|_{z=0}|$$
$$\leqq\mu^{-r}\sum_{|\alpha|=2r}\left|\left(\frac{\partial}{\partial z}\right)^\alpha b_{jl}\right|_{z=0}\Bigg|$$
$$\leqq C\mu^{-r}\sum_{|\alpha|+|\beta|\leqq 2r}(1+|\xi_K||\tilde\sigma|)^{m+\delta|\beta|-\rho|\alpha|}|\xi_K|^{|\alpha|}$$
$$\leqq C\nu^{-r}|\xi_K|^{m-(1-2\delta)r}$$

である．

つぎに $I^{(2)}$ を扱う．$I^{(2)}$ の被積分関数の台の上で $\partial\phi/\partial\sigma,\partial\phi/\partial x_K-\eta_K$ は全部同

時に0にはならない．したがって，ある $d>0$ があって，η_K, x_{K^c} が動いても，

$$\left|\frac{\partial\phi}{\partial\sigma}\right|^2+(1+|\sigma|^2)^{-1}\left|\frac{\partial\phi}{\partial x_K}-\eta_K\right|^2 \geqq 2d^2 \tag{9.76}$$

である．すなわち，$|\partial\phi/\partial\sigma|>d$ か，あるいは $|\partial\phi/\partial x_K-\eta_K|>d(1+|\sigma|)^2$ の少なくとも一方が成立する．すなわち，$|\partial\phi/\partial\sigma|>d$ の成立する錐的開集合と，$|\partial\phi/\partial x_K-\eta_K|>d(1+|\sigma|^2)^{1/2}$ の成立する錐的開集合とは，$I^{(2)}$ の被積分関数の台の開被覆をなす．これに従属する1の分解を用いて，$a_{jl}(x,|\xi_K|\sigma)$ を分解する．すると，

$$a_{jl}(x,|\xi_K|\sigma)=a_1(x,|\xi_K|\sigma)+a_2(x,|\xi_K|\sigma) \tag{9.77}$$

で，a_1 の台では $|\partial\phi/\partial\sigma|>d$ が成立し，a_2 の台では，$|\partial\phi/\partial x_K-\eta_K|>d(1+|\sigma|^2)^{1/2}$ が成立するものとする．(9.77) の分解に従い，

$$I^{(2)}=J^{(1)}+J^{(2)}, \tag{9.78}$$

$$J^{(1)}=|\xi_K|^N \times\iint_{R^{|K|}\times R^N} a_1(x,|\xi_K|\sigma)(1-\chi(x_K,\sigma))e^{i\mu(\phi(x,\sigma)-x_K\cdot\eta_K)}dx_K d\sigma, \tag{9.79}$$

$$J^{(2)}=|\xi_K|^N \times\iint_{R^{|K|}\times R^N} a_2(x,|\xi_K|\sigma)(1-\chi(x_K,\sigma))e^{i\mu(\phi(x,\sigma)-x_K\cdot\eta_K)}dx_K d\sigma \tag{9.80}$$

である．$J^{(1)}$ を扱う．(σ,η_K) から，(θ,ξ_K) に変数を戻して，

$$\begin{aligned} J^{(1)} &= \iint_{R^{|K|}\times R^N} a_1(x,\theta)\left(1-\chi\left(x,\frac{\theta}{|\xi_K|}\right)\right)e^{i\nu(\phi(x,\theta)-x_K\cdot\xi_K)}dx_K d\theta \\ &= F(\zeta_K,\xi_K)|_{\zeta_K=\xi_K} \end{aligned} \tag{9.81}$$

である．ここで，

$$F(\zeta_K,\xi_K)=\int_{R^{|K|}} e^{-i\nu x_K\cdot\zeta_K}B(x,\nu,\xi_K)dx_K, \tag{9.82}$$

$$B(x,\nu,\xi_K)=\int_{R^N} a_1(x,\theta)\left(1-\chi\left(x,\frac{\theta}{|\xi_K|}\right)\right)e^{i\nu\phi(x,\theta)}d\theta \tag{9.83}$$

である．(9.82) は，パラメータ $|\xi_K|$ が振幅関数に入っている振動積分である．振幅関数は，$|\xi_K|$ が $|\xi_K|\geqq 1$ である限り，S_ρ^m で有界にとどまる．位相関数は，振幅関数の台の上で，特異点をもたない．したがって，定理8.3によれば，$\nu\geqq 1$ で，$|\xi_K|\geqq 1$ のとき，$B(x,\nu,\xi_K)$ は x の関数として，$C_0^\infty(U)$ で有界である．(9.82) は，これの Fourier 変換であるから，$\forall M>0$ を整数として，$\nu\geqq 1$，$|\xi_K|\geqq 1$

によらぬ正定数 C_M があって

(9.84)
$$|F(\zeta_K, \xi_K)| \leqq C_M(1+|\zeta_K|)^{-M}.$$

これから，(9.81) に代入して $\forall M>0$ に対し，

(9.85)
$$|J^{(1)}| \leqq C_M(1+|\xi_K|)^{-M}.$$

最後に $J^{(2)}$ を扱う．a_2 の台では $|\partial\phi/\partial x_K-\eta_K| \geqq d(1+|\sigma|^2)^{1/2}$ であった．1階の偏微分作用素を，

(9.86)
$$L=\sum_{k\in K} a_k \frac{\partial}{\partial x_k},$$

(9.87)
$$a_k=\left(\sum_{k\in K}\left|\frac{\partial\phi}{\partial x_k}-\eta_k\right|^2\right)^{-1}\left(\frac{\partial\phi}{\partial x_k}-\eta_k\right)$$

とおく．$a_k\in S^{-1}$ である．また $(L-i\mu)e^{i\mu(\phi(x,\sigma)-x_K\cdot\eta_K)}=0$ であるから，部分積分で，$r=0,1,2,\cdots$ に対して，

(9.88)
$$J^{(2)}=|\xi_K|^N(i\mu)^{-r}$$
$$\times\iint_{R^{|K|}\times R^N} L^{*r}(a_2(x,|\xi_K|\sigma)(1-\chi(x_K,\sigma)))e^{i\mu(\phi(x,\sigma)-x_K\cdot\eta_K)}dx_K d\sigma$$

が成立する．

$$L^{*r}=\sum_{|\alpha|\leqq r} A_\alpha(x,\sigma)\left(\frac{\partial}{\partial x_K}\right)^\alpha, \qquad A_\alpha\in S^{-r}$$

とかける．よって，

(9.89)
$$\begin{aligned}|L^{*r}(a_2(x,|\xi_K|\sigma)(1-\chi(x_K,\sigma)))| &\leqq C\sum_{|\alpha|\leqq r}(1+|\xi_K||\sigma|)^{m+\delta|\alpha|}(1+|\sigma|)^{-r}\\ &\leqq C\sum_r |\xi_K|^{m+\delta|\alpha|}(1+|\sigma|)^{m+\delta|\alpha|-r}\\ &\leqq C|\xi_K|^{m+\delta r}(1+|\sigma|)^{m+(\delta-1)r}.\end{aligned}$$

よって，r を十分大きくとると

(9.90)
$$\begin{aligned}|J^{(2)}| &\leqq C|\xi_K|^{m+N+(\delta-1)r}\nu^{-r}\int_{R^N}(1+|\sigma|)^{m+(\delta-1)r}d\sigma\\ &\leqq C|\xi_K|^{m+N+(\delta-1)r}\nu^{-r}\end{aligned}$$

が成立し，r は任意に大きくとれるから，ν と $|\xi_K|$ のベキはいくらでも小さくなる．

(9.65)，(9.70)，(9.74)，(9.78)，(9.85)，(9.90) をまとめて，

$$(9.91)\qquad I_{jl}=\left(\frac{\nu}{2\pi}\right)^{-(N+|K|)/2}|\xi_K|^{(N-|K|)/2}|\det D_K|^{-1/2}e^{(\pi/4)i\,\mathrm{sgn}\,D_K}e^{-i\nu\tilde{x}_K\cdot\xi_K}$$
$$\times\left\{\sum_{r\leqq M}\nu^{-r}q_{jl}{}^{(r)}(x_{K^c},\xi_K)+\nu^{-M}\tilde{R}_M\right\}$$

を得る．ここで,

$$(9.92)\qquad q_{jl}{}^{(r)}(x_{K^c},\xi_K)=\frac{1}{r!}|\xi_K|^{-r}\left(\frac{1}{2i}Q_K{}^{-1}(D_z,D_z)\right)^r b_{jl}\Big|_{z=0},$$

$$(9.93)\qquad |\tilde{R}_M|\leqq C_M\nu^{(N+|K|)/2}|\xi_K|^{m-(1-2\delta)M+(1/2+\delta)(N+|K|)}$$

である．M は任意に大きくとれ，C_M は j にはよるが，l にはよらぬ正定数．$q_{jl}{}^{(r)}$ については

$$(9.94)\qquad |q_{jl}{}^{(r)}(x_{K^c},\xi_K)|\leqq C|\xi_K|^{m-(1-2\delta)r}$$

が成立した．これを使って，$\tilde{R}_M$ の評価を改良しよう．M' を大きくとって $-(1-2\delta)(M'-M)+(1/2+\delta)(N+|K|)<0$，さらに $-M'+M+(N+|K|)/2<0$ も満足するようにとる．すると

$$\tilde{R}_M=\sum_{r=M}^{M'}\nu^{-r}q_{jl}{}^{(r)}(x_{K^c},\xi_K)+\tilde{R}_{M'}$$

であるから，(9.93) を M' に適用し，(9.94) を用いると

$$(9.95)\qquad |\tilde{R}_M|\leqq C_M|\xi_K|^{m-(1-2\delta)M}$$

が得られ，(9.93) は改良されたことになる．

つぎに，$q_{jl}{}^{(r)}(x_{K^c},\xi_K)$ が $S_\rho^{m-r(1-2\delta)}(\boldsymbol{R}^{|K^c|}\times\boldsymbol{R}^{|K|})$ に属し，l を動かしてもここで有界集合を成すことを見よう．

$$(9.96)\qquad \{Q_K{}^{-1}(D_z,D_z)\}^r=\sum_{|\alpha|=2r}A_{K,\alpha}(x_{K^c},\eta_K)\left(\frac{\partial}{\partial z}\right)^\alpha$$

であって，任意の α,β に対し,

$$(9.97)\qquad \left|\left(\frac{\partial}{\partial x_{K^c}}\right)^\alpha\left(\frac{\partial}{\partial\eta}\right)^\beta A_{K,\alpha}(x_{K^c},\eta_K)\right|\leqq C(1+|\xi_K|)^{-|\beta|}$$

である．変数を z から，(x_K,σ) に戻すと

$$(9.98)\qquad \left(\frac{\partial}{\partial z}\right)^\alpha=\sum_{|\beta|+|\gamma|\leqq|\alpha|}B_{\beta\gamma}{}^\alpha(x,\sigma,\eta_K)\left(\frac{\partial}{\partial x_K}\right)^\beta\left(\frac{\partial}{\partial\sigma}\right)^\gamma$$

であり，任意の α',β' に対して,

$$(9.99)\qquad \left|\left(\frac{\partial}{\partial x_{K^c}}\right)^{\alpha'}\left(\frac{\partial}{\partial\xi_K}\right)^{\beta'}B_{\beta\gamma}{}^\alpha(x_{K^c},\tilde{x}_K,\tilde{\sigma},\eta_K)\right|\leqq C(1+|\xi_K|)^{-|\beta'|}$$

が成立する．まとめて，

$$(9.100)\qquad \{Q_K^{-1}(D_z, D_z)\}^r b\Big|_{\substack{x=\tilde{x}_K\\ \sigma=\tilde{\sigma}}} = \sum_{|\alpha+\beta|\leqq 2r} C_{\alpha\beta}(x_{K^c}, \eta_K)\left(\frac{\partial}{\partial x_K}\right)^{\alpha}\left(\frac{\partial}{\partial\sigma}\right)^{\beta} b\Big|_{\substack{x_K=\tilde{x}_K\\ \sigma=\tilde{\sigma}}}.$$

ここで

$$(9.101)\qquad C_{\alpha\beta}(x_{K^c}, \eta_K) = \sum_{\gamma=2r} A_{K,\gamma}(x_{K^c}, \eta_K) B_{\alpha\beta}{}^{\gamma}(x_{K^c}, \tilde{x}_K, \tilde{\sigma}, \eta_K)$$

である．よって，

$$(9.102)\qquad \left|\left(\frac{\partial}{\partial x_{K^c}}\right)^{\alpha'}\left(\frac{\partial}{\partial \xi_K}\right)^{\beta'} C_{\alpha\beta}(x_{K^c}, \eta_K)\right| \leqq C(1+|\xi_K|)^{-|\beta'|}$$

である．したがって，

$$(9.103)\qquad \left(\frac{\partial}{\partial x_{K^c}}\right)^{\alpha'}\left(\frac{\partial}{\partial \xi_K}\right)^{\beta'} [Q_K^{-1}(D_z, D_z)]^r b_{jl}\Big|_{z=0}$$
$$= \sum_{|\alpha+\beta|\leqq 2r}\ \sum_{\substack{|\alpha''|\leqq|\alpha'|\\ |\beta''|\leqq|\beta'|}} \left(\frac{\partial}{\partial x_{K^c}}\right)^{\alpha''}\left(\frac{\partial}{\partial \xi_K}\right)^{\beta''} C_{\alpha\beta}(x_{K^c}, \eta_K)$$
$$\times\left(\frac{\partial}{\partial x_{K^c}}\right)^{\alpha'-\alpha''}\left(\frac{\partial}{\partial \xi_K}\right)^{\beta'-\beta''}\left[\left(\frac{\partial}{\partial x_K}\right)^{\alpha}\left(\frac{\partial}{\partial\sigma}\right)^{\beta} b_{jl}\Big|_{\substack{x_K=\tilde{x}_K\\ \sigma=\tilde{\sigma}}}\right]$$

である．よって次の評価が成立する．

$$(9.104)\qquad \left|\left(\frac{\partial}{\partial x_{K^c}}\right)^{\alpha'}\left(\frac{\partial}{\partial \xi_K}\right)^{\beta'} [Q_K^{-1}(D_z, D_z)]^r b_{jl}\Big|_{z=0}\right|$$
$$\leqq C \sum_{|\alpha+\beta|\leqq 2r}\ \sum_{\substack{|\alpha''|\leqq|\alpha'|\\ |\beta''|\leqq|\beta'|}} (1+|\xi_K|)^{-|\beta''|+m+\delta(|\alpha|+|\beta|+|\alpha'-\alpha''|)-\rho|\beta'-\beta''|}$$
$$\leqq C(1+|\xi_K|)^{m+\delta(2r+|\alpha'|)-\rho|\beta'|}.$$

これは，$[Q_K^{-1}(D_z, D_z)]^r b_{jl}|_{z=0}$ が $S_\rho^{m+2\delta r}$ で有界集合をなすことを示す．よって $l=0, 1, 2, \cdots$ のとき，$q_{jl}{}^{(r)}(x_{K^c}, \xi_K)$ は $S_\rho^{m+(2\delta-1)r}(\boldsymbol{R}^{|K^c|}\times\boldsymbol{R}^{|K|})$ で有界集合を作る．

つぎに，我々は，剰余項 $\tilde{R}_M$ が実は $S_\rho^{m+(2\delta-1)M}(\boldsymbol{R}^{|K^c|}\times\boldsymbol{R}^{|K|})$ で有界集合をなすことをみる．さて，

$$(9.105)\qquad \nu^{-M}\tilde{R}_M = \sum_{r=M}^{M'-1} \nu^{-r} q_{jl}{}^{(r)}(x_{K^c}, \xi_K) + \nu^{-M'}\tilde{R}_{M'} \qquad (M'>M)$$

であったことを思い出そう．ここで R_M も $S_\rho^{m-(1-2\delta)M}$ で有界であることを示したい．まず，

(9.106)

$$g = g(x_{K^c}, \xi_K) = \left(\frac{\nu}{2\pi}\right)^{-(N+|K|)/2} |\xi_K|^{(N-|K|)/2} |\det D_K|^{-1/2} e^{(\pi/4)i\,\mathrm{sgn}\,D_K}$$

とおく．また，

$$I_{jl}=e^{-i\nu\tilde{x}_K\cdot\xi_K}\left(\sum_{r=0}^{M-1}\nu^{-r}(gq_{jl}{}^{(r)})+\nu^{-M}g\tilde{R}_M\right) \tag{9.107}$$

である．したがって $k\in K^c$ とすれば，

$$\begin{aligned}\frac{\partial I_{jl}}{\partial x_k}=e^{-i\nu\tilde{x}_K\cdot\xi_K}\Biggl\{&\sum_{r=0}^{M-1}\nu^{-r}\left\{\frac{\partial}{\partial x_k}(gq_{jl}{}^{(r)})-i\frac{\partial\tilde{x}_K}{\partial x_k}\cdot\xi_K gq_{jl}{}^{(r+1)}\right\}\\&-i\nu\left\{\frac{\partial\tilde{x}_K}{\partial x_k}\cdot\xi_K gq_{jl}{}^{(0)}\right\}\\&+\nu^{-M}\frac{\partial}{\partial x_k}(g\tilde{R}_M)-i\nu^{-M+1}\frac{\partial\tilde{x}_K}{\partial x_k}\cdot\xi_K g\tilde{R}_M\Biggr\}\end{aligned} \tag{9.108}$$

である．一方，

(9.109)

$$\frac{\partial I_{jl}}{\partial x_k}=\iint\left\{\frac{\partial a_{jl}}{\partial x_k}(x,\theta)+i\nu\frac{\partial\phi}{\partial x_k}(x,\theta)a_{jl}(x,\theta)\right\}e^{i\nu(\phi(x,\theta)-x_K\cdot\xi_K)}dx_Kd\theta$$

であるから，(9.91) と同様にして

$$\begin{cases}J_{jl}=\displaystyle\iint\frac{\partial a_{jl}}{\partial x_k}(x,\theta)e^{i\nu(\phi(x,\theta)-x_K\cdot\xi_K)}dx_Kd\theta,\\ J_{jl}'=i\nu\displaystyle\iint\frac{\partial\phi}{\partial x_k}a_{jl}(x,\theta)e^{i\nu(\phi(x,\theta)-x_K\cdot\xi_K)}dx_Kd\theta\end{cases} \tag{9.110}$$

は漸近展開をもつ．すなわち，

$$\begin{cases}J_{jl}=e^{-i\nu\tilde{x}_K\cdot\xi_K}\left(\displaystyle\sum_{r=0}^{M-1}\nu^{-r}(gp_{jl}{}^{(r)})+\nu^{-M}g\tilde{R}_M'\right),\\ J_{jl}'=e^{-i\nu\tilde{x}_K\cdot\xi_K}i\nu\left(\displaystyle\sum_{r=0}^{M}\nu^{-r}(gp_{jl}'^{(r)})+\nu^{-M-1}g\tilde{R}_{M+1}''\right)\end{cases} \tag{9.111}$$

であり，$p_{jl}{}^{(r)}\in S_\rho^{m+\delta-(1-2\delta)r}$，$p_{jl}'^{(r)}\in S_\rho^{m+1-(1-2\delta)r}$ である．$\partial I_{jl}/\partial x_k=J_{jl}+J_{jl}'$ であるから，

$$\begin{aligned}\frac{\partial I_{jl}}{\partial x_k}=e^{-i\nu\tilde{x}_K\cdot\xi_K}\Biggl\{&\sum_{r=0}^{M-1}\nu^{-r}(g(p_{jl}{}^{(r)}+ip_{jl}'^{(r+1)}))+i\nu gp_{jl}'^{(0)}\\&+\nu^{-M}(g\tilde{R}_M'+ig\tilde{R}_{M+1}'')\Biggr\}.\end{aligned} \tag{9.112}$$

さて (9.107) は (x_{K^c},ξ_K) の連続関数の空間での ν についての展開であったから (x_{K^c},ξ_K) の超関数の空間の展開でもある．$\partial/\partial x_k$ という作用素は，超関数空間

で連続であるから，(9.108) は超関数空間で ν についての漸近展開である．一方 (9.111)，したがって，(9.112) は (x_{K^c}, ξ_K) の連続関数の空間での展開で，(x_{K^c}, ξ_K) の超関数空間における漸近展開である．よって，(9.112) と (9.108) の各項は等しい．これから，

$$-\frac{\partial \tilde{x}_K}{\partial x_k}\cdot\xi_K g q_{jl}{}^{(0)} = g p_{jl}{}'^{(0)}, \tag{9.113}$$

$$\frac{\partial}{\partial x_k}(g q_{jl}{}^{(r)}) - i\frac{\partial \tilde{x}_K}{\partial x_k}\cdot\xi_K g q_{jl}{}^{(r+1)} = g(p_{jl}{}^{(r)} + i p_{jl}{}'^{(r+1)}) \quad (1\leqq r\leqq M-2), \tag{9.114}$$

$$\frac{\partial}{\partial x_k}(g q_{jl}{}^{(M-1)}) - i\frac{\partial \tilde{x}_K}{\partial x_k}\cdot\xi_K g\tilde{R}_M = g(p_{jl}{}^{(M-1)} + i p_{jl}{}'^{(M)}), \tag{9.115}$$

$$\frac{\partial}{\partial x_k}(g\tilde{R}_M) = g\tilde{R}_M{}' + i g\tilde{R}_{M+1}{}'' \tag{9.116}$$

を得る．この最後の式 (9.116) から

$$\frac{\partial}{\partial x_k}\tilde{R}_M = \tilde{R}_M{}' + i\tilde{R}_{M+1}{}'' - g^{-1}\frac{\partial g}{\partial x_k}\tilde{R}_M \tag{9.117}$$

であるから，

$$\begin{aligned}\left|\frac{\partial}{\partial x_k}\tilde{R}_M\right| &\leqq |\tilde{R}_M{}'| + |\tilde{R}_{M+1}{}''| + \left|g^{-1}\frac{\partial g}{\partial x_k}\tilde{R}_M\right| \\ &\leqq C(|\xi_K|^{m+\delta-(1-2\delta)M} + |\xi_K|^{m+1-(1-2\delta)(M+1)} + |\xi_K|^{m-(1-2\delta)M}) \\ &\leqq C|\xi_K|^{m+2\delta-(1-2\delta)M}\end{aligned} \tag{9.118}$$

が成立する．(9.105) を利用して，再び (9.118) を改良する．すなわち，(9.105) で M' を十分大きくとっておく．(9.105) の両辺を x_k で偏微分すると，

$$\nu^{-M}\frac{\partial\tilde{R}_M}{\partial x_k} = \sum_{r=M}^{M'-1}\nu^{-r}\frac{\partial q_{jl}{}^{(r)}}{\partial x_k}(x_{K^c}, \xi_K) + \nu^{-M'}\frac{\partial\tilde{R}_{M'}}{\partial x_k}. \tag{9.119}$$

よって，$q_{jl}{}^{(r)} \in S_\rho{}^{m-(1-2\delta)r}$ と (9.118) の M の代りに M' とおいた式を用いれば，

$$\left|\frac{\partial\tilde{R}_M{}'}{\partial x_k}\right| \leqq C\left(\sum_{r=M}^{M'-1}\nu^{M-r}(1+|\xi_K|)^{m+\delta-(1-2\delta)r} + \nu^{M-M'}|\xi_K|^{m+2\delta-(1-2\delta)M'}\right)$$

である．$2\delta-(1-2\delta)M' < \delta-(1-2\delta)M$ となるように M' を選んでおけば，

$$\left|\frac{\partial\tilde{R}_M}{\partial x_k}\right| \leqq C(1+|\xi_K|)^{m+\delta-(1-2\delta)M} \tag{9.120}$$

が示される．以下同様にして，$\tilde{R}_M$ が $S_\rho{}^{m-(1-2\delta)M}$ で有界集合を成すことが分る．

以上まとめて，次の命題を得る．

命題 9.4 (9.56) 式において，

$$\int\int a_{jl}(x,\theta)e^{i\nu(\phi(x,\theta)-x_K\cdot\xi_K)}dx_K d\theta|dx_{K^c}|^{1/2}|d\xi_K|^{1/2} \tag{9.121}$$

$$=\left(\frac{\nu}{2\pi}\right)^{-(N+|K|)/2}|\det D_K(\xi_K)|^{-1/2}e^{(\pi/4)i\,\mathrm{sgn}\,D_K}e^{-i\nu\bar{x}_K\cdot\xi_K}$$

$$\times\left\{\sum_{r<M}\nu^{-r}q_{jl}{}^{(r)}(x_{K^c},\xi_K)+\nu^{-M}\tilde{R}_{l,M}\right\}|dx_{K^c}|^{1/2}|d\xi_K|^{1/2}.$$

ここで，$q_{jl}{}^{(r)}$ は (9.92) で与えられる．$D_K(\xi_K)$ は，行列 (9.29) において，$x_K=\bar{x}_K(x_{K^c},\xi_K)$，$\theta=\bar{\theta}(x_{K^c},\xi_K)$ とおいたものである．$l=0,1,2,\cdots$ としたとき，$q_{jl}{}^{(r)}$ は $S_\rho{}^{m-(1-2\delta)r}$ で有界で，$\tilde{R}_M$ は $S_\rho{}^{m-(1-2\delta)M}$ で有界な集合を成す．——

さて，$l\to\infty$ とする．命題 8.5 によって，必要ならば部分列をとれば，$\tilde{R}_{l,M}$ は $S_\rho{}^{m'-(1-2\delta)M}$ $(m'>m)$ で収束する．この極限を $r_{K,M}$ とおく．また，$q_{jl}{}^{(r)}$ は，$l\to\infty$ のとき，$S_\rho{}^{m'-(1-2\delta)r}$ で収束し，その極限は，

(9.122)

$$q_K{}^{(r)}(x_{K^c},\xi_K)=\lim_{l\to\infty}q_{jl}{}^{(r)}(x_{K^c},\xi_K)$$

$$=\frac{1}{r!}|\xi_K|^{-r}\left(\frac{1}{2i}Q_K{}^{-1}(D_z,D_z)\right)^r a_j(x_{K^c},x_K(z),|\xi_K|\sigma(z))\det\frac{\partial(x_K,\sigma)}{\partial z}\bigg|_{z=0}$$

で，$q_K{}^{(r)}\in S_\rho{}^{m-(1-2\delta)r}$ である．(9.121) の左辺も，少なくとも超関数の位相で，$l\to\infty$ のとき収束するから，次の定理が得られる．

定理 9.2

$$F_K(A_j(\nu))|dx_{K^c}|^{1/2}|d\xi_K|^{1/2} \tag{9.123}$$

$$=\left(\frac{2\pi}{\nu}\right)^{N/2}e^{-(\pi/4)i|K|}|\det D_K(\xi_K)|^{-1/2}e^{(\pi/4)i\,\mathrm{sgn}\,D_K}e^{i\nu S_K(x_{K^c},\xi_K)}$$

$$\times\left\{\sum_{k<M}\nu^{-k}q_k{}^K(x_{K^c},\xi_K)+\nu^{-M}r_M{}^K(x_{K^c},\xi_K)\right\}|dx_{K^c}|^{1/2}|d\xi_K|^{1/2}$$

であり，$q_k{}^K\in S_\rho{}^{m-(1-2\delta)k}(\boldsymbol{R}^{|K^c|}\times\boldsymbol{R}^{|K|})$，$r_M{}^K\in S_\rho{}^{m-(1-2\delta)M}(\boldsymbol{R}^{|K^c|}\times\boldsymbol{R}^{|K|})$ である．

証明 $r_M{}^K\in S_\rho{}^{m-(1-2\delta)M}(\boldsymbol{R}^{|K^c|}\times\boldsymbol{R}^{|K|})$ のみが証明されていない．

$r_M{}^K\in S_\rho{}^{m'-(1-2\delta)M}(\boldsymbol{R}^{|K^c|}\times\boldsymbol{R}^{|K|})$，$\forall m'>m$ が分っている．明らかに

$$r_M{}^K=q_M{}^K(x_{K^c},\xi_K)+\nu^{-1}r_K{}^{M+1} \tag{9.124}$$

である．$r_{M+1}{}^K\in S_\rho{}^{m'-(1-2\delta)(M+1)}(\boldsymbol{R}^{|K^c|}\times\boldsymbol{R}^{|K|})$ $(m'=m+(1-2\delta))$ である．よって，

(9.124) から，$r_M{}^K\in S_\rho^{m-(1-2\delta)M}(\boldsymbol{R}^{|K^c|}\times\boldsymbol{R}^{|K|})$ である．∎

これと，(9.36), (9.37) 及び (9.41) を見比べると，(9.123) が Maslov の振動関数であることが分る．(9.36) の直前の議論で (x^1,θ^1) を W_j にとると，定理の結果，(9.123) は，Maslov の振動関数の (x_{K^c},ξ_K) による表示と一致することに気がつく．それでは，座標変換に関する振舞いは，どうであろうか．cone supp $a_j\cap C_\phi$ が，他の錐近傍 $\widetilde{W}_l$ にも入っていて，$\widetilde{W}_l\cap C_\phi$ では，(x_{M^c},ξ_M)，$M\subset\{1,2,\cdots,n\}$ も座標関数としてとれるとすると，

(9.125)
$$F_M(A_j(\nu))|dx_{M^c}|^{1/2}|d\xi_M|^{1/2}=F_{M\cap K^c}{}^{M^c\cap K}F_K(A_j(\nu))|dx_{M^c}|^{1/2}|d\xi_M|^{1/2}$$

であるから，Maslov 振動関数と同じ振舞いをする．（第 I 分冊定義 5.1 参照.）

定理 9.3　非退化正則位相関数 $\phi(x,\theta)$ で定義された振動積分 (9.50) において，$(\nu/2\pi)^{N/2}A_j(\nu)|dx|^{1/2}$ の部分 Fourier 変換は，Maslov 振動関数の (x_{K^c},ξ_K) による表示

(9.126)
$$\begin{aligned}F_K(A_j(\nu))|dx_{K^c}|^{1/2}|d\xi_K|^{1/2}\\=\left(\frac{2\pi}{\nu}\right)^{N/2}e^{-(\pi/2)i\delta_j}\left(\frac{d\eta_\phi}{dv_K}\right)^{1/2}\exp i\nu S_K(x_{K^c},\xi_K)\\\times\left(\sum_{k>M}\nu^{-k}q_k{}^K(x_{K^c},\xi_K)+\nu^{-M}r_M{}^K(x_{K^c},\xi_K)\right)|dv_K|^{1/2}\end{aligned}$$

になる．ここで

$$\delta_j=\mathrm{Inert}\,D_K(\xi_K)-\frac{N}{2}-n_{\hat{\gamma}_K}((\mu\circ\iota)_*\hat{\gamma})\tag{9.127}$$

は，W_j の連結成分中で定数である．——

定理 9.4　(9.50) において，$\phi(x,\theta)$ が非退化正則位相関数であると $(\nu/2\pi)^{N/2}A_j(\nu)|dx|^{1/2}$ について，次の表示が成立する．

(9.128)
$$\left(\frac{\nu}{2\pi}\right)^{N/2}A_j(\nu)|dx|^{1/2}=\left(\frac{\nu}{2\pi}\right)^{|K|/2}\int_{\boldsymbol{R}^{|K|}}q^K(x_{K^c},\xi_K)\,e^{i\nu(S_K(x_{K^c},\xi_K)+x_K\cdot\xi_K)}d\xi_K|dx|^{1/2}.$$

ただし，任意の正整数 L に対し，

(9.129)
$$q^K(x_{K^c},\xi_K)|dx_{K^c}\wedge d\xi_K|^{1/2}$$

$$= e^{-(\pi/2)i(\delta_j-|K|/2)}\left(\frac{d\eta_\phi}{dv_K}\right)^{1/2}\left(\sum_{k<L}\nu^{-k}q_k{}^K(x_{K^c},\xi_K)+\nu^{-L}r_L{}^K(x_{K^c},\xi_K)\right)|dv_K|^{1/2}$$

である. ——

(9.128) では，位相関数は，Lagrange 多様体の母関数から作られている．よって，本質的には，Lagrange 多様体のみに依存している．よって次のように定義できる．

定義 9.4 振動積分 (9.50) の (9.128) 型の表示を，振動積分の**微局所標準表示**という[1]. ——

§9.4 主 表 象

定義 9.5 (9.129) の第 1 項に $\exp(-(\pi/4)i(N+|K|))$ を乗じた

$$e^{-(\pi/4)iN}e^{-(\pi/2)i\delta_j}\left|\frac{d\eta_\phi}{dv_K}\right|^{1/2}q_0{}^K(x_{K^c},\xi_K)|dv_K|^{1/2}$$

$$= e^{-(\pi/2)i\,\mathrm{Inert}\,D_K}a_j(x_{K^c},\bar{x}_K(x_{K^c},\xi_K),\bar{\theta}(x_{K^c},\xi_K))|d\eta_\phi|^{1/2}$$

を振動積分

$$B_j(\nu)|dx|^{1/2}=\left(\frac{\nu}{2\pi}\right)^{(2N+n)/4}e^{-(\pi/4)iN}A_j(\nu)|dx|^{1/2}$$

の**主表象の，座標系** (x_{K^c},ξ_K) **に関する表示**と呼び，$\sigma_K(B_j(\nu)|dx|^{1/2})$ と書く．また，

$$e^{-(\pi/4)iN}e^{-(\pi/2)i\delta_j}\left(\frac{d\eta_\phi}{dv_K}\right)^{1/2}q_k{}^K(x_{K^c},\xi_K)|dv_K|^{1/2}$$

を振動積分 $B_j(\nu)|dx|^{1/2}$ の微局所標準表示における**第 k 表象**と呼ぶ. ——

座標関数を (x_{M^c},ξ_M) にとったときは，主表象のこれに関する表示は

$$\sigma_M(B_j(\nu)|dx|^{1/2})=e^{-(\pi/2)i\,\mathrm{Inert}\,D_M}a_j(x_{M^c},\bar{x}_M(x_{M^c},\xi_M),\theta(x_{M^c},\xi_M))|d\eta_\phi|^{1/2}$$

である.

注意 主表象については後に座標系によらぬ意味づけが出来る. 第 k 表象は本講だけの呼称であり，その座標変換に際しての意味づけは不明である.

命題 9.5 振動積分 (9.50) で振幅関数 a_j が $S_\rho{}^m(U\times \boldsymbol{R}^N)$ に入るとき，その主表象につき，

$$e^{-(\pi/2)i\delta_j}\left(\frac{d\eta_\phi}{dv_K}\right)^{1/2}q_0{}^K(x_{K^c},\xi_K)\in S_\rho{}^{m+(N-|K|)/2}(\boldsymbol{R}^{|K^c|}\times\boldsymbol{R}^{|K|}) \tag{9.130}$$

---

1) (9.128) 型の表示は，文献中には無いように思われる．この呼び名も，本講だけのものである．

であり，第 k 表象については，

$$(9.131)\qquad e^{-(\pi/2)i\delta_j}\left(\frac{d\eta_\phi}{dv_K}\right)^{1/2}q_k{}^K(x_{K^c},\xi_K)\in S_\rho{}^{m+(N-|K|)/2+(1-2\rho)k}(\boldsymbol{R}^{|K^c|}\times\boldsymbol{R}^{|K|})$$

である．さらに，$\boldsymbol{R}^+\ni t$ に対して，

$$(9.132)\qquad m_t{}^*|dv_K|^{1/2}=t^{|K|/2}|dv_K|^{1/2}$$

に注意されたい．——

証明は省略する．$\det D_K(\xi_K)$ の斉次性を用いて，各自これを試みよ．

つぎに，主表象の座標によらぬ意味を考える．まず $F_M(A_j(\nu))|dx_{M^c}|^{1/2}|d\xi_M|^{1/2}$ を (9.126) のように表示する．

$$(9.133)\qquad F_M(A_j(\nu))|dx_{M^c}|^{1/2}|d\xi_M|^{1/2}$$
$$=\left(\frac{2\pi}{\nu}\right)^{N/2}|\det D_M|^{-1/2}e^{(\pi/4)i\,\mathrm{sgn}\,D_M}e^{i\nu S_M(x_{M^c},\xi_M)}$$
$$\times\left\{\sum_{k<L}\nu^{-k}q_k{}^M(x_{M^c},\xi_M)+\nu^{-L}r_L{}^M(x_{M^c},\xi_M)\right\}|dx_{M^c}|^{1/2}|d\xi_M|^{1/2},$$

ただし，

$$(9.134)\qquad q_k{}^M(x_{M^c},\xi_M)\in S_\rho{}^{m+(1-2\rho)k}(\boldsymbol{R}^{|M^c|}\times\boldsymbol{R}^{|M|}),$$

$$(9.135)\qquad r_L{}^M(x_{M^c},\xi_M)\in S_\rho{}^{m+(1-2\rho)L}(\boldsymbol{R}^{|M^c|}\times\boldsymbol{R}^{|M|})$$

である．とくに，$k=0$ のときは，

$$(9.136)\qquad q_0{}^M(x_{M^c},\xi_M)=a_j(x_{M^c},\bar{x}_M(x_{M^c},\xi_M),\bar{\theta}(x_{M^c},\xi_M))$$

である．一方 (9.125) に (9.123) を代入して，第 I 分冊 127 ページの (5.38) 式を用いて，同 128 ページの注意 2 を使うと，ν^0 の係数を比較して，

$$(9.137)\qquad e^{-(\pi/2)i\delta_j}\left(\frac{d\eta_\phi}{av_M}\right)^{1/2}e^{i\nu S_M(x_{M^c},\xi_M)}$$
$$=|\det D_M(\xi_M)|^{-1/2}e^{(\pi/4)i\,\mathrm{sgn}\,D_M}e^{i\nu S_M(x_{M^c},\xi_M)}$$

である．C_ϕ 上 $\iota^*\theta=d\phi=0$ であるから，母関数は C_ϕ 上大域的に 1 価で，上式より

$$(9.138)\qquad \delta_j=\mathrm{Inert}\,D_M-\frac{N}{2}-n_{\hat{\gamma}_M}((\mu\circ\iota)_*\hat{\gamma})$$

を得る．(9.127) と (9.138) とより，我々は次の重要な結果を得る．

補助定理 9.1

$$(9.139)\qquad \mathrm{Inert}\,D_K-\mathrm{Inert}\,D_M=n_{\hat{\gamma}_K}((\mu\circ\iota)_*\hat{\gamma})-n_{\hat{\gamma}_M}((\mu\circ\iota)_*\hat{\gamma})$$
$$=n_{\hat{\gamma}_K}^{\hat{\gamma}_M}((\mu\circ\iota)_*\hat{\gamma}).$$

——

証明については，すでに済んでいるが，極めて大切な事柄であるから，直接的な別証明を与えよう．準備として，2次形式の符号の計算法に関して古くから知られている事柄を紹介する．

補助定理 9.2 X は $m+n$ 次元実ベクトル空間とする．V と W はそれぞれ m, n 次元の部分空間で互いに横断的とする．B は $X\times X$ 上の対称双1次形式とし，$B|_{V\times V}$ は非退化とする．

$$W'=\{y\in X\,|\,B(x,y)=0,\ \forall x\in V\}$$

とおくと，

(i) W' は V と横断的に交わり，$\dim W'=\dim W=m$,

(ii) $B(x,y)=B(x_V,y_V)+B(x_{W'},y_{W'})$.

ただし，ここで $x_V, x_{W'}$ は，$X=V\oplus W'$ の直和に関する，$x\in X$ のそれぞれ V, W' 成分である．

証明 (i) の証明だけが必要である．$e_1,\cdots,e_m\in V$ を V の基底とする．e_j^*: $X\ni x\to B(e_j,x)\in \boldsymbol{R}$ は，X の双対空間 X^* の元である．B が $V\times V$ 上で非退化であるから $e_1^*,\cdots,e_m^*$ は1次独立．したがって，$\dim W'=m+n-m=n$. つぎに，$y\in V\cap W'$ とする．任意の $x\in V$ に対し $B(x,y)=0$. 一方，$y\in V$ であるから，V 上 B が非退化のことから，$y=0$. すなわち $V\cap W'=\{0\}$，$\dim W'=n$ 故 V と W' は横断的に交わる．▌

補助定理 9.3 実変数 $v=(v_1,\cdots,v_m)$，$w=(w_1,\cdots,w_n)$ の実2次形式 $Q(v,w)$ があり，$Q(v,0)$ が非退化とする．

$$\frac{\partial}{\partial v_j}Q(v,w)=0 \tag{9.140}$$

を v について解いて，Q に代入した結果得られる w の2次形式を $R(w)$ とおくと，

(1) Q の退化次数 $=$ R の退化次数，

(2) $\mathrm{Inert}\,Q(v,w)=\mathrm{Inert}\,Q(v,0)+\mathrm{Inert}\,R(w)$,

(3) $\mathrm{sgn}\,Q(v,w)=\mathrm{sgn}\,Q(v,0)+\mathrm{sgn}\,R(w)$

である．

証明 (3) は (1) と (2) から導かれる．B を Q に付随した双1次形式(対称)とする．$X=\boldsymbol{R}^{m+n}$，$V=\{(v,0)\,|\,v\in\boldsymbol{R}^m\}$，$W=\{(0,w)\,|\,w\in\boldsymbol{R}^n\}$ とおけば $X=V\oplus W$

である．

$$B((v,w),(v',w'))=\sum_j^m v_j\frac{\partial}{\partial v_j}Q(v',w')+\sum_k^n w_k\frac{\partial}{\partial w_k}Q(v',w') \tag{9.141}$$

である．$(v',w')\in W'$ とすると，(9.141) から，$\forall v\in \boldsymbol{R}^m$ に対し

$$\sum_{j=1}^m v_j\frac{\partial}{\partial v_j}Q(v',w')=0. \tag{9.142}$$

すなわち，

$$\frac{\partial Q}{\partial v_j}(v',w')=0 \qquad (j=1,2,\cdots,m). \tag{9.143}$$

Q が，V 上非退化であるから，(9.143) は任意の $w'\in \boldsymbol{R}^n$ に対し解けて，$v'=\bar{v}(w')$ とかける．よって $W'=\{(\bar{v}(w'),w')\mid w'\in \boldsymbol{R}^n\}$ である．任意の $x=(v,w)\in \boldsymbol{R}^{m+n}$ を $V\oplus W'$ という直和に従って分けると $x_V=(v-\bar{v}(w),0)$，$x_{W'}=(\bar{v}(w),w)$ である．$u=v-\bar{v}(w)\in \boldsymbol{R}^m$ で新しい変数をとって，u と w であらわすと，$(v,w)\leftrightarrow(u,w)$ は正則な線型変換である．

$$\begin{aligned} Q(v,w)&=Q(u+\bar{v}(w),w)=B((u+\bar{v}(w),w)(u+\bar{v}(w),w))\\ &=B(u,u)+2B((u,0)(\bar{v}(w),w))\\ &\quad +B((\bar{v}(w),w),(\bar{v}(w),w))\\ &=Q(u,0)+R(w)\end{aligned} \tag{9.144}$$

となり補助定理 9.3 は証明された．▌

補助定理 9.4　補助定理 9.1 の仮定の下で

$$\operatorname{sgn} D_M-\operatorname{sgn} D_K=\operatorname{sgn}(\lambda_K,\mu\circ\iota(P),\lambda_M) \tag{9.145}$$

が成立する．ただし $\operatorname{sgn}(\lambda_K,\mu\circ\iota(P),\lambda_M)$ は $\operatorname{Inert}(\lambda_K,\mu\circ\iota(P),\lambda_M)$ を定義したときの2次形式の符号定数である．

証明　$\Phi: U\times \boldsymbol{R}^N\ni(x,\theta)\to(y,\tau)\in \boldsymbol{R}^{n+N}$ という C^∞ 写像を $y=\partial\phi(x,\theta)/\partial x$，$\tau=\partial\phi(x,\theta)/\partial\theta$ とする．$T_{(x,\theta)}(U\times \boldsymbol{R}^N)$ のベクトルを $\sum_j q_j\partial/\partial x_j+\sum_j \eta_j\partial/\partial\theta_j$ とする．$T_{\Phi(x,\theta)}(\boldsymbol{R}^n\times \boldsymbol{R}^N)$ のベクトルが $\sum p_j\partial/\partial y_j+\sum\zeta_j\partial/\partial\tau$ で，これが，Φ の微分写像 Φ_* で $\sum q_j\partial/\partial x_j+\sum\eta_j\partial/\partial\theta_j$ の像であるためには，

$$\begin{bmatrix} p\\ \zeta\end{bmatrix}=\Phi_*\begin{bmatrix} q\\ \eta\end{bmatrix}=\begin{bmatrix}\dfrac{\partial^2\phi}{\partial x\partial x}(x,\theta) & \dfrac{\partial^2\phi}{\partial x\partial\theta}(x,\theta)\\[2ex] \dfrac{\partial^2\phi}{\partial\theta\partial x}(x,\theta) & \dfrac{\partial^2\phi}{\partial\theta\partial\theta}(x,\theta)\end{bmatrix}\begin{bmatrix} q\\ \eta\end{bmatrix} \tag{9.146}$$

である．sgn D_M を書き直す．$X=\{(q,\eta)\mid q_{M^c}=0\}$ とする．この上での2次形式

$$p_M\cdot q_M+\zeta\cdot\eta \tag{9.147}$$

を考える．これは，(9.30) によって非退化．$V_M=\{(q,\eta)\mid q_{M^c}=0, q_{M\cap K^c}=0\}$ とおく．$W_M=\{(q,\eta)\mid q_{M^c}=0, q_{M\cap K}=0, \eta=0\}$ とする．補助定理9.3によると，

$$W_M{}'=\{(q,\eta)\mid q_{M^c}=0, p_{M\cap K}\circ\Phi_*=0, \zeta\circ\Phi_*=0\}$$

とすれば，

$$\begin{aligned}\operatorname{sgn} D_M &= \operatorname{sgn}(p_M\cdot q_M+\zeta\cdot\eta)|_X\\ &= \operatorname{sgn}(p_{M\cap K}\cdot q_{M\cap K}+\zeta\cdot\eta)\Big|_{\substack{q_{M^c}=0\\ q_{M\cap K^c}=0}}\\ &\quad+\operatorname{sgn} p_{M\cap K^c}\cdot q_{M\cap K^c}\Big|_{\substack{q_{M^c}=0\\ p_{M\cap K}=0\\ \zeta=0}}\end{aligned} \tag{9.148}$$

である．同様にして，

$$\begin{aligned}\operatorname{sgn} D_K &= \operatorname{sgn}(p_K\cdot q_K+\zeta\cdot\eta)|_{q_{K^c}=0}\\ &= \operatorname{sgn}(p_{M\cap K}\cdot q_{M\cap K}+\zeta\cdot\eta)\Big|_{\substack{q_{K^c}=0\\ q_{K\cap M^c}=0}}\\ &\quad+\operatorname{sgn} p_{K\cap M^c}\cdot q_{K\cap M^c}\Big|_{\substack{q_{K^c}=0\\ p_{K\cap M}=0\\ \zeta=0}}.\end{aligned} \tag{9.149}$$

よって，(9.148) と (9.149) から，

$$\begin{aligned}\operatorname{sgn} D_M-\operatorname{sgn} D_K &= \operatorname{sgn} p_{M\cap K^c}\cdot q_{M\cap K^c}\Big|_{\substack{q_{M^c}=0\\ p_{M\cap K}=0\\ \zeta=0}}\\ &\quad-\operatorname{sgn} p_{K\cap M^c}\cdot q_{K\cap M^c}\Big|_{\substack{q_{K^c}=0\\ p_{K\cap M}=0\\ \zeta=0}}\end{aligned} \tag{9.150}$$

を得る．(9.150) の右辺第1項の意味を考える．この符号定数を考える空間は，$T_{(x,\theta)}(U\times \boldsymbol{R}^N)$ で，$\zeta\cdot\Phi_*=0$ をみたすから，$(x,\theta)\in C_\phi$ を考慮すると，$T_{(x,\theta)}C_\phi$ の部分空間である．ところで，$T_{(x,\theta)}C_\phi$ は，$\mu\circ\iota$ によって $\boldsymbol{C}^n$ の Lagrange 部分空間 $\lambda=\mu\circ\iota(x,\theta)=\mu\circ\iota(P)$ と同一視される．よって，(9.150) の右辺第1項を考える空間は，これによって λ の部分空間の $q_{M^c}=0$，$p_{M\cap K}=0$ をみたす部分空間と同一視される．同様に，(9.150) の右辺第2項も，$\lambda=\mu\circ\iota(P)$ の部分空間で $q_{K^c}=0$，$p_{K\cap M}=0$ をみたすものと同一視して考える．よって，すべて λ の部分空間で考えて

$$\begin{aligned}\operatorname{sgn} D_M-\operatorname{sgn} D_K &= \operatorname{sgn} p_{M\cap K^c}\cdot q_{M\cap K^c}\Big|_{\substack{q_{M^c}=0\\ p_{M\cap K}=0}}\\ &\quad-\operatorname{sgn} p_{K\cap M^c}\cdot q_{K\cap M^c}\Big|_{\substack{q_{K^c}=0\\ p_{K\cap M}=0}}\end{aligned} \tag{9.151}$$

である．つぎに $\mathrm{sgn}(\lambda_K, \mu\circ\iota(P), \lambda_M)=\mathrm{sgn}(\lambda_K, \lambda, \lambda_M)$ を表示する．λ は λ_M と λ_K の双方に横断的である．$\boldsymbol{C}^n$ が $\boldsymbol{R}$ 上直和分解して

(9.152) $$\boldsymbol{C}^n = \lambda_K \oplus \lambda$$

となる．λ_M の元 z'' をこの分解に従って $z''=z'\oplus z$ と書く．$z=T_{\lambda_K\lambda\lambda_M}z'$ とおいて

(9.153) $$T_{\lambda_K\lambda\lambda_M}\colon \lambda_K \longrightarrow \lambda$$

という線型写像を定義すると，

(9.154) $$Q_{\lambda_K\lambda\lambda_M}(z') = \sigma(T_{\lambda_K\lambda\lambda_M}z', z')$$

は2次形式で，この符号定数が，$\mathrm{sgn}(\lambda_K, \lambda, \lambda_M)$ であった．$\boldsymbol{C}^n$ の点 z を実部虚部で表示して，$z=p+iq$ $(p, q\in \boldsymbol{R}^n)$ と書く．$z''\in\lambda_M$ とすると，$z''=p_{M^c}''+iq_M''$，すなわち，$p_M''=0$，$q_{M^c}''=0$ である．これが，λ_K の元 $z'=p_{K^c}'+iq_K'$ と λ の元 $z=p+iq$ の和に分解し，$z=T_{\lambda_K\lambda\lambda_M}z'$ である．あきらかに

(9.155) $$p_{K\cap M^c} = p_{K\cap M^c}'', \qquad p_{M\cap K^c} = -p_{M\cap K^c}',$$
$$q_{M\cap K^c} = q_{M\cap K^c}'', \qquad q_{K\cap M^c} = -q_{K\cap M^c}'$$

が成立する．

(9.156) $$\mathrm{Ker}\ T_{\lambda_K\lambda\lambda_M} = \lambda_K\cap\lambda_M = \{(p+iq)\mid p_M=0, p_K=0, q_{M^c}=q_{K^c}=0\},$$

(9.157) $$\mathrm{Im}\ T_{\lambda_K\lambda\lambda_M} = \lambda\cap(\lambda_K\cap\lambda_M)^\sigma = \lambda\cap(\lambda_K+\lambda_M)$$

である．そして

(9.158) $$Q_{\lambda_K\lambda\lambda_M}(z') = \sigma(T_{\lambda_K\lambda\lambda_M}z', z') = \sigma(z, z') = \sigma(z'', z')$$
$$= -q_{M\cap K^c}''\cdot p_{K^c\cap M}'+p_{M^c\cap K}''\cdot q_{K\cap M^c}'$$

である．一方，$\mathrm{Ker}\ T_{\lambda_K\lambda\lambda_M}=\lambda_K\cap\lambda_M$ であるから，この2次形式を，$\lambda_K/\lambda_K\cap\lambda_M$ で考えれば良い．この空間は，$T_{\lambda_K\lambda\lambda_M}$ により $\lambda\cap(\lambda_K+\lambda_M)$ と同一視される．よって，$\lambda\cap(\lambda_K+\lambda_M)$ 上で，2次形式

(9.159) $$\mathrm{sgn}(p_{M\cap K^c}\cdot q_{M\cap K^c}-p_{M^c\cap K}\cdot q_{M^c\cap K})$$

を考えれば，これが $\mathrm{sgn}(\lambda_K, \lambda, \lambda_M)$ に等しい．

$$\lambda\cap(\lambda_K+\lambda_M) = \{z=p+iq\in\lambda\mid p_{M\cap K}=0, q_{M^c\cap K^c}=0\}$$

である．この部分空間を

(9.160) $$V = \{p+iq\in\lambda\cap(\lambda_K+\lambda_M)\mid q_{K^c\cap M}=0, p_{M\cap K}=0, q_{K^c\cap M^c}=0\}$$

とする．補助定理9.3を用いよう．

$$W = \{p+iq\in\lambda\cap(\lambda_K+\lambda_M)\mid p_{K\cap M^c}=0, p_{M\cap K}=0, q_{K^c\cap M^c}=0\}$$

とおく．

$$W' = \{p+iq \in \lambda\cap(\lambda_K+\lambda_M) \mid q_{K\cap M^c}=0, p_{M\cap K}=0, q_{K^c\cap M^c}=0\}$$

とすると，補助定理 9.3 から

$$\text{(9.161)}\qquad \operatorname{sgn}(\lambda_K, \lambda, \lambda_M) = -\operatorname{sgn} p_{M^c\cap K}\cdot q_{M^c\cap K}|_V + \operatorname{sgn} p_{M\cap K^c}\cdot q_{M\cap K^c}|_{W'}.$$

よって，

$$\text{(9.162)}\qquad \operatorname{sgn}(\lambda_K, \lambda, \lambda_M) = -\operatorname{sgn} p_{M^c\cap K}\cdot q_{M^c\cap K}\Big|_{\substack{q_{K^c\cap M}=0\\ p_{M\cap K}=0\\ q_{K^c\cap M^c}=0}} + \operatorname{sgn} p_{M\cap K^c}\cdot q_{M\cap K^c}\Big|_{\substack{q_{K\cap M^c}=0\\ p_{M\cap K}=0\\ q_{K^c\cap M^c}=0}}.$$

これと，(9.151) を比べて，

$$\text{(9.163)}\qquad \operatorname{sgn} D_M - \operatorname{sgn} D_K = \operatorname{sgn}(\lambda_K, \lambda, \lambda_M)$$

が示される．▮

補助定理 9.1 の証明

$$\begin{aligned}\operatorname{sgn}(\lambda_K, \lambda, \lambda_M) &= n - \dim \operatorname{Ker} T_{\lambda_K\lambda\lambda_M} - 2\operatorname{Inert}(\lambda_K, \lambda, \lambda_M)\\ &= n - \dim \lambda_K\cap\lambda_M - 2\operatorname{Inert}(\lambda_K, \lambda, \lambda_M)\\ &= n - |M^c\cap K^c| - |M\cap K| - 2\operatorname{Inert}(\lambda_K, \lambda, \lambda_M)\\ &= |M^c\cap K| + |M\cap K^c| - 2\operatorname{Inert}(\lambda_K, \lambda, \lambda_M)\end{aligned}$$

である．一方

$$\operatorname{sgn} D_M = N + |M| - 2\operatorname{Inert} D_M,$$
$$\operatorname{sgn} D_K = N + |K| - 2\operatorname{Inert} D_K.$$

よって補助定理 9.4 から，

$$\begin{aligned}&|M| - |K| - 2(\operatorname{Inert} D_M - \operatorname{Inert} D_K)\\ &\quad = |M^c\cap K| + |M\cap K^c| - 2\operatorname{Inert}(\lambda_K, \lambda, \lambda_M)\end{aligned}$$

である．$|M|-|K|=|M\cap K^c|-|M^c\cap K|$ であるから，

$$\text{(9.164)}\qquad \operatorname{Inert}(\lambda_K, \lambda, \lambda_M) - |M^c\cap K| = \operatorname{Inert} D_M - \operatorname{Inert} D_K$$

が成立する．第 I 分冊 114 ページ定理 4.16 から，

$$\text{(9.165)}\qquad \begin{aligned}&n_{\hat\lambda_K}((\mu\circ\iota)_*\hat\gamma) - n_{\hat\lambda_M}((\mu\circ\iota)_*\hat\gamma)\\ &\quad = n - \operatorname{Inert}(\lambda_K, \lambda, \lambda_M) + M(\hat\lambda_K, \hat\lambda_M).\end{aligned}$$

同じく，第 I 分冊 116 ページ，(4.142) 式から，

(9.166)　$n-\mathrm{Inert}(\lambda_K, \lambda, \lambda_M)+M(\hat{\lambda}_K, \hat{\lambda}_M) = |K\cap M^c|-\mathrm{Inert}(\lambda_K, \lambda, \lambda_M).$

これと，(9.164) とから

(9.167)　$\mathrm{Inert}\, D_K-\mathrm{Inert}\, D_M = n_{\hat{\lambda}_K}((\mu\circ\iota)_*\hat{\gamma})-n_{\hat{\lambda}_M}((\mu\circ\iota)_*\hat{\gamma})$

を得る．これで補助定理 9.1 が示された．▌

補助定理 9.1 の意味するところを考えよう．以下では，ι によって C_ϕ と Λ_ϕ は微分同相とする．

補助定理 9.5　C_ϕ 上の $\Omega^{1/2}(C_\phi)$ の切断として，

(9.168)　$\sigma_K(B_j(\nu)|dx|^{1/2}) = \exp\left(-\dfrac{\pi}{2} i n_{\hat{\gamma}_K}^{\hat{\gamma}_M}((\mu\circ\iota)_*\hat{\gamma})\right)\sigma_M(B_j(\nu)|dx|^{1/2})$

が成立する．

証明　定義 9.5 によって

$$B_j(\nu)|dx|^{1/2} = \left(\frac{\nu}{2\pi}\right)^{(2N+n)/4} e^{-(\pi/4)iN}A_j(\nu)|dx|^{1/2},$$

(9.169)　$\sigma_K(B_j(\nu)|dx|^{1/2})$
$$= e^{-(\pi/2)i\,\mathrm{Inert}\,D_K} a_j(x_{K^c}, \bar{x}_K(x_{K^c}, \xi_K), \bar{\theta}(x_{K^c}, \xi_K))|d\eta_\phi|^{1/2}$$

である．また，

(9.170)　$\sigma_M(B_j(\nu)|dx|^{1/2})$
$$= e^{-(\pi/2)i\,\mathrm{Inert}\,D_M} a_j(x_{M^c}, \bar{x}_M(x_{M^c}, \xi_M), \bar{\theta}(x_{M^c}, \xi_M))|d\eta_\phi|^{1/2},$$
$$a_j(x_{K^c}, \bar{x}_K(x_{K^c}, \xi_K), \bar{\theta}(x_{K^c}, \xi_K)) = a_j(x_{M^c}, \bar{x}_M(x_{M^c}, \xi_M), \bar{\theta}(x_{M^c}, \xi_M))$$

であり，$|d\eta_\phi|^{1/2}$ は $\Omega^{1/2}(\Lambda_\phi)$ の大域的な切断である．したがって，$\sigma_K(B_j(\nu)|dx|^{1/2})$ と $\sigma_M(B_j(\nu)|dx|^{1/2})$ は共に，$\Omega^{1/2}(\Lambda_\phi)$ の切断で，補助定理 9.1 によって，(9.168) が成立する．▌

いま考えている点 $(x, \theta)\in C_\phi$ の近傍で，(x_{K^c}, ξ_K) が Λ_ϕ の局所座標系となるような $K\subset\{1, 2, \cdots, n\}$ は色々ある．その一つ K と他の一つ M をとったとき $\sigma_K(B_j(\nu)|dx|^{1/2})$ と $\sigma_M(B_j(\nu)|dx|^{1/2})$ の間の関係が (9.168) であった．したがって，$\sigma_K(B_j(\nu)|dx|^{1/2})$ は $\Omega^{1/2}(\Lambda_\phi)$ の切断として，$\sigma_M(B_j(\nu)|dx|^{1/2})$ という $\Omega^{1/2}(\Lambda_\phi)$ の切断を，因子 $\exp(-(\pi/2)in_{\hat{\gamma}_K}^{\hat{\gamma}_M}((\mu\circ\iota)_*\hat{\gamma}))$ だけ捩ったものとなっている．この捩れを与える，一つの $\boldsymbol{C}$ バンドルを導入する．

複素数全体 $\boldsymbol{C}$ に，$\boldsymbol{Z}$ (あるいは $\boldsymbol{Z}_4$) を次のように作用させる．

(9.171) $$\boldsymbol{Z}\times\boldsymbol{C}\ni(g,z)\longrightarrow e^{-(\pi/2)ig}z\in\boldsymbol{C}.$$

Λ_ϕ の座標近傍系による被覆として $\bigcup_K \mu^{-1}\Lambda^0(n;\lambda_K)$ を考える．これによって，Λ_ϕ 上にベクトル束を定義する．

定義 9.6 $\bigcup_{K\subset\{1,2,\cdots,n\}}\mu^{-1}\Lambda^0(n;\lambda_K)$ を Λ_ϕ の座標近傍 $\mu^{-1}\Lambda^0(n;\lambda_K)$ による開被覆とする．

(9.172) $$\mu^{-1}\Lambda^0(n;\lambda_K)\cap\mu^{-1}\Lambda^0(n;\lambda_M)\ni P\longrightarrow n_{\lambda_K}^{\lambda_M}(T_P\Lambda_\phi)\in\boldsymbol{Z}$$

を変換法則として作った Λ_ϕ 上の $\boldsymbol{C}$ バンドルを $\boldsymbol{L}$ と書く．ここで $\boldsymbol{Z}$ は (9.171) によって $\boldsymbol{C}$ に作用する．これは，Λ_ϕ 上の Maslov のバンドル $(\hat{\Lambda}_\phi)_4$ を $\boldsymbol{Z}_4$ 主バンドルとみなしたときの，これに随伴する $\boldsymbol{C}$ バンドルである．——

このバンドル $\boldsymbol{L}$ の大域的切断 s とは何か．これを座標表示する．$\forall K\subset\{1,2,\cdots,n\}$ に対して，

(9.173) $$s_K:\ \mu^{-1}\Lambda^0(n;\lambda_K)\ni P\longrightarrow s_K(P)\in\boldsymbol{C}$$

という C^∞ 写像があり，$P\in\mu^{-1}\Lambda^0(n;\lambda_K)\cap\mu^{-1}\Lambda^0(n;\lambda_M)$ のとき，

(9.174) $$s_K(P)=\exp\left(-\frac{\pi}{2}in_{\lambda_K}^{\lambda_M}(T_P\Lambda_\phi)s_M(P)\right)$$

という関係をみたすものである．

この変換則 (9.174) は，(9.168) の変換則における，因子 $\exp(-(\pi/2)in_{\hat{\gamma}_K}^{\hat{\gamma}_M}((\mu\circ\iota)_*\hat{\gamma})$ を説明する．すなわち，我々は次の基本定理を証明したことになる．

定理 9.5 $K\subset\{1,2,\cdots,n\}$ を変えたとき，$\{\sigma_K(B_j(\nu)|dx|^{1/2})\}_K$ は，Λ_ϕ 上 $\boldsymbol{L}\otimes\Omega^{1/2}(\Lambda_\phi)$ というバンドルの大域的切断 $\sigma(B(\nu)|dx|^{1/2})$ を定義する．——

定義 9.7 上の定理 9.5 によって定まる，$\boldsymbol{L}\otimes\Omega^{1/2}(\Lambda_\phi)$ の大域的切断 $\sigma(B(\nu)|dx|^{1/2})$ を，$B(\nu)|dx|^{1/2}$ の主表象という．$\sigma_K(B(\nu)|dx|^{1/2})=e^{-(\pi/2)i\,\mathrm{Inert}\,D_K}a_j(x_{K^c},\bar{x}_K(x_{K^c},\xi_K),\bar{\theta}(x_{K^c},\xi_K))|d\eta_\phi|^{1/2}$ とすると，

(9.175) $$e^{-(\pi/2)i\,\mathrm{Inert}\,D_K}a_j(x_{K^c},\bar{x}_K(x_{K^c},\xi_K),\bar{\theta}(x_{K^c},\xi_K))\left|\frac{d\eta_\phi}{dv_K}\right|^{1/2}$$

は，$\sigma(B_j(\nu)|dx|^{1/2})$ の座標 (x_{K^c},ξ_K) に関する表示である．また，$\Omega^{1/2}(\Lambda_\phi)$ の方は大域的切断 $|d\eta_\phi|^{1/2}$ をとっておくと，

(9.176) $$\sigma_K(B_j(\nu)|dx|^{1/2}) = e^{-(\pi/2)i\,\mathrm{Inert}\,D_K}a_j(x_{K^c},\bar{x}_K(x_{K^c},\xi_K),\bar{\theta}(x_{K^c},\xi_K))|d\eta_\phi|^{1/2}$$

が，$\sigma(B_j(\nu)|dx|^{1/2})$ の (x_{K^c},ξ_K) に関する表示であるとしても良い．——

ここで，$a_j(x_{K^c}, \bar{x}_K(x_{K^c}, \xi_K), \bar{\theta}(x_{K^c}, \xi_K))$ は (x_{K^c}, ξ_K) の関数として，$S_\rho{}^m(\boldsymbol{R}^{|K^c|}\times\boldsymbol{R}^{|K|})$ の元であるから，$\forall t>0$ に対して，$m_t{}^*|d\eta_\phi|^{1/2}=t^{N/2}|d\eta_\phi|^{1/2}$ であることに注意する．

定義 9.8　ベクトル束 $\boldsymbol{L}\otimes\Omega^{1/2}(\Lambda_\phi)$ の切断 s が，$S_\rho{}^k(\Lambda_\phi, \boldsymbol{L}\otimes\Omega^{1/2})$ に入るとは，各 $K\subset\{1, 2, \cdots, n\}$ に対して，座標系 (x_{K^c}, ξ_K) による s の表示 $s_K(x_{K^c}, \xi_K)$ が

$$s_K(x_{K^c}, \xi_K) = b_K(x_{K^c}, \xi_K)|d\eta_\phi|^{1/2} \tag{9.177}$$

とおくと，$b_K(x_{K^c}, \xi_K)\in S_\rho{}^{k-N/2}(\boldsymbol{R}^{|K^c|}\times\boldsymbol{R}^{|K|})$ に属することである．ここでは $|d\eta_\phi|^{1/2}$ が $N/2$ 次同次であることを考慮している．——

定義は K のとり方によらないから整合的である．よって次の基本定理を得る．

定理 9.6　$U\subset\boldsymbol{R}^n$ を開集合，$\Gamma\subset U\times\boldsymbol{R}^N$ を十分小さい錐的開集合とし，$a(x, \theta)$ は Γ で定義された振幅関数で $a\in S_\rho{}^m(\Gamma)$ とする．振動積分

$$B_j(\nu)=\left(\frac{\nu}{2\pi}\right)^{(2N+n)/4}e^{-(\pi/4)iN}\int_{\boldsymbol{R}^N}a(x, \theta)e^{i\nu\phi(x,\theta)}|dx|^{1/2}d\theta \tag{9.178}$$

において，この主表象 $\sigma(B(\nu)|dx|^{1/2})$ は Λ_ϕ 上のベクトル束 $\boldsymbol{L}\otimes\Omega^{1/2}(\Lambda_\phi)$ の大域的切断で，

$$\sigma(B(\nu)|dx|^{1/2})\in S^{m+N/2}(\Lambda_\phi, \boldsymbol{L}\otimes\Omega^{1/2}) \tag{9.179}$$

をみたす．——

振動積分 (9.178) に対して，主表象 (9.179) のもつ意義は，どこにあるか．それは，第1に主表象が，$B(\nu)|dx|^{1/2}$ の特異性と，$\nu\to\infty$ のときの漸近的振舞いの主要部分を決定することであり，第2に，変数変換に際しての振舞いが，簡単に記述出来ることにある．

まず，変数変換に際しての振舞いをみよう．$V\subset\boldsymbol{R}^n$ を開集合とし，$\Gamma'\subset V\times\boldsymbol{R}^N$ を錐的開集合とする．次のような，Γ' と Γ' のファイバーを対応する写像

$$\begin{array}{ccc} \Gamma'\ni(\tilde{x}, \tilde{\theta}) & \xrightarrow{F} & (x, \theta)\in\Gamma \\ \downarrow & \circlearrowleft & \downarrow \\ V\ni\tilde{x} & \xrightarrow[f]{} & x\in U \end{array} \tag{9.180}$$

があるとする．これは微分同相であるとする．しかも，$\theta, \tilde{\theta}$ に関し斉次1次であるとする．すなわち，$x=x(\tilde{x})$，$\theta=\theta(\tilde{x}, \tilde{\theta})$ で，$\forall t>0$ に対して，

$$\theta(\tilde{x}, t\tilde{\theta}) = t\theta(\tilde{x}, \tilde{\theta}) \tag{9.181}$$

が成立する．このとき $f^*(B(\nu)|dx|^{1/2})=\tilde{B}(\nu)|d\tilde{x}|^{1/2}\in\mathcal{D}'(V,\Omega^{1/2})$ を得る．それは振動積分

$$\tilde{B}(\nu)|d\tilde{x}|^{1/2}=\left(\frac{\nu}{2\pi}\right)^{(N+n)/2}e^{-(\pi/4)iN}\int\tilde{a}(\tilde{x},\tilde{\theta})e^{i\nu\tilde{\phi}(\tilde{x},\tilde{\theta})}|d\tilde{x}|^{1/2}d\tilde{\theta} \tag{9.182}$$

である．ただし，

$$\tilde{a}(\tilde{x},\tilde{\theta})=a(x(\tilde{x}),\theta(\tilde{x},\tilde{\theta}))\left|\det\frac{\partial x}{\partial\tilde{x}}\right|^{1/2}\left|\det\frac{\partial\theta}{\partial\tilde{\theta}}\right|, \tag{9.183}$$

$$\tilde{\phi}(\tilde{x},\tilde{\theta})=\phi(x(\tilde{x}),\theta(\tilde{x},\tilde{\theta})) \tag{9.184}$$

である．このとき

$$C_{\tilde{\phi}}=\left\{(\tilde{x},\tilde{\theta})\left|\frac{\partial\tilde{\phi}}{\partial\tilde{\theta}}(\tilde{x},\tilde{\theta})=0\right.\right\}, \tag{9.185}$$

$$\frac{\partial\tilde{\phi}}{\partial\tilde{\theta}}(\tilde{x},\tilde{\theta})=\frac{\partial\phi}{\partial\theta}(x(\tilde{x}),\theta(\tilde{x},\tilde{\theta}))\frac{\partial\theta}{\partial\tilde{\theta}} \tag{9.186}$$

である．F が微分同相であるから，その Jacobi 行列は

$$0\neq\det\begin{bmatrix}\dfrac{\partial x}{\partial\tilde{x}} & \dfrac{\partial x}{\partial\tilde{\theta}}\\ \dfrac{\partial\theta}{\partial\tilde{x}} & \dfrac{\partial\theta}{\partial\tilde{\theta}}\end{bmatrix}=\det\begin{bmatrix}\dfrac{\partial x}{\partial\tilde{x}} & 0\\ \dfrac{\partial\theta}{\partial\tilde{x}} & \dfrac{\partial\theta}{\partial\tilde{\theta}}\end{bmatrix}=\left(\det\frac{\partial x}{\partial\tilde{x}}\right)\cdot\left(\det\frac{\partial\theta}{\partial\tilde{\theta}}\right)$$

である．よって $\det(\partial\theta/\partial\tilde{\theta})\neq0$，これと，(9.186) から，

$$C_{\tilde{\phi}}=F^{-1}C_{\phi} \tag{9.187}$$

である．

命題 9.6 $f:V\to U$ から $f^*:T^*U\to T^*V$ を得る．次の可換図式が成立する．

$$\begin{array}{ccc} C_{\tilde{\phi}} & \xrightarrow{F} & C_{\phi}\\ \iota\downarrow & \circlearrowleft & \downarrow\iota\\ \Lambda_{\tilde{\phi}} & \xleftarrow[f^*]{} & \Lambda_{\phi}\end{array} \tag{9.188}$$

証明
$$\Lambda_{\tilde{\phi}}=\left\{\left(\tilde{x},\frac{\partial\tilde{\phi}}{\partial\tilde{x}}d\tilde{x}\right)\middle|(\tilde{x},\tilde{\theta})\in C_{\tilde{\phi}}\right\}$$

であるから明らかであろう．▌

命題 9.7 (1) Λ_{ϕ} 上のベクトル束 $\boldsymbol{L}\otimes\Omega^{1/2}(\Lambda_{\phi})$ は，f^* によって $\Lambda_{\tilde{\phi}}$ 上のベクトル束 $\boldsymbol{L}\otimes\Omega^{1/2}(\Lambda_{\tilde{\phi}})$ に写像される．

(2) $f^*d\eta_{\phi}=d\eta_{\tilde{\phi}}$.

(3)　$f^*\sigma(B(\nu)|dx|^{1/2})=\sigma(\tilde{B}(\nu)|d\tilde{x}|^{1/2})$. ——

証明は読者に譲る.

定義 9.5 では, $B(\nu)|dx|^{1/2}$ の主表象を定義するのに, 微局所標準表示を用いた. 主表象の別の計算法を次に記そう. まず準備をする. $P_0\in\Lambda_\phi$ とする. σ をパラメータとする実数値をとる C^∞ 関数 $\psi(x,\sigma)$ を $x=x^0=\pi P_0\in U$ の近くでとる. $\psi(x,\sigma)$ は次の仮定 (A) をみたすとする.

仮定 (A)　σ を σ_0 に固定すると, x の関数 $\psi(x,\sigma_0)$ の定める T^*U の切断は, Lagrange 多様体 Λ_ψ であるが, Λ_ϕ と $P_0=\iota(x^0,\theta^0)$ で横断的に交わるとする.

このとき, σ が σ_0 の近くで動くとき, Λ_ψ と Λ_ϕ との交点を $\iota(x,\theta)$ とすると, (x,θ) の満たす方程式は,

$$
\left\{
\begin{aligned}
&\frac{\partial\phi}{\partial x}(x,\theta)=\frac{\partial\psi}{\partial x}(x,\sigma),\\
&\frac{\partial\phi}{\partial\theta}(x,\theta)=0
\end{aligned}
\right.
\tag{9.189}
$$

である. これから,

(9.190)

$$
\left\{
\begin{aligned}
&\left(\frac{\partial^2\phi}{\partial x\partial x}(x^0,\theta^0)-\frac{\partial^2\psi}{\partial x\partial x}(x^0,\sigma_0)\right)dx+\frac{\partial^2\phi}{\partial x\partial\theta}(x^0,\theta^0)\,d\theta=\frac{\partial^2\psi}{\partial x\partial\sigma}(x^0,\sigma_0)\,d\sigma,\\
&\frac{\partial^2\phi}{\partial\theta\partial x}(x^0,\theta^0)\,dx+\frac{\partial^2\phi}{\partial\theta\partial\theta}(x^0,\theta^0)\,d\theta=0
\end{aligned}
\right.
$$

である. この左辺の係数行列は,

$$
H(\phi,\psi)_{\sigma_0}=\begin{bmatrix}
\dfrac{\partial^2\phi}{\partial x\partial x}(x^0,\theta^0)-\dfrac{\partial^2\psi}{\partial x\partial x}(x^0,\sigma_0) & \dfrac{\partial^2\phi}{\partial x\partial\theta}(x^0,\theta^0)\\
\dfrac{\partial^2\phi}{\partial\theta\partial x}(x^0,\theta^0) & \dfrac{\partial^2\phi}{\partial\theta\partial\theta}(x^0,\theta^0)
\end{bmatrix}
\tag{9.191}
$$

である. ——

命題 9.8　仮定 (A) は, $\det H(\phi,\psi)\neq 0$ と同値である.

証明　$(x^0,\partial\phi(x^0,\theta^0)/\partial x)\in\Lambda_\phi\cap\Lambda_\psi$ である. T^*U の点を座標で (x,ξ) と書くことにする. $T_{P_0}\Lambda_\psi$ のベクトルは,

$$
d\xi_j-d_x\frac{\partial\psi}{\partial x_j}(x,\sigma)=0
\tag{9.192}
$$

をみたす．一方 Λ_ϕ の接ベクトル空間は

$$d\xi_j-\left(\frac{\partial^2\phi}{\partial x\partial x}dx+\frac{\partial^2\phi}{\partial x\partial\theta}d\theta\right)=0 \tag{9.193}$$

をみたす．ただし

$$\frac{\partial^2\phi}{\partial\theta\partial x}dx+\frac{\partial^2\phi}{\partial\theta\partial\theta}d\theta=0 \tag{9.194}$$

である．Λ_ψ と Λ_ϕ が横断的に交わるとき，これらを同時にみたすベクトルは，$\{0\}$ のみである．すなわち，

$$\det H(\phi,\psi)\neq 0. \tag{9.195}$$

逆も明らかである．▌

系 σ が σ_0 の十分小さい近傍にあるとき，Λ_ψ と Λ_ϕ の P_0 の近傍での交わりはただ1点から成る．これを $\iota(x(\sigma),\theta(\sigma))$ とおくと，$\sigma\to\iota(x(\sigma),\theta(\sigma))$ は C^∞ である．——

命題 9.9 仮定(A)の下で，さらに

$$\det\frac{\partial^2\psi}{\partial x\partial\sigma}(x^0,\sigma_0)\neq 0 \tag{9.196}$$

であると，$\sigma\to\iota(x(\sigma),\theta(\sigma))$ は，σ_0 のある近傍から，$\iota(x^0,\theta^0)$ のある近傍への微分同相である．——

σ が σ_0 の近傍を動くとき，$P=\iota(x(\sigma),\theta(\sigma))$ で Λ_ψ と Λ_ϕ が横断的に交わる．この交点 P での Λ_ϕ と Λ_ψ への接空間をそれぞれ $\lambda_\phi,\lambda_\psi$ と書く．すると，$\lambda_\phi\cap\lambda_\psi=\{0\}$，$\lambda_\psi\cap\lambda_{\mathrm{Re}}=\{0\}$ である．ここで λ_{Re} は，T^*U のファイバーへの接空間であった．これから，

$$T_PT^*U=\lambda_\psi\oplus\lambda_{\mathrm{Re}} \tag{9.197}$$

と直和分解される．よって $T_PT^*U\to\lambda_{\mathrm{Re}}$ という射影が出来る．これは λ_ϕ に制限すれば，$p_\psi:\lambda_\phi\to\lambda_{\mathrm{Re}}$ という線型な同型写像を得る．これは明らかに，

$$p_\psi+T_{\lambda_{\mathrm{Re}}\lambda_\psi\lambda_\phi}\circ p_\psi=\mathrm{id} \tag{9.198}$$

である．λ_{Re} 上 $\Omega^{1/2}(\lambda_{\mathrm{Re}})$ の基底として $dv_F=|d\xi_1\wedge\cdots\wedge d\xi_n|^{1/2}$ をとることが出来る．したがって λ_ϕ 上 $p_\psi{}^*|d\xi_1\wedge\cdots\wedge d\xi_n|^{1/2}$ を $\Omega^{1/2}(\lambda_\phi)$ の基底にとれる．

命題 9.10

$$|d\eta_\phi|^{1/2}=|\det H(\phi,\psi)|^{-1/2}p_\psi{}^*|dv_F|^{1/2}. \tag{9.199}$$

証明　$p+iq\in\lambda_\phi$ とは，ある $\eta\in\boldsymbol{R}^N$ があって，

$$\begin{bmatrix} p \\ 0 \end{bmatrix}=\begin{bmatrix} \dfrac{\partial^2\phi}{\partial x\partial x} & \dfrac{\partial^2\phi}{\partial x\partial\theta} \\ \dfrac{\partial^2\phi}{\partial\theta\partial x} & \dfrac{\partial^2\phi}{\partial\theta\partial\theta} \end{bmatrix}\begin{bmatrix} q \\ \eta \end{bmatrix} \tag{9.200}$$

であることである．この p_ψ による像が，$p'+i0\in\lambda_{\mathrm{Re}}$ とすると，

$$p+iq-p'\in\lambda_\psi. \tag{9.201}$$

すなわち

$$p-p'=\frac{\partial^2\psi}{\partial x\partial x}q. \tag{9.202}$$

よって

$$\begin{bmatrix} p' \\ 0 \end{bmatrix}=\begin{bmatrix} \dfrac{\partial^2\phi}{\partial x\partial x}-\dfrac{\partial^2\psi}{\partial x\partial x} & \dfrac{\partial^2\phi}{\partial x\partial\theta} \\ \dfrac{\partial^2\phi}{\partial\theta\partial x} & \dfrac{\partial^2\phi}{\partial\theta\partial\theta} \end{bmatrix}\begin{bmatrix} q \\ \eta \end{bmatrix} \tag{9.203}$$

である．$\zeta=(\partial^2\phi/\partial\theta\partial x)q+(\partial^2\phi/\partial\theta\partial\theta)\eta$ とおくと

$$d\eta_\phi\wedge d\zeta=dx\wedge d\theta$$

であった．一方 (9.203) から，

$$\iota^*p_\psi{}^*dv_F\wedge d\zeta=\det H(\phi,\psi)\,dx\wedge d\theta,$$

よって

$$|\iota^*p_\psi{}^*dv_F|=|\det H(\phi,\psi)||d\eta_\phi|.$$

これは命題を証明している．▌

さて，主表象の別の計算法を与えよう．

命題 9.11　(9.178) において，a の錐台が (x^0,θ^0) の十分小さい錐近傍に入り，σ が σ_0 の近くのとき，$(x(\sigma),\theta(\sigma))$ が a の錐台に一つだけ存在するとき，$u(x)|dx|^{1/2}\in C_0^\infty(U,\Omega^{1/2})$ とすると，次の漸近展開が成立する．

$$\left(\frac{\nu}{2\pi}\right)^{n/4}e^{i\nu\psi(x(\sigma),\sigma)}\langle B(\nu)|dx|^{1/2},e^{-i\nu\psi(x,\sigma)}u(x)|dx|^{1/2}\rangle \tag{9.204}$$

$$\sim e^{-(\pi/4)iN}|\det H(\phi,\psi)|^{-1/2}e^{(\pi/4)i\,\mathrm{sgn}\,H(\phi,\psi)}\left\{\sum_{k=0}^{\infty}\nu^{-k}p_k(\sigma)\right\}.$$

ここで，

(9.205) $$p_0(\sigma) = a(x(\sigma), \theta(\sigma))u(x(\sigma))$$

である.

証明 (9.204) 右辺は,

(9.206)

$$I = e^{i\nu\psi(x(\sigma),\theta(\sigma))}\left(\frac{\nu}{2\pi}\right)^{(N+n)/2} e^{-(\pi/4)iN}\iint_{\boldsymbol{R}^n\times\boldsymbol{R}^N} a(x,\theta)u(x)e^{i\nu(\phi(x,\theta)-\psi(x,\sigma))}dxd\theta$$

に等しい. 例によって鞍部点法を用いる. 位相の停留点は,

(9.207) $$\begin{cases} \dfrac{\partial\phi}{\partial x}(x,\theta) - \dfrac{\partial\psi}{\partial x}(x,\sigma) = 0, \\ \dfrac{\partial\phi}{\partial\theta}(x,\theta) = 0 \end{cases}$$

の解である. σ が σ_0 の十分近くであり, a の錐台が $(x(\sigma_0), \theta(\sigma_0)) = (x^0, \theta^0)$ の十分小さい錐近傍に限られているならば, a の錐台の上で, (9.207) の解は, ただ一つで, $(x(\sigma), \theta(\sigma))$ で与えられる (命題 9.8). $(x(\sigma), \theta(\sigma))$ における Hesse 行列は,

(9.208) $$H(\phi,\psi)(\sigma) = \begin{bmatrix} \dfrac{\partial^2\phi}{\partial x\sigma x}(x,\theta) - \dfrac{\partial^2\psi}{\partial x\partial x}(x,\sigma) & \dfrac{\partial^2\phi}{\partial x\partial\theta}(x,\theta) \\ \dfrac{\partial^2\phi}{\partial\theta\partial x} & \dfrac{\partial^2\phi}{\partial\theta\partial\theta}(x,\theta) \end{bmatrix}_{\substack{x=x(\sigma)\\ \theta=\theta(\sigma)}}$$

である. これは $\det H(\phi,\psi)(\sigma) \neq 0$ である. したがって, 鞍部点法が適用出来て, (9.204) が証明された. ∎

(9.204) と $\sigma(B(\nu)|dx|^{1/2})$ との関係を調べよう. それには, (9.204) 右辺の因子 $\exp(\pi/4)i\,\mathrm{sgn}\,H(\phi,\psi)$ を考える必要がある.

補助定理 9.6 $P(\sigma) = \iota(x(\sigma), \theta(\sigma))$ とおくと

(9.209) $$\mathrm{sgn}\,H(\phi,\psi) = \mathrm{sgn}\,\frac{\partial^2\phi}{\partial\theta\partial\theta}(x(\sigma),\theta(\sigma)) - \mathrm{sgn}\,(\lambda_{\mathrm{Re}}, \lambda_\psi, \mu(P(\sigma))).$$

証明 $q \in \boldsymbol{R}^n$, $\eta \in \boldsymbol{R}^N$ として $p' \in \boldsymbol{R}^n$, $\zeta \in \boldsymbol{R}^N$ を

(9.210)

$$\begin{bmatrix} p' \\ \zeta \end{bmatrix} = \begin{bmatrix} \dfrac{\partial^2\phi}{\partial x\partial x}(x(\sigma),\theta(\sigma)) - \dfrac{\partial^2\psi}{\partial x\partial x}(x(\sigma),\theta(\sigma)) & \dfrac{\partial^2\phi}{\partial x\partial\theta}(x(\sigma),\theta(\sigma)) \\ \dfrac{\partial^2\phi}{\partial\theta\partial x}(x(\sigma),\theta(\sigma)) & \dfrac{\partial^2\phi}{\partial\theta\partial\theta}(x(\sigma),\theta(\sigma)) \end{bmatrix} \begin{bmatrix} q \\ \eta \end{bmatrix}$$

とおく．明らかに

$$\text{(9.211)} \qquad \operatorname{sgn} H(\phi, \psi) = \operatorname{sgn}(p' \cdot q + \zeta \cdot \eta)$$

である．$H(\phi, \psi)$ は非退化2次形式を定めるから，補助定理 9.3 によって

$$\text{(9.212)} \qquad \operatorname{sgn} H(\phi, \psi) = \operatorname{sgn} \zeta \cdot \eta|_{q=0} + \operatorname{sgn} p' \cdot q|_{\zeta=0}.$$

確かに，

$$\text{(9.213)} \qquad \operatorname{sgn} \zeta \cdot \eta|_{q=0} = \operatorname{sgn} \frac{\partial^2 \phi}{\partial\theta\partial\theta}(x(\sigma), \theta(\sigma)).$$

また，命題 9.10 の証明中の (9.203) 式から，

$$\text{(9.214)} \qquad p' \cdot q|_{\zeta=0} = \sigma(p_\psi(p+iq), p+iq), \qquad p+iq \in \mu(P(\sigma))$$

である．一方 (9.198) から，これは

$$\text{(9.215)} \qquad p' \cdot q|_{\zeta=0} = \sigma(p_\psi(p+iq), T_{\lambda_{\mathrm{Re}}\lambda_\psi\lambda_\phi} \circ p_\psi(p+iq)).$$

$p_\psi(p+iq) = p'$ とおくと，$p_\psi : \lambda_\phi \to \lambda_{\mathrm{Re}}$ は同型だから

$$\text{(9.216)} \qquad \begin{aligned} \operatorname{sgn} p' \cdot q|_{\zeta=0} &= \operatorname{sgn} \sigma(p', T_{\lambda_{\mathrm{Re}}\lambda_\psi\lambda_\phi} \circ p') \\ &= -\operatorname{sgn}(\lambda_{\mathrm{Re}}, \lambda_\psi, \mu(P(\sigma))). \end{aligned}$$

よって (9.212), (9.213) と (9.216) をあわせて，証明が終った．▌

(9.204) と主表象の関係をみるために，$B(\nu)|dx|^{1/2}$ として微局所標準表示をとってみる．そのために，$K \subset \{1, 2, \cdots, n\}$ に対して，

$$\text{(9.217)} \qquad \phi_K(x, \xi_K) = S_K(x_{K^c}, \xi_K) + x_K \cdot \xi_K$$

とおく．

補助定理 9.7 P の近傍で Λ_ϕ の局所座標関数として，(x_{K^c}, ξ_K) と (x_{M^c}, ξ_M) がとれると，

$$\text{(9.218)} \qquad \operatorname{sgn} H(\phi_K, \psi) - \operatorname{sgn} H(\phi_M, \psi) = \operatorname{sgn}(\lambda_K, \mu(P), \lambda_M).$$

証明 ϕ として $\phi_K(x, \xi_K)$ をとると，$\theta = \xi_K$ である．

$$\text{(9.219)} \qquad \operatorname{sgn} \frac{\partial^2 \phi_K}{\partial\theta\partial\theta} = \operatorname{sgn} \frac{\partial^2 S_K}{\partial\xi_K \partial\xi_K} = -\operatorname{sgn} p_K \cdot q_K = -\operatorname{sgn} p \cdot q|_{q_{K^c}=0}.$$

よって，$\mu(P)$ 上の2次形式として，

$$\text{(9.220)} \qquad \begin{aligned} &\operatorname{sgn} H(\phi_K, \psi) - \operatorname{sgn} H(\phi_M, \psi) \\ &\quad = -\operatorname{sgn} p_K \cdot q_K|_{q_{K^c}=0} + \operatorname{sgn} p_M \cdot q_M|_{q_{M^c}=0}. \end{aligned}$$

補助定理 9.3 から，

(9.221)

$$\operatorname{sgn} p_K\cdot q_K|_{q_{K^c}=0} = \operatorname{sgn} p_{K\cap M^c}\cdot q_{K\cap M^c}\Big|_{\substack{q_{K^c}=0\\ p_{K\cap M}=0}} + \operatorname{sgn} q_{K\cap M}\cdot p_{K\cap M}\Big|_{\substack{q_{K\cap M^c}=0\\ q_{K^c}=0}}.$$

同様にして

(9.222)

$$\operatorname{sgn} p_M\cdot q_M|_{q_{M^c}=0} = \operatorname{sgn} q_{K^c\cap M}\cdot p_{K^c\cap M}\Big|_{\substack{q_{M^c}=0\\ p_{K\cap M}=0}} + \operatorname{sgn} q_{K\cap M}\cdot p_{K\cap M}\Big|_{\substack{q_{M\cap K^c}=0\\ q_{M^c}=0}}.$$

差をとって,

(9.223)
$$\begin{aligned}&\operatorname{sgn} H(\phi_K,\psi)-\operatorname{sgn} H(\phi_M,\psi)\\ &= -\operatorname{sgn} p_{K\cap M^c}\cdot q_{K\cap M^c}\Big|_{\substack{q_{K^c}=0\\ p_{K\cap M}=0}} + \operatorname{sgn} q_{K^c\cap M}\cdot p_{K^c\cap M}\Big|_{\substack{q_{M^c}=0\\ p_{K\cap M}=0}}.\end{aligned}$$

これに, (9.162) を用いて,

(9.224) $$\operatorname{sgn} H(\phi_K,\psi)-\operatorname{sgn} H(\phi_M,\psi) = \operatorname{sgn}(\lambda_K,\mu(P),\lambda_M).$$

これで補助定理が証明された. ▌

系 1 補助定理 9.7 の仮定の下で, 下式が成立する.

(9.225)
$$\begin{aligned}&\operatorname{sgn} H(\phi_K,\psi)-\operatorname{sgn}(\phi_M,\psi)\\ &= 2(n_{\hat{\gamma}_K}(\mu(P))-n_{\hat{\gamma}_M}(\mu(P)))+|M|-|K|.\end{aligned}$$ ——

証明は, 第 I 分冊 114 ページ定理 4.16 と定理 4.17 の系によれば良い.

系 2 Λ_ϕ の座標近傍 $\mu^{-1}\Lambda^0(n;\lambda_K)$ による開被覆を $\bigcup_K \mu^{-1}\Lambda^0(n;\lambda_K)$ とする. 写像,

(9.226) $$\mu^{-1}\Lambda^0(n;\lambda_K)\ni P \longrightarrow \exp\frac{\pi}{4}i(\operatorname{sgn} H(\phi_K,\psi)+|K|)$$

は, ベクトル束 $\boldsymbol{L}^{-1}$ の Λ_ϕ 上大域的切断を定める.

証明
$$\begin{aligned}&\frac{1}{2}(\operatorname{sgn} H(\phi_K,\psi)+|K|-\operatorname{sgn} H(\phi_M,\psi)-|M|)\\ &= n_{\hat{\gamma}_K}(\mu(P))-n_{\hat{\gamma}_M}(\mu(P))\end{aligned}$$

である. これは, 第 I 分冊 (5.20) の Maslov のバンドル $\hat{\Lambda}_\phi$ の座標変換の公式と一致する. $\boldsymbol{L}$ において, $\boldsymbol{Z}$ の $\boldsymbol{C}$ への作用は, (9.171) であった. (9.226) においては, $\boldsymbol{Z}$ の $\boldsymbol{C}$ への作用は

$$\boldsymbol{Z}\times\boldsymbol{C}\ni(g,z)\longrightarrow e^{(\pi/2)i}gz\in\boldsymbol{C}$$

であるから, (9.226) は $\boldsymbol{L}^{-1}$ の大域的切断を表す. ▌

我々は, 漸近展開 (9.204) 式の第 1 項の意味を把握出来るようになった. 定義

9.5と(9.128)とをあわせて，

(9.227)

$$
\begin{aligned}
B(\nu)|dx|^{1/2} &= \left(\frac{\nu}{2\pi}\right)^{(n+2|K|)/4} e^{(\pi/4)i|K|}\int_{\boldsymbol{R}^{|K|}} \frac{\sigma_K(B(\nu)|dx|^{1/2})}{|dv_K|^{1/2}} e^{i\nu(S_K(x_{K^c},\xi_K)+x_K\cdot\xi_K)}d\xi_K|dx|^{1/2} \\
&\quad +O(\nu^{-1}) \\
&= \left(\frac{\nu}{2\pi}\right)^{(n+2|K|)/4} e^{(\pi/4)i|K|}\int_{\boldsymbol{R}^{|K|}} \sigma_K(B(\nu)|dx|^{1/2}) e^{i\nu(S_K(x_{K^c},\xi_K)+x_K\cdot\xi_K)}|d\xi_K|^{1/2}|dx_K|^{1/2} \\
&\quad +O(\nu^{-1})
\end{aligned}
$$

という微局所標準表示が出来る．(9.204)に代入する．$d\eta_{\phi_K}=\pm dv_K$ に注意すると，次の定理を得る．

定理 9.7　命題9.11の仮定の下で，

$$
\begin{aligned}
(9.228)\qquad &\left(\frac{\nu}{2\pi}\right)^{n/4} e^{i\nu\psi(x(\sigma),\sigma)}\langle B_j(\nu)|dx|^{1/2}, e^{-i\nu\psi(x,\sigma)}u(x)|dx|^{1/2}\rangle p_\psi{}^*|dv_f|^{1/2} \\
&= e^{(\pi/4)i(\operatorname{sgn} H(\phi_K,\psi)+|K|)}\sigma_K(B(\nu)|dx|^{1/2})(x(\sigma),\theta(\sigma))u(x(\sigma)) \\
&\quad +O(\nu^{-1}).
\end{aligned}
$$

定理 9.8　$\boldsymbol{L}^{-1}\otimes\boldsymbol{L}\otimes\Omega^{1/2}\to\Omega^{1/2}$ という同一視によって，(9.228)右辺第1項は，Λ_ϕ 上 $\Omega^{1/2}$ の大域的切断 $\tau(\psi)$ を与える．

$$
(9.229)\qquad \tau(\psi) = e^{(\pi/4)i\gamma(\psi)}a_j(x(\sigma),\theta(\sigma))u(x(\sigma))|d\eta_\phi|^{1/2}
$$

が成立する．ただし，

$$
(9.230)\qquad \gamma(\psi) = (\operatorname{sgn} H(\phi_K,\psi)+|K|-2\operatorname{Inert} D_K)\in\boldsymbol{Z}
$$

で，これは K のとり方によらない定数である．

証明　(9.228)に定義9.5の中の式を代入すれば良い．$\gamma(\psi)$ が，定数のことは，補助定理9.1と，補助定理9.7の系1による．∎

それでは $\gamma(\psi)$ は ψ の関数としてどのようなものであろうか．

補助定理 9.8　ϕ を固定し，ψ を仮定(A)をみたすようにして変えると，

$$
\begin{aligned}
(9.231)\qquad \operatorname{sgn} H(\phi,\psi)-\operatorname{sgn} H(\phi,\psi_1) &= n_{\lambda_{\mathrm{Re}}}^{\hat\mu(P)}(\lambda_\psi)-n_{\lambda_{\mathrm{Re}}}^{\hat\mu(P)}(\lambda_{\psi_1}) \\
&= -2S(\lambda_{\mathrm{Re}},\mu(P);\lambda_\psi,\lambda_{\psi_1}) \qquad \text{(Hörmander 指数)}^{1)}.
\end{aligned}
$$

証明　(9.209)より，

---

1)　第I分冊114ページ，命題4.7.

$$(9.232)\quad \begin{aligned} &H(\phi,\psi)-H(\phi,\psi_1)\\ &=-\mathrm{sgn}\,(\lambda_{\mathrm{Re}},\lambda_\psi,\mu(P(\sigma)))+\mathrm{sgn}\,(\lambda_{\mathrm{Re}},\lambda_{\psi_1},\mu(P(\sigma)))\\ &=2(\mathrm{Inert}\,(\lambda_{\mathrm{Re}},\lambda_\psi,\mu(P(\sigma))))-\mathrm{Inert}\,(\lambda_{\mathrm{Re}},\lambda_{\psi_1},\mu(P(\sigma)))\\ &=-2(n_{\hat\lambda_{\mathrm{Re}}}^{\hat\mu(P(\sigma))}(\lambda_\psi)-n_{\hat\lambda_{\mathrm{Re}}}^{\hat\mu(P(\sigma))}(\lambda_{\psi_1})). \end{aligned}\qquad \blacksquare$$

定理 9.9 定理 9.8 の記号を用いる．ψ と ψ_1 が共に仮定 (A) をみたす関数とすると，$\Omega^{1/2}$ の大域的切断として，

$$(9.233)\qquad \tau(\psi_1)=\exp\frac{\pi}{2}iS(\lambda_{\mathrm{Re}},\mu(P)\,;\lambda_\psi,\lambda_{\psi_1})\tau(\psi)$$

が成立する．——

証明は明らかである．これと逆に，次の定理が成り立つ．

定理 9.10 錐的 Lagrange 多様体 Λ があり，$P\in\Lambda$ における接空間を $\mu(P)$ とする．λ_{Re} と $\mu(P)$ に横断的な，任意の Lagrange 部分空間 $\lambda\in T_PT^*U$ に対し，複素数値 $f_P(\lambda)$ を対応させる写像で，λ' も λ_{Re} と $\mu(P)$ に横断的な Lagrange 部分空間とするとき，

$$(9.234)\qquad f_P(\lambda')=\exp\frac{\pi}{2}iS(\lambda_{\mathrm{Re}},\mu(P)\,;\lambda,\lambda')f_P(\lambda)$$

という関係が成立する f_P の全体を $\boldsymbol{L}_P$ と書けば，$\boldsymbol{L}_P$ は，Λ 上のベクトル束 $\boldsymbol{L}$ の $P\in\Lambda$ 上でのファイバーと同一視される．$\boldsymbol{L}$ の切断とは，λ を固定したとき，$P\to f_P(\lambda)$ が C^∞ 写像となるものである．

証明 上述のような f_P があったとする．Q が P の十分小さい錐近傍であれば，λ は $\mu(P)$ と $\mu(Q)$ とに横断的として良い．

$$(9.235)\qquad g_Q(P,\lambda)=f_P(\lambda)\exp\frac{\pi}{2}in_{\hat\lambda_{\mathrm{Re}}}^{\hat\mu(Q)}(\lambda)$$

とおく．この $g_Q(P,\lambda)$ は実は λ によらない．実際，λ' も同様のものとすると (9.234) と $S(\lambda_{\mathrm{Re}},\mu(P)\,;\lambda,\lambda')$ の定義により，

$$(9.236)\qquad g_Q(P,\lambda)=g_Q(P,\lambda')$$

が示される．それゆえ，$g_Q(P,\lambda)=g_Q(P)$ とおく．$\tilde{\boldsymbol{L}}=\coprod_P \boldsymbol{L}_P$ とおく．U を開集合として $\tilde{\boldsymbol{L}}_U=\coprod_{P\in U}\boldsymbol{L}_P$ とおく．U_Q が Q の錐近傍のとき，

$$(9.237)\qquad G_Q:\ \tilde{\boldsymbol{L}}_{U_Q}\ni f_P\longrightarrow(P,g_Q(P))\in U_Q\times\boldsymbol{C}$$

とすると，$\tilde{\boldsymbol{L}}_{U_Q}\cong U_Q\times\boldsymbol{C}$ となる．$P\in U_Q\cap U_{Q'}$ のとき，λ が $\mu(Q)$ と $\mu(Q')$ と λ_{Re}

とに横断的なら

$$(9.238)\qquad g_{Q'}(P)=g_{Q'}(P,\lambda)=f_P(\lambda)\exp\frac{\pi}{2}in_{\hat{\lambda}_{\mathrm{Re}}}^{\hat{\mu}(Q')}(\lambda)$$

$$=g_Q(P,\lambda)\exp\frac{\pi}{2}i(n_{\hat{\lambda}_{\mathrm{Re}}}^{\hat{\mu}(Q')}(\lambda)-n_{\hat{\lambda}_{\mathrm{Re}}}^{\hat{\mu}(Q')}(\lambda))$$

であり，さらに第I分冊(4.134)から，

$$(9.239)\qquad n_{\hat{\lambda}_{\mathrm{Re}}}^{\hat{\mu}(Q')}(\lambda)-n_{\hat{\lambda}_{\mathrm{Re}}}^{\hat{\mu}(Q)}(\lambda)=-n_{\hat{\mu}(Q')}(\lambda)+n_{\hat{\mu}(Q)}(\lambda)=n_{\hat{\mu}(Q)}^{\hat{\mu}(Q')}(\lambda)$$

であるから，

$$(9.240)\qquad g_{Q'}(P)=g_Q(P)\exp\frac{\pi}{2}in_{\hat{\mu}(Q)}^{\hat{\mu}(Q')}(\lambda)$$

$$=g_Q(P)\exp\left(-\frac{\pi}{2}in_{\hat{\mu}(Q')}^{\hat{\mu}(Q)}(\lambda)\right).$$

これは，$\tilde{\boldsymbol{L}}$ が $\boldsymbol{L}$ と同じ座標変換に従うことを示す．すなわち $\tilde{\boldsymbol{L}}\cong\boldsymbol{L}$ である．▌

定理9.10によれば，座標を用いずに $\boldsymbol{L}$ を把握出来るので興味深い．

さて，本節の最後につぎの注意をしよう．二つの振動積分

$$(9.241)\qquad B_1(\nu)|dx|^{1/2}=\left(\frac{\nu}{2\pi}\right)^{(2N_1+n)/4}e^{-(\pi/4)iN_1}\int_{\boldsymbol{R}^{N_1}}a_1(x,\theta)e^{i\nu\phi_1(x,\theta)}d\theta|dx|^{1/2},$$

$$(9.242)\qquad B_2(\nu)|dx|^{1/2}=\left(\frac{\nu}{2\pi}\right)^{(2N_2+n)/4}e^{-(\pi/4)iN_2}\int_{\boldsymbol{R}^{N_2}}a_2(x,\tilde{\theta})e^{i\nu\phi_2(x,\tilde{\theta})}d\tilde{\theta}|dx|^{1/2}$$

が，$\nu\to\infty$ のときの漸近挙動の主要項が等しいためには，ϕ_1 と ϕ_2 の定める Lagrange 多様体 Λ_{ϕ_1} と Λ_{ϕ_2} が等しく，主表象も等しいことが，必要十分条件であることは，微局所標準表示と定義9.5で明らかであった．部分 Fourier 変換をせずに主表象の等しいことは分る．すなわち次の定理が成り立つ．

定理9.11[1]　$(x^0,\xi^0)\in T^*U$ の近くの小さい錐近傍で，ϕ と ϕ_1 の定める Lagrange 多様体は等しいとする．このとき，二つの振動積分(9.241)と(9.242)が同じ主表象をもつためには，次の式が成立することが必要十分である．

$$(9.243)\qquad \exp\frac{\pi}{4}i\left(\mathrm{sgn}\frac{\partial^2\phi_1}{\partial\theta\partial\theta}(x,\theta)\right)a_1(x,\theta)|d\eta_{\phi_1}|^{1/2}$$

1)　この考え方をより詳しく章末の問題に示しておく．

$$= \exp\frac{\pi}{4}i\left(\operatorname{sgn}\frac{\partial^2\phi_2}{\partial\tilde{\theta}\partial\tilde{\theta}}(x,\tilde{\theta})\right)a_2(x,\tilde{\theta})|d\eta_{\phi_2}|^{1/2}.$$

ただし，$(x,\theta)\in C_{\phi_1}$，$(x,\tilde{\theta})\in C_{\phi_2}$ であり，共に (x^0,ξ^0) の近傍の $\Lambda_{\phi_1}=\Lambda_{\phi_2}$ の同じ点に対応するものとする．

証明　主表象を計算するのに (9.228) を用いる．(9.228) 左辺を，(9.241) あるいは (9.242) について計算し $O(\nu^{-1})$ の項を除いて等しいとおくと，(9.204) から

(9.244)
$$|\det H(\phi_1,\psi)|^{-1/2}e^{(\pi/4)i\operatorname{sgn}H(\phi_1,\psi)}a_1(x(\sigma),\theta(\sigma))u(x(\sigma))p_\psi{}^*|dv_f|^{1/2}$$
$$=|\det H(\phi_2,\psi)|^{-1/2}e^{(\pi/4)i\operatorname{sgn}H(\phi_2,\psi)}a_2(x(\sigma),\theta(\sigma))u(x(\sigma))p_\psi{}^*|dv_f|^{1/2}$$

を得る．(9.209) を用いると，ϕ_1 と ϕ_2 は共に同じ $\Lambda_{\phi_1}=\Lambda_{\phi_2}$ を定めるから

$$\operatorname{sgn}H(\phi_1,\psi)-\operatorname{sgn}H(\phi_2,\psi)=\operatorname{sgn}\frac{\partial^2\phi_1}{\partial\theta\partial\theta}-\operatorname{sgn}\frac{\partial^2\phi_2}{\partial\tilde{\theta}\partial\tilde{\theta}} \tag{9.245}$$

で，(9.199) をも用いると，(9.244) から

$$\exp\frac{\pi}{4}i\left(\operatorname{sgn}\frac{\partial^2\phi_1}{\partial\theta\partial\theta}\right)a_1(x(\sigma),\theta(\sigma))|d\eta_{\phi_1}|^{1/2}$$
$$=\exp\frac{\pi}{4}i\left(\operatorname{sgn}\frac{\partial^2\phi_2}{\partial\theta\partial\theta}\right)a_2(x(\sigma),\theta(\sigma))|d\eta_{\phi_2}|^{1/2}$$

を得る．命題9.9によりこれが証明すべきことであった．▌

§9.5　多様体上の振動積分

X は σ コンパクトな C^∞ 多様体で n 次元とする．Λ は $T^*X\setminus 0$ の錐的 Lagrange 多様体とする．Λ は閉多様体とする．$X=\bigcup_j X_j$ という可算開被覆があって，各 j につき次の2条件が成立しているとしよう．

(1)　X_j は X の局所座標近傍で，座標関数 $x=(x_1,\cdots,x_n)$ によって，$\boldsymbol{R}^n$ のある開集合 U_j と微分同相である．

(2)　ある非負整数 N_j があって，$U_j\times(\boldsymbol{R}^{N_j}\setminus 0)$ のある錐的開集合 V_j で定義された非退化正則位相関数 $\phi_j(x,\theta)$ があり，

$$C_{\phi_j}=\left\{(x,\theta)\in V_j\,\middle|\,\frac{\partial\phi_j}{\partial\theta}(x,\theta)=0\right\}\ni(x,\theta)\longrightarrow(x,d_x\phi_j(x,\theta))\in T^*X$$

は，C_{ϕ_j} から Λ のある開部分集合 Λ_j への微分同相である．$\bigcup_j\Lambda_j=\Lambda$．

定義 9.9　パラメータ $\nu \geqq 1$ を含む $A(\nu)|dx|^{1/2} \in \mathscr{D}'(X, \Omega^{1/2})$ が

$$A(\nu)|dx|^{1/2} = \sum_j A_j(\nu)|dx|^{1/2}, \tag{9.246}$$

$$A_j(\nu)|dx|^{1/2} = \left(\frac{\nu}{2\pi}\right)^{(n+2N_j)/4} e^{-(\pi/4)iN_j} \int_{R^{N_j}} e^{i\nu\phi_j(x,\theta)} a_j(x,\theta)|dx|^{1/2}d\theta \tag{9.247}$$

という局所有限和に書けるとき，$A(\nu)|dx|^{1/2} \in I_\rho^m(X, \Lambda)$ と書く．ただし，dx は U_j での Lebesgue 測度で，$a_j \in S^{m+(n-2N_j)/4}(U_j \times \boldsymbol{R}^{N_j})$ で，V_j の中のあるコンパクト集合 K_j があって cone supp $a_j \subset$ Cone K_j となっているものとする．——

いままでは，シンプレクティック多様体として専ら $\boldsymbol{C}^n$ をとって，そこでの Lagrange 多様体上で，Maslov-Arnol'd の特性類を扱った．今の場合は，T^*X というシンプレクティック多様体の Lagrange 部分多様体 Λ で Maslov-Arnol'd の特性類を定義する[1]．

第I分冊 31 ページから 32 ページに論じたことを想い出す．X に Riemann 計量 g を入れておく．$\forall\alpha \in T^*X$ において，$T_\alpha T^*X$ という T^*X への接空間はユニタリなシンプレクティックベクトル空間であった．α において，T^*X のファイバーへの接空間を λ^f とする．Riemann 計量から導かれる T^*X の接続[2]を考える．$T_\alpha T^*X$ の中に，水平部分空間 λ^h と呼ばれるものがある．第I分冊 31 ページの議論で，λ^f と λ^h は共に $T_\alpha T^*X$ の Lagrange 部分空間で，互いに他と横断的であった．それ故各 α において，λ^f を λ_{Re} に，λ^h を λ_{Im} に写像するような $\Phi_\alpha : T_\alpha T^*X \to \boldsymbol{C}^n$ というユニタリな線型写像が出来る．Φ_α は唯一ではなく，α を変えると連続的に変るように，T^*X 上大域的に定義されるかどうかは問題である．しかし，$\Phi_\alpha' : T_\alpha T^*X \to \boldsymbol{C}^n$ が同様の写像とすると，次の命題が成立することは明らかである．

命題 9.12　$\Phi_\alpha' \Phi_\alpha^{-1} : \boldsymbol{C}^n \to \boldsymbol{C}^n$ は $\Phi_\alpha' \Phi_\alpha^{-1} \in O(n)$ である．——

この命題により，$\Lambda(T_\alpha T^*X)$ を $T_\alpha T^*X$ での Lagrange 部分空間の全体の作る Grassmann 多様体とすると，次の定理が成り立つ．

定理 9.12　上述の $\Phi_\alpha : T_\alpha T^*X \to \boldsymbol{C}^n$ は，一意的に

---

1) D. Fujiwara: A construction of fundamental solution of Schrödinger's equation on the sphere, Jour. Math. Soc. Japan, vol. 28 (1976), pp. 483–505 に従う．

2) 本講座，志賀浩二“多様体論 II”§4.3.

(9.248) $$\psi_\alpha\colon \Lambda(T_\alpha T^*X) \longrightarrow \Lambda(n)$$

という微分同相を引き起す．α を動かすと ψ_α は連続的に変る．ψ_α はまた，X の計量 g にも連続的に依存する．

証明 写像 ψ_α が一意的に定まることは，第I分冊定理4.1と，上の命題9.12によって明らか．ψ_α が，$\alpha \in T^*X$ と，X の計量 g に連続的に依存することは明らかである．▌

定義 9.10 $\Lambda \subset T^*X$ が Lagrange 多様体とする．$\forall\alpha \in \Lambda$ に対し $\rho(\alpha)=\psi_\alpha(T_\alpha\Lambda) \in \Lambda(n)$ として

(9.249) $$\rho\colon \Lambda \longrightarrow \Lambda(n)$$

という C^∞ 写像が出来る．$\Gamma\subset\Lambda$ を Λ 上の曲線とする．$\rho(\Gamma)$ は $\Lambda(n)$ の曲線であるからその Keller-Maslov-Arnol'd 指数 $\mathrm{Ind}\,\rho(\Gamma)$ が定義される．したがって

(9.250) $\mathrm{Ind}\,\Gamma = \rho(\Gamma)$ の Keller-Maslov-Arnol'd 指数

を Γ の Keller-Maslov-Arnol'd 指数という．——

とくに $\Gamma\subset\Lambda$ が Λ の閉曲線ならば，Ind は Λ の1次元のコホモロジーの元を定める．これを，Maslov-Arnol'd の特性類という．X の Riemann 計量の全体は凸集合を成すから，Ind は定義に使用した Riemann 計量 g の選び方によらないことが分る．

Λ 上，曲線の Keller-Maslov-Arnol'd 指数が定義された．同様にして $\Lambda\times\Lambda$ 上の曲線 $\Gamma(t)=(\gamma_1(t),\ \gamma_2(t))$ $(t\in[0,1])$ が，$\rho(\gamma_1(0))$ と $\rho(\gamma_2(0))$，$\rho(\gamma_1(1))$ と $\rho(\gamma_2(1))$ とが，横断的のとき，Γ の Maslov-Arnol'd 指数も定義される．したがって，Λ の Maslov バンドル $\hat{\Lambda}_4$ も作られる．それに随伴する $\boldsymbol{C}$ バンドルとして，Maslov のバンドル $\boldsymbol{L}$ が定義される．

定義 9.11 Λ 上 $\boldsymbol{L}\otimes\Omega^{1/2}$ の大域的切断 s が $S_\rho^m(\Lambda, \boldsymbol{L}\otimes\Omega^{1/2})$ の元であるとは，s を Λ_j 上に制限した $s|_{\Lambda_j}$ が $s|_{\Lambda_j}\in S_\rho^m(\Lambda_j, \boldsymbol{L}\otimes\Omega^{1/2})$ のこととする．ここで Λ_j は，T^*U_j の部分集合と同一視されている．——

いま，$A(\nu)|dx|^{1/2}\in I_\rho^m(X,\Lambda)$ が，(9.246) のように与えられていると，$A_j(\nu)|dx|^{1/2}$ には，主表象 $\sigma(A_j(\nu)|dx|^{1/2})\in S_\rho^{m+n/4}(\Lambda_j, \boldsymbol{L}\otimes\Omega^{1/2})$ が対応する．よって，

$$\sigma(A(\nu)|dx|^{1/2}) = \sum_j \sigma(A_j(\nu)|dx|^{1/2})$$

とおき，これを，$A(\nu)|dx|^{1/2}$ の主表象という．$\sigma(A(\nu)|dx|^{1/2})\in S_\rho^{m+n/4}(\Lambda, \boldsymbol{L}\otimes$

$\Omega^{1/2}$) である.

さて，我々の基本定理は，次の定理である.

定理 9.13

(9.251)

$$I_\rho^m(X,\Lambda)/I_\rho^{m+(1-2\rho)}(X,\Lambda) \xrightarrow{\sigma} S^{m+n/4}(\Lambda,\boldsymbol{L}\otimes\Omega^{1/2})/S^{m+n/4+(1-2\rho)}(\Lambda,\boldsymbol{L}\otimes\Omega^{1/2})$$

がベクトル空間としての同型である.

証明　σ が1対1のことは，定理9.7から示される．σ が上への写像のことは，主表象から振動積分を構成することによって示せば良い．微局所標準表示を用いれば良い．▌

§9.6　錐的 Lagrange 多様体の局所構造

X を σ コンパクト C^∞ 多様体で $\dim X=n$ とする．T^*X の Lagrange 部分多様体の簡単な例として，X 上の実数値関数 $f(x)$ の定める T^*X の切断があった．Λ が T^*X の錐的な Lagrange 多様体とすると，Λ は $\boldsymbol{R}^+$ の作用で不変であるから，どのような f をとっても，f の作る T^*X の切断面と Λ が一致することはない.

補助定理 9.9　ϕ が非退化正則位相関数とする．$\alpha\in\Lambda_\phi$ とすると，$\iota(x^0,\theta^0)=\alpha$ とおくと，

$$n-\dim\pi_*(T_\alpha\Lambda_\phi)=N-\operatorname{rank}\frac{\partial^2\phi}{\partial\theta\partial\theta}(x^0,\theta^0). \tag{9.252}$$

π_* は $T^*X\xrightarrow{\pi}X$ の微分写像.

証明　(9.252) 右辺は $\dim\operatorname{Ker}\partial^2\phi(x^0,\theta^0)/\partial\theta\partial\theta$ である．$\operatorname{Ker}\partial^2\phi(x^0,\theta^0)/\partial\theta\partial\theta$ は $C_\phi\ni(x^0,\theta^0)\to\Lambda_\phi\to X$ の微分写像の核である．これは，$\operatorname{Ker}\pi_*|_{T_\alpha\Lambda_\phi}$ に等しい．▌

さて，$\partial\phi/\partial\theta$ は θ につき0次の斉次関数であるから，

$$\sum_j\theta_j^0\frac{\partial^2\phi}{\partial\theta_j\partial\theta_k}(x^0,\theta^0)=0 \tag{9.253}$$

である．よって

$$\operatorname{rank}\frac{\partial^2\phi}{\partial\theta\partial\theta}(x^0,\theta^0)<N. \tag{9.254}$$

これと，(9.252) からも $\mp\Lambda_\phi$ が T^*X の切断面ではないことが分る．

錐的 Lagrange 部分多様体の例として，典型的なものに X の k 次元部分多様体 Y の余法線ベクトル束 N^*Y がある．Y は閉部分多様体としよう．$\alpha\in N^*Y$ とする．$\pi(\alpha)$ の近傍で，Y が局所方程式 $f_1(x)=\cdots=f_{n-k}(x)=0$ で与えられるとする．$df_1(\pi(\alpha)),\cdots,df_{n-k}(\pi(\alpha))$ は 1 次独立であるとする．$\pi^*df_1,\cdots,\pi^*df_{n-k}$ は $T_\alpha{}^*T^*X$ の元を定める．正準 2 次形式 σ を介して，これらと同一視される接ベクトル $\Xi_1,\cdots,\Xi_{n-k}\in T_\alpha T^*X$ は，$i_{\Xi_j}\sigma=\pi^*df_j$ $(j=1,2,\cdots,n-k)$ で与えられる．任意の $\Xi'\in T_\alpha N^*(Y)$ とすると $\pi_*\Xi'\in T_{\pi(\alpha)}Y$ であるから，$j=1,2,\cdots,n-k$ に対し，

(9.255) $$\sigma(\Xi_j,\Xi')=\langle\pi^*df_j,\Xi'\rangle=\langle df_j,\pi_*\Xi'\rangle=0.$$

すなわち，$\Xi_1,\cdots,\Xi_{n-k}$ は $T_\alpha\Lambda$ の元である．しかも，α における T^*X のファイバーへの接空間を λ^f とすると，$\forall\Xi''\in\lambda^f$ に対し，$\pi_*\Xi''=0$ であるから，

(9.256) $$\sigma(\Xi_j,\Xi'')=\langle\pi^*df_j,\Xi''\rangle=\langle df_j,\pi_*\Xi''\rangle=0.$$

λ^f は Lagrange 空間であるから，$\Xi_j\in\lambda^f$．すなわち $\Xi_j\in\lambda^f\cap T_\alpha\Lambda$ $(j=1,2,\cdots,n-k)$ である．

錐的 Lagrange 部分多様体について次の定理が成立する．

定理 9.14　$\Lambda\subset T^*X$ が，錐的 Lagrange 部分多様体で，$\alpha\in\Lambda$ の近傍で，$\pi|_\Lambda$ の微分写像 $(\pi|_\Lambda)_*$ の階数が一定値 k をとるとき，X 内の k 次元部分多様体 Y が $\pi(\alpha)$ を通って存在して，$N^*Y=\Lambda$ が α の錐近傍で成立する．

証明　$\alpha\in\Lambda$ の錐近傍 U で $(\pi|_U)_*$ の階数が k であるとする．$Y=\pi U$ は，X の k 次元部分多様体である．$f_1,\cdots,f_{n-k}$ を，X 上の関数で，$Y=\{x\in X\mid f_1=\cdots=f_{n-k}=0\}$ とする．df_j は Y で 1 次独立とする．T^*X のベクトル場 Ξ_j を，$i_{\Xi_j}\sigma=\pi^*df_j$ となるようにとる．Λ の任意の接ベクトルを $\Xi'\in T_\alpha\Lambda$ とすると，

(9.257) $$\sigma(\Xi_j,\Xi')=i_{\Xi_j}\sigma(\Xi')=\langle\pi^*df_j,\Xi'\rangle=\langle df_j,\pi_*\Xi'\rangle$$

である．$\pi_*\Xi'\in T_{\pi(\alpha)}Y$ であるから，$\langle df_j,\pi_*\Xi'\rangle=0$．よって $j=1,2,\cdots,n-k$ に対し，$\forall\Xi'\in T_\alpha\Lambda$ に対し，

(9.258) $$\sigma(\Xi_j,\Xi')=0.$$

よって，$\Xi_j\in T_\alpha\Lambda$ $(j=1,2,\cdots,n-k)$．したがって Λ は Y と Ξ_j $(j=1,2,\cdots,n-k)$ で織られる部分多様体で，したがって N^*Y と一致する．∎

$(\pi|_\Lambda)_*$ の階数が，局所的に一定という条件は，必ずしも成立しない例もある．

たとえば,

例 9.1 $T^*\boldsymbol{R}^2$ 中 $\phi(x,\xi)=x\cdot\xi-H(\xi)$ を位相関数とする. $H(\xi)=\xi_1{}^3/\xi_2{}^2$ で, (ξ_1,ξ_2) は $(0,\pm1)$ の近傍にあるとする. Λ_ϕ 上 $x_1=3(\xi_1/\xi_2)^2$, $x_2=-2(\xi_1/\xi_2)^3$, したがって,

$$\left(\frac{x_1}{3}\right)^3-\left(\frac{x_2}{2}\right)^2=0. \tag{9.259}$$

Λ は, この $\boldsymbol{R}^2$ 内の曲線の正則部分 $\neq(0,0)$ の余法線ベクトル束の閉包と一致する. ——

最後に, X で定義された振動積分を, 部分多様体上で定義された振動積分として考察する可能性を見ておく.

補助定理 9.10 $\Lambda\subset T^*X$ が錐的 Lagrange 多様体とする. $X_1\subset X$ を部分多様体とする. ϕ を $X\times(\boldsymbol{R}^N\setminus0)$ で定義された非退化正則位相関数とし, $(x^0,\theta^0)\in C_\phi$ の近傍で ϕ は Λ を定めるとする. $x^0\in X_1$ とする. 位相関数 ϕ を $X_1\times(\boldsymbol{R}^N\setminus0)$ に制限した $\phi_1=\phi|_{X_1\times(\boldsymbol{R}^N\setminus0)}$ が (x^0,θ^0) で非退化正則な位相関数となるための必要十分条件は, 次の 2 条件を満たすことである.

(1) $\lambda_0=\iota(x^0,\theta^0)=\left(x^0,\dfrac{\partial\phi}{\partial x}(x^0,\theta^0)\right)\notin N^*X_1$,

(2) Λ と $T^*X|_{X_1}$ は λ_0 で横断的に交わる.

これが共に成立するとき, ϕ_1 が T^*X_1 で定義する Lagrange 多様体 Λ_1 は, 完全列

$$0\longrightarrow N^*X_1\longrightarrow T^*X|_{X_1}\longrightarrow T^*X_1\longrightarrow0 \tag{9.260}$$

によって, $\Lambda\cap T^*X|_{X_1}$ を T^*X_1 へ射影したものである.

証明 ϕ_1 が正則位相関数とは, $\partial\phi/\partial\theta=0$ のとき, $\partial\phi/\partial x|_{X_1}\neq0$ となることである. これは (1) と同値である. ϕ_1 が非退化というのは, (x^0,θ^0) で $d(\partial\phi_1/\partial\theta)=d(\partial\phi/\partial\theta)|_{X_1\times(\boldsymbol{R}^N\setminus0)}$ が 1 次独立のことである.

これは

$$\dim\left(T_{(x^0,\theta^0)}C_\phi\cap T_{(x^0,\theta^0)}(X_1\times(\boldsymbol{R}^N\setminus0))\right)=\dim X_1$$

を意味する. これは $T_{\iota(x^0,\theta^0)}\Lambda_\phi\cap T^*X|_{X_1}$ の次元が, $\dim X_1$ に等しいことを意味する. これは, Λ_ϕ と $T^*X|_{X_1}$ が, λ_0 で横断的に交わることを意味する. ▌

§9.7　振動積分で定義される超関数の例

例 9.2　$X=\boldsymbol{R}^n$ で $a\in\boldsymbol{R}^n$ のとき，Dirac の δ 関数は，

$$\delta(x-a)|dx|^{1/2}=\left(\frac{\nu}{2\pi}\right)^n\int_{\boldsymbol{R}^n}e^{i\nu(x-a)\cdot\xi}|dx|^{1/2}d\xi \tag{9.261}$$

と表示される．このとき位相関数は，

$$\phi(x,\xi)=(x-a)\cdot\xi$$

であり，Lagrange 多様体は $\{(a,\xi)\,|\,\xi\in\boldsymbol{R}^n\}$ すなわち点 $\{a\}$ の余法線ベクトル束である．そして主表象は $|d\xi|^{1/2}$ である．——

例 9.3　$X=\boldsymbol{R}^n$ で，Dirac の δ 関数の導関数は，

$$\left(\frac{1}{i\nu}\frac{\partial}{\partial x}\right)^\alpha\delta(x-a)|dx|^{1/2}=\left(\frac{\nu}{2\pi}\right)^n\int_{\boldsymbol{R}^n}e^{i\nu(x-a)\cdot\xi}\xi^\alpha|dx|^{1/2}d\xi \tag{9.262}$$

と表示される．位相関数は

$$\phi(x,\xi)=(x-a)\cdot\xi$$

で Lagrange 多様体は $\{a\}$ の余法線ベクトル束である．また，主表象は $\xi^\alpha|d\xi|^{1/2}$ となる．——

例 9.4　$\boldsymbol{R}_+{}^n=\{x=(x_1,\cdots,x_n)\in\boldsymbol{R}^n\,|\,x_1>0\}$ とする．χ をその特性関数とする．

$$\chi(x)|dx|^{1/2}=\left(\frac{\nu}{2\pi}\right)\int_{-\infty}^{\infty}e^{i\nu x_1\cdot\xi_1}\frac{1}{i\xi_1}|dx|^{1/2}d\xi_1 \tag{9.263}$$

は $N=1$ で，位相関数 $\phi(x,\xi_1)=x_1\cdot\xi_1$．しかし，振幅関数が，$\xi_1=0$ で特異性をもつから，これは我々の扱った振動積分ではない．$\omega\in C^\infty(\boldsymbol{R}^1)$ を

$$\omega(\xi_1)=\begin{cases}1 & (|\xi_1|\geqq 1),\\ 0 & (|\xi_1|\leqq 2^{-1})\end{cases}$$

となるようにとると，

$$T|dx|^{1/2}=\left(\frac{\nu}{2\pi}\right)\int_{-\infty}^{\infty}e^{i\nu x_1\cdot\xi_1}\frac{\omega(\xi_1)}{i\xi_1}|dx|^{1/2}d\xi_1 \tag{9.264}$$

とすれば，これは我々の扱った振動積分で，Λ_ϕ は部分多様体 $x_1=0$ の余法線ベクトル束である．

$$\sigma(T|dx|^{1/2})=(i\xi_1)^{-1}|d\xi_1|^{1/2}|dx_2\wedge\cdots\wedge dx_n|^{1/2} \tag{9.265}$$

である．そして，

$$\chi|dx|^{1/2}-T|dx|^{1/2}=\left(\frac{\nu}{2\pi}\right)\int_{-\infty}^{\infty}e^{i\nu x_1\cdot\xi_1}\left(\frac{1-\omega(\xi_1)}{i\xi_1}\right)d\xi_1|dx|^{1/2} \tag{9.266}$$

は C^∞ 関数で，

$$\frac{1}{i\nu}\frac{\partial}{\partial x_1}(\chi|dx|^{1/2}-T|dx|^{1/2}) = \left(\frac{\nu}{2\pi}\right)\int_{-\infty}^{\infty} e^{i\nu x_1\cdot\xi_1}(1-\omega(\xi_1))d\xi_1|dx|^{1/2} = F(x_1,\nu)|dx|^{1/2} \tag{9.267}$$

である．ただし

$$F(x_1) = \frac{1}{2\pi}\int_{-\infty}^{\infty} e^{ix_1\cdot\xi_1}(1-\omega(\xi_1))d\xi_1 \tag{9.268}$$

は $\mathcal{S}(\boldsymbol{R}^1)$ の元である．——

例 9.5　$X=\boldsymbol{R}^n$，$Y=\{x\in\boldsymbol{R}^n \mid f(x)=0\}$，ただし，$Y$ 上では $df\neq 0$ とする．$\delta(f)|dx|^{1/2}\in\mathcal{D}'(\boldsymbol{R}^n,\Omega^{1/2})$ を次のように定義する．$\forall\varphi|dx|^{1/2}\in\mathcal{D}(\boldsymbol{R}^n,\Omega^{1/2})$ に対して

$$\langle\delta(f)|dx|^{1/2},\varphi|dx|^{1/2}\rangle = \int_Y \varphi|_Y dv_f. \tag{9.269}$$

ここで，dv_f は $df\wedge dv_f=dx$ となる微分形式．以上のことから，

$$\delta(f)|dx|^{1/2} = \left(\frac{\nu}{2\pi}\right)\int_{-\infty}^{\infty} e^{i\nu f(x)\cdot\eta}|dx|^{1/2}d\eta \tag{9.270}$$

である．この場合 $N=1$ で位相関数は，$\phi(x,\eta)=f(x)\cdot\eta$ であり，Lagrange 多様体 Λ_ϕ は N^*Y で主表象は $|dv_f\wedge d\eta|^{1/2}$ となる．——

問　　題

1　(9.22) 式を示せ．(9.35) 式を示せ．

2　§9.7 の実例について，その錐的 Lagrange 部分多様体と，主表象を計算せよ．

3　(9.29) 式の行列 D_K は ϕ に依るから，これを $D_K(\phi)$ と書く．$U\subset\boldsymbol{R}^n$ を開集合，$\Gamma\subset U\times\boldsymbol{R}^{N_1}$，$\Gamma_1\subset U\times\boldsymbol{R}^{N_2}$ を錐的開集合とする．ϕ_1,ϕ_2 をそれぞれ Γ,Γ_1 上で定義された非退化正則位相関数とする．ϕ_1 と ϕ_2 が T^*U 内の同一の錐的 Lagrange 多様体 Λ を定義するとする．$(x^0,\theta^0)\in C_{\phi_1}$，$(x^0,\tilde{\theta}^0)\in C_{\phi_2}$ が Λ の同一の点に対応し，この点の近傍で，(x_{K^c},ξ_K) が Λ の局所座標関数として採れるとする．このとき，

$$\operatorname{sgn} D_K(\phi_1)(x^0,\theta^0) - \operatorname{sgn} D_K(\phi_2)(x^0,\tilde{\theta}^0) = \operatorname{sgn}\frac{\partial^2\phi_1}{\partial\theta\partial\theta}(x^0,\theta^0) - \operatorname{sgn}\frac{\partial^2\phi_2}{\partial\tilde{\theta}\partial\tilde{\theta}}(x^0,\tilde{\theta}^0) \tag{9.271}$$

が成立することを示せ．［ヒント］補助定理 9.3 を使え．

4　(9.123) 式と上の (9.271) 式を用いて，定理 9.11 の別証明をせよ．

5 X は σ コンパクト n 次元の C^∞ 多様体とする．$\Lambda\subset T^*X$ が錐的 Lagrange 多様体で，$\bigcup_j^\infty \Lambda_j=\Lambda$ がその開被覆とする．$X_j\subset X$ が，X の座標近傍で，$\boldsymbol{R}^n$ の開集合 U_j と微分同相とする．$\Gamma_j\subset U_j\times\boldsymbol{R}^{N_j}$ が錐的開集合とする．$\phi_j(x,\theta)$ が Γ_j 上非退化正則位相関数で，Λ_j を定めるとする．C_{ϕ_j} は，Λ_j が十分小さいとき，$\boldsymbol{R}^n$ の開集合 V_j と微分同相である．C_{ϕ_j} は Λ_j と微分同相であるから，結局 $\Lambda_j\to V_j\subset\boldsymbol{R}^n$ という微分同相写像が出来る．これを錐的 Lagrange 多様体 Λ の局所座標系にとれる．このとき，次のことを考察せよ．

(a) Λ 上のバンドル $\boldsymbol{L}$ の上述の座標近傍系による表示をし，座標の変換則を作れ．［ヒント］(9. 271) を用いよ．

(b) Λ 上のバンドル $\boldsymbol{L}\otimes\Omega^{1/2}$ の大域的切断の，上述の座標近傍系による表示とし，座標の変換則を作れ．

6 X を n 次元 σ コンパクト C^∞ 多様体とする．Λ を T^*X の Lagrange 多様体とする．$\hat{\Lambda}_4$ を Λ 上の Maslov-Arnol'd のバンドルとし，$\boldsymbol{L}$ をこれに随伴する $\boldsymbol{C}$ バンドルとする．$\bigcup_{j=1}^\infty \Lambda_j=\Lambda$ を座標近傍による被覆とする．$\hat{\Lambda}_4$ と $\boldsymbol{L}$ の Λ_j 上の部分を $\hat{\Lambda}_j$, $\boldsymbol{L}_{\Lambda_j}$ とおく．直積表示

$$\begin{array}{ccc} \Lambda_j\times\boldsymbol{Z}_4 \longrightarrow & \hat{\Lambda}_j \\ \uplus & \uplus \\ (\lambda,g) \longrightarrow & \Psi_j(\lambda,g), \end{array} \qquad \begin{array}{ccc} \Lambda_j\times\boldsymbol{C} \longrightarrow & \boldsymbol{L}_{\Lambda_j} \\ \uplus & \uplus \\ (\lambda,z) \longrightarrow & \Phi_j(\lambda,z) \end{array}$$

が可能であるとする．$\Lambda_j\cap\Lambda_k\ni\lambda$ のとき，

$$\Psi_j(\lambda,g)=\Psi_k(\lambda,g') \text{ となるとき } g'=n_{kj}(\lambda)+g.$$

$n_{kj}(\lambda)\in\boldsymbol{Z}_4$ とすると，$\Phi_j(\lambda,z)=\Phi_k(\lambda,z')$ となるためには $z'=\exp(-(\pi/4)in_{kj}(\lambda))z$ となることが必要十分である．さて，射影写像を $\pi:\hat{\Lambda}_4\to\Lambda$, $\omega:\boldsymbol{L}\to\Lambda$ とすると，1 点 $\lambda\in\Lambda_j$ の上のファイバー，$\pi^{-1}(\lambda)\times\omega^{-1}(\lambda)$ から，$\boldsymbol{C}$ への写像 ρ_λ を

$$\rho_\lambda:\ \pi^{-1}(\lambda)\times\omega^{-1}(\lambda)\ni(\Psi_j(\lambda,g),\Phi_j(\lambda,z))\longrightarrow\exp\left(\frac{\pi}{4}ig\right)z\in\boldsymbol{C}$$

で定義すると，これは j によらぬ意味をもつことを示せ．つぎに Λ 上大域的に $\boldsymbol{L}$ の切断 s があれば，$\hat{\Lambda}_4\to\boldsymbol{C}$ という C^∞ 写像が，存在することを示せ．

7 上と同じ仮定の下で，Λ 上大域的に $\boldsymbol{L}\otimes\Omega^{1/2}$ の切断 s があれば，$\hat{\Lambda}_4$ 上大域的に $\Omega^{1/2}$ の切断 s' が作れることを示せ．$g,g'\in\pi^{-1}(\lambda)$ のとき $s'(g)$ と $s'(g')$ との関係を求めよ．

8 問題 6 と同じ仮定をする．V を Λ の普遍被覆空間とする．Λ 上 $\boldsymbol{L}$ の大域的切断 s があれば，Λ 上 $\Omega^{1/2}$ の大域的切断が作れることを示せ．これによって，X 上 $A(\nu)|dx|^{1/2}\in I_\rho{}^m(X,\Lambda)$ があると，その主表象 $\sigma(A(\nu)|dx|^{1/2})$ という $S_\rho{}^{m+n/4}(\Lambda,\boldsymbol{L}\otimes\Omega^{1/2})$ クラスの切断から，V 上の Maslov 振動関数の第 1 項が構成されることを示せ．逆に V 上の Maslov 振動関数の第 1 項から，$S_\rho{}^{m+n/4}(\Lambda,\boldsymbol{L}\otimes\Omega^{1/2})$ の切断が作られるための条件は何か．

9 $\boldsymbol{C}^n=\lambda_{\mathrm{Re}}\oplus\lambda_{\mathrm{Im}}$ と直和分解する．これによる射影を $p_0:\boldsymbol{C}^n\to\lambda_{\mathrm{Re}}$, $p_1:\boldsymbol{C}^n\to\lambda_{\mathrm{Im}}$ とする．$\lambda\in\Lambda(n)$ を任意にとる．$\lambda_0=\lambda\cap\lambda_{\mathrm{Re}}$, $\lambda_1=\lambda\cap\lambda_{\mathrm{Im}}$ とおくと，

$$p_0(\lambda)^\sigma=\lambda_{\mathrm{Re}}+\lambda_1,\qquad p_1(\lambda)^\sigma=\lambda_{\mathrm{Im}}+\lambda_0$$

が成立することを示せ．

第10章　Fourier 積分作用素

§10.1　Fourier 積分作用素

X, Y をそれぞれ次元が n_X と n_Y の σ コンパクトな C^∞ 多様体とする．$\nu \geqq 1$ をパラメータに持つ，$A(\nu)|dx|^{1/2}|dy|^{1/2} \in \mathcal{D}'(X\times Y, \Omega^{1/2})$ があると，これは $\mathcal{D}(Y, \Omega^{1/2})$ から $\mathcal{D}'(X, \Omega^{1/2})$ への線型連続写像 $A(\nu)$ を定義した．$A(\nu)|dx|^{1/2}|dy|^{1/2}$ が，直積多様体 $X\times Y$ 上で振動積分で与えられるとき，この写像 $A(\nu)$ を **Fourier 積分作用素**と呼ぶ．

$U\subset X$，$V\subset Y$ をそれぞれ X と Y の座標近傍で，そこで，$x=(x_1, \cdots, x_{n_X})$，$y=(y_1, \cdots, y_{n_Y})$ が，それぞれ座標関数であると，$\forall u(y)|dy|^{1/2} \in \mathcal{D}(V, \Omega^{1/2})$ に対して，U においては，形式的に

(10.1)　$$(A(\nu)u)(x)|dx|^{1/2} = \left(\frac{\nu}{2\pi}\right)^{(n_X+n_Y+2N)/4} e^{-(\pi/4)iN} \int\int a(x, y, \theta) e^{i\nu\phi(x,y,\theta)} u(y)\,dyd\theta|dx|^{1/2}$$

と書ける．もっと形式的に，

(10.2)　$$A(\nu)|dx|^{1/2}|dy|^{1/2} = \left(\frac{\nu}{2\pi}\right)^{(n_X+n_Y+2N)/4} e^{-(\pi/4)iN} \int a(x, y, \theta) e^{i\nu\phi(x,y,\theta)} |dx|^{1/2}|dy|^{1/2}d\theta$$

と書く．いずれにせよ，$\forall v(x)|dx|^{1/2} \in \mathcal{D}(V, \Omega^{1/2})$ に対し，

(10.3)
$$\langle A(\nu)u(x)|dx|^{1/2}, v(x)|dx|^{1/2}\rangle = \left(\frac{\nu}{2\pi}\right)^{(n_X+n_Y+2N)/4} e^{-(\pi/4)iN} \int\int\int a(x, y, \theta) e^{i\nu\phi(x,y,\theta)} u(y)v(x)\,dxdyd\theta$$

である．

仮定(B)　以下において，位相関数 ϕ は，$C_\phi=\{(x, y, \theta) \mid \partial\phi/\partial\theta=0, \theta\neq 0\}$ 上の各点で，$\partial\phi/\partial x\neq 0$，$\partial\phi/\partial y\neq 0$ の両方が成立するものとする．このとき明らかに ϕ は，正則位相関数である．——

仮定(B)は，$\Lambda_\phi \subset (T^*X\setminus 0)\times(T^*Y\setminus 0)$ と同値である．したがって，錐的 Lagrange 多様体が同じなら，特定の位相関数のとり方によらない．

以下では，つねに仮定(B)をみたす非退化位相関数をもつ場合で，しかも $\theta=0$ の近傍で，$a(x,y,\theta)=0$ となる場合のみを扱うことにする．

定理 10.1 $A(\nu)|dx|^{1/2}|dy|^{1/2}\in I_\rho^m(X\times Y,\Lambda)$ とする．j,k を非負整数とし，$m+j-k\rho<-3(n_X+n_Y)/4$ をみたすとき，$K\subset X$, $K'\subset Y$ が，それぞれコンパクト集合とするとき，正定数 C があって，$\forall u|dy|^{1/2}\in \mathcal{D}_{K'}(Y,\Omega^{1/2})$ に対し，次の評価が成立する．

(10.4) $$\|A(\nu)u(x)|dx|^{1/2}\|_{C^j(K)}\leqq C\nu^{j+(n_X+n_Y)/2-k}\|u|dy|^{1/2}\|_{C^k(K')}.$$

証明 K,K' には，座標近傍による有限被覆が出来るから，K,K' 共に一つの座標近傍系に入っていて，表示(10.1)が成立するとして良い．

$$\Phi(x,y,\theta)^2=\sum_j\left|\frac{\partial\phi}{\partial\theta_j}\right|^2+\sum_j\left|\frac{\partial\phi}{\partial y_j}\right|^2|\theta|^{-2}$$

とおき，

$$a_j(x,y,\theta)=\Phi(x,y,\theta)^{-2}\frac{\partial\phi}{\partial\theta_j}(x,y,\theta)\qquad (j=1,2,\cdots,N),$$

$$b_j(x,y,\theta)=\Phi(x,y,\theta)^{-2}\frac{\partial\phi}{\partial y_j}(x,y,\theta)|\theta|^{-2}\qquad (j=1,2,\cdots,n_Y)$$

とおく．

$$L=\sum_j a_j\frac{\partial}{i\partial\theta_j}+\sum_j b_j\frac{\partial}{i\partial y_j}$$

とおくと，$(L-\nu)e^{i\nu\phi(x,y,\theta)}=0$ であるから，$l=0,1,2,\cdots$ として，部分積分によって，

(10.5)

$$A(\nu)u(x)|dx|^{1/2}$$
$$=\left(\frac{\nu}{2\pi}\right)^{(n_X+n_Y+2N)/4}e^{-(\pi/4)iN}\int\!\!\int\nu^{-l}L^{*l}(a(x,y,\theta)u(y))e^{i\nu\phi(x,y,\theta)}dyd\theta|dx|^{1/2}$$

である．$\nu\geqq 1$ のとき，

(10.6) $$L^{*l}(a(x,y,\theta)u(y))\in S_\rho^{m+(n_X+n_Y-2N)/4-l\rho}.$$

表示(10.1)として，ϕ が非退化故，微局所標準表示をとると $N=n_X+n_Y$ である．$m-(n_X+n_Y)/4-k\rho<-n_X-n_Y$ であるから，$l=k$ ととると，$\varepsilon>0$ があって，

(10.7)　$$|L_\nu{}^{*k}(au)e^{i\nu\phi(x,y,\theta)}| \leqq C(1+|\theta|)^{-(n_X+n_Y)-\varepsilon}.$$

したがって，$j=0$ の場合の評価，

(10.8)　$$\|A(\nu)u|dx|^{1/2}\|_{C^0} \leqq C\|u|dx|^{1/2}\|_{C^k}$$

を得る．(10.1) を x_j で偏微分すると，

(10.9)
$$\frac{\partial}{\partial x_j}A(\nu)u(x)|dx|^{1/2}$$
$$=\left(\frac{\nu}{2\pi}\right)^{(n_X+n_Y+2N)/4}e^{-(\pi/4)iN}\int\int b_j(x,y,\theta)e^{i\nu\phi(x,y,\theta)}u(y)dyd\theta|dx|^{1/2}.$$

ただし，

(10.10)　$$b_j(x,y,\theta)=\frac{\partial}{\partial x_j}a(x,y,\theta)+i\nu\frac{\partial\phi}{\partial x_j}(x,y,\theta)a(x,y,\theta)$$

である．したがって，(10.7) の評価を使うと，(10.4) が $j=1$ について証明される．以後同様にすれば良い．∎

$T^*(X\times Y)$ は直積 $T^*X\times T^*Y$ と同一視される．射影：$T^*(X\times Y)\to T^*X$ によって，T^*X 上の正準2次形式 σ_X をひき戻したものを，σ_X と再び書く．同様に，T^*Y 上の正準2次形式 σ_Y から，$T^*(X\times Y)$ 上の2次微分形式 σ_Y を得る．すると，$T^*(X\times Y)$ の正準2次形式は

(10.11)　$$\sigma_{X\times Y}=\sigma_X+\sigma_Y$$

である．これに対して，$\sigma_X-\sigma_Y$ も $T^*(X\times Y)$ 上の非退化2次形式で，$T^*(X\times Y)$ は，これに関しても，シンプレクティック多様体となる．T^*X の点を (x,ξ)，T^*Y の点を (y,η) と書く．$T^*(X\times Y)$ の部分集合，A に対して

(10.12)　$$A'=\{(x,\xi;y,-\eta)\,|\,(x,\xi;y,\eta)\in A\}$$

とおく．$\Lambda\subset T^*(X\times Y)$ が，$\sigma_X+\sigma_Y$ に関し Lagrange 多様体であると，Λ' は $\sigma_X-\sigma_Y$ に関して Lagrange 多様体である．

定義 10.1　$C\subset(T^*X\setminus 0)\times(T^*Y\setminus 0)$ が錐的閉多様体で，$\sigma_X-\sigma_Y$ に関して Lagrange 部分多様体のとき，C を T^*Y から T^*X への斉次正準関係と呼ぶ．このとき，C' は $\sigma_X+\sigma_Y$ に関し錐的 Lagrange 部分多様体である．——

この名の由来は，もちろん，C が T^*Y から T^*X への斉次正準関係のとき，さらに C が T^*Y から T^*X への C^∞ 写像 Φ のグラフであるとすれば，Φ は正

準変換となるからである．

§10.2 共役作用素と作用素の積

$u(x)|dx|^{1/2}$, $v(x)|dx|^{1/2}\in\mathcal{D}(X,\Omega^{1/2})$ に対する内積は，

$$(u|dx|^{1/2}, v|dx|^{1/2}) = \int_X \overline{u(x)}v(x)|dx| \tag{10.13}$$

であった．C が T^*Y から T^*X への斉次正準関係として，$A(\nu)|dx|^{1/2}|dy|^{1/2}\in I_\rho{}^m(X\times Y, C')$ を Fourier 積分作用素とする．$\forall u(y)|dy|^{1/2}\in\mathcal{D}(Y,\Omega^{1/2})$, $\forall v(x)|dx|^{1/2}\in\mathcal{D}(X,\Omega^{1/2})$ に対し，

$$((A(\nu)u)|dx|^{1/2}, v|dx|^{1/2}) = (u|dy|^{1/2}, (A(\nu)^*v)|dy|^{1/2}) \tag{10.14}$$

によって定義される $A(\nu)^*:\mathcal{D}(X,\Omega^{1/2})\to\mathcal{D}'(Y,\Omega^{1/2})$ という線型写像を $A(\nu)$ の共役作用素という．(10.1) の $A(\nu)$ に対しては

$$(A^*(\nu)v)|dy|^{1/2} = \left(\frac{\nu}{2\pi}\right)^{-(n_X+n_Y+2N)/4}\iint e^{i\nu\phi_0(y,z,\theta)}b(y,z,\theta)v(z)\,dzd\theta|dy|^{1/2}. \tag{10.15}$$

ただし，

$$\phi_0(y,z,\theta) = -\phi(z,y,\theta),\qquad b(y,z,\theta) = \overline{a(z,y,\theta)} \tag{10.16}$$

である．したがって，ϕ_0 に対応する斉次正準関係 C_0 は，$C\subset(T^*X\setminus 0)\times(T^*Y\setminus 0)$ を前後の因子を入れ換える作用

$$T^*X\times T^*Y \longrightarrow T^*Y\times T^*X \tag{10.17}$$

で写像したものである．

つぎに，$A^*(\nu)|dy|^{1/2}|dx|^{1/2}$ の主表象を考察する．$A(\nu)|dx|^{1/2}|dy|^{1/2}$ の振幅関数の錐的台が十分小さく微局所標準表示が出来るものとして良い，$K\subset\{1,2,\cdots,n_X\}$, $M\subset\{1,2,\cdots,n_Y\}$ があり

$$\begin{aligned}(A(\nu)u)(x)|dx|^{1/2} &= \left(\frac{\nu}{2\pi}\right)^{(|K|+|M|)/2}e^{(\pi/4)i(|K|+|M|)}\\ &\times\iiint a(x_{K^c},\xi_K,y_{M^c},\eta_M)e^{i\nu(S(x_{K^c},\xi_n,y_{M^c},\eta_M)+x_K\cdot\xi_K+y_M\cdot\eta_M)}\\ &\times u(y)\,dyd\eta_Md\xi_K|dx|^{1/2}\end{aligned} \tag{10.18}$$

である．これを上のようにして

$$(10.19)\qquad (A(\nu)^*v)(y)|dy|^{1/2}=\left(\frac{\nu}{2\pi}\right)^{(|K|+|M|)/2}e^{-(\pi/4)i(|K|+|M|)}$$
$$\times\iiint\overline{a(z_{K^c},\xi_K,y_{M^c},\eta_M)}e^{-i\nu(S(z_{K^c},\xi_K,y_{M^c},\eta_M)+z_K\cdot\xi_K+y_M\cdot\eta_M)}$$
$$\times v(z)\,dzd\xi_Kd\eta_M|dy|^{1/2}$$

となる．これは，$A^*(\nu)$ の微局所標準表示の一つである．主表象は，$\overline{\sigma(A(\nu))}$ を (10.17) で写像したものである．これは $\sigma_X-\sigma_Y$ という正準2次形式に関しては，$\boldsymbol{L}^{-1}\otimes\Omega^{1/2}$ の切断である．ところが，$A(\nu)^*$ を考えるには，$T^*Y\times T^*X$ 上 $\sigma_Y-\sigma_X$ という正準2次形式が基準となる．これに関しては，$\overline{\sigma(A(\nu))}$ は (10.17) で写像されると $\Omega^{1/2}\otimes\boldsymbol{L}$ の切断である．

定理 10.2　$C\subset(T^*X\setminus 0)\times(T^*Y\setminus 0)$ が，T^*Y から T^*X への斉次正準関係で $A(\nu)|dx|^{1/2}|dy|^{1/2}\in I_\rho{}^m(X\times Y,C')$ とする．$A(\nu)$ の共役作用素 $A(\nu)^*$ について，

$$(10.20)\qquad A(\nu)^*|dx|^{1/2}|dy|^{1/2}\in I_\rho{}^m(Y\times X,s^{-1}C').$$

ここで，s は，$T^*Y\times T^*X\to T^*X\times T^*Y$ という因子の順序を入れ換える写像である．主表象については，

$$(10.21)\qquad \sigma(A^*(\nu))=s^*\overline{\sigma(A(\nu))}\in S_\rho{}^{m+(n_X+n_Y)/4}(s^{-1}C,\Omega^{1/2}\times\boldsymbol{L}_{s^{-1}C})$$

である．ここで，$\boldsymbol{L}_C{}^{-1}\cong\boldsymbol{L}_{s^{-1}C}$ という同型を使った．——

次に Fourier 積分作用素の合成に関する公式を作る．

(10.22)
$$A_1(\nu)u(x)|dx|^{1/2}$$
$$=\left(\frac{\nu}{2\pi}\right)^{(n_X+n_Y+2N_1)/4}e^{-(\pi/4)iN_1}\iint a_1(x,y,\theta)e^{i\nu\phi(x,y,\theta)}u(y)\,dyd\theta|dx|^{1/2},$$

(10.23)
$$A_2(\nu)v(y)|dy|^{1/2}$$
$$=\left(\frac{\nu}{2\pi}\right)^{(n_Y+n_Z+2N_2)/4}e^{-(\pi/4)iN_2}\iint a_2(y,z,\sigma)e^{i\nu\phi_2(y,z,\sigma)}v(z)\,dzd\sigma|dy|^{1/2}.$$

この積 $A_1(\nu)A_2(\nu)$ を作ると，$\forall v(z)|dz|^{1/2}\in\mathcal{D}(Z,\Omega^{1/2})$ に対し，

$$(10.24)\qquad A_1(\nu)A_2(\nu)v(x)|dx|^{1/2}=\left(\frac{\nu}{2\pi}\right)^{(n_X+n_Y+2N_3)/4}e^{-(\pi/4)iN_3}$$
$$\times\iint a(x,z,y,\theta,\sigma)e^{i\nu\phi(x,z,y,\theta,\sigma)}v(z)\,dzd\sigma dyd\theta|dx|^{1/2}.$$

ただし，$N_3=n_Y+N_1+N_2$ で，

$$a(x,z,y,\theta,\sigma)=e^{(\pi/2)in_Y}a_1(x,y,\theta)a_2(y,z,\sigma), \tag{10.25}$$

$$\phi(x,z,y,\theta,\sigma)=\phi_1(x,y,\theta)+\phi_2(y,z,\sigma) \tag{10.26}$$

である．ここで

$$\omega=(|\theta|^2+|\sigma|^2)^{1/2}y \tag{10.27}$$

とおくと，

$$\varphi(x,z,\omega,\theta,\sigma)=\phi_1(x,y,\theta)+\phi_2(y,z,\sigma) \tag{10.28}$$

は，$\Theta=(\omega,\theta,\sigma)$ について，同次1次の関数となり，

$$b(x,z,\omega,\theta,\sigma)=e^{(\pi/2)in_Y}a_1(x,y,\theta)a_2(y,z,\sigma)(|\theta|^2+|\sigma|^2)^{-n_Y/2} \tag{10.29}$$

とすると，(10.24) は

$$A_1(\nu)A_2(\nu)v(x)|dx|^{1/2}=\left(\frac{\nu}{2\pi}\right)^{(n_X+n_Z+2N_3)/4}e^{-(\pi/4)iN_3} \tag{10.30}$$
$$\times\iiiint b(x,z,\omega,\theta,\sigma)e^{i\nu\varphi(x,z,\omega,\theta,\sigma)}v(z)\,dzd\sigma d\omega d\theta|dx|^{1/2}$$

となる．したがって，積 $A_1(\nu)A_2(\nu)$ も Fourier 積分作用素と同じ形である．しかし，(10.28) から分るように，位相関数は，$\Theta=0$ ではなく，$\theta=0$ あるいは $\sigma=0$ に特異性をもつ．また，振幅関数は，たとえば，

$$\left|\frac{\partial}{\partial\theta}b(x,z,\omega,\theta,\sigma)\right|\leqq C(1+|\theta|)^{m_1-\rho}(1+|\sigma|)^{m_2}(|\theta|^2+|\sigma|^2)^{-n_Y/2} \tag{10.31}$$

という評価をみたすが，

$$\left|\frac{\partial}{\partial\theta}b(x,z,\omega,\theta,\sigma)\right|\leqq C(1+|\Theta|)^{L-\rho}$$

という形の評価ではない．よって，(10.30) は，この二つの点において，前節で考察した対象と異なっている．この困難を避ける鍵は，積分 (10.24) への寄与の主要部分が，$\partial\phi_1/\partial\theta=0$，$\partial\phi_2/\partial\sigma=0$，$\partial\phi_1/\partial y+\partial\phi_2/\partial y=0$ の近くで起ること，そして，ここでは，上述の困難が起っていないこと，にある．実際，これを次のように利用する．

まず，$A_1(\nu)|dx|^{1/2}|dy|^{1/2}$ をあまり変えないで，その振幅関数の台が，C_{ϕ_1} の近くのみにあるように出来る．仮定 (B) から，C_{ϕ_1} 上 $\partial\phi/\partial y\neq 0$ である．よって，ある定数 $C_1>0$ があって，

$$(10.32)\qquad 0 < C_1{}^{-1}|\theta| < \left|\frac{\partial\phi_1}{\partial y}(x, y, \theta)\right| < C_1|\theta|$$

が成立する．したがって，$b \in S_\rho{}^{m+(n_X+n_Y)/4-N/2}$ のクラスで，

$$b_1(x, y, \theta) = \begin{cases} a_1(x, y, \theta) & \left(2^{-1}C_1{}^{-1}|\theta| < \left|\dfrac{\partial\phi_1}{\partial y}\right| < 2C_1|\theta|\right), \\ 0 & \left(|\theta|^{-1}\left|\dfrac{\partial\phi_1}{\partial y}\right| > 2^2C_1 \text{ または } |\theta|^{-1}\left|\dfrac{\partial\phi_1}{\partial y}\right| < (2^2C_1)^{-1}\right) \end{cases}$$

にとる．そして，これを振幅関数として，

$$(10.33)\qquad B_1(\nu)u(x)|dx|^{1/2} = \left(\frac{\nu}{2\pi}\right)^{(n_X+n_Y+2N_1)/4} e^{-(\pi/4)iN_1}\iint b_1(x, y, \theta)e^{i\nu\phi_1(x,y,\theta)}u(y)\,dyd\theta|dx|^{1/2}$$

とおく．$a_1(x, y, \theta)-b_1(x, y, \theta)$ の錐的台の上では，ϕ_1 は特異点を持たぬから，差 $(A_1(\nu)-B_1(\nu))|dx|^{1/2}|dy|^{1/2} \in C^\infty(X\times Y, \Omega^{1/2})$ である．さらに，任意の $l \geqq 0$ に対して，$\nu^l(A_1(\nu)-B_1(\nu))|dx|^{1/2}|dy|^{1/2}$ は $C^\infty(X\times Y, \Omega^{1/2})$ で有界である（$\nu\to\infty$ のとき）．よって $A_1(\nu)|dx|^{1/2}|dy|^{1/2}$ の代りに，$B_1(\nu)|dx|^{1/2}|dy|^{1/2}$ を用いる．

同様に $A_2(\nu)|dy|^{1/2}|dz|^{1/2}$ の代りに，$B_2(\nu)|dy|^{1/2}|dz|^{1/2}$ を用いる．$B_2(\nu)|dy|^{1/2}|dz|^{1/2}$ の振幅関数 $b_2(y, z, \sigma)$ の錐的台上，正定数 C_2 があって，

$$(10.34)\qquad C_2{}^{-1}|\sigma| < \left|\frac{\partial\phi_2}{\partial y}(y, z, \sigma)\right| < C_2|\sigma|$$

が成立する．したがって

$$(10.35)\qquad B_1(\nu)B_2(\nu)v(x)|dx|^{1/2} = \left(\frac{\nu}{2\pi}\right)^{(n_X+n_Z+2N_3)/4} e^{-(\pi/4)iN_3} \times\iiiint b_3(x, z, \theta, \omega, \sigma)e^{i\nu\varphi(x,z,\omega,\theta,\sigma)}v(z)\,dzd\sigma d\omega d\theta|dx|^{1/2}.$$

ただし，

$$(10.36)\qquad b_3(x, z, \theta, \omega, \sigma) = e^{-(\pi/4)iN_3}b_1(x, (|\theta|^2+|\sigma|^2)^{-1/2}\omega, \theta) \times b_2((|\theta|^2+|\sigma|^2)^{-1/2}\omega, z, \sigma)(|\theta|^2+|\sigma|^2)^{n/2}$$

である．b_3 の錐的台の上では，(10.34) と

$$(10.37)\qquad C_3{}^{-1}|\theta| < \left|\frac{\partial\phi_1}{\partial y}\right| < C_3|\theta|$$

が成立している．(10.35) の位相の停留点では，

(10.38)
$$0=\frac{\partial\varphi}{\partial\omega}=(|\theta|+|\sigma|)\left(\frac{\partial\phi_1}{\partial y}+\frac{\partial\phi_2}{\partial y}\right)$$

も成立する．これと，(10.34), (10.37) とから，ある正定数 C_4 があって，

(10.39)
$$C_4^{-1}|\sigma|<|\theta|<C_4|\sigma|,\qquad C_4=C_2C_3$$

が成立する．それ故，$\chi\in C^\infty(\boldsymbol{R}^{N_1+N_2})$ で，

(10.40)
$$\chi(\theta,\sigma)=\begin{cases}1 & (2^{-1}C_4^{-1}<|\sigma|^{-1}|\theta|<2C_4),\\ 0 & (2^{-2}C_4^{-1}>|\sigma|^{-1}|\theta| \text{ または } |\sigma|^{-1}|\theta|<2^2C_4)\end{cases}$$

と選ぶ．$\chi\in S^1$ のクラスに作れる．

(10.41)
$$b_4(x,z,\theta,\omega,\sigma)=b_3(x,z,\theta,\omega,\sigma)\chi(\theta,\sigma)$$

とおく．これを振幅関数として，

(10.42)
$$B(\nu)v(x)|dx|^{1/2}=\left(\frac{\nu}{2\pi}\right)^{(n_X+n_Z+2N_3)/4}e^{-(\pi/4)iN_3}$$
$$\times\int\!\!\int\!\!\int\!\!\int b_4(x,z,\theta,\omega,\sigma)e^{i\nu\varphi(x,z,\theta,\omega,\sigma)}v(z)\,dzd\sigma d\omega d\theta|dx|^{1/2}$$

とおく．すると，

(10.43)
$$B_1(\nu)B_2(\nu)v(x)|dx|^{1/2}-B(\nu)v(x)|dx|^{1/2}=R(\nu)v(x)|dx|^{1/2}$$
$$=\gamma(\nu)\int b_3(x,z,\theta,\omega,\sigma)(1-\chi(\theta,\sigma))e^{i\nu\varphi(x,z,\omega,\theta,\sigma)}$$
$$\times v(z)\,d\omega dzd\theta d\sigma|dx|^{1/2}$$

である．ここで，$\gamma(\nu)$ を下のようにおく．

(10.44)
$$\gamma(\nu)=\left(\frac{\nu}{2\pi}\right)^{(n_X+n_Z+2N_3)/4}e^{-(\pi/4)iN_3}.$$

この $R(\nu)v(x)|dx|^{1/2}$ が無視出来ることを示そう．

補助定理 10.1　$R(\nu)|dx|^{1/2}|dz|^{1/2}=(B_1(\nu)B_2(\nu)-B(\nu))|dx|^{1/2}|dz|^{1/2}\in C^\infty(X\times Z,\Omega^{1/2})$ であり，任意の $l\geqq 0$ に対して，$\nu\geqq 1$ で，$\nu^lR(\nu)|dx|^{1/2}|dz|^{1/2}$ は $\mathcal{E}(X\times Z,\Omega^{1/2})$ で有界集合である．

証明　(10.42) の振幅関数の錐的台の上では

(10.45)
$$|\sigma|^{-1}|\theta|<2^{-1}C_4^{-1}\quad\text{または}\quad|\sigma|^{-1}|\theta|>2C_4$$

である．この前者の場合，$C_5>0$ を適当にとると，

$$(10.46)\qquad \left|\frac{\partial\phi_1}{\partial y}+\frac{\partial\phi_2}{\partial y}\right| \geqq \left|\left|\frac{\partial\phi_2}{\partial y}\right|-\left|\frac{\partial\phi_1}{\partial y}\right|\right| \geqq |C_2{}^{-1}|\sigma|-C_3|\theta||$$
$$\geqq C_2{}^{-1}||\sigma|-C_4|\theta|| \geqq 2^{-1}C_2{}^{-1}|\sigma| \geqq C_5(|\sigma|+|\theta|).$$

後者の場合も，同様に，$C_5'>0$ があって，

$$(10.47)\qquad \left|\frac{\partial\phi_1}{\partial y}+\frac{\partial\phi_2}{\partial y}\right| \geqq C_5'(|\theta|+|\sigma|)$$

が成立する．よって $j=1,2,\cdots,n_Y$ に対し，

$$(10.48)\qquad \psi_j(x,z,y,\theta,\sigma)=\frac{\partial\phi_1}{\partial y_j}(x,y,\theta)+\frac{\partial\phi_2}{\partial y_j}(y,z,\sigma)$$

とおき，

$$(10.49)\qquad \Phi(x,z,y,\theta,\sigma)^2=\sum_{j=1}^{n_Y}\psi_j(x,z,y,\theta,\sigma)^2$$

とおく．

$$(10.50)\qquad L=\Phi(x,z,y,\theta,\sigma)^{-2}\sum_{j=1}^{n_Y}\psi_j(x,z,y,\theta,\sigma)\frac{\partial}{\partial y_j}$$

を導入すると，

$$(10.51)\qquad (L-i\nu)e^{i\nu(\phi_1(x,y,\theta)+\phi_2(y,z,\sigma))}=0$$

であるから，部分積分によって，$l=0,1,2,\cdots$ に対し，

$$(10.52)\qquad R(\nu)|dx|^{1/2}|dz|^{1/2}$$
$$=(i\nu)^{-l}\gamma(\nu)\int L^{*l}(b_1(x,y,\theta)b_2(y,z,\theta)(1-\chi(\theta,\sigma)))$$
$$\times e^{i\nu(\phi_1(x,y,\theta)+\phi_2(y,z,\sigma))}dyd\sigma d\theta$$

である．容易に，評価が，

$$(10.53)\qquad |L^{*l}(b_1(x,y,\theta)b_2(y,z,\sigma)(1-\chi(\theta,\sigma)))|$$
$$\leqq C_l(1+|\theta|+|\sigma|)^{m_1+m_2+(n_X+n_Z)/4+n_Y/2-(N_1+N_2)/2+(1-2\rho)l}$$

であることを示すことができる．$m_1+m_2+(n_X+n_Z)/4+n_Y/2-(N_1+N_2)/2+(1-2\rho)l<-(N_1+N_2)$ にとると，$R(\nu)|dx|^{1/2}|dz|^{1/2}\in C^0(X\times Z,\Omega^{1/2})$ で，評価

$$(10.54)\qquad \|R(\nu)|dx|^{1/2}|dz|^{1/2}\|_{C^0}\leqq C_l\nu^{-l}$$

が示された．さて，

$$(10.55)\qquad \frac{\partial}{\partial x_j}R(\nu)|dx|^{1/2}|dz|^{1/2}$$

$$= \gamma(\nu)\int b_5(x, z, \theta, \omega, \sigma)(1-\chi(\theta, \sigma)) \times e^{i\nu\varphi(x,z,\omega,\theta,\sigma)}d\omega d\theta d\sigma|dx|^{1/2}|dz|^{1/2}$$

である．ただし，

$$b_5(x, z, \theta, \omega, \sigma) = \frac{\partial}{\partial x_j}b_3(x, z, \theta, \omega, \sigma) + i\nu\frac{\partial\varphi}{\partial x_j}b_3(x, z, \theta, \omega, \sigma) \tag{10.56}$$

である．上と全く同様にして，(10.54) において $R(\nu)$ の代りに $\dfrac{\partial}{\partial x_j}R(\nu)$ とした式を示すことができる．以下同様にすれば，補助定理が証明される．▌

命題 10.1　式 (10.42) において，$b_4 \in S_\rho^{m'}$，ただし，

$$m' = m_1+m_2+\frac{1}{4}(n_X+n_Z-2N_1-2N_2-2n_Y)$$

である．——

証明は (10.39) を用いれば，容易であるから省略する．次の命題も証明は容易である．

命題 10.2　位相関数 $\varphi(x, z, \theta, \omega, \sigma)$ は，b_4 の錐的台の錐近傍で，$\theta=\omega=\sigma=0$ を除き，C^∞ で，(θ, ω, σ) につき，同次1次関数である．——

以上によって，$B(\nu)|dx|^{1/2}|dz|^{1/2}$ が，Fourier 積分作用素であることが分った．それでは位相関数 φ はいつ非退化となるのだろうか．

補助定理 10.2

$$\varDelta = \{(x, \xi, y, \eta, y, \eta, z, \zeta) \in T^*X\times T^*Y\times T^*Y\times T^*Z\}$$

を $T^*(X\times Y)\times T^*(Y\times Z)$ の対角集合という．$\varphi(x, z, \theta, \omega, \sigma)$ が，非退化位相関数となるための必要十分条件は，$A_j(\nu)$ の斉次正準関係を C_j $(j=1, 2)$ とすると，$C_1\times C_2$ が，$\varDelta$ と横断的に交わることである．

証明

$$C_\varphi = \left\{(x, y, \theta, \omega, \sigma)\,|\,(x, y, \theta) \in C_{\phi_1}, (y, z, \sigma) \in C_{\phi_2}, \frac{\partial\phi_1}{\partial y}+\frac{\partial\phi_2}{\partial y}=0\right\} \tag{10.57}$$

である．

$C_{\phi_1}\to T^*(X\times Y)$，$C_{\phi_2}\to T^*(Y\times Z)$ という Lagrange はめ込みによって，

$$C_{\phi_1}\times C_{\phi_2} \xrightarrow{\ \iota\ } T^*(X\times Y)\times T^*(Y\times Z) \tag{10.58}$$

という Lagrange はめ込みが出来る．$\varDelta' = \{(x, \xi, y, \eta, y, -\eta, z, -\zeta) \in T^*X$

$\times T^*Y\times T^*Y\times T^*Z\}$ とおく．$C_\varphi=\iota^{-1}(C_1'\times C_2'\cap\Delta')=\iota^{-1}(\Lambda_{\phi_1}\times\Lambda_{\phi_2}\cap\Delta')$ である．$C_1\times C_2$ が Δ と横断的に交わるとは，$C_1'\times C_2'$ が，Δ' が横断的に交わることである．$T^*X\times T^*Y\times T^*Y\times T^*Z$ の点を $(x,\xi,y,\eta,y',\eta',z,\zeta)$ とあらわすと，Δ' の局所方程式は

$$y_j-y_j'=0,\qquad \eta_j+\eta_j'=0\qquad (j=1,2,\cdots,n_Y) \tag{10.59}$$

である．Δ' と $C_1'\times C_2'$ が横断的に交わるというのは，$d(y_j-y_j'),d(\eta_j+\eta_j')$ が，$C_1'\times C_2'$ 上で1次独立のことである．すなわち，$\iota^*(dy_j-dy_j'),\iota^*(d\eta_j+d\eta_j')$ は $C_{\phi_1}\times C_{\phi_2}$ 上1次独立である．$C_{\phi_1}\times C_{\phi_2}$ の局所方程式は，$\partial\phi_1/\partial\theta=0$，$\partial\phi_2/\partial\sigma=0$ であるから，結局 C_φ 上の各点で，

$$\iota^*(dy_j-dy_j'),\quad d\left(\frac{\partial\phi_1}{\partial y_j}+\frac{\partial\phi_2}{\partial y_j}\right),\quad d\frac{\partial\phi_1}{\partial\theta_j},\quad d\frac{\partial\phi_2}{\partial\sigma_j}$$

が1次独立のことが，$C_1\times C_2$ と Δ が横断的に交わる必要十分条件である．ところが，これは，C_φ 上

$$d\left(\frac{\partial\phi_1}{\partial y_j}+\frac{\partial\phi_2}{\partial y_j}\right),\quad d\frac{\partial\phi_1}{\partial\theta_j},\quad d\frac{\partial\phi_2}{\partial\sigma_j}$$

が1次独立となることと同値で，これは φ が非退化位相関数となることと同値である．▌

我々は次の基本定理を得る．

定理 10.3　$A_1(\nu)|dx|^{1/2}|dy|^{1/2}\in I_\rho^{m_1}(X\times Y,C_1')$，$A_2(\nu)|dy|^{1/2}|dz|^{1/2}\in I_\rho^{m_2}(Y\times Z,C_2')$ とする．$C_1\circ C_2=C_1\times C_2\cap\Delta$ とする．$C_1\times C_2$ が Δ と横断的に交わるとき，$A_1(\nu)A_2(\nu)|dx|^{1/2}|dz|^{1/2}$ は，非退化位相関数をもつ Fourier 積分作用素で，

$$A_1(\nu)A_2(\nu)|dx|^{1/2}|dz|^{1/2}\in I_\rho^{m_1+m_2}(X\times Z,C_1\circ C_2')$$

である．$C_1\circ C_2$ は T^*Z から T^*X への斉次正準関係である．——

次に，$A_1(\nu)A_2(\nu)|dx|^{1/2}|dz|^{1/2}$ の主表象がどうなるかをみてみよう．原理的には，(10.42)ですでに与えられているが，これを $A_1(\nu)|dx|^{1/2}|dy|^{1/2}$，$A_2(\nu)|dy|^{1/2}|dz|^{1/2}$ の主表象と関連づけるのはやや面倒である．これを試みるために，$A_1(\nu)|dx|^{1/2}|dy|^{1/2}$, $A_2(\nu)|dy|^{1/2}|dz|^{1/2}$ の表示を簡単にしておく．

補助定理 10.3　C が T^*Y から T^*X への斉次正準関係であるとする．$\alpha=(\beta,\gamma)\in C$ と表わし，$A=T_\alpha C$ とおく．

(1)　$E=T_\beta T^*X$ 内の Lagrange 部分空間 L で，T^*X の β 上のファイバー

への接空間 M_1 と横断的に交わり，$A^{-1}(0)=\{e\in E\,|\,(e,0)\in A\}$ とも横断的に交わるものの全体 $\tilde{\Lambda}$ は，$\Lambda(E)$ 内で稠密な開集合を成す.

(2)　$L\subset\tilde{\Lambda}$ を任意にとる．$F=T_\alpha T^*Y$ の Lagrange 部分空間 L' で，γ におけ る T^*Y のファイバーへの接空間 M_1' に横断的であり，しかも $L\times L'$ が，$T_\alpha C$ に横断的となるような L' の全体は，$\Lambda(F)$ の中で開かつ稠密な部分集合である.

証明　(1)　$D(A)=\{e\in E\,|\,\exists f;(e,f)\in A\}$ とおく.

$A^{-1}(0)^{\sigma_X}=D(A)$ である．実際，$e\in D(A)$ とすると，$\exists f;(e,f)\in A$ となる．$\forall e'\in A^{-1}(0)$ に対して，$0=\sigma_X-\sigma_Y((e,f),(e',0))=\sigma_X(e,e')$ だからである．$A^{-1}(0)\subset D(A)$ は明らかゆえ，$A^{-1}(0)\subset M\subset D(A)$ という Lagrange 部分空間とすると，$\tilde{\Lambda}\supset(\Lambda^0(M)\cap\Lambda^0(M_1))$ であるから (1) が示されたことになる.

(2)　$E\supset L$ を一つの Lagrange 部分空間とする．$L\cap A^{-1}(0)=\{0\}$ とする．$A(L)=\{f\in F\,|\,\exists e\in L;(e,f)\in A\}$ とおくと，これは，F の Lagrange 部分空間となる．というのは，$(e,f)\in A$，$(e',f')\in A$，$e,e'\in L$ のとき，

$$0=\sigma_X(e,e')-\sigma_Y(f,f')=\sigma_Y(f,f')$$

ゆえ，$A(L)\subset A(L)^{\sigma_Y}$ で，$\dim E=2n_X$，$\dim F=2n_Y$，$\dim D(A)=2n_X-k$ とする．$\dim(L\cap D(A))=2n_X-\dim(L+D(A)^{\sigma_X})=2n_X-(n_X+k)=n_X-k$．一方

$$\begin{aligned}\dim(0\times F\cap A)&=2(n_X+n_Y)-\dim(E\times 0+A)\\&=2(n_X+n_Y)-(2n_X+n_X+n_Y-k)=n_Y-n_X+k.\end{aligned}$$

よって

$$\dim A(L)=\dim(L\cap D(A))+\dim(0\times F\cap A)=n_Y.$$

すなわち，$A(L)$ は F の Lagrange 部分空間である．つぎに，$L\times L'$ が A と横断的であるとは，$L'\cap A(L)=\{0\}$ のことである．よって補助定理の L' として，M' と $A(L)$ に横断的なものをとれば良い．これは $\Lambda(F)$ で稠密開集合をなす．∎

この補助定理 10.3 を使って，X,Y,Z の座標関数をとり直して，C_1 の母関数を $S_1(\xi,\eta)$，C_2 の母関数を $S_2(\eta,\zeta)$ の形にとれることを示そう.

補助定理 10.4　$(x^0,\xi^0)\in T^*X\setminus 0$ とする．L は，$T_{(x^0,\xi^0)}T^*X$ の Lagrange 部分空間で，ファイバーの接空間に横断的とする．X の x^0 の近傍で，新しい座標関数 $y=(y_1,\cdots,y_n)$ をとって，y の線型関数 $f(y)=\xi^0\cdot y$ の定める T^*X の局所切断が，$y=0$ において L と接するように出来る.

証明　(x,ξ) 座標系で，L は，$\Lambda^0(\lambda_{\mathrm{Re}})$ に入るから，

(10.60) $$Adx-d\xi=0$$

をみたす．$A=a_{jk}$ は実対称行列である．新しく座標関数を，

(10.61) $$y_j=x_j-x_j{}^0+\frac{1}{2}\sum_{k,l}b_{jkl}(x_k-x_k{}^0)(x_l-x_l{}^0),\qquad b_{jkl}=b_{jlk}$$

とする．これから

(10.62) $$dy_j=\sum_k(\delta_{jk}+\sum_l b_{jkl}(x_l-x_l{}^0))dx_k\qquad(j=1,2,\cdots,n)$$

である．y_j に伴う T^*X の座標関数を (y,η) とすると，

$$\sum\eta_j dy_j=\sum\xi_j dx_j$$

であるから，

(10.63) $$\eta_k+\sum_{j,l}b_{jkl}\eta_j(x_l-x_l{}^0)=\xi_k.$$

$x=x^0$ では

(10.64) $$d\eta_k+\sum b_{jkl}\eta_j dx_l=d\xi_k.$$

$f(y)=\xi^0\cdot y$ の定める T^*X の局所切断は，$d\partial f/\partial y_j=0$ ゆえ，$d\eta_j=0$ $(j=1,2,\cdots,n)$ である．これが，(10.60) と一致するためには，(10.64) とあわせて

(10.65) $$\sum_j b_{jkl}\xi_j{}^0=a_{kl}$$

であれば良い．$\xi^0\neq 0$ であるからこのような b_{jkl} は存在する．▮

補助定理 10.5　$C_1\subset T^*X\times T^*Y$，$C_2\subset T^*Y\times T^*Z$ がそれぞれ，T^*Y から T^*X，T^*Z から T^*Y への斉次正準関係であるとする．$\alpha=(\beta,\gamma)\in C_1$，$\delta=(\gamma,\varepsilon)\in C_2$ とする．X,Y,Z の座標関数を $\pi_X(\beta),\pi_Y(\gamma),\pi_Z(\varepsilon)$ の近傍で適当にとって，C_1 の母関数を α の近傍で $S_1(\xi,\eta)$，C_2 の母関数を δ の近傍で $S_2(\eta,\zeta)$ という形にあらわすことが出来る．ここで，π_X は $T^*X\to X$，という射影であり，π_Y,π_Z も同様である．

証明　$A=T_\alpha C_1$，$B=T_\delta C_2$ とおく．

$$A^{-1}(0)=\{e\in T_\gamma T^*Y\mid(0,e)\in A\},\qquad B(0)=\{g\in T_\gamma T^*Y\mid(g,0)\in B\}$$

とおく．$T_\gamma T^*Y$ の Lagrange 部分空間 L_2 を作り，$A^{-1}(0)\cap L_2=\{0\}=B(0)\cap L_2$ とし，しかも，補助定理 10.3 によって，T^*Y のファイバー M_2 にも横断的となるようにして良い．補助定理 10.4 によって，Y 空間の局所座標を $\pi_Y(\gamma)$ の近傍でうまくとって，y の線型関数 $f(y)=y\cdot\eta^0$ が定める T^*Y の局所切断が，γ を $y=0$ で通り L_2 に接するように出来る．

つぎに $L_1 \subset T_\beta T^*X$ を Lagrange 部分空間で，$T_\beta T^*X$ のファイバー M_1 への接空間 M_1 と横断的で，$L_1 \times L_2$ は A と横断的となるように出来る．$\pi_X(\beta)$ の近傍で，X の局所座標関数をえらび，線型関数 $g(x) = x \cdot \xi^0$ が定める T^*X の局所切断が，$x=0$ で，L_1 に接するようにする．すると $L_1 \times L_2$ は A と，$M_1 \times M_2$ と横断的に交わる．したがって，

$$T_\alpha(T^*X \times T^*Y) = (M_1 \times M_2) \oplus (L_1 \times L_2)$$

と直和分解される．$A \to M_1 \times M_2$ という射影は，同型である．したがって陰関数定理によって，C_1 における α の錐近傍が，$T^*X \times T^*Y$ のファイバー内の錐近傍と微分同相となる．したがって，C_1 の局所的母関数として $S_1(\xi, \eta)$ という型のものがとれる．

全く同様にして，C_2 の局所母関数で，$S_2(\eta, \zeta)$ というものがとれる．▌

これらの準備をした上で，作用素の積の主表象を調べる．C_1 での α の錐近傍で，(ξ, η) を局所座標にとり，局所母関数として，$S_1(\xi, \eta)$ をとる．$B_1(\nu)|dx|^{1/2}|dy|^{1/2}$ の主表象は，

$$\sigma(B_1(\nu)) = b_1(\xi, \eta)|d\xi \wedge d\eta|^{1/2} \tag{10.66}$$

と書ける．このとき，

$$B_1(\nu)u(x)|dx|^{1/2} = \left(\frac{\nu}{2\pi}\right)^{3(n_X+n_Y)/4} e^{(\pi/4)i(n_X+n_Y)} \times \int b_1(\xi, \eta) e^{i\nu(S_1(\xi,\eta)+x\cdot\xi+y\cdot\eta)} u(y)\, dy d\eta d\xi |dx|^{1/2}. \tag{10.67}$$

同様に C_2 上に (η, ζ) が局所座標としてとれて，

$$\sigma(B_2(\nu)) = b_2(\eta, \zeta)|d\eta \wedge d\zeta|^{1/2}, \tag{10.68}$$

$$B_2(\nu)v(y)|dy|^{1/2} = \left(\frac{\nu}{2\pi}\right)^{3(n_Y+n_Z)/4} e^{(\pi/4)i(n_Y+n_Z)} \times \int b_2(\eta, \zeta) e^{i\nu(S_2(\eta,\zeta)+y\cdot\eta+z\cdot\zeta)} v(z)\, dz d\zeta d\eta |dy|^{1/2} \tag{10.69}$$

であるから積作用素は，

$$B_1(\nu)B_2(\nu)v(x)|dx|^{1/2} = \gamma(\nu)e^{-(\pi/4)iN_3} \times \int b_1(\xi, \eta) b_2(\eta', \zeta) e^{i\nu(S_1(\xi,\eta)+S_2(\eta',\zeta)+x\cdot\xi+y(\eta+\eta')+z\cdot\xi)} \times v(z)\, dz d\zeta d\eta' dy d\eta d\xi |dx|^{1/2}. \tag{10.70}$$

まず，(η', y) につき積分して，

(10.71) $$B_1(\nu)B_2(\nu)v(x)|dx|^{1/2}=\left(\frac{\nu}{2\pi}\right)^{(3(n_X+n_Z)+2n_Y)/4}e^{(\pi/4)i(n_X+n_Z+2n_Y)}$$
$$\times\int b_1(\xi,\eta)b_2(\eta,\zeta)e^{i\nu(S_1(\xi,\eta)+S_2(-\eta,\zeta)+x\cdot\xi+z\cdot\zeta)}v(z)\,dzd\zeta d\eta d\xi|dx|^{1/2}.$$

つぎに，η につき積分するのだが，ここで鞍部点法を使う．位相の停留点は

(10.72) $$\frac{\partial S_1(\xi,\eta)}{\partial\eta}-\frac{\partial S_2(-\eta,\zeta)}{\partial\eta}=0$$

の解で，ここでの Hesse 行列は，

(10.73) $$H=\frac{\partial^2 S_1(\xi,\eta)}{\partial\eta^2}+\frac{\partial^2 S_2(-\eta,\zeta)}{\partial\eta^2}$$

である．$C_1\times C_2$ は $\varDelta$ と横断的であるから，これは正則行列である．$b_1(\xi,\eta)$ と $b_2(\eta,\zeta)$ の η についての錐台が十分小さくて，この鞍部点の近傍に限られると，

(10.74) $$B_1(\nu)B_2(\nu)v(x)|dx|^{1/2}=\left(\frac{\nu}{2\pi}\right)^{3(n_X+n_Z)/4}e^{(\pi/4)i(n_X+n_Z)}$$
$$\times\int b(\xi,\zeta)e^{i\nu(S(\xi,\zeta)+x\cdot\xi+z\cdot\zeta)}v(z)\,dzd\zeta d\xi|dx|^{1/2}.$$

ここで，

(10.75) $$b(\xi,\zeta)=e^{-(\pi/2)i\,\mathrm{Inert}\,H}|\det H|^{-1/2}b_1(\xi,\eta(\xi,\zeta))b_2(-\eta(\xi,\zeta),\zeta)$$

であり，

(10.76) $$S(\xi,\zeta)=S_1(\xi,\eta(\xi,\zeta))+S_2(-\eta(\xi,\zeta),\zeta)$$

である．ここで $\eta(\xi,\zeta)$ は，(10.72) を η について解いた解である．このことから，$S(\xi,\zeta)$ は，$C_1\circ C_2$ の局所母関数を与える．

(10.75) は，上の座標系のとり方に関し $B_1(\nu)B_2(\nu)|dx|^{1/2}|dz|^{1/2}$ の主表象が，

(10.77) $$e^{-(\pi/2)i\,\mathrm{Inert}\,H}|\det H|^{-1/2}b_1\cdot b_2|_{C_1\circ C_2}|d\zeta|^{1/2}|d\xi|^{1/2}$$

であることを示している．

つぎに $|\det H|^{-1/2}$ の意味を考える．$C_1\circ C_2$ 上の密度の平方根のバンドル $\varOmega^{1/2}$ の基底として，dv_{12} をとる．これは，

(10.78) $$dv_{12}\wedge d\left(x+\frac{\partial S_1}{\partial\xi}\right)\wedge d\left(y+\frac{\partial S_1}{\partial\eta}\right)\wedge d(\eta+\eta')$$
$$\wedge d\left(\frac{\partial S_2}{\partial\eta'}+y\right)\wedge d\left(\frac{\partial S_2}{\partial\zeta}+z\right)$$

$$= dx\wedge d\xi\wedge dy\wedge d\eta\wedge d\eta'\wedge d\zeta\wedge dz$$

である．$\eta'=\tau-\eta$ とおくと，$S_2(-\eta+\tau,\zeta)=S_2(\eta',\zeta)$ であるから，$d\eta\wedge d\eta'=d\eta\wedge d\tau$，$d(\eta+\eta')=d\tau$ であり

$$d\left(\frac{\partial S_2}{\partial\eta'}\right)=d\frac{\partial S_2(-\eta+\tau,\zeta)}{\partial\tau}=d\left(-\frac{\partial S_2}{\partial\eta}(-\eta+\tau,\zeta)\right)$$

である．したがって

$$(10.79)\qquad dv_{12}\wedge d\left(x+\frac{\partial S_1}{\partial\xi}\right)\wedge d\left(y+\frac{\partial S_1}{\partial\eta}\right)\wedge d\tau \wedge d\left(\frac{\partial S_2}{\partial\eta}(-\eta+\tau,\zeta)+y\right)\wedge d\left(\frac{\partial S_2}{\partial\zeta}+z\right)$$
$$= dx\wedge d\xi\wedge dy\wedge d\eta\wedge d\tau\wedge d\zeta\wedge dz.$$

よって，$dv_{12}=Ad\xi\wedge d\zeta$ とおくと，

$$(10.80)\qquad \pm A\det\begin{bmatrix}1 & \partial^2S/\partial\eta^2\\ 1 & -\partial^2S/\partial\eta^2\end{bmatrix}d\xi\wedge d\zeta\wedge dx\wedge dy\wedge d\tau\wedge d\eta\wedge dz$$
$$= dx\wedge d\xi\wedge dy\wedge d\eta\wedge d\tau\wedge d\zeta\wedge dz$$

である．これから，

$$A=\pm\det\left(\frac{\partial^2S_1}{\partial\eta^2}+\frac{\partial^2S_2}{\partial\eta^2}\right)^{-1}=\pm(\det H)^{-1},$$

すなわち，

$$(10.81)\qquad dv_{12}=|\det H|^{-1}|d\xi\wedge d\zeta|$$

である．$B_1(\nu)B_2(\nu)|dx|^{1/2}|dz|^{1/2}$ の主表象は，

$$(10.82)\qquad e^{-(\pi/2)i\,\mathrm{Inert}\,H}b_1\cdot b_2|_{C_1\circ C_2}|dv_{12}|^{1/2}$$

となる．以上まとめて，次の基本定理を得る．

定理 10.4 C_1 を T^*Y から T^*X への斉次正準関係とし，C_2 を T^*Z から T^*Y への斉次正準関係とする．$C_1\times C_2$ は $\varDelta\subset T^*X\times T^*Y\times T^*Y\times T^*Z$ と横断的に交わるとする．$B_1(\nu)|dx|^{1/2}|dy|^{1/2}\in I_\rho^{m_1}(X\times Y,C_1')$ の主表象を

$$(10.83)\qquad \sigma(B_1(\nu))=b_1(\xi,\eta)|d\xi\wedge d\eta|^{1/2},$$

$B_2(\nu)|dy|^{1/2}|dz|^{1/2}\in I_\rho^{m_2}(Y\times Z,C_2')$ の主表象を

$$(10.84)\qquad \sigma(B_2(\nu))=b_2(\eta,\zeta)|d\eta\wedge d\zeta|^{1/2}$$

とすると，積 $B_1(\nu)B_2(\nu)|dx\wedge dz|^{1/2}$ の主表象は，

$$(10.85)\qquad e^{-(\pi/2)i\,\mathrm{Inert}\,H}b_1\cdot b_2|_{C_1\circ C_2}|dv_{12}|^{1/2}$$

である．ただし，ここで，H は次式で与えられる．

$$H=\frac{\partial^2 S_1(\xi,\eta)}{\partial\eta^2}+\frac{\partial^2 S_2(-\eta,\zeta)}{\partial\eta^2} \tag{10.86}$$

で，$\partial^2S_1/\partial\eta^2$ は $T_\alpha C_1^{-1}(L_1)$ を $\lambda_{\mathrm{Re}}\oplus L_2$ によって $\lambda_{\mathrm{Re}}\to L_2$ の写像とみたときの線型写像であり，$\partial^2S_2/\partial\eta^2$ は $T_\delta C_2(L)$ を $\lambda_{\mathrm{Re}}+L_2$ によって $\lambda_{\mathrm{Re}}\to L_2$ とみた写像である．——

§10.3　斉次正準関係の局所構造

Σ と Ω が多様体で，$\Sigma\xrightarrow{\pi}\Omega$ が C^∞ で，π の微分写像が全射であるとする．$\sigma_0\in\Sigma$，$\pi(\sigma_0)=\omega_0$，$N=\pi^{-1}(\omega_0)$ とおく．$f\in C^\infty(\Sigma)$ で $df|_{T_{\sigma_0}N}=0$ とする．ω_0 における，任意の二つのベクトル場 l_1,l_2 に対して Σ の σ_0 の近傍のベクトル場 L_1,L_2 を $\pi_*L_j=l_j\ (j=1,2)$ となるように作る．$[l_1,l_2]=0$ であるならば $[L_1,L_2]f|_{\sigma_0}=0$ である．実際，σ_0 の近傍で，Σ の局所座標関数 (x,θ) をとって，$N=\{x=0\}$ とする．x は $\pi(\sigma_0)=\omega_0$ の近くで，Ω の座標関数であるとして良い．

$$l_j=\sum_k a_{jk}(x)\frac{\partial}{\partial x_k}\qquad (j=1,2) \tag{10.87}$$

ならば，

$$L_j=\sum_k a_{jk}(x)\frac{\partial}{\partial x_k}+\sum b_{jk}(x,\theta)\frac{\partial}{\partial\theta_k}. \tag{10.88}$$

よって，

$$[L_1,L_2]f(\sigma_0)=[l_1,l_2]f(\sigma_0)+\sum c_j\frac{\partial}{\partial\theta_j}f(\sigma_0)=0$$

となるからである．これによって，Ω の座標系を固定して，$\Omega\subset\boldsymbol{R}^n$ とみなすと，$T_{\sigma_0}\Sigma\ni t_1,t_2$ の対称 2 次形式 $B(t_1,t_2)$ が，次のように定義される．$t_1\in T_{\sigma_0}\Sigma$ であるから σ_0 の近傍で L_1 というベクトル場を作り，π_*L_1 が定数係数で，$L_1(\sigma_0)=t_1$ となるように出来る．L_2 も同様に t_2 から作る．ここで，

$$B(t_1,t_2)=L_1L_2f(\sigma_0)=L_2L_1f(\sigma_0) \tag{10.89}$$

とおく．これは，t_1,t_2 の拡張 L_1,L_2 の取り方によらない．実際，L_1',L_2' を t_1,t_2 の別の，しかし，上述のごとき延長とすると，L_1-L_1' は σ_0 で 0 であるから，

$$L_1L_2f(\sigma_0)=L_1'L_2f(\sigma_0)=L_2L_1'f(\sigma_0)=L_2'L_1'f(\sigma_0)=L_1'L_2'f(\sigma_0)$$

だからである．

これを次のような場合に用いる．$\Omega = X\times Y$ とする．$\Sigma = X\times Y\times(\boldsymbol{R}^N\setminus 0)$ である．Σ 上位相関数 $\phi(x,y,\theta)$ が定義されている．$\pi:\Sigma\to\Omega$ の微分写像は全射である．$\sigma_0\in\Sigma$，$\omega_0=\pi(\sigma_0)=(x^0,y^0)\in X\times Y$ とする．

$$T_\Sigma{}^X = \{L\in T_{\sigma_0}\Sigma \mid \pi_*(L)\in T_{x_0}X\},$$
$$T_\Sigma{}^Y = \{L\in T_{\sigma_0}\Sigma \mid \pi_*(L)\in T_{y_0}Y\}$$

とおくと，$T_{\sigma_0}\Sigma = T_\Sigma{}^X + T_\Sigma{}^Y$ であり，

$$\mathrm{Ker}\,\pi_* = T_{\sigma_0}{}^0\Sigma = T_\Sigma{}^X\cap T_\Sigma{}^Y$$

である．

いま $\phi(x,y,\theta)$ が，非退化正則位相関数で，$\sigma_0\in C_\phi=\{(x,y,\theta)\mid \partial\phi/\partial\theta=0\}$ とする．すると $d\phi|_{T_{\sigma_0}{}^0\Sigma}=0$ であるから，$t_1\in T_\Sigma{}^X$，$t_2\in T_\Sigma{}^Y$ に対して，

$$B_\phi(t_1,t_2) = L_1L_2f(\sigma_0) \qquad (\sigma_0\in C_\phi)$$

とおく．ただし，L_1, L_2 は σ_0 でそれぞれ t_1, t_2 に等しい Σ のベクトル場で，$\pi_*L_1=l_1$ は X のベクトル場で，$\pi_*L_2=l_2$ は，Y 上のベクトル場となるようにする．これは，L_1 と L_2 のとり方によらず，t_1, t_2 のみで定まる $T_\Sigma{}^X\times T_\Sigma{}^Y$ 上の双1次形式で，$T_\Sigma{}^0$ 上は対称である．$x=(x_1,x_2,\cdots,x_{n_X})$，$y=(y_1,y_2,\cdots,y_{n_Y})$ を，それぞれ，X と Y の局所座標とすると，Σ の局所座標が (x,y,θ)，$\pi(x,y,\theta)=(x,y)$ となるようにとると，B_ϕ の行列表示は，

$$\tilde{B}_\phi = \begin{bmatrix}\phi_{xy} & \phi_{x\theta}\\ \phi_{\theta y} & \phi_{\theta\theta}\end{bmatrix}. \tag{10.90}$$

補助定理 10.6　ϕ が，$X\times Y\times(\boldsymbol{R}^N\setminus 0)$ で定義された，正則非退化位相関数のとき，$\sigma\in C_\phi$ とすると，次の各項が成立する．

(0)　$t\in T_\Sigma{}^0$ で，B_ϕ に関し $T_\Sigma{}^X+T_\Sigma{}^Y$ と直交すると，$t=0$.

(1)　$C\to T^*X$ の微分写像の階数 $=\dim T^*X-\dim(T_\Sigma{}^Y)^B$.

(2)　$C\to T^*Y$ の微分写像の階数 $=\dim T^*Y-\dim(T_\Sigma{}^X)^B$.

(3)　$C\to X$ の微分写像の階数 $=\dim X-\dim((T_\Sigma{}^Y)^B\cap T_\Sigma{}^0)$.

(4)　$C\to Y$ の微分写像の階数 $=\dim Y-\dim((T_\Sigma{}^X)^B\cap T_\Sigma{}^0)$.

(5)　$C\to X\times Y$ の微分写像の階数 $=\dim X\times Y-\dim((T_\Sigma{}^0)^B\cap T_\Sigma{}^0)$.

以上において，$(T_\Sigma{}^X)^B=\{t\in T_\Sigma{}^Y\mid \forall s\in T_\Sigma{}^X$ に対し $B_\phi(s,t)=0\}$ という記号を用いた．その他も同様である．

証明　(0)　座標を前に述べたようにとると，$t\in T_\Sigma{}^0$ は，

$$t = \sum_j c_j \frac{\partial}{\partial \theta_j}$$

と書ける．$T_\Sigma{}^X$ と B_ϕ に関し，これが直交すると，

$$\phi_{x\theta} \cdot C = 0, \qquad \phi_{\theta\theta} \cdot C = 0.$$

$T_\Sigma{}^Y$ と直交すると，${}^tC \cdot \phi_{\theta y} = 0$. よって，あわせて

$${}^tC(\phi_{\theta x}, \phi_{\theta y}, \phi_{\theta\theta}) = 0.$$

ϕ は非退化位相関数だから，$C=0$.

(1)　$C \to T^*X$ の微分写像の余核の元を，$\rho = adx + bd\xi$ とおく．余核に入ることは，

$$\rho = adx + bd\xi = adx + b\left(\frac{\partial^2 \phi}{\partial x \partial x} dx + \frac{\partial^2 \phi}{\partial x \partial y} dy + \frac{\partial^2 \phi}{\partial x \partial \theta} d\theta\right)$$

が C 上で 0 となることである．ところで，このような微分形式は，$\partial\phi/\partial\theta_1, \cdots, \partial\phi/\partial\theta_N$ で張られる．よって，

$$\rho = \sum_{j=0}^{N} c_j d\frac{\partial \phi}{\partial \theta_j}$$

である．すなわち，$\exists (a, b, c) \neq 0$ で，

$${}^t(a, b, c)\begin{bmatrix} I & 0 & 0 \\ \dfrac{\partial^2\phi}{\partial x \partial x} & \dfrac{\partial^2\phi}{\partial x \partial y} & \dfrac{\partial^2\phi}{\partial x \partial \theta} \\ \dfrac{\partial^2\phi}{\partial \theta \partial x} & \dfrac{\partial^2\phi}{\partial \theta \partial y} & \dfrac{\partial^2\phi}{\partial \theta \partial \theta} \end{bmatrix} = 0.$$

これから，

$${}^t(b, c)\begin{bmatrix} \dfrac{\partial^2\phi}{\partial x \partial y} & \dfrac{\partial^2\phi}{\partial x \partial \theta} \\ \dfrac{\partial^2\phi}{\partial \theta \partial y} & \dfrac{\partial^2\phi}{\partial \theta \partial \theta} \end{bmatrix} = 0.$$

すなわち，

$$\text{余核の次元} = \dim(T_\Sigma{}^Y)^B.$$

(2) 以下も同様. ▌

最も扱い易い斉次正準関係は，次の場合である．

定義 10.2　C が T^*Y から T^*X への斉次正準関係であるとする．C が，局所正準変換であるとは，$\dim X = \dim Y$ で，射影 $C \to T^*X$, $C \to T^*Y$ の微分写

像がともに全射のことである. ——

定理 10.5 $X\times Y\times(\boldsymbol{R}^N\setminus 0)$ で定義された, 非退化正則位相関数 $\phi(x,y,\theta)$ が, 局所正準変換を定義する必要十分条件は, 行列

$$D(\phi)=\begin{bmatrix}\dfrac{\partial^2\phi}{\partial x\partial y} & \dfrac{\partial^2\phi}{\partial x\partial\theta}\\[2mm] \dfrac{\partial^2\phi}{\partial\theta\partial y} & \dfrac{\partial^2\phi}{\partial\theta\partial\theta}\end{bmatrix} \tag{10.91}$$

が, C_ϕ の各点で正則となることである. このとき C は T^*Y から T^*X への局所微分同相である. ——

証明は補助定理 10.6 の (1), (2) と (10.90) による.

一般の斉次正準関係では, 適当に部分多様体に注目すると, 多くの場合こうなっていることを示そう. はじめに, 第9章末の補助定理 9.10 から見てみよう.

命題 10.3 $X_1\subset X$, $Y_1\subset Y$ を部分多様体とする. $C\subset T^*X\times T^*Y$ を, T^*Y から T^*X への斉次正準関係で, $c_0\in C$ の近傍で, C は非退化位相関数 $\phi: X\times Y\times(\boldsymbol{R}^N\setminus 0)\to\boldsymbol{R}$ で定義されているとする. $\pi c_0\in X_1\times Y_1$ とする. このとき, 制限, $\phi_1=\phi|_{X_1\times Y_1\times(\boldsymbol{R}^N\setminus 0)}$ が再び非退化正則位相関数となるための十分条件は, 次の2条件である.

(i) $c_0\notin N^*(X_1)\times T^*Y|_{Y_1}\cup T^*X|_{X_1}\times N^*(Y_1)$.

(ii) C と $T^*(X\times Y)|_{X_1\times Y_1}$ が横断的に交わる. このとき, ϕ_1 の定義する斉次正準関係 $C_1\subset T^*X_1\times T^*Y_1$ は, $C\cap T^*X|_{X_1}\times T^*Y|_{Y_1}$ を $N^*X_1\times N^*Y_1$ に沿って, $T^*X_1\times T^*Y_1$ に射影したものである. ——

定理 10.6 ϕ を $X\times Y\times(\boldsymbol{R}^N\setminus 0)$ の非退化位相関数とする. C を ϕ の定義する斉次正準関係とする. $c_0\in C$ において, $C\to X$, $C\to Y$ の微分写像は, 共に全射とする. C において,

$$\begin{cases} k_X=\operatorname{rank} d(C\to T^*X)-\dim X,\\ k_Y=\operatorname{rank} d(C\to T^*Y)-\dim Y\end{cases} \tag{10.92}$$

とおくと $k_X=k_Y=k$ であり, k 次元の部分多様体 $X_1\subset X$, $Y_1\subset Y$ があって, $\pi c_0\in X_1\times Y_1$ である. このとき, $\phi|_{X_1\times Y_1\times(\boldsymbol{R}^N\setminus 0)}$ は非退化正則位相関数で, T^*Y_1 から T^*X_1 へ局所正準変換を定義する.

証明 $$k_X=\dim T^*X-\dim(T_\Sigma{}^Y)^B-\dim X$$

$$= \dim X - \dim T_\Sigma{}^X + \operatorname{rank} B_\phi,$$
$$k_Y = \dim Y - \dim T_\Sigma{}^Y + \operatorname{rank} B_\phi.$$

一方

$$\dim T_\Sigma{}^X = \dim X \times Y \times \boldsymbol{R}^N - \dim Y,$$
$$\dim T_\Sigma{}^Y = \dim X \times Y \times \boldsymbol{R}^N - \dim X.$$

以上から $k_X = k_Y$ であり，これを k とおく．つぎに部分多様体 X_1, Y_1 をとる．これのみたすべき条件は二つあり，第1は $c_0 \in C$ のとき

(10.93) $\qquad c_0 \notin N^*(X_1) \times T^*Y|_{Y_1} \cup T^*X|_{X_1} \times N^*(Y_1)$

であり，第2は $\phi|_{X_1 \times Y_1 \times (\boldsymbol{R}^N \setminus 0)}$ が局所正準変換を定めるために

(10.94) $\quad T_\Sigma{}^{X_1} \times T_\Sigma{}^{Y_1}$ 上で，双1次形式 B_ϕ が非退化のこと

である．

この後者の条件に関しては，次の補助定理を用いる．

補助定理 10.7 V はベクトル空間で，$V = V_1 + V_2$ と二つの部分空間の和となっているとする．B は $V_1 \times V_2$ 上の双1次形式とする．$W_1 \subset V_1$，$W_2 \subset V_2$ という部分空間をとって $W_1 \cap W_2 = V_1 \cap V_2$ とし，しかも，B が，$W_1 \times W_2$ 非退化となるためには，$V_1 \cap V_2$ の元で V_1 あるいは V_2 に直交するものが0のみであることである．このとき，$\dim W_1 = \dim W_2 = \operatorname{rank} B$ にとれる．——

この補助定理の証明は各自に任せ，これを用いて，定理10.6の証明を続ける．補助定理10.7において，$V = T_{c_0}(X \times Y \times (\boldsymbol{R}^N \setminus 0))$，$V_1 = T_\Sigma{}^X$，$V_2 = T_\Sigma{}^Y$ とすると，補助定理10.6, (0) によって，$W_1 \subset T_\Sigma{}^X$，$W_2 \subset T_\Sigma{}^Y$ という部分空間がとれて，$W_1 \cap W_2 = T_\Sigma{}^X \cap T_\Sigma{}^Y$，かつ，$B_\phi$ が $W_1 \times W_2$ 上非退化になるように出来る．この際 W_1, W_2 のとり方は唯一ではない．一組の (W_1, W_2) がとれたら，それを少し動かしたもの (W_1', W_2') で，同じ条件をみたすものがある．X_1 と Y_1 という部分多様体は，$\pi_X c_0, \pi_Y c_0$ で，W_1 と W_2 とに接するようにすれば良い．もしも (10.93) が満足されていないならば，X_1 と Y_1 を少し動かせば良い．∎

定理10.6の意味することを，もう少し詳しくみてみる．ϕ を $X \times Y \times (\boldsymbol{R}^N \setminus 0)$ での非退化正則位相関数とする．C を ϕ が定義する T^*Y から T^*X への斉次正準関係であるとする．$c_0 \in C$ で $C \to X$，$C \to Y$ という射影の微分写像が共に全射であるとする．点 $c_0 \in C$ において，$C \to T^*X$ の微分写像の階数が $r + n_X$ より小さくはないとする．すると，$\pi_X c_0$ を通る r 次元の X の部分多様体 X_1 と，$\pi_Y c_0$

を通る r 次元の Y の部分多様体 Y_1 があり，$\phi_1=\phi|_{X_1\times Y_1\times(\boldsymbol{R}^N\setminus 0)}$ が非退化位相関数となり，ϕ_1 の定義する斉次正準関係は，T^*Y_1 から T^*X_1 への局所正準変換である．

いま，$\pi_X c_0$ の近傍で，X の局所座標関数 $x=(x_1, \cdots, x_r, x_{r+1}, \cdots, x_n)$ をとり，部分多様体 X_1 が，局所方程式 $x_{r+1}=\cdots=x_n=0$ であらわされるとする：同様に $\pi_Y c_0$ の近傍で，Y の局所座標 $y=(y_1, \cdots, y_m)$ をとり，Y_1 が，$y_{r+1}=\cdots=y_m=0$ であるようにする．$\pi_X c_0$ で $x=0$，$\pi_Y c_0$ で $y=0$ として良い．$x'=(x_1, \cdots, x_r)$，$x''=(x_{r+1}, \cdots, x_n)$，$y'=(y_1, \cdots, y_r)$，$y''=(y_{r+1}, \cdots, y_m)$ と書く．上で述べたことは，関数

(10.95) $$\phi_1(x', y', \theta)=\phi(x', 0, y', 0\,; \theta)$$

が非退化位相関数であり，しかも

(10.96) $$\det\begin{bmatrix} \dfrac{\partial^2\phi_1}{\partial x'\partial y'} & \dfrac{\partial^2\phi_1}{\partial x'\partial\theta} \\ \dfrac{\partial^2\phi_1}{\partial\theta\partial y'} & \dfrac{\partial^2\phi_1}{\partial\theta\partial\theta} \end{bmatrix}\Bigg|_{\substack{x''=0\\ y''=0}} \neq 0$$

が成立することを意味する．$\varepsilon>0$ を十分小さくとる．$|x''|<\varepsilon$，$|y''|<\varepsilon$ で，x''，y'' をパラメータとみた

(10.97) $$\phi_{(x'', y'')}(x', y', \theta)=\phi(x', x'', y', y''\,; \theta)$$

は，(x', y', θ) の関数として，非退化正則位相関数で，

(10.98) $$\det\begin{bmatrix} \dfrac{\partial^2\phi}{\partial x'\partial y'} & \dfrac{\partial^2\phi}{\partial x'\partial\theta} \\ \dfrac{\partial^2\phi}{\partial\theta\partial y'} & \dfrac{\partial^2\phi}{\partial\theta\partial\theta} \end{bmatrix}\Bigg|_{\substack{x''=x''\\ y''=y''}} \neq 0$$

が成立する．よって，

$$X(x'')=\{x\in X\,|\,x''\ \text{固定}\},$$
$$Y(y'')=\{y\in Y\,|\,y''\ \text{固定}\}$$

という部分多様体を作ると，$\phi_{(x'', y'')}$ は $T^*Y(y'')$ から $T^*X(x'')$ への局所正準変換を定義する．

さらに，$C\subset T^*X\times T^*Y$ が，T^*Y から T^*X への斉次正準関係で，$C\to X$，$C\to Y$ が共に，その微分写像が全射で，$C\to T^*X$ の微分写像が $\mathrm{rank}=\dim X+r$ で一定とすると，より詳しい構造が分る．まず第1に，$C\to T^*Y$ の微分写

像の階数も一定で，$\dim Y+r$ となる．したがって，$C\to T^*X$ の像は，n_X-r 個の局所方程式

$$F_j(x,\xi)=0 \qquad (j=1,2,\cdots,n_X-r) \tag{10.99}$$

で定義される部分多様体である．また，$C\to T^*Y$ の像も n_Y-r 個の局所方程式

$$G_j(y,\eta)=0 \qquad (j=1,2,\cdots,n_Y-r) \tag{10.100}$$

で定義される部分多様体である．

T^*X 上の Hamilton ベクトル場 H_{F_j} は C に接する．というのは，T^*Y に接する成分を 0 とした $\Xi=(H_{F_j},0)$ は $T^*X\times T^*Y$ の接ベクトル場であり，$c_0\in C$ における C の任意の接ベクトルを $\alpha=(\beta,\gamma)\in T_{c_0}C$ とすると，

$$(\sigma_X-\sigma_Y)(\Xi,\alpha)=\sigma_X(H_{F_j},\beta)=\langle dF_j,\beta\rangle=0. \tag{10.101}$$

C は Lagrange 多様体故，$\Xi\in T_{c_0}C$．すなわち，H_{F_j} は C に接する．さらに，$F_k=0$ $(k=1,2,\cdots,n_X-r)$ 上で，

$$H_{F_j}F_k=\{F_j,F_k\}=0$$

である．

同様に H_{G_j} は C に接し，$G_j=0$ のとき，

$$\{G_j,G_k\}=0$$

である．したがって，共に積分可能な微分方程式系を成す．

T^*X への射影が，ある 1 点となる C の点の全体は，C の部分多様体 V_1 を成す．$\dim V_1=n_X+n_Y-(n_X+r)=n_Y-r$ である．そして，C から T^*Y への射影は，V_1 上で単射である．というのは，$C\to T^*X\times T^*Y$ は単射だからである．V_1 のこの像を V_2 とする．これは，Hamilton ベクトル場 H_{G_j} $(j=1,2,\cdots,n_Y-r)$ の n_Y-r 次元の積分多様体である．ここで，X と Y との役割をとりかえても同じことがいえる．

定理 10.6 に従って，$X_1\subset X$，$Y_1\subset Y$ という r 次元部分多様体は，位相関数 ϕ がここに制限されるとき，T^*Y_1 から T^*X_1 への局所正準変換 C_1 を定義するものとする．いま C_1 の点 $(x',\xi',y',\eta')\in C_1$ を $(x',\xi')\in T^*X_1$，$(y',\eta')\in T^*Y_1$ にとる．$\xi\in T_{x'}{}^*X$ を $N_{x'}{}^*(X_1)$ に沿って射影して ξ' となるようにとる．しかも，$F_j(x',\xi)=0$ $(j=1,2,\cdots,n_X-r)$ をみたすものとする．同様に，$\eta\in T_{y'}{}^*Y$ を $N^*(Y_1)$ に沿って射影すると，η' になり，$G_k(y',\eta)=0$ をみたすものとする．つぎに (x',ξ)，(y',η) を初期値とする Hamilton ベクトル場 H_{F_j}, H_{G_j} の積分曲線達

の織る多様体が，C と一致する．こうして C の局所構造が分った．

§10.4 擬微分作用素

擬微分作用素の理論は，Fourier 積分作用素の理論の一つの源となったものであるが，それ自身はまた，特異積分作用素の理論から生じたもので，色々と精密な深い結果があり，単に，Fourier 積分作用素の一種であるとして論じるのは，現在の情況の下では適当でなく，擬微分作用素の専門の文献[1)]を読む必要がある．しかしながら，擬微分作用素が，Fourier 積分作用素のうちで占める位置を一通り把握することは，どうしても必要である．それゆえ，ここではこの観点から擬微分作用素の理論を紹介する．

定義 10.3 $U\subset \boldsymbol{R}^n$ を開集合とする．U で定義された擬微分作用素 $P(x,D)|dx|^{1/2}|dy|^{1/2}\in L_\rho{}^m(U)$ とは，$\forall u(x)|dx|^{1/2}\in \mathscr{D}(U,\Omega^{1/2})$ に対して，

(10.102)
$$P(x,D)u(x)|dx|^{1/2} = \left(\frac{\nu}{2\pi}\right)^n \int\int_{\boldsymbol{R}^n\times U} p(x,y,\xi)e^{i\nu(x-y)\cdot\xi}u(y)\,dyd\xi|dx|^{1/2}.$$

ただし $p(x,y,\xi)\in S_\rho{}^m(U\times U\times \boldsymbol{R}^n)$ である．——

この定義から，擬微分作用素 $P(x,D)|dx|^{1/2}|dy|^{1/2}$ は，Fourier 積分作用素で，位相関数は $(x-y)\cdot\xi$ である．よって，対応する斉次正準関係は，

(10.103)
$$x=y,\quad \frac{\partial\phi}{\partial x}=\xi,\quad \frac{\partial\phi}{\partial y}=-\xi,$$

すなわち，斉次正準関係は，T^*U の恒等写像である．$d\eta_\phi$ を

(10.104)
$$d\eta_\phi\wedge d(x-y)=dx\wedge dy\wedge d\xi,$$

(10.105)
$$|d\eta_\phi|=|dx\wedge d\xi|$$

とする．(10.102) が，すでに微局所標準表示式で，Fourier 積分変換としての主表象は，

(10.106)
$$p(x,x,\xi)|d\eta_\phi|^{1/2}\in S_\rho{}^{m+n/2}(T^*U,\Omega^{1/2})$$

である．ここで，恒等写像のグラフ C_ϕ を T^*U と同一視した．また次の補助定理によって $\boldsymbol{L}$ が直積 $T^*U\times \boldsymbol{C}$ となることをも用いた．

補助定理 10.8 斉次正準関係 $C\subset T^*U\times T^*U$ が T^*U の恒等写像のとき，

1) 例えば，熊ノ郷準：擬微分作用素，岩波書店 (1974)．

ベクトルバンドル $\boldsymbol{L}_C$ は直積 $C\times C$ と同一視される.

証明 T^*U の各点 α で, ファイバーへの接ベクトル空間 M と, それに横断的な Lagrange 空間 $E(\alpha)$ がとれ, α に関して連続的に依存する. このとき, C の各点 α では, $T_\alpha C$ と $M\times E(\alpha)$ とは横断的に交わっている. したがって, C 上 $\boldsymbol{L}_C$ は自明なバンドルで, 直積と同値である. ▮

さて, 逆に, 一つの Fourier 積分作用素があって, その正準関係 C が T^*U の恒等関係であれば, それは擬微分作用素である. 実際, T^*U の点を (x,ξ) と座標で書くと, C の点は $\{(x,\xi,y,\eta)\mid y=x,\eta=\xi\}$ である. C の母関数は, $S(y,\xi)=-\xi\cdot y$ である. したがって, 微局所標準表示は,

$$\left(\frac{\nu}{2\pi}\right)^n\iint_{\boldsymbol{R}^n\times U}a(\xi,y)e^{i\nu(-\xi\cdot y+x\cdot\xi)}u(y)\,dyd\xi \tag{10.107}$$

であり, これは擬微分作用素である.

X を σ コンパクトな C^∞ 多様体とし, $X=\bigcup_j X_j$ を座標近傍 X_j による局所有限開被覆とする. これに随伴する C_0^∞ の 1 の分解を $\{\varphi_j\}$ とする.

$$A(\nu):\mathcal{D}(X,\Omega^{1/2})\longrightarrow\mathcal{D}'(X,\Omega^{1/2}) \tag{10.108}$$

という連続線型写像が,

$$A(\nu)=\sum_{j,k}A_{jk}(\nu), \tag{10.109}$$

$$(A_{jk}(\nu)u)(x)|dx|^{1/2}=\varphi_j(x)A(\nu)(\varphi_k u)(x)|dx|^{1/2} \tag{10.110}$$

とする. このとき, $u|dx|^{1/2}\in\mathcal{D}(X,\Omega^{1/2})$ に対し,

$$(A(\nu)u)|dx|^{1/2}=\sum_{j,k}^{\infty}A_{jk}(\nu)u|dx|^{1/2} \tag{10.111}$$

は局所有限和である.

定義 10.4 $A(\nu):\mathcal{D}(X,\Omega^{1/2})\to\mathcal{D}'(X,\Omega^{1/2})$ という連続線型写像が擬微分作用素であるとは, 上述の (10.111) において, 各々の $A_{jk}(\nu)$ が, 座標写像によって, $\boldsymbol{R}^n$ の開集合 U_{jk} での擬微分作用素と同一視されるときである. とくにすべての $A_{jk}(\nu)$ が, $L_\rho^m(U_{jk})$ に入るとき, $A(\nu)\in L_\rho^m(X)$ と書く. ——

定理 10.7 $L_\rho^m(X)=I_\rho^m(X\times X,C')$. ただし C は, T^*X の恒等写像のグラフである. ——

証明はすでに済んでいる.

擬微分作用素の理論は, とくに Sobolev 空間に擬微分作用素が働く場合に詳

しい．ここでは紙数の関係から，これを最も単純な場合に紹介するにとどめる．

定理 10.8　X を σ コンパクト C^∞ 多様体とする．$K\subset X$ をコンパクト集合とする．$A(\nu)\in L_\rho^m(X)$ で，$\mathrm{supp}\,A(\nu)\subset K\times K$ とする．このとき，任意の $s\in \boldsymbol{R}$ に対し，$A(\nu)$ は $H^s(X,\Omega^{1/2})\to H^{s-m}(X,\Omega^{1/2})$ という連続線型写像を定義する．とくに $m=0$ のとき，$A(\nu)\in L_\rho^0(X)$ は，$L^2(X,\Omega^{1/2})\to L^2(X,\Omega^{1/2})$ の連続線型写像である．——

証明は $m=0$ のときのみ巻末の付録に簡単にスケッチする．

§10.5　Fourier 積分作用素の局所 L^2 理論

定理 10.9　X と Y が，σ コンパクト C^∞ 多様体で，C は T^*Y から T^*X への局所正準変換とする．$A(\nu)\in I_\rho^0\,(X\times Y,C')$ で，$A(\nu)$ の台はコンパクトとする．このとき，

$$A(\nu):\ L^2(Y,\Omega^{1/2})\longrightarrow L^2(X,\Omega^{1/2})$$

は連続線型写像である．

証明　$C^{-1}\times C$ と $\varDelta$ は横断的に交わる．$B(\nu)=A(\nu)^*A(\nu)\in L_\rho^0(Y)$ となる．定理 10.7 と 10.8 によって，ある正定数 C があって，任意の $u|dy|^{1/2}\in\mathcal{D}(Y,\Omega^{1/2})$ に対して，

$$\|(B(\nu)u)|dy|^{1/2}\|_{L^2}\leqq C\|u|dy|^{1/2}\|_{L^2}\tag{10.112}$$

である．これから，$(B(\nu)u|dy|^{1/2},u|dy|^{1/2})=\|A(\nu)u|dx|^{1/2}\|^2$ に注意して，下の評価を得る．

$$\|(A(\nu)u)|dx|^{1/2}\|\leqq C^{1/2}\|u|dx|^{1/2}\|.\tag{10.113}$$

∎

より一般の形の斉次正準関係をもつ Fourier 積分作用素については，事情はもっと複雑である．

定理 10.10　C が T^*Y から T^*X への斉次正準関係とし，$C\to X$，$C\to Y$ はそれらの微分写像が，全射であるとする．また $C\to T^*X$，$C\to T^*Y$ という写像の微分写像が，少なくとも $\dim X+r$，$\dim Y+r$ の階数をもつとする．このとき，$m\leqq-(n_X+n_Y-2r)/4$ であり，$A(\nu)\in I_\rho^m(X\times Y,C')$ の台がコンパクトであれば，ある正定数 K があって，任意の $u(y)|dy|^{1/2}\in\mathcal{D}_F(Y,\Omega^{1/2})$ に対し，

$$\|(A(\nu)u)|dx|^{1/2}\|_{L^2}\leqq K\|u|dy|^{1/2}\|_{L^2}$$

である．ここで K は，コンパクト集合 F による．

証明 $A(\nu)$ の台はコンパクトであるから，適当な1の分解を用いて，$A(\nu)$ の台は X の一つの座標近傍 X_j と，Y の一つの座標近傍 Y_k の直積 $X_j\times Y_k$ に含まれるとして良い．X_j で局所座標を，$x=(x', x'')$，$x'=(x_1, \cdots, x_r)$，$x''=(x_{r+1}, \cdots, x_{n_X})$ とし，Y_k の局所座標を，$y=(y', y'')$，$y'=(y_1, \cdots, y_r)$，$y''=(y_{r+1}, \cdots, y_{n_Y})$ とする．パラメータ x'', y'' による部分多様体 $X(x'')=\{x=(x', x'')\mid x''=定数\}$，$Y(y'')=\{y=(y', y'')\mid y''=定数\}$ を考えておく．C を定める非退化位相関数を $\phi(x, y, \theta)$ とする．(x'', y'') をパラメータとし固定して，$\phi_{(x'', y'')}(x', y', \theta)=\phi(x', x'', y', y'';\theta)$ とおく．これは，定理10.6の結果として，$X(x'')\times Y(y'')\times(\boldsymbol{R}^N\setminus 0)$ で定義された非退化正則位相関数で，$T^*Y(y'')$ から $T^*X(x'')$ への局所正準変換を定義するとして良い．このとき，

$$A(\nu)u|dx|^{1/2}=\left(\frac{\nu}{2\pi}\right)^{(n_X+n_Y+2N)/4}e^{-(\pi/4)iN}\times\iint a(x, y, \theta)e^{i\nu\phi(x,y,\theta)}u(y)\,dyd\theta|dx|^{1/2} \tag{10.114}$$

で，$a\in S^{m+(n_X+n_Y-2N)/4}(X_j\times Y_j\times\boldsymbol{R}^N)$ である．上のように，$u_{y''}(y')=u(y', y'')$，$a_{(x'', y'')}(x', y', \theta)=a(x', x'', y', y'';\theta)$ とおくと，

$$A(\nu)u(x', x'')|dx'|^{1/2}|dx''|^{1/2}=\left(\frac{\nu}{2\pi}\right)^{(n_X+n_Y-2r)/4}\int B_{(x'', y'')}(\nu)u_{(y'')}(x')|dx'|^{1/2}dy''|dx''|^{1/2}. \tag{10.115}$$

ただし，

$$B_{(x'', y'')}(\nu)u_{(y'')}(x')|dx'|^{1/2}=\left(\frac{\nu}{2\pi}\right)^{(2r+2N)/4}\iint a_{(x'', y'')}(x', y', \theta)\times e^{i\nu\phi_{(x'', y'')}(x', y', \theta)}u_{(y'')}(y')\,dy'd\theta|dx'|^{1/2} \tag{10.116}$$

である．$a_{(x'', y'')}\in S_\rho^{\mu}(X(x'')\times Y(y'')\times\boldsymbol{R}^N)$ で $\mu=m+(n_X+n_Y-2N)/4$ である．仮定から $\mu\leqq(2r-2N)/4$ であるから，

$$B_{(x'', y'')}(\nu)\in I_\rho^{0}(X(x'')\times Y(y''), C_1')$$

である．ただし，C_1 は，位相関数 $\phi_{(x'', y'')}(x', y', \theta)$ の定める局所正準変換のことである．よって，定理10.9から，正定数 K があって

$$\|B_{(x'', y'')}(\nu)u_{(y'')}|dx'|^{1/2}\|_{L^2(X(x''))}\leqq K\|u_{(y'')}|dy'|^{1/2}\|_{L^2(Y(y''))}. \tag{10.117}$$

よって,

$$\left[\int |(A(\nu)u)(x', x'')|^2 dx'\right]^{1/2} \leqq K\left[\int |u(y', y'')|^2 dy'\right]^{1/2}.$$

$A(\nu)u|dx|^{1/2}$ と $u|dy|^{1/2}$ の台がともにコンパクトであるから,

$$\left[\int\int |(A(\nu)u)(x', x'')|^2 dx'dx''\right]^{1/2} \leqq K\left[\int\int |u(y', y'')|^2 dy'dy''\right]^{1/2}.$$

が示された. ▌

$A(\nu)$ の台がコンパクトでないとき, $A(\nu)$ が $L^2(Y, \Omega^{1/2})$ から $L^2(X, \Omega^{1/2})$ への連続線型写像を定義するのは, いつか? この問題は極めて重要である. 第6章で論じたことを想起するなら, これが, 波動現象のエネルギー概念に密接に関連していることに気がつくであろう. しかしながら, $X=Y=\boldsymbol{R}^n$ の場合でも, $A(\nu)$ が $L^2(\boldsymbol{R}^n, \Omega^{1/2})$ で連続な作用素となるための十分条件について, あまり多くの結果は得られていない. 我田引水めくが, 筆者の得た結果の一つを紹介しておく[1]. 作用素 $A(\nu)$ は,

(10.118) $$A(\nu)f(x)|dx|^{1/2} = \left(\frac{\nu}{2\pi}\right)^n \int\int_{\boldsymbol{R}^n\times\boldsymbol{R}^n} a(x, \xi) e^{i\nu(\phi(x,\xi)-y\cdot\xi)} f(y)dyd\xi$$

で, 次の (A-I), (A-II), (A-III) を仮定する.

(A-I) 正定数 γ があり, 任意の $(x, \xi) \in \boldsymbol{R}^n\times\boldsymbol{R}^n\setminus 0$ で,

$$\left|\det\left(\frac{\partial^2\phi(x, \xi)}{\partial x\partial\xi}\right)\right| > \gamma.$$

(A-II) $|\alpha|+|\beta|\geqq 2$ を満足する任意の多重指数 α, β に対し, 正定数 $C_{\alpha\beta}$ があり,

$$\left|\left(\frac{\partial}{\partial x}\right)^\alpha\left(\frac{\partial}{\partial \xi}\right)^\beta \phi(x, \xi)\right| \leqq C_{\alpha\beta}|\xi|^{1-|\beta|}.$$

(A-III) $a(x, \xi)$ は, $\xi \neq 0$ で C^∞ で, ξ に関し, 0次同次関数で, 任意の α, β に関し, $C_{\alpha\beta}$ という正定数があり,

$$\left|\left(\frac{\partial}{\partial x}\right)^\alpha\left(\frac{\partial}{\partial \xi}\right)^\beta a(x, \xi)\right| \leqq C_{\alpha\beta}|\xi|^{-|\beta|}.$$

これらの仮定の下で, ある正定数 C があって,

---

1) 藤原大輔: A global version of Eskin's theorem, 東京大学理学部紀要 (1977) に発表予定.

(10.119) $$\|A(\nu)f|dx|^{1/2}\|_{L^2(\boldsymbol{R}^n,\Omega^{1/2})} \leqq C\|f|dx|^{1/2}\|_{L^2(\boldsymbol{R}^n,\Omega^{1/2})}$$

が成立する.

§10.6 擬微分作用素の副主表象

X が σ コンパクト C^∞ 多様体とする. $P(\nu)\in L_\rho^m(X)$ とする. 台はコンパクトで, 一つの座標近傍 X_1 に含まれるとする (そうでないならば, C_0^∞ の 1 の分解を用いてこの場合に帰着出来る). X_1 を $\boldsymbol{R}^n$ の開集合 U と同一視し, $u|dx|^{1/2}\in\mathcal{D}(U,\Omega^{1/2})$ に対し,

(10.120)

$$P(\nu)u|dx|^{1/2}=\left(\frac{\nu}{2\pi}\right)^n\int\int p(x,y,\xi)e^{i\nu(x-y)\cdot\xi}u(y)\,dyd\xi|dx|^{1/2}$$

と表示出来る. ここで $p\in S_\rho^m(U\times U\times\boldsymbol{R}^n)$ である. $\phi(x)$ を実数値関数として, 漸近展開,

(10.121)

$$e^{-i\nu\phi(x)}P(\nu)(ue^{i\nu\phi(x)}|dx|^{1/2})$$
$$\cong\sum_\alpha\frac{\nu^{-|\alpha|}}{\alpha!}\left(\frac{\partial}{\partial\xi}\right)^\alpha\left(\frac{\partial}{\nu\partial y}\right)^\alpha\left\{p\left(x,y,\frac{\partial\phi(x)}{\partial x}\right)u(y)e^{i\nu\rho(y)}\right\}\Bigg|_{y=x}|dx|^{1/2}|d\xi|^{1/2}$$

が成立する. ここで, $\rho(y)=\phi(y)-\phi(x)-\langle y-x,(\partial\phi(x)/\partial x)\rangle$ である. はじめの 2 項を計算すると,

(10.122)

$$p\left(x,x,\frac{\partial\phi(x)}{\partial x}\right)u(x)|dx|^{1/2}$$
$$+\nu^{-1}\left[\sum_j\frac{\partial}{\partial\xi_j}p\left(x,x,\frac{\partial\phi(x)}{\partial x}\right)\frac{\partial}{i\partial x_j}u(x)+\frac{1}{i}\frac{\partial^2}{\partial\xi_j\partial y_j}p\left(x,y,\frac{\partial\phi(x)}{\partial x}\right)\Bigg|_{y=x}u(x)\right.$$
$$\left.+\frac{1}{2i}\frac{\partial^2}{\partial\xi_j\partial\xi_k}p\left(x,x,\frac{\partial\phi(x)}{\partial x}\right)\frac{\partial^2\phi(x)}{\partial x_j\partial x_k}u(x)\right]|dx|^{1/2}+O(\nu^{-2})$$

である. 第1項目は, $P(\nu)$ の主表象である.

第2項目は何か. $p(x,x,\xi)$ を Hamilton 関数とする Hamilton ベクトル場を, $\phi(x)$ の定める T^*X の局所切断上で与え, それを X 上に射影して, $\mathfrak{X}=\pi_*H_p$ とかくと, それは,

$$\sum_j \frac{\partial}{\partial \xi_j} p\left(x, x, \frac{\partial \phi}{\partial x}\right) \frac{\partial}{\partial x_j}$$

である．すると

(10.123) $L_{\mathfrak{X}}(dx_1 \wedge \cdots \wedge dx_n)$

$$= d\frac{\partial}{\partial \xi_1} p\left(x, x, \frac{\partial \phi}{\partial x}\right) \wedge dx_2 \wedge \cdots \wedge dx_n + dx_1 \wedge d\frac{\partial}{\partial \xi_2} p \wedge \cdots \wedge dx_n$$

$$= \sum_j \left\{ \frac{\partial^2}{\partial \xi_j \partial x_j} p\left(x, x, \frac{\partial \phi}{\partial x}\right) + \frac{\partial^2}{\partial \xi_j \partial y_j} p\left(x, x, \frac{\partial \phi}{\partial x}\right) \right.$$

$$\left. + \frac{\partial^2}{\partial \xi_j \partial \xi_k} p\left(x, x, \frac{\partial \phi}{\partial x}\right) \frac{\partial^2 \phi(x)}{\partial x_k \partial x_j} \right\} |dx|.$$

よって，

(10.124) $L_{\mathfrak{X}} |dx_1 \wedge \cdots \wedge dx_n|^{1/2}$

$$= \frac{1}{2} \sum_j \left\{ \left(\frac{\partial^2}{\partial \xi_j \partial x_j} + \frac{\partial^2}{\partial \xi_j \partial y_j} \right) p\left(x, y, \frac{\partial \phi}{\partial x}\right) \Bigg|_{y=x} \right.$$

$$\left. + \frac{\partial^2}{\partial \xi_j \partial \xi_k} p\left(x, x, \frac{\partial \phi}{\partial x}\right) \frac{\partial^2 \phi}{\partial x_k \partial x_j} \right\} |dx|^{1/2}.$$

よって (10.122) の第2項目は，

$$\frac{1}{i} \left[L_{\mathfrak{X}}(u(x)|dx|^{1/2}) + \frac{1}{2} \left(\frac{\partial^2}{\partial \xi_j \partial y_j} \right) p\left(x, y, \frac{\partial \phi}{\partial x}\right) \Bigg|_{y=x} \right.$$

$$\left. - \frac{\partial^2}{\partial \xi_j \partial x_j} p\left(x, y, \frac{\partial \phi}{\partial x}\right) \Bigg|_{y=x} u(x)|dx|^{1/2} \right].$$

$L_{\mathfrak{X}}(u(x)|dx|^{1/2})$ は $S_\rho^{m+(1-2\rho)}$ を法として，座標の取り方によらぬ量である．よって

(10.125) $$p\left(x, x, \frac{\partial \phi}{\partial x}\right) + \frac{\nu^{-1}}{2i} \sum_j \left\{ \frac{\partial^2 p}{\partial \xi_j \partial y_j}\left(x, y, \frac{\partial \phi}{\partial x}\right) \Bigg|_{y=x} - \frac{\partial^2 p\left(x, y, \frac{\partial \phi}{\partial x}\right)}{\partial \xi_j \partial x_j} \Bigg|_{y=x} \right\}$$

が，$\bmod S_\rho^{m+2(1-2\rho)}$ で座標系によらぬ意味をもつ．

とくに，

$$p(x, y, \xi) = p_m(x, y, \xi) + p_{m-1}(x, y, \xi) + \cdots$$

と ξ について m 次の斉次 C^∞ 関数 $p_m(x, y, \xi)$ があって，

(10.126) $$p(x, y, \xi) - p_m(x, y, \xi) = r(x, y, \xi) \in S_\rho^{m+(1-2\rho)}$$

となっているとき，

(10.127)

$$r(x,y,\xi)+\frac{1}{2i}\left\{\sum_j \frac{\partial^2}{\partial\xi_j\partial y_j}p_m(x,y,\xi)\bigg|_{y=x}-\frac{\partial^2}{\partial\xi_j\partial x_j}p_m(x,y,\xi)\bigg|_{y=x}\right\}$$

を $P(\nu)$ の副主表象 (sub-principal symbol) という．とくに主表象が $p_m(x,x,\partial\phi(x)/\partial x)=0$ となるとき，(10.121) の展開は，その主要部分が，この副主表象であることに注目しておきたい．

§10.7 Fourier 積分作用素の例

解析学にあらわれる線型作用素の多くのものが，Fourier 積分作用素である．その例を以下に列挙する．

例 10.1　恒等写像

(10.128)　$$u(x)|dx|^{1/2}=\left(\frac{\nu}{2\pi}\right)^n\int\int_{R^n\times R^n}e^{i\nu(x-y)\cdot\xi}u(y)\,dyd\xi|dx|^{1/2}$$

は，有名な Fourier 変換の公式である．——

例 10.2　C^∞ 関数 $a(x)$ を乗ずること．

(10.129)　$$a(x)u(x)|dx|^{1/2}$$
$$=\left(\frac{\nu}{2\pi}\right)^n\int\int_{R^n\times R^n}a(x)e^{i\nu(x-y)\cdot\xi}u(y)\,dyd\xi|dx|^{1/2}.$$　——

例 10.3　偏微分作用素

(10.130)　$$\left(\frac{1}{i\nu}\frac{\partial}{\partial x}\right)^\alpha u(x)|dx|^{1/2}$$
$$=\left(\frac{\nu}{2\pi}\right)^n\int\int_{R^n\times R^n}\xi^\alpha e^{i\nu(x-y)\cdot\xi}u(y)\,dyd\xi|dx|^{1/2}.$$　——

例 10.4　偏微分作用素

$$P\left(x,\frac{1}{i\nu}\frac{\partial}{\partial x}\right)=\sum_{|\alpha|\leqq m}a_\alpha(x)\left(\frac{1}{i\nu}\frac{\partial}{\partial x}\right)^\alpha,$$

$$P\left(x,\frac{1}{i\nu}\frac{\partial}{\partial x}\right)u(x)|dx|^{1/2}$$
$$=\left(\frac{\nu}{2\pi}\right)^n\int\int_{R^n\times R^n}p(x,\xi)e^{i\nu(x-y)\cdot\xi}u(y)\,dy|d\xi||dx|^{1/2}.$$

ただし，$p(x,\xi)=\sum_{|\alpha|\leqq m}a_\alpha(x)\xi^\alpha$. ——

例 10.5　合成積，$T\in O_C'(R^n)$，すなわち，T が急減少超関数なら，

$$T*u|dx|^{1/2} = \left(\frac{\nu}{2\pi}\right)^n \iint_{R^n\times R^n} \hat{T}(\xi)e^{i\nu(x-y)\cdot\xi}u(y)\,dyd\xi|dx|^{1/2}.$$

ここで $\hat{T}(\xi)$ は T の Fourier 変換. ——

例 10.6 平行移動, $h\in \boldsymbol{R}^n$ とする.

$$u(x+h)|dx|^{1/2} = \left(\frac{\nu}{2\pi}\right)^n \iint_{R^n\times R^n} e^{i\nu(x+h-y)\cdot\xi}u(y)\,dyd\xi|dx|^{1/2}. \quad ——$$

例 10.7 差分作用素

$$\{u(x+h)-u(x)\}|dx|^{1/2}$$
$$= \left(\frac{\nu}{2\pi}\right)^n \iint_{R^n\times R^n} \{e^{i\nu(x+h-y)\cdot\xi}-e^{i\nu(x-y)\cdot\xi}\}u(y)\,dyd\xi|dx|^{1/2}. \quad ——$$

例 10.8 $A:\boldsymbol{R}^n\to\boldsymbol{R}^n$ が正則線型写像であるとすると

$$u(Ax)|d(Ax)|^{1/2}$$
$$= \left(\frac{\nu}{2\pi}\right)^n |\det A|^{1/2} \iint_{R^n\times R^n} e^{i\nu(Ax-y)\cdot\xi}u(y)|dx|^{1/2}dyd\xi. \quad ——$$

例 10.9 $\Phi:\boldsymbol{R}^n\to\boldsymbol{R}^n$ を微分同相とする.

$$u(\Phi(x))|d\Phi(x)|^{1/2}$$
$$= \left(\frac{\nu}{2\pi}\right)^n \iint_{R^n\times R^n} e^{i\nu(\Phi(x)-y)\cdot\xi}u(y)|d\Phi(x)|^{1/2}dyd\xi. \quad ——$$

例 10.10 部分多様体への制限.

$K=\{1,2,\cdots,k\}\subset\{1,2,\cdots,n\}$ とする. $X=\{x=(x_K,x_{K^c})\in\boldsymbol{R}^n\mid x_K=0\}$ とする. すなわち X は $n-k$ 次元平面とする. $u(x)|dx|^{1/2}$ をこの平面に制限すると, $(\gamma_X u)(x_{K^c})|dx_{K^c}|^{1/2}=u(0,x_{K^c})|dx_{K^c}|^{1/2}$ であるが,

$$(\gamma_X u)(x_{K^c})|dx_{K^c}|^{1/2}$$
$$= \left(\frac{\nu}{2\pi}\right)^n \iint_{R^n\times R^n} e^{i\nu((x_{K^c}-y_{K^c})\cdot\xi-y_K\cdot\xi_K)}u(y)\,dyd\xi|dx_{K^c}|^{1/2}. \quad ——$$

例 10.11 球面平均. $u(x)|dx|^{1/2}$ を x を中心とし, 半径 R の球面上で平均する. σ_n を単位球の表面積として,

$$u_R(x) = \frac{1}{\sigma_n R^n}\int_{|y-x|=R} u(y)\,dy.$$

これは,

$$u_R(x)|dx|^{1/2} = \frac{1}{\sigma_n R^n}\left(\frac{\nu}{2\pi}\right)\int_{-\infty}^{\infty}\int_{R^n} e^{i\nu(|x-y|^2-R^2)\eta}u(y)\,dyd\eta|dx|^{1/2}$$

である. ——

例 10.12 Newton ポテンシャル

$$Gu(x)|dx|^{1/2}=\frac{1}{4\pi}\int_{\boldsymbol{R}^3}\frac{u(y)}{|x-y|}dy|dx|^{1/2}$$

であるが, これは

$$Gu(x)|dx|^{1/2}=\left(\frac{\nu}{2\pi}\right)^3\int\int_{\boldsymbol{R}^3\times\boldsymbol{R}^3}(\xi)^{-2}e^{i\nu(x-y)\cdot\xi}u(y)dyd\xi|dx|^{1/2}$$

である.

より一般に, $a_m(x,\xi)$ は ξ の m 次同次多項式で, $a_m\in S^m(\boldsymbol{R}^n\times\boldsymbol{R}^n)$ で, $|\xi|\neq 0$ で, $a_m(x,\xi)\neq 0$ とする. このとき $a_m(x,\xi)$ は, 楕円型であるという.

$$Fu(x)|dx|^{1/2}=\left(\frac{\nu}{2\pi}\right)^n\int\int_{\boldsymbol{R}^n\times\boldsymbol{R}^n}\frac{1}{a_m(x,\xi)}e^{i\nu(x-y)\cdot\xi}u(y)|dx|^{1/2}d\xi dy$$

とおく. $F\in L_1^{-m}(\boldsymbol{R}^n)$ に属する. G が, Laplace 方程式に果したと同様の役割を, F が, $A=a_m(x,(1/i\nu)\partial/\partial x)$ に対し果す. 楕円型作用素のパラメトリックスという. ——

例 10.13 多重層ポテンシャル.

古典的1重層ポテンシャルとは, $x=(x_1,x_2,x_3)$, $x_1>0$ に対して,

$$Pu(x)|dx|^{1/2}=\frac{1}{4\pi}\int_{\boldsymbol{R}^2}\frac{u(y')}{|x-y'|}dy'|dx|^{1/2},\qquad y'=(y_2,y_3)\in\boldsymbol{R}^2$$

である. これは, Fourier 積分変換として,

$$Pu(x)|dx|^{1/2}=\left(\frac{\nu}{2\pi}\right)^3\int\int_{\boldsymbol{R}^3\times\boldsymbol{R}^2}\frac{1}{|\xi|^2}e^{i\nu(x_1\cdot\xi_1+(x'-y')\cdot\xi')}u(y')dy'd\xi|dx|^{1/2}$$

で表示される. $x_1>0$ で考えるから, ξ_1 の積分は, $\boldsymbol{R}$ 上から複素上半平面内で $\boldsymbol{R}$ とホモローグな範囲で変形され, 振幅関数の極, $\xi_1=i|\xi'|$ を正の向きに一周する道 Γ に変形される. すなわち,

$$\begin{aligned}Pu(x)|dx|^{1/2}&=\left(\frac{\nu}{2\pi}\right)^3\int\int_{\boldsymbol{R}^2\times\boldsymbol{R}^2}\left\{\int_\Gamma\frac{e^{i\nu x_1\cdot\xi_1}}{\xi_1{}^2+|\xi'|^2}d\xi_1\right\}e^{i\nu(x'-y')\cdot\xi'}u(y')dy'd\xi'|dx|^{1/2}\\&=\left(\frac{\nu}{2\pi}\right)^3\pi\int\int_{\boldsymbol{R}^2\times\boldsymbol{R}^2}\frac{e^{-\nu x_1\cdot|\xi'|}}{2|\xi'|}e^{i\nu(x'-y')\cdot\xi'}u(y')dy'd\xi'|dx|^{1/2}.\end{aligned}$$

2重層のポテンシャルは, $x=(x_1,x_2,x_3)$, $x_1>0$ に対し,

$$Qu(x)|dx|^{1/2} = -\frac{1}{4\pi}\int_{R^2}\frac{x_1}{|x-y'|^3}u(y')dy'|dx|^{1/2}$$

である．これも，Fourier 積分作用素として，

$$Qu(x)|dx|^{1/2} = \left(\frac{\nu}{2\pi}\right)^3(i\nu)\int\int_{R^3\times R^2}\frac{\xi_1}{|\xi|^2}e^{i\nu(x_1\cdot\xi_1+(x'-y')\cdot\xi')}u(y')dy'd\xi|dx|^{1/2}$$

と書ける．1重層ポテンシャルと同様に ξ_1 に関して積分路変更して，

$$Qu(x)|dx|^{1/2} = \left(\frac{\nu}{2\pi}\right)^3(-\pi\nu)\int\int_{R^2\times R^2}e^{-\nu|\xi'|\cdot x_1}e^{i\nu(x'-y')\cdot\xi'}u(y')dy'd\xi'|dx|^{1/2}$$

となる．

Newton ポテンシャルの代りに，例10.12で考えた F という作用素を使って，同様のことが出来る．

1重層ポテンシャルは，

$$P_Fu(x)|dx|^{1/2}$$
$$= \left(\frac{\nu}{2\pi}\right)^n\int\int_{R^n\times R^{n-1}}\frac{1}{a_m(x,\xi)}e^{i\nu(x_1\cdot\xi_1+(x'-y')\cdot\xi')}u(y')dy'd\xi|dx|^{1/2}$$

である．この場合も ξ_1 に関して，積分路変更が出来る．ξ_1 の有理式 $a_m(x,\xi)^{-1}$ の極で，上半平面にあるものすべてを一周する道を $\Gamma(x,\xi)$ とすると，

$$P_Fu(x)|dx|^{1/2}$$
$$= \left(\frac{\nu}{2\pi}\right)^n\int\int_{R^{n-1}\times R^{n-1}}\left[\int_{\Gamma(x,\xi)}\frac{e^{i\nu x_1\cdot\xi_1}}{a_m(x,\xi_1,\xi')}d\xi_1\right]e^{i\nu(x'-y')\cdot\xi'}u(y')dy'd\xi'|dx|^{1/2}$$

である．F を用いて，2重層，3重層のポテンシャルを作ることも出来る．それらは，Fourier 積分作用素である．また $u|dy|^{1/2}$ の台は超平面上に限らず，超曲面でも良い．——

例 10.14　多重層ポテンシャルの境界値．

Dirichlet 境界値問題を多重層ポテンシャルの境界値を用いて解くことが出来る．1重層のポテンシャルの境界値は，$x_1\to+0$ として，$X=\{x\mid x_1=0\}$ として，

$$\gamma_XPu(x')|dx'|^{1/2} = \left(\frac{\nu}{2\pi}\right)^3\frac{\pi}{2}\int\int_{R^2\times R^2}\frac{1}{|\xi'|}e^{i\nu(x'-y')\cdot\xi'}u(y')dy'd\xi'|dx'|^{1/2}$$

であり，2重層ポテンシャルの境界値は，$x_1>0$ から近づくと，

$$\gamma_XQu(x')|dx'|^{1/2} = \left(\frac{\nu}{2\pi}\right)^3(-\pi\nu)\int\int_{R^2\times R^2}e^{i\nu(x'-y')\cdot\xi'}u(y')dy'd\xi'|dx'|^{1/2}$$

である．Newton ポテンシャルの代りに F を用いた一般の 1 重層ポテンシャルの境界値は，

$$\gamma_X P_F u(x')|dx'|^{1/2}$$
$$=\left(\frac{\nu}{2\pi}\right)^n \int\int_{R^{n-1}\times R^{n-1}}\left\{\int_{\Gamma(x,\xi')}\frac{d\xi_1}{a_m(x,\xi_1,\xi')|_{x_1=0}}\right\}e^{i\nu(x'-y')\cdot\xi'}u(y')dy'd\xi'|dx|^{1/2}$$

である．

$$b(x',\xi')=\int_{\Gamma(x',\xi')}\frac{d\xi_1}{a_m(x',\xi_1,\xi')|_{x_1=0}}$$

とおくと，これは，ξ' につき斉次 $-(m-1)$ 次同次式で，$\gamma_X P_F\in L_1{}^{1-m}(X)$ が分る．F を用いた多重層ポテンシャルの境界値も，同様に，擬微分作用素で記述される．これらは，楕円型方程式の境界値問題を解くのに使われる．——

例 10.15　双曲型方程式の Cauchy 問題の漸近解．

たとえば，

$$\frac{\partial^2 u}{\partial t^2}-\sum_{i,j=1}^n a_{ij}(x)\frac{\partial}{\partial x_i}\frac{\partial}{\partial x_j}u=0,$$
$$u(0,x)=u_0(x),$$
$$\frac{\partial}{\partial t}u(0,x)=u_1(x)$$

の漸近解を作れば，Fourier 積分作用素である．——

例 10.16　$a(x,\xi)\in S^1(\boldsymbol{R}^n\times\boldsymbol{R}^n)$，$\xi$ につき同次 1 次の実数値関数とする．これを表象とする擬微分作用素を $A(\nu)$ とする．

$$\left(\frac{1}{i\nu}\frac{\partial}{\partial t}-A(\nu)\right)u(t,x)=0,$$
$$u(0,x)=u_0(x)$$

の漸近解を作れば，Fourier 積分作用素を得る．——

問　　題

1　§10.7 の実例の一つ一つについて，斉次正準関係 C と，主表象を求めよ．

2　§10.7 の実例の一つ一つに，L^2 有界性があるかどうか検討せよ．

3　$P\in L_\rho{}^m(\boldsymbol{R}^n)$ で C は $T^*\boldsymbol{R}^n$ から $T^*\boldsymbol{R}^n$ への正準変換のグラフとする．$A(\nu)\in I_\rho{}^0(\boldsymbol{R}^n\times\boldsymbol{R}^n,C')$ で，P がコンパクトな台をもつとき，

$$Q = A(\nu)^* P A(\nu)$$

とおくと，$Q \in L_\rho{}^m(\boldsymbol{R}^n)$ であることを示せ．つぎに，Q の主表象を P の主表象，$A(\nu)$ の主表象から計算せよ．この結果を Egorov の定理という．

付　　録

定理 10.8 を $m=0$ のときに示すため，次の補助定理を示せば良い．

補助定理 A.1　$K\subset \boldsymbol{R}^n$ をコンパクト集合とする．$a(x,y,\xi)\in S_\rho{}^m(\boldsymbol{R}^n\times\boldsymbol{R}^n\times\boldsymbol{R}^n)$ で $(x,y)\notin K\times K$ のとき $a(x,y,\xi)=0$ とする．このとき $m\leqq 0$ ならば，ある C があって，任意の $u|dx|^{1/2}, v|dx|^{1/2}\in\mathcal{D}(\boldsymbol{R}^n,\Omega^{1/2})$ に対して，

(A.1)　$$(A(\nu)u|dx|^{1/2}, v|dx|^{1/2})\leqq C\|u|dx|^{1/2}\|_{L^2}\|v|dx|^{1/2}\|_{L^2}$$

が成立する．

証明[1]　3段階に分れる．

第1段　$m<-n$ のとき．

K を内部に含み，原点を中心とする n 次元立方体を Q とする．その1辺の長さを L とする．Q で $a(x,y,\xi)$ を多重 Fourier 級数に展開する．

(A.2)　$$a(x,y,\xi)=\sum_{p,q\in\boldsymbol{Z}^n}a_{pq}(\xi)e^{(i/L)(p\cdot x+q\cdot y)}$$

である．

(A.3)　$$(A_{pq}(\nu)u)(x)|dx|^{1/2}$$
$$=e^{(i/L)p\cdot x}\left(\frac{\nu}{2\pi}\right)^n\int\int a_{pq}(\xi)e^{(i/L)y\cdot p}e^{i\nu(x-y)\cdot\xi}u(y)dyd\xi|dx|^{1/2}$$

を考察して，p,q につき和をとると良い．

$$w_q(y)|dy|^{1/2}=e^{(i/L)y\cdot q}u(y)|dy|^{1/2},$$
$$z_p(x)|dx|^{1/2}=e^{-(i/L)x\cdot p}v(x)|dx|^{1/2}$$

とおく．

(A.4)　$$\begin{cases}\|w_q|dy|^{1/2}\|_{L^2}=\|u|dy|^{1/2}\|_{L^2},\\ \|z_p|dx|^{1/2}\|_{L^2}=\|v|dx|^{1/2}\|_{L^2}\end{cases}$$

であり，

(A.5)　$$(A_{pq}(\nu)u|dx|^{1/2}, v|dx|^{1/2})$$

---

1)　熊ノ郷準：擬微分作用素，岩波書店，の証明を，我々の場合にあわせて簡略化した．

$$= \left(\frac{\nu}{2\pi}\right)^n \int w_q(y) e^{i\nu(x-y)\cdot\xi} a_{pq}(\xi) \overline{z_q(x)}\, dx d\xi dy$$

$$= \int_{\boldsymbol{R}^n} \hat{w}_q(\xi) a_{pq}(\xi) \overline{\hat{z}_q(\xi)}\, d\xi$$

である．ここで

$$\text{(A. 6)} \qquad \hat{w}_q(\xi) = \left(\frac{\nu}{2\pi}\right)^{n/2} e^{-(\pi/4)ni} \int_{\boldsymbol{R}^n} w_q(x) e^{-i\nu x\cdot\xi} dx$$

である．これから

$$\text{(A. 7)} \qquad |(A_{pq}(\nu)u|dx|^{1/2}, v|dx|^{1/2})| \leqq C_{pq} \|u|dx|^{1/2}\|_{L^2} \|v|dx|^{1/2}\|_{L^2},$$

$$\text{(A. 8)} \qquad C_{pq} = \sup_{\xi\in\boldsymbol{R}^n} |a_{pq}(\xi)|$$

である．ある正定数 C があって，

$$\text{(A. 9)} \qquad C_{pq} \leqq C\left(1+\left|\frac{p}{L}\right|^2+\left|\frac{q}{L}\right|^2\right)^{-n-1}$$

が成立することを示そう．

$$\left(1+\left|\frac{p}{L}\right|^2+\left|\frac{q}{L}\right|^2\right)^{n+1} a_{pq}(\xi)$$
$$= \int_Q \int_Q a(x, y, \xi)(1-\Delta_x-\Delta_y)^{n+1} e^{-(i/L)(p\cdot x+q\cdot y)} dx dy$$
$$= \int\int_{Q\times Q} ((1-\Delta_x-\Delta_y)^{n+1} a(x, y, \xi)) e^{-(i/L)(p\cdot x+q\cdot y)} dx dy.$$

よって，

$$\left|\left(1+\left|\frac{p}{L}\right|^2+\left|\frac{q}{L}\right|^2\right)^{n+1} a_{pq}(\xi)\right| \leqq C(1+|\xi|)^{m+2(n+1)(1-\rho)} \leqq \text{const.}$$

だからである．(A. 2) と (A. 3), (A. 7), (A. 8), (A. 9) から，

$$|(A(\nu)u|dx|^{1/2}, v|dx|^{1/2})| \leqq \left(\sum_{p,q} C_{pq}\right) \|u|dx|^{1/2}\|_{L^2} \|v|dx|^{1/2}\|_{L^2}$$
$$\leqq C \sum_{p,q} \left(1+\left|\frac{p}{L}\right|^2+\left|\frac{q}{L}\right|^2\right)^{-n-1} \|u|dx|^{1/2}\| \|v|dx|^{1/2}\|_{L^2}$$

である．

第2段　$m<0$ のとき．

まず，$-(n+1) \lneqq m \leqq -(n+1)/2$ のとき．$A^*(\nu)A(\nu)$ も擬微分作用素で，$A(\nu)^*A(\nu) \in L_\rho^{2m}(\boldsymbol{R}^n)$, $2m<-n-1$ であるから，第1段の結果により，$\forall u|dx|^{1/2}$

$\in \mathcal{D}(\boldsymbol{R}^n, \Omega^{1/2})$ に対して,

$$|(A(\nu)^*A(\nu)u|dx|^{1/2}, u|dx|^{1/2})| \leqq C\|u|dx|^{1/2}\|_{L^2}{}^2.$$

よって,

$$\|A(\nu)u|dx|^{1/2}\|_{L^2} \leqq C^{1/2}\|u|dx|^{1/2}\|_{L^2}$$

が示された.

つぎに, $-(n+1)/2<m\leqq -2^2(n+1)$ のとき, $B(\nu)=A(\nu)^*A(\nu)$ とおくと, $B(\nu)\in L_\rho{}^{m'}(\boldsymbol{R}^n)$, $m'\leqq -2^{-1}(n+1)$ 故, 上述の結果が使え,

$$\|A(\nu)|dx|^{1/2}\| \leqq C\|u|dx|^{1/2}\|.$$

以下同様につづけて, 第2段の証明が終る.

第3段　$m\leqq 0$ のとき.

定数 M を $M\geqq 1+\sup|a(x, y, \xi)|$ ととる.

(A. 10)
$$b(x, y, \xi) = (M-a(x, y, \xi))^{1/2}$$

とおく. b を振幅とする擬微分作用素を $B(\nu)$ とする. 原点を中心とし, 半径が L の球の上で1となる $C_0^\infty(\boldsymbol{R}^n)$ の関数 $\varphi(x)$ をとる. すると,

(A. 11)
$$M\varphi^2 - A(\nu)^*A(\nu) - \varphi B(\nu)\cdot\varphi B(\nu) = R(\nu)$$

は, $S_\rho{}^{(1-2\rho)}(\boldsymbol{R}^n\times\boldsymbol{R}^n)$ の表象をもつ擬微分作用素で,

$$\begin{aligned} M\|\varphi u|dx|^{1/2}\|_{L^2}{}^2 &\geqq \|A(\nu)u|dx|^{1/2}\|^2 + \|\varphi B(\nu)u|dx|^{1/2}\|^2 \\ &\quad -(R(\nu)u|dx|^{1/2}, u|dx|^{1/2}) \\ &\geqq \|A(\nu)u|dx|^{1/2}\|^2 - C\|u|dx|^{1/2}\|_{L^2}{}^2. \end{aligned}$$

ここで $R(\nu)$ に関し第2段の結果を用いた. よって,

$$\|A(\nu)u|dx|^{1/2}\|^2 \leqq (M+C)\|u|dx|^{1/2}\|_{L^2}{}^2$$

が示された. ▌

参　考　書

Maslov の理論については

Маслов, В. П.: Теория возмущений и асимптотические методы. (大内,・金子, 村田訳: 摂動論と漸近的方法, 岩波書店 (1976))

が良い. 本書では触れることの出来なかった興味深い例が, 沢山ある.

Fourier 積分作用素の理論では,

Hörmander, L.: Fourier integral operators I, Acta Mathematica, **127**, 79–183 (1971)

が標準的な文献である. また,

Duistermaat, J. J.: Fourier integral operators, Lecture notes, Courant Inst. Math. Sci., New York Univ. (1973)

は, ずっと手際の良い解説書となっている. また, 歴史的発展にも詳しい.

Duistermaat, J. J. and Hörmander, L.: Fourier integral operators II, Acta Mathematica, **128**, 183–269 (1972)

は偏微分方程式論への応用が書いてある.

Chazarain, J. 編: Fourier integral operators and partial differential equations, Lecture notes in Mathematics, 459, Springer (1974)

は, さらに進んで勉強されるに良い. だが, 偏微分方程式への応用を全面的に解説した本は未だない. 個々の原論文によるしかない.

擬微分作用素論では, 脚注で触れた

熊ノ郷準: 擬微分作用素, 岩波書店 (1974)

の他,

Calderón, A. P. 編: Singular integrals, Proceedings of symposia in pure mathematics, AMS. **X** (1967)

と,

Nirenberg, L. 編: Pseudo-differential operators, イタリア数学会, Cremonese (1969)

が特色があって良い.

Fourier 積分作用素の L^2 理論は, 十分研究が進んでいないから, 論文に直接あたる必要がある. たとえば,

Fujiwara, D.: On the boundedness of integral transformations with rapidly oscillatory kernels, 日本学士院紀要 51 巻, 96–99 (1975)

Asada, K. and Fujiwara, D.: On the boundedness of integral transformations with rapidly oscillatory kernels, Jour. Math. Soc. Japan, vol. 27, 628–639 (1975)

Kumanogo, H.: A calculus of Fourier integral operators on $\boldsymbol{R}^n$ and the fundamental solutions for an operator of hyperbolic type; Comm. in partial diff. equations, **1**, 1–44 (1976)

がある．もともとは，Fourier 積分作用素に関する最も古い文献の

Eskin, G. I.: The Cauchy problem for hyperbolic systems in convolution, Math. USSR Sbornik, **3**, 243–277 (1967)

が出発点である．

■岩波オンデマンドブックス■

岩波講座 基礎数学
解析学（II）viii
線型偏微分方程式論における漸近的方法

1976年10月4日　第1刷発行（I）
1977年 8月2日　第1刷発行（II）
1988年 8月3日　第3刷発行
2019年 6月11日　オンデマンド版発行

著　者　藤原大輔（ふじわらだいすけ）

発行者　岡本　厚

発行所　株式会社　岩波書店
〒101-8002 東京都千代田区一ツ橋 2-5-5
電話案内 03-5210-4000
https://www.iwanami.co.jp/

印刷／製本・法令印刷

ISBN 978-4-00-730892-5　　Printed in Japan